Die kritischen Drehzahlen wichtiger Rotorformen

Von

Dr.-Ing. Karl Karas
Privat- und Honorardozent an der Deutschen Technischen Hochschule
Brünn

Mit 40 Textabbildungen
und 22 Zahlentafeln

Wien
Verlag von Julius Springer
1935

Softcover reprint of the hardcover 1st edition 1935

ISBN 978-3-7091-3047-6 ISBN 978-3-7091-3063-6 (eBook)
DOI 10.1007/978-3-7091-3063-6

Vorwort.

Die fortschreitende Entwicklung des Dampfturbinenbaues brachte es mit sich, daß einerseits stets verwickelter gestaltete Rotorformen hinsichtlich ihrer kritischen Drehzahlen zu untersuchen waren, andrerseits aber an die Schärfe des Ergebnisses bedeutend höhere Anforderungen gestellt werden mußten, ohne daß die dabei zu leistende Arbeit das Ausmaß der dem Konstrukteur zur Verfügung stehenden Zeit wesentlich überschreiten durfte.

Insbesondere waren es die kegelstumpf- und stufenförmigen Rotoren, die in letzter Zeit sehr an Bedeutung gewannen und die in der vorliegenden Schrift wohl erstmalig einer einheitlichen Bearbeitung unterworfen worden sind. Der Leitgedanke dabei war der, Methoden von solcher Allgemeinheit zu entwickeln, daß womöglich alle hier in Betracht kommenden Rotorformen mit umfaßt werden konnten. Hierbei wurde neben möglichster Schärfe der Ergebnisse besonderer Wert vor allem darauf gelegt, die Formeln und Verfahren in solcher Weise auszugestalten, daß der praktisch tätige Konstrukteur ohne große Studien in die Lage versetzt wird, rasch und verläßlich die kritischen Drehzahlen einer Welle mit erst zu entwerfendem Rotor vorauszuberechnen. Dieses Ziel konnte nur erreicht werden, indem einerseits die Formeln, sowie die analytischen und graphischen Verfahren an möglichst vielen, auch streng durchgerechneten Beispielen hinsichtlich der Verwendbarkeit und Schärfe der Ergebnisse erprobt, andrerseits aber derart durch Tabellen unterstützt wurden, daß eine rasche Auswertung der Formeln bzw. ein rascher Entwurf der Schaulinien und Diagramme gewährleistet ist. Das unbedingte, für den Ingenieur so wichtige Vordringen zum zahlenmäßigen Endergebnis mag als bedeutsamstes Ziel der vorliegenden Arbeit gewertet werden.

In Verfolg dieses Hauptzieles nun haben sich mancherlei neue Problemstellungen ergeben, deren Beantwortung in dieser Arbeit freilich nur großenteils erst angebahnt werden konnte; als bedeutsamste mag hier vielleicht die der Verhinderung der kritischen Drehzahlen durch die Kreiselwirkung der aufgekeilten Scheiben bei synchroner Präzession im Gleichlauf erwähnt werden, die — erstmalig von R. Grammel bemerkt — hier bei der Formenfülle der betrachteten Rotoren in viel allgemeinerer Art in Erscheinung tritt. Gerade die ebenfalls von R. Grammel erstmalig entworfenen Schaulinien sind es aber, die — entsprechend verallgemeinert — berufen sind, Wesentliches zur Lösung dieses Problems beizutragen, wobei als Nebengewinn noch der abfällt, daß man mit ihnen die kritischen Drehzahlen mehrstufiger Rotoren unter Zuhilfenahme der Dunkerleyschen Gleichung rasch und ohne viele Rechenarbeit wird ermitteln können, wenn nur diese Schaulinien ein für allemal dicht genug und in entsprechend umfassender Art gezeichnet vorliegen. Vielleicht darf in diesem Zusammenhange noch der Hinweis angefügt werden, daß das erwähnte Problem in Verbindung mit der hier gültigen Integrodifferentialgleichung bzw. Integralgleichung mit unsymmetrischem indefinitem Kern möglicherweise dazu befähigt sein wird, bisher fehlende Aussagen über die partielle Realität des Eigenwertspektrums dieser Gleichungen zu liefern.

Die bei Beachtung der Kreiselwirkung resultierenden verwickelteren Differentialgleichungen, sowie Rand- und insbesondere Übergangsbedingungen erheischten vor ihrer ziffernmäßigen Auswertung eine weitgehende Kontrolle. Diese lieferte durchwegs in wünschenswerter Klarheit das Prinzip von Hamilton, das darüber hinaus auch zur Ermittelung der Sprungbedingungen der Eigenfunktionen belasteter Integralgleichungen herangezogen werden konnte, so daß die universelle Bedeutung dieses Prinzips auch in diesem Spezialgebiet deutlich in Erscheinung trat.

Die Arbeit konnte freilich zu allen hier behandelten Fragen nur eine erste Stellung beziehen, vielleicht aber gelang es, gerade im Zusammenhang mit diesen Problemen darzutun, daß numerische Näherungsverfahren nicht bloß zur Ermittlung der Eigenwerte, sondern auch zur Klärung anderweitig erhaltener Ergebnisse mit Nutzen herangezogen werden können.

Besonderer Dank des Verfassers gebührt Herrn Prof. G. Zerkowitz, München, der ihn nicht nur durch mehrfache, im Text namhaft gemachte Hinweise weitgehend zu dieser Arbeit anregte, sondern ihn freundlicherweise auch auf die einschlägige neuere italienische Literatur aufmerksam machte; derselbe gebührt auch Herrn Prof. R. Grammel, Stuttgart, für mancherlei wertvolle Hinweise auf Inhalt und Gliederung des Stoffes und Gestaltung der Zahlentafeln. Ebenso empfing der Verfasser wertvolle Anregungen durch Vorlesungen über Integralgleichungen und die seminaristischen Übungen, die Herr Prof. R. Weyrich an der Deutschen Technischen Hochschule in Brünn gehalten hat. Herrn Prof. R. Weyrich, desgleichen auch Herrn Dr. F. Schoblik, der freundlicherweise das ganze Manuskript gelesen hat, sei für mancherlei Beihilfe auch an dieser Stelle der Dank des Verfassers bekundet. Dieser gebührt auch Herrn Prof. P. Funk, Prag, für freundlich erteilte Ratschläge während der Korrektur, sowie der Frau des Verfassers für wertvolle Beihilfe bei der Berechnung der Zahlentafeln und nicht minder gilt derselbe auch dem Verlag für sein Entgegenkommen, indem er in wirtschaftlich schwerer Zeit Risiko und Kosten der Drucklegung nicht scheute und so die Arbeit erst einem weiteren Leserkreis zugänglich machte.

Brünn, im November 1934.

Karl Karas.

Inhaltsverzeichnis.

1. Einleitung.

Durch die mannigfachen Untersuchungen, die in letzter Zeit den kritischen Drehzahlen rasch umlaufender Wellen und der Lösung der mit diesem Problem in Zusammenhang stehenden Fragen gewidmet waren, sind Methoden und Verfahren entwickelt worden, die sowohl der praktischen Berechnung, als auch der wissenschaftlichen Strenge in hohem Maße gerecht wurden, wenigstens sofern es sich um einzelne diskrete, auf der Welle aufgekeilte Scheiben handelte[1].

Nach dem bekannten Vorgange A. Stodolas[2] sind es hauptsächlich graphische, auf mehrfacher Anwendung des Seilpolygons beruhende Verfahren, die — auf den grundlegenden Vorarbeiten insbesondere O. Mohrs[3] und L. Vianellos[4] fußend — zur Berechnung der Drehzahlen herangezogen und weiterhin in erfreulichem Maße ausgebaut wurden[5]; sie haben in der Tat durch ihre weitgehende Anpassungsfähigkeit an alle praktisch vorkommenden Fälle, wie etwa Veränderlichkeit und Unstetigkeit des Wellenquerschnittes, die Berücksichtigung von Einzelmomenten, wie es z. B. die Kreiselmomente aufgekeilter Scheiben sind, usw. in sehr hohem Maße ihre praktische Verwendbarkeit erwiesen. Gleichwohl haftet diesen Verfahren der allen graphischen Lösungen eigene Mangel an, daß ihrer Genauigkeit schon aus zeichnerischen Gründen bald Grenzen gesetzt sind und ferner der weitere, daß man von einem damit erhaltenen Näherungsergebnisse kaum sagen kann, ob es sich oberhalb oder unterhalb des wahren Wertes befindet, eine Angabe, deren praktischer Nutzen gewiß außer allem Zweifel ist. Schließlich ist ja auch bekannt, daß man mit bedeutenden Schwierigkeiten zu kämpfen hat, wenn man auf graphischem Wege auch die höheren kritischen Drehzahlen ermitteln will[6], ein Übelstand, der allerdings durch die Arbeiten von v. Borowicz[7] und neuerdings von A. Traenkle[8] in befriedigender Weise behoben worden ist. Denselben Nachteil weisen übrigens auch sonst recht brauchbare analytische Verfahren, wie das gewiß sehr einfache von M. Krause[9] oder G. Kull[10]

---

[1] Pöschl, Th.: Zusammenfassender Bericht. Z. angew. Math. Mech. Bd. 3 (1923) S. 297.

[2] Stodola, A.: Dampf- und Gasturbinen, 5. Aufl. S. 381. Berlin 1922, auch Karraß, G.: Die Bauteile der Dampfturbinen, S. 77. Berlin 1927.

[3] Mohr, O.: Gesammelte Werke, Abh. IX: Die elastische Linie, S. 294. Berlin 1906.

[4] Vianello, L.: Graph. Untersuchung der Knickfestigkeit gerader Stäbe. Z. VDI Bd. 42 (1898) S. 1436; man vgl. hierzu auch Mayer, R.: Die Knickfestigkeit S. 164. Berlin 1921.

[5] Man vgl. etwa V. Blaeß: Zur graph. Berechnung der kritischen Drehzahl rasch umlaufender Wellen. Z. VDI Bd. 58 (1914) S. 183.

[6] Stodola, A.: Dampf- und Gasturbinen, S. 386, 5. Aufl. Berlin 1922.

[7] v. Borowicz: Beiträge zur Berechnung der krit. Geschwindigkeiten zwei- und mehrfach gelagerter Wellen. Dissertation München 1915.

[8] Traenkle, A.: Berechnung kritischer Drehzahlen beliebiger Ordnung nach dem Verfahren von Ritz. Ing.-Arch. Bd. 1 (1930) S. 499.

[9] Krause, M.: Zur Berechnung der kritischen Drehzahlen rasch umlaufender Wellen. Z. VDI Bd. 58 (1914) S. 878 und G. Karraß: a. a. O. S. 84.

[10] Kull, G.: Neue Beiträge zum Kapitel: Kritische Drehzahlen schnell umlaufender Wellen. Z. VDI Bd. 62 (1918) S. 249 und 270. Morley: Engineering 1918.

auf, das dann G. Zerkowitz[11], gestützt auf eine von R. Grammel[12] hergeleitete Beziehung zwischen der fliehkraft- und gewichtelastischen Linie von Wellen in zweckmäßiger Weise für mehrfach belastete und mehrfach gelagerte Wellen in solcher Weise verallgemeinerte, daß damit die höheren kritischen Drehzahlen auch bei vorhandener Kreiselwirkung mit guter Annäherung ermittelt werden können[13].

Die erwähnten Mängel steigern sich beträchtlich, wenn man stückweise stetig mit Scheiben besetzte Wellen untersuchen soll, wie dies hier bei den kegelstumpf- und stufenförmigen Gebilden — ausgehend von dem Grundgedanken der Arbeiten von W. Ritz[14] — auf größtenteils numerischem Wege versucht wurde, wobei die möglichst vollständig wiedergegebenen strengen Lösungen, die die einzelnen Fälle im weitem Maße zuließen, der Prüfstein auf die Genauigkeit und Verläßlichkeit der Näherungsergebnisse waren und so lange bleiben werden, als keine praktisch stets anwendbare Fehlerabschätzung vorliegt[15]. Neben dem allen strengen Lösungen stets anhaftenden theoretischen Interesse bot sich hier vor allem der Vorteil, daß sich aus ihnen nach dem Vorgange von R. Grammel[16] weitgehende Schlüsse über den Einfluß der gerade hier, wie man sehen wird, ausschlaggebenden Kreiselwirkung der Laufradscheiben gewinnen ließen.

Um eine genügende Konvergenz des Verfahrens zu gewährleisten, wurden nur Wellen konstanten Querschnittes und freier Lagerung an den Enden untersucht, denn Wellen veränderlichen Querschnittes werden wegen der allzu großen Rechenarbeit wohl stets nur den graphischen Verfahren vorbehalten bleiben[17]. Von den anderen unter diesen Voraussetzungen etwa auch noch anwendbaren numerischen Näherungsverfahren mußten der Natur der vorliegenden Fälle nach jene ausscheiden, die sich einer Teilung des Grundgebietes in gleiche Teile bedienen, wie z. B. das sonst sehr zweckmäßige Verfahren von H. Hencky[18] oder die Methode der unendlich vielen Variabeln[19], da sie sich einer beliebig vorgegebenen Scheibenbesetzung nur bei ungleicher Länge der Teilintervalle anpassen ließen, wodurch aber ihre Übersichtlichkeit und Kürze wesentliche Ein-

---

[11] Zerkowitz, G.: Zur Berechnung kritischer Drehzahlen rasch umlaufender Maschinenaggregate, Turbinen und Pumpen 1930 S. 59; man vgl. auch Zur praktischen Berechnung von Biegungsschwingungen umlaufender Maschinenaggregate. Z. angew. Math. Mech. Bd. 9 (1929) S. 487 (Vorträge der Prager Versammlung).

[12] Grammel, R.: Neuere Untersuchungen über kritische Zustände rasch umlaufender Wellen. Ergebnisse der exakten Naturwissenschaften Bd. 1 (1922) S. 92.

[13] Man vgl. für mehrfach gelagerte Wellen auch das Verfahren von E. Schwerin: Hütte 26. Aufl. Bd. 1 S. 440.

[14] Ritz, W.: Über eine neue Methode zur Lösung gewisser Variationsprobleme der mathematischen Physik. Crelles J. Bd. 135 (1909) S. 1 oder Gesammelte Werke S. 192. Paris 1911.

[15] Man vgl. hierzu die grundlegenden Arbeiten von R. Courant: Über die Eigenwerte bei den Differentialgleichungen der math. Physik. Math. Z. Bd. 7 (1920) S. 1. — Über ein konvergenzerzeugendes Prinzip in der Variationsrechnung. Göttinger Nachrichten 1922 S. 144. — Über direkte Methoden in der Variationsrechnung und über verwandte Fragen. Math. Ann. Bd. 97 (1927) S. 711.

Trefftz, E.: Konvergenz und Fehlerabschätzung beim Ritzschen Verfahren. Math. Ann. Bd. 100 (1928) S. 503. — Über Fehlerschätzung bei Berechnung von Eigenwerten. Math. Ann. Bd. 108 (1933) S. 595.

[16] Grammel, R.: Kritische Drehzahl und Kreiselwirkung. Z. VDI Bd. 64 (1920) S. 911; Bd. 73 (1929) S. 1114.

[17] Man vgl. die diesbezügliche Bemerkung in der Einleitung der Arbeit von A. Traenkle[8]: a. a. O.

[18] Karas, K.: Über die angenäherte Berechnung der kritischen Tourenzahlen rasch umlaufender Wellen. HDI-Mitt. Bd. 17 (1928) S. 95, 119, 167; Z. VDI. Bd. 72 (1928) S. 1648.

[19] v. Mises, R.: Über die Stabilität rotierender Wellen. Mh. Math. Physik Jg. 22 (1911) S. 33. Karas, K.: Kritische Drehzahlen stetig mit Masse belegter Wellen mit Längsbelastung und Kreiselwirkung. Ing.-Arch. Bd. 1 (1930) S. 158 und Z. angew. Math. Mech. Bd. 9 (1929) S. 485. (Vorträge der Prager Versammlung.)

bußen erleiden müßten. Hingegen wurde von der Annäherung mittels linearer Integralgleichungen bzw. bei Beachtung der Kreiselwirkung der Integrodifferentialgleichungen entsprechender Gebrauch gemacht, da auch sie gleich dem Ritzschen Verfahren[20] eine kontinuierliche Beherrschung des Grundgebietes ermöglichen. Dasselbe gilt schließlich von dem graphischen Verfahren mittels der erweiterten Schaulinien von R. Grammel[16], das alle hier in Frage kommenden Beziehungen in besonders übersichtlicher Weise zur Darstellung bringt und so auch eine wertvolle Kontrolle anderweitig gewonnener Ergebnisse ermöglicht.

2. Entwicklung des Verfahrens für unsymmetrische Fälle.

Der Grundgedanke des Verfahrens von W. Ritz[21] ist der, daß man für die zunächst unbekannte Verzerrung der Welle Funktionen in den Ansatz einführt, die sich der zu erwartenden Formänderung möglichst innig anschmiegen, und

[20] Für die hier vorliegenden Fälle wurde das Ritzsche Verfahren erstmalig benutzt von H. Melan in seiner Arbeit: Kritische Drehzahlen von Wellen mit Längsbelastung. Z. öst. Ing.- u. Arch.-Ver. Bd. 69 (1917) S. 610 und 619. Man vgl. ferner hierzu K. Karas: Die kritischen Drehzahlen der fliegenden Welle mit Längsbelastung und Kreiselwirkung, Ing.-Arch. Bd. 1 (1930) S. 84, wo sich noch weitere Literaturangaben über das Ritzsche Verfahren vorfinden. Neben der Arbeit von H. Melan, in der Wellen mit Längsbelastung erstmalig untersucht wurden, vgl. man noch folgende: E. Schwerin: Die Stabilität rotierender axial belasteter Wellen. Z. angew. Math. Mech. Bd. 5 (1925) S. 101, in der für fehlende Kreiselwirkung die Stabilität mittels des Verfahrens kleiner Schwingungen untersucht wird, ferner: P. E. Brunelli—M. Medici: L'influenza della spinta assiale sulla velocità critica degli alberi, Politecnico Nr 3 (1929), worin verschiedene Fälle der Längsbelastung bei gleichmäßig verteilter und im Wellenmittelpunkt konzentrierter Querbelastung untersucht werden, darunter auch (Fall VII), ein solcher, bei dem die Längskraft im Mittelpunkt der Welle angreift. Der Autor zeigt, daß auch in den Fällen mit eingespannten Enden die kritische Drehschnelle sich in einfacher Abhängigkeit vom Verhältnis P/P_E erweist, worin P die Längskraft, P_E die Eulersche Drucklast des jeweiligen Falles bedeutet.

[21] Außer der erwähnten Literatur vgl. man z. B. hinsichtlich des Ritzschen Verfahrens: H. Lorenz: Näherungslösungen statisch unbestimmter Systeme. Z. VDI Bd. 57 (1913) S. 543 oder Lehrbuch der techn. Physik Bd. IV S. 397. München und Berlin 1913; ferner K. Federhofer: Über das Prinzip der kleinsten Formänderungsarbeit. Physik. Z. Jg. 18 (1917) S. 560. S. Timoschenko: Sur la stabilité des systèmes élastiques. Ann. Ponts. Chauss. 1913 Fasc. 3—5, worin eigentlich das mit dem Ritzschen Verfahren zusammenhängende Rayleighsche Anwendung findet. Über das Rayleighsche Verfahren in Anwendung auf Transversalschwingungen von Stäben vgl. man auch: P. E. Brunelli: Oscillazioni traversali di aste mobili. Atti del R. Istituto d'Incoraggiamento di Napoli Serie VI Vol. LXXVIII. Napoli (1926).

Hinsichtlich weiterer Literatur zum Verfahren von W. Ritz vgl. man Th. Pöschl: Über die Berechnung der Spannungsverteilung in zylindrischen Behälterwänden mit veränderlichem Querschnitt. Armierter Beton 1912 S. 169, 210, 328; ferner Th. Pöschl: Über die Berechnung der Spannungsverteilung in rotierenden Scheiben mit veränderlicher Breite. Z. ges. Turb.-Wes. 1913 S. 70, 90, oder die Broschüre: Berechnung von Behältern. Berlin 1913; ferner A. Nadai: Über das Ausbeulen von kreisförmigen Platten. Z. VDI Bd. 59 (1915) S. 173, 221. S. Timoschenko: Z. Math. Physik 1910. A. Stodola: Schwingungen von Dampfturbinenlaufrädern. Schweiz. Bauztg. 1914 S. 274; ferner K. Federhofer: Über die Berechnung der dünnen Kreisplatte mit großer Ausbiegung. Eisenbau Bd. 9 (1918) S. 152 und über das Kippen krummer Stäbe vom selben Autor im Sitzungsberichte der Akademie der Wissenschaften, Wien, math.-naturw. Klasse, Abt. IIa, Bd. 134 (1925) S. 81. Hierzu auch K. Karas: Die Ermittelung der Kipplasten des einseitig eingespannten krummen Stabes. Festschrift der Deutschen Technischen Hochschule Brünn 1924 S. 240 und HDI-Mitt. Bd. 13 (1924) S. 225; Bd. 14 (1925) S. 26; ferner: Über die Kipplasten des im Scheitel belasteten krummen Stabes. HDI-Mitt. Bd. 16 (1927) S. 66 und 103. K. Federhofer bevorzugt ebenfalls, und zwar mit großem Erfolg hinsichtlich der Güte der Annäherung Potenzansätze in seinen Arbeiten: Berechnung der Kipplasten gerader Stäbe mit veränderlicher Höhe. Berichte des 3. internationalen Kongresses für Mechanik. Stockholm 1931 und Neue Beiträge zur Berechnung der Kipplasten gerader Stäbe. Sitzungsberichte der Wiener Akademie der Wissenschaften, math.-naturw. Klasse, Abt. IIa Bd. 140 (1931) S. 237; ferner H. Melan: Über eine Näherungsrech-

dann sowohl die Arbeit L_i der inneren Kräfte (Formänderungsarbeit), als auch die Arbeit L_a der äußeren Kräfte auf Grund dieser Ansätze berechnet und in die Arbeitsgleichung

$$L_i - L_a = 0 \tag{1}$$

einführt, wodurch man gewöhnlich zu bereits recht brauchbaren Näherungswerten für den ersten Eigenwert gelangt. Das Verfahren geht dabei von der sehr anschaulichen Vorstellung aus, daß der Fehler bei der Ermittelung des fraglichen Eigenwertes klein ausfallen muß, wenn man sich auf irgendeinem Wege die Gewißheit darüber verschafft, daß die angenommene Verzerrungsfunktion nicht allzusehr von der in Wirklichkeit auftretenden Form der Verzerrung abweichen wird. Dies geschicht aber nach W. Ritz dadurch, daß man beim Ansatze bereits einige oder besser möglichst alle vorgegebenen Randbedingungen erfüllt. Will man dabei nicht stehen bleiben, sondern bessere Näherungsergebnisse erhalten, oder ist man genötigt, auch höhere Eigenwerte zu berechnen, so kann das nach W. Ritz dadurch geschehen, daß man in einem Ansatze zwei oder mehrere linear voneinander unabhängige Verzerrungsfunktionen, die jede für sich die vorgegebenen Randbedingungen befriedigen, in (1) einführt:

$$y = a_1 f_1(x) + a_2 f_2(x) + \cdots,$$

worin die zunächst noch unbestimmten Freiwerte $a_1, a_2, \ldots$ durch die Vorschrift bestimmt werden, daß der nach (1) verschwindende Ausdruck $L_i - L_a$ zugleich zu einem Extremum werde, daß also neben (1) noch die weitere Beziehung

$$\delta (L_i - L_a) = 0 \tag{2}$$

erfüllt werde, worin der Operator δ die vorzunehmende Variation andeuten soll[22]. Der Verein von (1) und (2), welche beide Gleichungen voneinander unabhängige Aussagen machen, beinhaltet im wesentlichen das Ritzsche Verfahren[23] für die vorliegenden Fälle. Es ist nun bekanntlich:

$$L_i = \tfrac{1}{2} E J \int_0^l y''^2 \, dx, \tag{3}$$

---

nung für Schaufelschwingungszahlen bei Grenzturbinen. „Die Forschung". VDI Bd. 4 (1933) S. 188, und viele weitere Arbeiten.

Weitere Literatur zur Frage der kritischen Drehzahlen findet man in Philos. Trans. Roy. Soc., Lond. Bd. 185 (1895) S. 281; ferner A. Stodola: Dampfturbinen 1922 S. 358—399 und S. 917—946, 5. Aufl. H. Lorenz: Kritische Drehzahlen rasch umlaufender Wellen. Z. VDI Bd. 63 (1919) S. 240 und 888, schließlich im zusammenfassenden Bericht von Th. Pöschl[1]. Man vgl. auch die Literaturangaben des in Anm. [24] erwähnten Buches von P. E. Brunelli.

[22] Genauere Ausführungen hierzu findet man in den unter [18] und [19] mitgeteilten Arbeiten des Verfassers.

[23] Über den Zusammenhang der Verfahren von Ritz und Rayleigh vgl. man insbesondere A. Stodola: Dampfturbinen, S. 914, 915. Über eine vergleichende Würdigung des Verfahrens von W. Ritz, das eine obere Schranke des fraglichen Eigenwertes, und des Verfahrens der sukzessiven Approximationen, das hinwieder eine untere Schranke desselben liefert, sowie deren Verwendbarkeit im Falle des gleichzeitigen Auftretens mehrerer Parameter im gegebenen Eigenwertproblem vgl. man P. Funk: Bemerkungen zur praktischen Berechnung des kleinsten Eigenwertes. HDI-Mitt. Bd. 20 (1931) Heft 21 und 22 S. 453. Die Betrachtungen erstrecken sich daselbst auch in analoger Weise auf die Rayleighsche Störungstheorie. — Eine untere Grenze für die Eigenwerte liefert auch das Verfahren von H. Hencky[18], sowie auch die Benutzung der aus der Theorie der Integralgleichungen bekannten Vollständigkeitsrelation, die mit Erfolg immer dann herangezogen werden kann, wenn der Kern der bezüglichen Integralgleichung explizite bekannt ist; man vgl. hierzu K. Hohenemser: Praktische Wege zur angenäherten Schwingungsberechnung elastischer Systeme. Ing.-Arch. Bd. 1 (1930) S. 271, insbes. Gl. (14), S. 274 und Th. Pöschl: Über die angenäherte Berechnung der Schwingzahlen von Rahmenträgern. Ing.-Arch. Bd. 1 (1930) S. 469, insbes. S. 471, 472; ferner W. Lohmann: Eigenschwingungen von Dampfturbinenschaufeln unter allgemeinen Bedingungen, S. 44—49. Dissertation Jena 1932.

worin $y(x)$ die Auslenkung der Welle (Abb. 1), EJ die Biegungssteifigkeit, l die Länge derselben bedeuten. Neben den bereits erwähnten Voraussetzungen konstanten Querschnittes und beidseitig freier Lagerung der Enden wurde ferner noch angenommen, daß die Welle selbst als masselos betrachtet werden könne gegenüber der Masse der aufgekeilten dünnen Scheiben vom Radius $r(x)$ (Abb. 1), die voll zu denken sind und trotz dichter Aneinanderreihung auch nach eingetretener Verzerrung der Welle nirgends einander berühren mögen; ihre Ebene bleibe dauernd normal zur Tangente an die elastische Linie in deren Durchstoßpunkt mit der Scheibenebene, der mit dem geometrischen Mittelpunkt und wegen der weiterhin vorausgesetzten Homogenität des Scheibenmaterials von der räumlichen Dichte $\mu\,[ML^{-3}]$ somit auch mit dem Schwerpunkt der Scheiben zusammenfallen möge. Bedeutet nun ferner ω die kritische Drehzahl im Verzerrungszustande, so ist offenbar mit L_{aF} als der von den Fliehkräften herrührenden äußeren Arbeit:

$$L_{aF} = \tfrac{1}{2}\mu\,\omega^2\,\pi\int_0^l r^2 y^2\,dx\,. \tag{4}$$

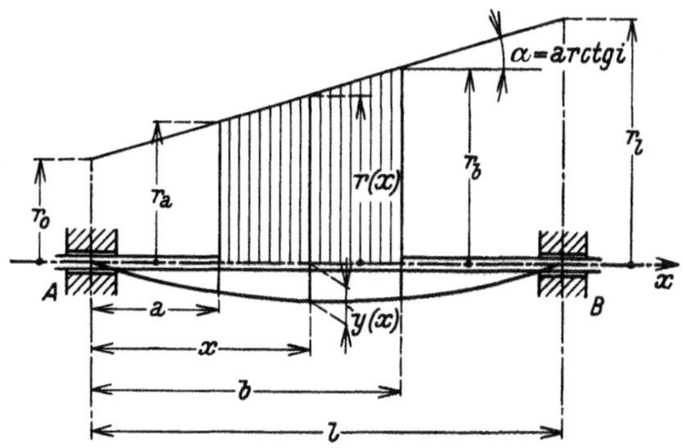

Abb. 1. Die im Bereich $a \leqq x \leqq b$ mit Scheiben von linear veränderlichem Halbmesser $r(x)$ besetzte Welle und deren Durchbiegung $y(x)$.

Mit (3) und (4) ergeben (1) bzw. (2), wenn der Faktor $\frac{1}{2}$ sogleich weggelassen wird:

$$I = \int_0^l (EJy''^2 - \pi\,\mu\,\omega^2 r^2 y^2)\,dx = 0\,, \tag{1a}$$

$$\delta I = \delta\int_0^l (EJy''^2 - \pi\,\mu\,\omega^2 r^2 y^2)\,dx = 0\,. \tag{2a}$$

(2a) kann auch unmittelbar aus dem Prinzip von Hamilton gewonnen werden. Dieses besagt, daß die Bewegung der Welle so erfolgt, daß die gesuchte Verzerrungsfunktion $y(x, t)$ das Integral $H = \int_{t_0}^{t_1} (V - L)\,dt$ stationär macht, verglichen mit solchen speziellen benachbarten konkurrenzfähigen Funktionen $\overline{y}(x,t)$, welche für $t = t_0$ und $t = t_1$ mit $y(x, t)$ übereinstimmen. Dabei bedeuten L die kinetische und V die potentielle Energie des elastischen Systems, also hier der Welle samt aufgekeilten Scheiben. Da nun ein Punkt der verzerrten Wellenmittellinie die Geschwindigkeit $\omega\,y$ besitzt, so ist offenbar:

$$L = \tfrac{1}{2}\mu\,\omega^2\pi\int_0^l r^2 y^2\,dx + \tfrac{1}{2}\omega^2\int_0^l \Theta_p\,dx\,.$$

Hierin stellt der zweite Term offenbar die Rotationsenergie dar, die die Welle bereits vor der eingetretenen Verzerrung samt ihren aufgekeilten Scheiben besitzt, sofern Θ_p das axiale Trägheitsmoment der aufgekeilten Scheiben je Längeneinheit der Welle um eine zu ihrer Ebene senkrechte Achse durch den Mittelpunkt der Scheiben bedeutet. Die potentielle Energie V des Systems wird hingegen offenbar durch (3) dargestellt. Schreibt man nun gemäß der obigen Aussage das Hamiltonsche Prinzip in der Form

$$\delta\int_{t_0}^{t_1} (V - L)\,dt = 0 \tag{5}$$

und führt hierin V und L ein, so folgt

$$\delta \int_{t_0}^{t_1} \int_0^l (EJ\, y''^2 - \pi \mu \omega^2 r^2 y^2 - \omega^2 \Theta_p)\, dx\, dt = 0\,.$$

Da in unserem Falle y und seine Ableitungen nach x von der Zeit t unabhängig sind und der letzte Term im Integranden obiger Gleichung keinen Einfluß auf das Ergebnis der Variation hat, so erkennt man, daß das aus (5) gewonnene Ergebnis dasselbe aussagt wie (2a).

Führt man im Interesse vereinfachter Rechnung dimensionslose Veränderliche gemäß

$$x = l\,\xi\,, \qquad y = l\,\eta \tag{6}$$

ein, so folgt sofort

$$\frac{dy}{dx} = \frac{d\eta}{d\xi}\,, \qquad \frac{d^2 y}{dx^2} = \frac{1}{l}\,\frac{d^2\eta}{d\xi^2}\,, \qquad \frac{d^3 y}{dx^3} = \frac{1}{l^2}\,\frac{d^3\eta}{d\xi^3}\,, \qquad \frac{d^4 y}{dx^4} = \frac{1}{l^3}\,\frac{d^4\eta}{d\xi^4}\,. \tag{7}$$

Definiert man analog gemäß Abb. 1

$$r = l\,\varrho\,, \qquad r_0 = l\,\varrho_0\,, \qquad r_a = l\,\varrho_\alpha\,, \qquad r_b = l\,\varrho_\beta\,, \qquad r_l = l\,\varrho_1\,, \tag{8}$$

$$u = \frac{\mu\,\omega^2\, l^6\, \pi}{EJ}\,, \tag{9}$$

so folgt aus (1a) bzw. (2a) nach (6) bis (9) mit etwas anderer Bedeutung von I:

$$I = \int_0^1 (\eta''^2 - u\,\varrho^2\,\eta^2)\, d\xi = 0\,, \tag{1b}$$

$$\delta I = \delta \int_0^1 (\eta''^2 - u\,\varrho^2\,\eta^2)\, d\xi = 0\,. \tag{2b}$$

Da die Annahme eines linear veränderlichen Scheibenhalbmessers in den weitaus meisten Fällen die im Dampfturbinenbau üblichen Läuferformen in befriedigender Weise darstellt, so gilt mit $i = \operatorname{tg}\alpha$ (Abb. 1) in dimensionslosen Größen

$$\varrho = \varrho_0 + i\,\xi\,, \tag{10}$$

wobei ϱ nach (10) im Intervall $\alpha \leqq \xi \leqq \beta$ definiert ist, während $\varrho = 0$ in $0 \leqq \xi \leqq \alpha$ und $\beta \leqq \xi \leqq 1$ ist, wobei die Grenzen α, β gemäß Abb. 1 erklärt sind durch

$$a = l\,\alpha\,, \qquad b = l\,\beta\,. \tag{11}$$

Wegen der vorausgesetzten freien Lagerung der Wellenenden in A bzw. B gilt

$$y(0) = y''(0) = y(l) = y''(l) = 0\,, \tag{12}$$

oder kürzer

$$\eta(0) = \eta''(0) = \eta(1) = \eta''(1) = 0\,. \tag{12a}$$

a) Erste Näherung.

(12a) genügt der Ansatz

$$\eta = \alpha_4(\xi - 2\,\xi^3 + \xi^4)\,, \quad \eta' = \alpha_4(1 - 6\,\xi^2 + 4\,\xi^3)\,, \quad \eta'' = -12\,\alpha_4(\xi - \xi^2)\,. \tag{13}$$

Mittels (13) und (10) berechnen wir nun die bestimmten Integrale

$$\left.\begin{aligned}\alpha_4^2 F_A &= \alpha_4^2 \int_0^1 \eta''^2 d\xi = \alpha_4^2 \cdot \frac{24}{5} = \alpha_4^2 \cdot 4{,}8\,, \quad F_A = 4{,}8\\ \alpha_4^2 A &= \alpha_4^2 \int_0^1 \varrho^2 \eta^2 d\xi = \alpha_4^2 [\gamma_{11} i^2 + \gamma_{10}(-4 i^2 + 2 i \varrho_0) + \gamma_9 (4 i^2 - 8 i \varrho_0 + \varrho_0^2)\\ &\quad + \gamma_8 (2 i^2 + 8 i \varrho_0 - 4 \varrho_0^2) + \gamma_7 (-4 i^2 + 4 i \varrho_0 + 4 \varrho_0^2)\\ &\quad + \gamma_6 (-8 i \varrho_0 + 2 \varrho_0^2) + \gamma_5 (i^2 - 4 \varrho_0^2) + \gamma_4 \cdot 2 i \varrho_0 + \gamma_3 \cdot \varrho_0^2]\end{aligned}\right\} \quad (14)$$

Hierin ist

$$\gamma_n = \beta_n - \alpha_n\,, \quad \beta_n = \frac{\beta^n}{n}\,, \quad \alpha_n = \frac{\alpha^n}{n}\,, \quad n = 1, 2, \ldots \quad (15)$$

Die Einführung von F_A und A in (1b) ergibt zur Bestimmung von u_A und damit nach (9) von ω^2 die Gleichung

$$A u_A - F_A = 0\,, \quad u_A = \frac{F_A}{A}\,. \quad (16)$$

Der unbestimmt gebliebene Freiwert α_4 ist hierbei in Fortfall gekommen. Der Index A soll zur Unterscheidung gegen andere Annäherungen gleich jetzt hinzugefügt werden. Mit außerordentlicher Schnelligkeit und einer Genauigkeit, die in den meisten Fällen Bruchteile eines Prozents beträgt, lassen sich aus (14) und (16) nun die ersten kritischen Drehzahlen berechnen, sofern bloß die Werte γ_n in (15) zur Verfügung stehen. In Tabelle 1 wurde daher die Funktion x^n/n für die Argumentwerte $x = 0{,}05$, $0{,}1$, $0{,}15$, ... 1, außerdem für $x = 0{,}33$ und $0{,}67$ und für n bis 17 mit einer für die meisten Fälle ausreichenden Genauigkeit berechnet. Trotzdem für x noch kleinere Abstände erwünscht wären, genügt Tabelle 1 den meisten Anforderungen und der Vergleich des Rechenaufwandes nach (14) und (16) mit dem der strengen Lösungen erweist anschaulich die große praktische Überlegenheit des Näherungsverfahrens.

Um dieses Ergebnis gleich jetzt zu veranschaulichen, sei angenommen, daß die ganze Wellenlänge mit Scheiben gleichen Durchmessers ϱ_0 besetzt sei. Dann ist offenbar $\alpha = 0$, $\beta = 1$, $i = 0$ und es findet sich nach Tabelle 2, Fall 1 $u_A \varrho_0^2 = 97{,}548$, wozu bekanntlich die hier leicht angebbare und längst ermittelte wahre Lösung $u_{w_1} \varrho_0^2 = \pi^4 = 97{,}409$ gehört, woraus die große Güte der Annäherung beurteilt werden kann. Man vgl. hierzu Abb. 3, Fall 1, S. 12.

Wollte man unter Verzicht auf die beiden Randbedingungen $\eta''(0) = \eta''(1) = 0$ Ansätze einführen, die bloß $\eta(0) = \eta(1) = 0$ befriedigen, so erhielte man z. B. mit $\eta = \alpha_2 (\xi - \xi^2)$ für u den Näherungswert $u_A \varrho_0^2 = 120$, der ganz außerordentlich vom wahren Werte abweicht. Umgekehrt liegt die Vermutung nahe, daß man auch ohne Benutzung von (2b) durch (1b) allein zu schärferen Lösungen vordringen könnte, wenn man Ansätze einführte, die noch weitere Randbedingungen erfüllen, als sie durch (12a) allein gegeben sind. Aus der im nächsten Abschnitt ermittelten Differentialgleichung kann man in der Tat leicht folgern, daß auch die weiteren Bedingungen $\eta^{(4)}(0) = \eta^{(4)}(1) = 0$ von der strengen Lösung erfüllt werden, die ersichtlich auch der Ansatz

$$\eta = \alpha_6 (-3 \xi + 5 \xi^3 - 3 \xi^5 + \xi^6)\,, \quad \eta'' = 30 \alpha_6 (\xi - 2 \xi^3 + \xi^4)\,,$$
$$\eta^{(4)} = -360 \alpha_6 (\xi - \xi^2)$$

nebst (12a) befriedigt. Nach längerer Rechnung findet man damit aus (1b) die Lösung: $u_A \varrho_0^2 = 97{,}411$, die den Fortschritt der damit erzielten Näherung erweist. Trotzdem wurde auf diese Möglichkeit fernerhin verzichtet, da sie die Ausdrücke zu weitläufig gestaltet und man auch nach (14) und (16) hinreichend genaue Ergebnisse erzielt.

Tabelle 1. Tafel der Funktion $\frac{x^n}{n}$ für $n = 1$ bis 17

n \ x	0,05	0,10	0,15	0,20	0,25	0,30
2	$0{,}0^{2}125$	$0{,}0^{2}5$	0,01125	0,02	0,03125	0,045
3	$0{,}0^{4}4167$	$0{,}0^{3}33333$	$0{,}0^{2}1125$	$0{,}0^{2}266667$	$0{,}0^{2}520833$	$0{,}0^{2}9$
4	$0{,}0^{5}156$	$0{,}0^{4}25$	$0{,}0^{3}12656$	$0{,}0^{3}4$	$0{,}0^{3}97656$	$0{,}0^{2}2025$
5	$0{,}0^{7}6$	$0{,}0^{5}2$	$0{,}0^{4}1519$	$0{,}0^{4}64$	$0{,}0^{3}19531$	$0{,}0^{3}486$
6	0	$0{,}0^{6}17$	$0{,}0^{5}190$	$0{,}0^{4}1067$	$0{,}0^{4}4069$	$0{,}0^{3}1215$
7		$0{,}0^{7}1$	$0{,}0^{6}24$	$0{,}0^{5}183$	$0{,}0^{5}872$	$0{,}0^{4}3124$
8		0	$0{,}0^{7}3$	$0{,}0^{6}32$	$0{,}0^{5}191$	$0{,}0^{5}820$
9			0	$0{,}0^{7}6$	$0{,}0^{6}42$	$0{,}0^{5}219$
10				$0{,}0^{7}1$	$0{,}0^{6}10$	$0{,}0^{6}59$
11				0	$0{,}0^{7}2$	$0{,}0^{6}16$
12					0	$0{,}0^{7}4$
13						$0{,}0^{7}1$
14						0
15						
16						
17						

n \ x	0,55	0,60	0,65	0,67	0,70	0,75
2	0,15125	0,18	0,21125	0,22445	0,245	0,28125
3	0,05545833	0,072	0,09154167	0,10025433	0,11433333	0,140625
4	0,02287656	0,0324	0,04462656	0,05037780	0,060025	0,07910156
5	0,01006569	0,015552	0,02320581	0,02700250	0,033614	0,04746094
6	$0{,}0^{2}461344$	$0{,}0^{2}7776$	0,01256982	0,01507640	0,01960817	0,02966309
7	$0{,}0^{2}217491$	$0{,}0^{2}399909$	$0{,}0^{2}700318$	$0{,}0^{2}865816$	0,0117649	0,01906913
8	$0{,}0^{2}104667$	$0{,}0^{2}209952$	$0{,}0^{2}398306$	$0{,}0^{2}507585$	$0{,}0^{2}720600$	0,01251411
9	$0{,}0^{3}51171$	$0{,}0^{2}111974$	$0{,}0^{2}30132$	$0{,}0^{2}302295$	$0{,}0^{2}448373$	$0{,}0^{2}834274$
10	$0{,}0^{3}25330$	$0{,}0^{3}60466$	$0{,}0^{2}134627$	$0{,}0^{2}182284$	$0{,}0^{2}282475$	$0{,}0^{2}563135$
11	$0{,}0^{3}12665$	$0{,}0^{3}32982$	$0{,}0^{3}79553$	$0{,}0^{2}111027$	$0{,}0^{2}179757$	$0{,}0^{2}383956$
12	$0{,}0^{4}6385$	$0{,}0^{3}18140$	$0{,}0^{3}47400$	$0{,}0^{3}68189$	$0{,}0^{2}115344$	$0{,}0^{2}263970$
13	$0{,}0^{4}3242$	$0{,}0^{3}10047$	$0{,}0^{3}28440$	$0{,}0^{3}42172$	$0{,}0^{3}74530$	$0{,}0^{2}182748$
14	$0{,}0^{4}1656$	$0{,}0^{4}5597$	$0{,}0^{3}17166$	$0{,}0^{3}26237$	$0{,}0^{3}48445$	$0{,}0^{2}127271$
15	$0{,}0^{5}850$	$0{,}0^{4}3135$	$0{,}0^{3}10414$	$0{,}0^{3}16407$	$0{,}0^{3}31650$	$0{,}0^{3}89090$
16	$0{,}0^{5}438$	$0{,}0^{4}1763$	$0{,}0^{4}6346$	$0{,}0^{3}10306$	$0{,}0^{3}20771$	$0{,}0^{3}62641$
17	$0{,}0^{5}227$	$0{,}0^{5}996$	$0{,}0^{4}3882$	$0{,}0^{4}6499$	$0{,}0^{3}13684$	$0{,}0^{3}44217$

b) Zweite Näherung.

Allen Bedingungen (12a) genügt mit den zwei Freiwerten α_4 und α_5 der folgende Ansatz:

$$\left.\begin{aligned} \eta &= \alpha_4(\xi - 2\,\xi^3 + \xi^4) + \alpha_5(7\,\xi - 10\,\xi^3 + 3\,\xi^5) = \alpha_4\eta_4 + \alpha_5\eta_5 \\ \eta' &= \alpha_4(1 - 6\,\xi^2 + 4\,\xi^3) + \alpha_5(7 - 30\,\xi^2 + 15\,\xi^4) \\ \eta'' &= -12\,\alpha_4(\xi - \xi^2) - 60\,\alpha_5(\xi - \xi^3) \end{aligned}\right\} \quad (17)$$

Mit (17) ergibt zunächst (1b)

$$I = \alpha_4^2 F_A + 2\,\alpha_4\alpha_5 F_B + \alpha_5^2 F_C - u\,(\alpha_4^2 A + 2\,\alpha_4\alpha_5 B + \alpha_5^2 C)\,,$$

worin F_A und A durch (14) gegeben sind, während die anderen Größen durch die nachfolgenden Beziehungen definiert sind: Schreibt man (17) kürzer durch $\eta = \alpha_4\eta_4 + \alpha_5\eta_5$, so ist

und die angegebenen Werte von x. [Man vgl. hierzu (15)].

0,33	0,35	0,40	0,45	0,50	x / n
0,05445	0,06125	0,08	0,10125	0,125	2
0,011979	0,01429167	0,02133333	0,030375	0,04166667	3
$0{,}0^{2}296480$	$0{,}0^{2}375156$	$0{,}0^{2}64$	0,01025156	0,015625	4
$0{,}0^{3}78271$	$0{,}0^{2}105044$	$0{,}0^{2}2048$	$0{,}0^{2}369056$	$0{,}0^{2}625$	5
$0{,}0^{3}21524$	$0{,}0^{3}30638$	$0{,}0^{3}68267$	$0{,}0^{2}138396$	$0{,}0^{2}260417$	6
$0{,}0^{4}6088$	$0{,}0^{4}9191$	$0{,}0^{3}23406$	$0{,}0^{3}53381$	$0{,}0^{2}111607$	7
$0{,}0^{4}1758$	$0{,}0^{4}2815$	$0{,}0^{4}8194$	$0{,}0^{3}21019$	$0{,}0^{3}48828$	8
$0{,}0^{5}516$	$0{,}0^{5}876$	$0{,}0^{4}2913$	$0{,}0^{4}8408$	$0{,}0^{3}21701$	9
$0{,}0^{5}153$	$0{,}0^{5}276$	$0{,}0^{4}1049$	$0{,}0^{4}3405$	$0{,}0^{4}9766$	10
$0{,}0^{6}46$	$0{,}0^{6}88$	$0{,}0^{5}381$	$0{,}0^{4}1393$	$0{,}0^{4}4439$	11
$0{,}0^{6}14$	$0{,}0^{6}28$	$0{,}0^{5}140$	$0{,}0^{5}575$	$0{,}0^{4}2035$	12
$0{,}0^{7}4$	$0{,}0^{7}9$	$0{,}0^{6}52$	$0{,}0^{5}239$	$0{,}0^{5}939$	13
$0{,}0^{7}1$	$0{,}0^{7}3$	$0{,}0^{6}19$	$0{,}0^{5}100$	$0{,}0^{5}436$	14
0	$0{,}0^{7}1$	$0{,}0^{7}7$	$0{,}0^{6}42$	$0{,}0^{5}203$	15
	0	$0{,}0^{7}3$	$0{,}0^{6}18$	$0{,}0^{6}95$	16
		$0{,}0^{7}1$	$0{,}0^{7}7$	$0{,}0^{6}45$	17

0,80	0,85	0,90	0,95	1	x / n
0,32	0,36125	0,405	0,45125	0,5	2
0,17066667	0,20470833	0,243	0,28579167	0,33333333	3
0,1024	0,13050156	0,164025	0,20362656	0,25	4
0,065536	0,08874106	0,118098	0,15475619	0,2	5
0,04369067	0,06285825	0,0885735	0,12251531	0,16666667	6
0,02995931	0,04579673	0,06832813	0,09976247	0,14285714	7
0,02097152	0,03406132	0,05380840	0,08292755	0,125	8
0,01491308	0,02573522	0,04304672	0,07002771	0,11111111	9
0,01073742	0,01968744	0,03486784	0,05987369	0,1	10
$0{,}0^{2}7809 03$	0,01521302	0,02852824	0,05170910	0,09090909	11
$0{,}0^{2}572662$	0,01185348	0,02353580	0,04503001	0,08333333	12
$0{,}0^{2}422889$	$0{,}0^{2}930042$	0,01955281	0,03948785	0,07692308	13
$0{,}0^{2}314146$	$0{,}0^{2}734069$	0,01634057	0,03483393	0,07142857	14
$0{,}0^{2}234562$	$0{,}0^{2}582361$	0,01372608	0,03088608	0,06666667	15
$0{,}0^{2}175922$	$0{,}0^{2}464069$	0,01158138	0,02750792	0,0625	16
$0{,}0^{2}132459$	$0{,}0^{2}371255$	$0{,}0^{2}981011$	0,02459531	0,05882353	17

$$F_B = \int_0^1 \eta_4'' \eta_5'' \, d\xi = 36\,, \quad F_C = \int_0^1 \eta_5''^2 \, d\xi = \frac{1920}{7} = 274{,}285714$$

$$\left.\begin{aligned}
B = \int_0^1 \varrho^2 \eta_4 \eta_5 \, d\xi &= \gamma_{12} \cdot 3\, i^2 + \gamma_{11} (-6\, i^2 + 6\, i\, \varrho_0) \\
&+ \gamma_{10} (-10\, i^2 - 12\, i\, \varrho_0 + 3\, \varrho_0^2) + \gamma_9 (23\, i^2 - 20\, i\, \varrho_0 - 6\, \varrho_0^2) \\
&+ \gamma_8 (7\, i^2 + 46\, i\, \varrho_0 - 10\, \varrho_0^2) + \gamma_7 (-24\, i^2 + 14\, i\, \varrho_0 + 23\, \varrho_0^2) \\
&+ \gamma_6 (-48\, i\, \varrho_0 + 7\, \varrho_0^2) + \gamma_5 (7\, i^2 - 24\, \varrho_0^2) + \gamma_4 \cdot 14\, i\, \varrho_0 + \gamma_3 \cdot 7\, \varrho_0^2 \\
C = \int_0^1 \varrho^2 \eta_5^2 \, d\xi &= \gamma_{13} \cdot 9\, i^2 + \gamma_{12} \cdot 18\, i\, \varrho_0 + \gamma_{11} (-60\, i^2 + 9\, \varrho_0^2) - \gamma_{10} \cdot 120\, i\, \varrho_0 \\
&+ \gamma_9 (142\, i^2 - 60\, \varrho_0^2) + \gamma_8 \cdot 284\, i\, \varrho_0 + \gamma_7 (-140\, i^2 + 142\, \varrho_0^2) \\
&- \gamma_6 \cdot 280\, i\, \varrho_0 + \gamma_5 (49\, i^2 - 140\, \varrho_0^2) + \gamma_4 \cdot 98\, i\, \varrho_0 + \gamma_3 \cdot 49\, \varrho_0^2
\end{aligned}\right\} \quad (18)$$

Hierin sind die Größen γ_n durch (15) gegeben.

Geht man nun mit obigem Wert I in (2b) ein, bildet also $\delta I = 0$ oder führt, was damit gleichwertig ist, die Differentiationen aus: $\frac{\partial I}{\partial \alpha_4} = 0$, $\frac{\partial I}{\partial \alpha_5} = 0$, so erhält man zwei in α_4 und α_5 lineare und homogene Gleichungen. Sollen nun α_4 und α_5 nicht gleichzeitig verschwinden, d. h. soll gemäß (17) überhaupt eine Verzerrung eintreten, so muß die Determinante des Gleichungssystems verschwinden, was ergibt

$$\Delta_2 = \begin{vmatrix} (Au - F_A) & (Bu - F_B) \\ (Bu - F_B) & (Cu - F_C) \end{vmatrix} = 0 . \tag{19}$$

(19) liefert hinsichtlich u eine quadratische Gleichung, die als Wurzeln eine gegen u_A in (16) verschärfte erste und eine neue Annäherung an die zweite kritische Drehzahl liefert. Bei verschiedenen Fällen ändern sich bloß die Größen A, B, C, während F_A, F_B, F_C stets die in (14) bzw. (18) angegebenen festen Zahlengrößen bedeuten. Das in (19) von u freie, also absolute Glied hat daher stets denselben Zahlenwert

$$F_A F_C - F_B^2 = 20{,}571429 ,$$

der somit bei wiederholten Annahmen der Scheibenbegrenzung in (19) stets mit übernommen werden kann, was eine weitere Verkürzung der Berechnung bedeutet.

In entwickelter Form lautet (19)

$$(Au - F_A)(Cu - F_C) - (Bu - F_B)^2 = 0 . \tag{20}$$

Aus (19) folgen jedoch neben der quadratischen Gleichung zwei weitere Annäherungen an die erste kritische Drehzahl neben dem aus (16) folgenden Wert u_A, denn in Δ_2 ist ja kein Linearfaktor gemäß (14) und (18) vor den anderen bevorzugt und daher ergeben sich neben u_A die weiteren Näherungswerte:

$$u_B = \frac{F_B}{B}, \quad u_C = \frac{F_C}{C} . \tag{21}$$

Hiermit ist für die Zahlenrechnung eine wertvolle Kontrolle gefunden, die stets verläßlich ist, da ja die beiden Teile des Ansatzes (17), nämlich η_4 und η_5, linear voneinander unabhängig sind. u_A, u_B, u_C dürfen nur um relativ geringe Beträge voneinander abweichen und man wird erst nach dieser Sicherstellung zur Auflösung der quadratischen Gleichung (20) schreiten. In den folgenden Zahlentafeln ist diese Kontrolle stets durchgeführt. In welchen Beziehungen u_A, u_B, u_C zum verschärften aus (20) folgenden Näherungswert u_1 an die erste kritische Drehzahl stehen, wird im vierten Abschnitte gezeigt werden.

c) Dritte Näherung.

Diese wird bloß da zur Anwendung kommen, wo man eine obere Schranke für die dritte kritische Drehzahl der unsymmetrischen Fälle benötigt; sie ist ferner von Bedeutung für die Betrachtungen des vierten Abschnittes. Man findet mit dem Ansatz

$$\left.\begin{aligned} \eta &= \alpha_4 (\xi - 2\,\xi^3 + \xi^4) + \alpha_5 (7\,\xi - 10\,\xi^3 + 3\,\xi^5) + \alpha_6 (4\,\xi - 5\,\xi^3 + \xi^6) \\ &= \alpha_4 \eta_4 + \alpha_5 \eta_5 + \alpha_6 \eta_6 \\ \eta' &= \alpha_4 (1 - 6\,\xi^2 + 4\,\xi^3) + \alpha_5 (7 - 30\,\xi^2 + 15\,\xi^4) + \alpha_6 (4 - 15\,\xi^2 + 6\,\xi^5) \\ \eta'' &= -12\,\alpha_4 (\xi - \xi^2) - 60\,\alpha_5 (\xi - \xi^3) - 30\,\alpha_6 (\xi - \xi^4) \end{aligned}\right\} \tag{22}$$

$$I = \alpha_4^2 F_A + 2\,\alpha_4\alpha_5 F_B + \alpha_5^2 F_C + 2\,\alpha_4\alpha_6 F_D + 2\,\alpha_5\alpha_6 F_E + \alpha_6^2 F_F$$
$$- u\,(\alpha_4^2 A + 2\,\alpha_4\alpha_5 B + \alpha_5^2 C + 2\,\alpha_4\alpha_6 D + 2\,\alpha_5\alpha_6 E + \alpha_6^2 F),$$

worin unter Beachtung von (15) neben (14) und (18) bedeuten

$$\left.\begin{aligned}
&F_D=\int_0^1 \eta_4''\eta_6''\,d\xi=\frac{150}{7}=21{,}428571\,,\quad F_E=\int_0^1\eta_5''\eta_6''\,d\xi=165\,,\\
&\qquad F_F=\int_0^1\eta_6''^2\,d\xi=100\\
&D=\int_0^1 \varrho^2\eta_4\eta_6\,d\xi=\gamma_{13}\cdot i^2+\gamma_{12}(-2i^2+2i\varrho_0)+\gamma_{11}(-4i\varrho_0+\varrho_0^2)\\
&\quad+\gamma_{10}(-4i^2-2\varrho_0^2)+\gamma_9(10i^2-8i\varrho_0)+\gamma_8(4i^2+20i\varrho_0-4\varrho_0^2)\\
&\quad+\gamma_7(-13i^2+8i\varrho_0+10\varrho_0^2)+\gamma_6(-26i\varrho_0+4\varrho_0^2)\\
&\quad+\gamma_5(4i^2-13\varrho_0^2)+\gamma_4\cdot 8i\varrho_0+\gamma_3\cdot 4\varrho_0^2\\
&E=\int_0^1 \varrho^2\eta_5\eta_6\,d\xi=\gamma_{14}\cdot 3i^2+\gamma_{13}\cdot 6i\varrho_0+\gamma_{12}(-10i^2+3\varrho_0^2)\\
&\quad+\gamma_{11}(-15i^2-20i\varrho_0)+\gamma_{10}(7i^2-30i\varrho_0-10\varrho_0^2)\\
&\quad+\gamma_9(62i^2+14i\varrho_0-15\varrho_0^2)+\gamma_8(124i\varrho_0+7\varrho_0^2)+\gamma_7(-75i^2+62\varrho_0^2)\\
&\quad-\gamma_6\cdot 150i\varrho_0+\gamma_5(28i^2-75\varrho_0^2)+\gamma_4\cdot 56i\varrho_0+\gamma_3\cdot 28\varrho_0^2\\
&F=\int_0^1 \varrho^2\eta_6^2\,d\xi=\gamma_{15}\cdot i^2+\gamma_{14}\cdot 2i\varrho_0+\gamma_{13}\cdot\varrho_0^2-\gamma_{12}\cdot 10i^2-\gamma_{11}\cdot 20i\varrho_0\\
&\quad+\gamma_{10}(8i^2-10\varrho_0^2)+\gamma_9(25i^2+16i\varrho_0)+\gamma_8(50i\varrho_0+8\varrho_0^2)\\
&\quad+\gamma_7(-40i^2+25\varrho_0^2)-\gamma_6\cdot 80i\varrho_0+\gamma_5(16i^2-40\varrho_0^2)\\
&\quad+\gamma_4\cdot 32i\varrho_0+\gamma_3\cdot 16\varrho_0^2
\end{aligned}\right|\qquad(23)$$

Wie früher findet man aus $\delta I=0$ oder $\frac{\partial I}{\partial\alpha_4}=\frac{\partial I}{\partial\alpha_5}=\frac{\partial I}{\partial\alpha_6}=0$ die Gleichung

$$\Delta_3=\begin{vmatrix}(Au-F_A) & (Bu-F_B) & (Du-F_D)\\ (Bu-F_B) & (Cu-F_C) & (Eu-F_E)\\ (Du-F_D) & (Eu-F_E) & (Fu-F_F)\end{vmatrix}=0\,. \qquad (24)$$

Auch hier ergeben sich für die erste kritische Drehzahl neben (16) und (21) die weiteren Näherungen

$$u_D=\frac{F_D}{D}\,,\quad u_E=\frac{F_E}{E}\,,\quad u_F=\frac{F_F}{F}\,. \qquad (25)$$

(25) muß zur Kontrolle berechnet werden, ehe die kubische Gleichung (24) aufgelöst wird. Es folgen aus (24) auch andere Näherungen an die zweite kritische Drehzahl als (19), doch kann hier auf ihre Darstellung verzichtet werden. Erwähnt werden muß hier freilich, daß die Auswertung von (24) große Anforderungen an die Genauigkeit der Berechnung von $A\ldots F$ stellt, was einer häufigeren Ausnutzung natürlich hindernd im Wege steht. Alle Näherungen stellen obere Schranken der Wurzelwerte dar, wie es dem Ritzschen Verfahren eigen ist.

3. Die Differentialgleichung und die Berechnung wichtiger Spezialfälle.

Die Gleichungen von P. E. Brunelli.

Betrachten wir gemäß Abb. 2 unter vorläufiger Außerachtlassung der Kreiselwirkung das Biegungsmoment an der Stelle x, so sehen wir, daß es durch Summierung von Elementarmomenten $dM_x=dm\,\mathfrak{y}\,\omega^2\,(\mathfrak{x}-x)$ entsteht, die von der

Fliehkraft des Massenelementes $dm = \mu r^2(\mathfrak{x})\pi d\mathfrak{x}$, worin $\mathfrak{x}$ nach Abb. 2 auf den Bereich $x \leqq \mathfrak{x} \leqq l$ beschränkt ist, herrühren und noch aus dem Moment der Haltekraft T am Ende $x = l$ der Welle

$$M_x = E\,J\,\frac{d^2 y}{d x^2} = \pi\,\mu\,\omega^2 \int_x^l r^2(\mathfrak{x})\,(\mathfrak{x} - x)\,\mathfrak{y}\,d\mathfrak{x} - T\,(l - x)\,.$$

Ableitung nach x ergibt mit Beachtung der veränderlichen unteren Grenze

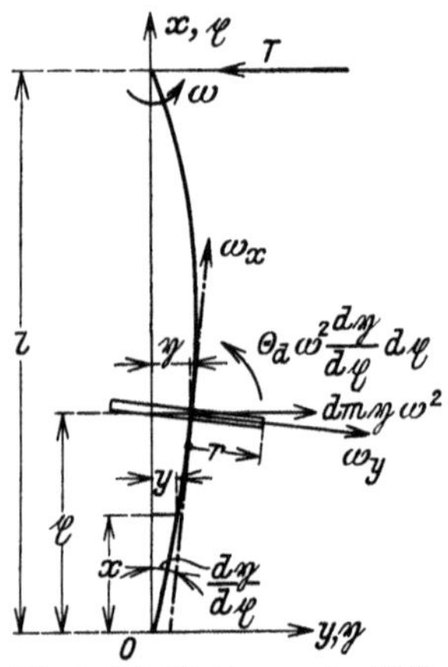

Abb. 2. Die Verbiegung der Welle durch Fliehkraft und Kreiselwirkung.

$$E\,J\,\frac{d^3 y}{d x^3} = -\pi\,\mu\,\omega^2 \int_x^l r^2(\mathfrak{x})\,\mathfrak{y}\,d\mathfrak{x} + T\,,$$

$$E\,J\,\frac{d^4 y}{d x^4} - \pi\,\mu\,\omega^2 r^2(x)\,y = 0\,. \tag{26}$$

Mit Beachtung von (6) bis (9) folgt kürzer

$$\frac{d^4\eta}{d\xi^4} - u\,\varrho^2\,\eta = 0\,. \tag{26a}$$

Ist $i = 0$, also nach (10) $\varrho = \varrho_0$, so folgt aus (26a) für konstanten Scheibenhalbmesser

$$\frac{d^4\eta}{d\xi^4} - u\,\varrho_0^2\,\eta = 0\,. \tag{27}$$

(26a) kann, was zur Kontrolle dienen möge, sofort auch aus (2b) S. 6 gewonnen werden, wenn man dessen Integrand $F(\eta'', \eta) = \eta''^2 - u\varrho^2\eta^2$, wie es die Variationsrechnung vorschreibt, der Euler-Lagrangeschen Ableitung

$$\frac{d^2}{d\xi^2}\left(\frac{\partial F}{\partial \eta''}\right) - \frac{d}{d\xi}\left(\frac{\partial F}{\partial \eta'}\right) + \frac{\partial F}{\partial \eta} = 0 \tag{28}$$

unterwirft, was leicht verifiziert werden kann.

Bevor jedoch aus (26a) im Verein mit (12a) weitere Ergebnisse hergeleitet werden, mögen die Ergebnisse des zweiten Abschnittes zur näherungsweisen Berechnung einiger wichtiger Spezialfälle herangezogen werden, wobei — wie die Ergebnisse zeigen — die zweite Annäherung vollkommen ausreichend ist. Die in dieser Arbeit untersuchten Fälle sind in den Abbildungen und zugehörigen Tabellen mit fortlaufenden Nummern versehen worden, um späterhin kurz auf sie Bezug nehmen zu können.

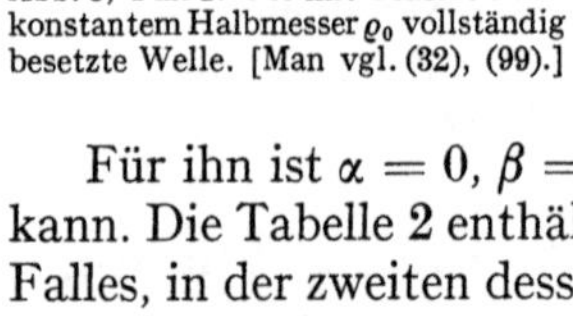

Abb. 3, Fall 1. Die mit Scheiben von konstantem Halbmesser ϱ_0 vollständig besetzte Welle. [Man vgl. (32), (99).]

Fall 1, Abb. 3: Dieser längst bekannte Belastungsfall, dessen strenge Lösungen in unserer Bezeichnungsweise lauten:

$$u\,\varrho_0^2 = (n\,\pi)^4, \qquad n = 1, 2, 3, \ldots \tag{29}$$

wurde bereits im ersten Abschnitt erwähnt.

Für ihn ist $\alpha = 0$, $\beta = 1$, $i = 0$, während ϱ_0 jeden beliebigen Wert annehmen kann. Die Tabelle 2 enthält nun in der ersten Spalte die Nummer des betreffenden Falles, in der zweiten dessen Kennzeichnung durch Angabe der charakteristischen Ziffern $\alpha, \beta, i, \varrho_0$, wobei natürlich jene jeweils nicht angegeben ist, die unbestimmt bleiben kann, d. h. für die nachträglich — solange Kreiselwirkung unbeachtet bleibt — unbeschadet der Allgemeinheit des Ergebnisses jede beliebige Zahl angenommen werden kann; es fehlt also in der zweiten Spalte entweder ϱ_0 oder i oder keines von beiden, während α und β natürlich stets vertreten sind. Die dritte Spalte enthält den Hinweis auf die entsprechende Abbildung, während die nächsten drei Spalten die gemäß (14) und (18) ermittelten Werte von A, B, C enthalten und zwar nach Abscheidung des unbestimmt gebliebenen, in der zweiten Kolonne also fehlenden Faktors ϱ_0 oder i, der andrerseits in den weiteren drei Spalten, die gemäß (16) und (21) die Größen u_A, u_B, u_C bringen, naturgemäß als Faktor erscheinen muß. Dasselbe gilt von den nächsten zwei Spalten, von denen die erste unter u_1 die gemäß (19) erfolgte Verbesserung der ersten durch u_A, u_B, u_C angenäherten kritischen Drehzahl enthält, während die zweite unter u_2 die ebenfalls durch (19) oder (20) erfolgte erste Annäherung an die zweite kritische Drehzahl enthält[23*].

Die strenge Lösung, die im allgemeinen durch eine transzendente Gleichung gegeben ist, wird nun dadurch ausgewertet, daß man auf Grund der erhaltenen Näherungsergebnisse bezüglich u zwei Annahmen trifft, die nach Möglichkeit den vermutlichen strengen Wert umschließen und die in der nächsten Spalte angegeben sind. Mit ihnen nimmt die transzendente Gleichung f, die dann gelöst erscheint, wenn $f = 0$ ist, gewöhnlich Werte verschiedenen Vorzeichens an, die in der nächsten Spalte erscheinen und die dann mittels linearer — gewöhnlich vollkommen ausreichender — Interpolation die strengen Werte, die unter u_W angegeben sind, ermitteln lassen. Diese letzten drei Spalten wiederholen sich ebenso nochmals zur eventuellen strengen Bestimmung der zweiten kritischen Drehzahl. Wo natürlich, wie im Fall 1, gemäß (29) die strengen Lösungen unmittelbar gegeben sind oder den Berechnungen anderer Autoren entnommen werden konnten, ist eine Annahme für u_1 oder u_2 unnötig und daher die entsprechende Spalte leer gelassen. Die hier ausführlich besprochene Tabelle 2 ist in späteren Tabellen nachgeahmt, so daß, falls nicht eigens erwähnte Änderungen vorgesehen werden, dieselben ohne weitere Beschreibung verständlich sein werden.

Man entnimmt der Tabelle 2, daß die Näherungswerte $u_1\varrho_0^2$ bzw. $u_2\varrho_0^2$ von den bezüglich strengen Lösungen nur um 0,14 bzw. 1,6% abweichen und für ω ermäßigt sich nach (9) dieser Fehler auf ungefähr die Hälfte. Außerdem stimmen in Fall 1 und 2 die Werte $u_A\varrho_0^2$ und $u_B\varrho_0^2$ miteinander überein, da sie symmetrisch belastet sind und daher auch symmetrische Verzerrungen haben, was wohl durch (13), nicht aber durch (17) im Teile η_5 verwirklicht ist. Im fünften Abschnitte werden daher durch symmetrische Ansätze noch bedeutend besser Näherungen u_1 für solche Fälle erzielt, während im vierten Abschnitte gezeigt wird, daß ein Zusammenfallen von u_B nur mit dem kleineren der Werte u_A, u_C möglich ist, wobei dann auch u_1 mit diesem Werte übereinstimmt.

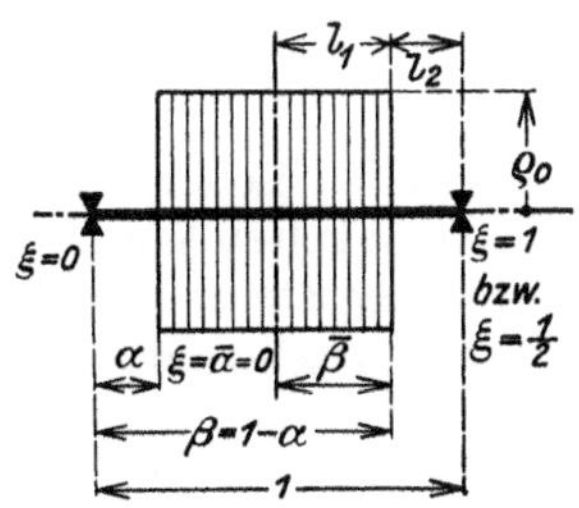

Abb. 4, Fall 2. Die symmetrische teilweise mit Scheiben von konstantem Halbmesser ϱ_0 besetzte Welle. [Man vgl. (35a, b), (109).]

Fall 2, Abb. 4. Die Scheiben mit konstantem Halbmesser ϱ_0 erfüllen ein mittleres Wellenstück derart, daß Symmetrie zur Wellenmitte gewahrt wird. In Tabelle 2 sind zwei Annahmen gemacht, nämlich die, daß die mit Scheiben besetzte Wellenstrecke einmal $0{,}6\,l$, das andere Mal $0{,}5\,l$ beträgt. Man kennt die strengen Lösungen dieses Belastungsfalles. Sie sind gefunden worden von P. E. Brunelli und im Anhang seines auch sonst sehr lesenswerten Buches: Die kritische Geschwindigkeit von Wellen[24] veröffentlicht. Der früher erwähnte Zerfall in zwei Linearfaktoren

[23*] Es wurde hierbei oftmals mit einer größeren Genauigkeit gerechnet, als in den Tabellen angegeben ist, und können die fraglichen Zahlenwerte vom Verfasser bezogen werden.

[24] Brunelli, P. E.: La velocità critiche degli alberi, Gl. (83) S. 160 und Gl. (84) S. 164. Napoli 1921. Die erstere mit (30a) übereinstimmende Gleichung ist neben vielen anderen Fällen daselbst ausführlich begründet. In unmittelbarem Zusammenhang mit dem hier erörterten Fall stehen auch die Untersuchungen desselben Autors über die Propellerwellen:

Tabelle 2. Die kritischen Drehzahlen der unsymmetrischen Fälle ohne

Fall Nr.	Kennzeichen $\alpha, \beta, \varrho_0, i$	Abb.-Nr.	$A:\varrho_0^2$	$B:\varrho_0^2$	$C:\varrho_0^2$	$u_A\cdot\varrho_0^2$	$u_B\cdot\varrho_0^2$
1	$\alpha=0, \beta=1$ $i=0$	3	0,049206	0,369048	2,770563	97,548	97,548
2	$\alpha=0{,}2, \beta=0{,}8$ $i=0$	4	0,044330	0,332476	2,495383	108,278	108,278
	$\alpha=0{,}25, \beta=0{,}75$ $i=0$		0,040134	0,301006	2,258824	119,599	119,599
3	$\alpha=0, \beta=0{,}75$ $i=0$	6	0,044670	0,333240	2,487901	107,454	108,030
	$\alpha=0, \beta=0{,}5$ $i=0$		0,024603	0,179674	1,312527	195,097	200,363
	$\alpha=0, \beta=0{,}25$ $i=0$		0,004536	0,032235	0,229077	1058,17	1116,80
			$A:i^2$	$B:i^2$	$C:i^2$	$u_A\cdot i^2$	$u_B\cdot i^2$
4	$\alpha=0, \beta=1$ $\varrho_0=0$	7	0,013925	0,106530	0,815540	344,705	337,934
			A	B	C	u_A	u_B
5	$\alpha=0{,}2, \beta=0{,}8$ $\varrho_0=0{,}1, i=0{,}25$	8	0,002308	0,017459	0,132182	2080,128	2061,974
			$A+\alpha_\varkappa\cdot\eta_{4\varkappa}^2$	$B+\alpha_\varkappa\cdot\eta_{4\varkappa}\eta_{5\varkappa}$	$C+\alpha_\varkappa\cdot\eta_{5\varkappa}^2$	u_A	u_B
5a	Wie bei 5 $\varepsilon=0{,}25, \varrho_\varkappa=0{,}4$ $\varkappa=0{,}15$	31	0,002470	0,018610	0,140319	1943,087	1934,471

bei symmetrischer Belastung findet nun seinen Ausdruck darin, daß für die Geschwindigkeiten gerader wie ungerader Ordnung je eine eigene Gleichung zur Verfügung steht. P. E. Brunelli[25] gibt folgende Lösungen

a) für Geschwindigkeiten ungerader Ordnung:

$$\frac{\bar\lambda^3}{6}\frac{J_1}{J_2}\bar\mu^3(\operatorname{tg}\bar\mu + \mathfrak{Tg}\,\bar\mu) = (1+\bar\lambda\bar\mu\,\mathfrak{Tg}\,\bar\mu)\,(1-\bar\lambda\bar\mu\operatorname{tg}\bar\mu)\,, \tag{30a}$$

The critical speed of propeller shafts. J. Amer. Soc. nav. Engr. Bd. **83** Nr. **4** (**1921**) S. **711** und La velocità critica degli alberi porta-elica. Notiz. tecn. Aeron. Jg. **6** Nr. **3** (**1930**), wo ebenfalls Wellen mit zwei Feldern untersucht werden, deren eines der Natur des Problems gemäß überhängend ist. Die Belastung ist gleichförmig oder auch konzentriert (Einzellast) gewählt und die Ergebnisse sind tabellarisch zusammengefaßt.

[25] Man vgl. auch P. E. Brunelli: Studi sul comportamento degli alberi rispetto alle velocità critiche. Notiz. tecn. Aeron. Bd. **9** (**1929**). Als **1**. und **2**. sind obige Gleichungen (**30**a), (**30**b) wiedergegeben, (**30**b) ausführlich hergeleitet; ferner ist eine Verallgemeinerung, betreffend einen Fall der Zweifelderwelle angegeben, auf den im **12**. Abschnitt noch ausführlicher zurückgekommen wird. Die beachtenswerte Arbeit enthält außerdem noch Untersuchungen über den Einfluß von Verdickungen (Versteifungen) der Welle auf die kritische Drehzahl und stellt die Ergebnisse durch Tabellen und Diagramme übersichtlich dar. Man vgl. auch die Arbeit von P. Ferretti: Per lo studio velocità critica. L'industria **1927** Nr. **11**, in der der Einfluß eines umgebenden Mittels (Luft, Wasser, Schwefelsäure) auf die kritischen Drehzahlen stetig belasteter Wellen experimentell untersucht und die Ergebnisse in Diagrammen veranschaulicht werden.

Kreiselwirkung. $F_A = 4{,}8$, $F_B = 36$, $F_C = 274{,}285\,714$, $F_A F_C - F_B^2 = 20{,}571\,429$.

$u_C \cdot \varrho_0^2$	$u_1 \cdot \varrho_0^2$	$u_2 \cdot \varrho_0^2$	Annahme $u_1 \cdot \varrho_0^2$	f	$u_{W_1} \cdot \varrho_0^2$	Annahme $u_2 \cdot \varrho_0^2$	f	$u_{W_2} \cdot \varrho_0^2$
99	97,548	1584	—	—	97,409	—	—	1558,54
109,917	108,278	2366,61	—	—	107,726	—	—	2205,58
121,429	119,599	3344,02	—	—	118,822	—	—	2979,25
110,248	107,253	2233,65	—	—	106,961	1975 2072	+ 192,81 — 20,75	2060,89
208,975	186,821	11284,35	—	—	186,203	6388 6445	— 7,492 + 3,816	6425,59
1197,35	901,35	—	—	—	888,08	—	—	—
$u_C \cdot i^2$	$u_1 \cdot i^2$	$u_2 \cdot i^2$	Annahme $u_1 \cdot i^2$	f	$u_{W_1} \cdot i^2$	Annahme $u_2 \cdot i^2$	f	$u_{W_2} \cdot i^2$
336,324	335,822	7840,33	335 336	$0{,}0^4134$ $-0{,}0^598$	335,578	—	—	—
u_C	u_1	u_2	—	—	—	—	—	—
2075,059	2069,578	49632,03	—	—	—	—	—	—
u_C	u_1	u_2	—	—	—	—	—	—
1954,733	1940,516	34584,65	—	—	—	—	—	—

b) für Geschwindigkeiten gerader Ordnung:

$$\frac{\bar{\lambda}^3}{6}\,\frac{J_1}{J_2}\,\bar{\mu}^3(\mathfrak{Cot}\,\bar{\mu} - \cot\bar{\mu}) = (1 + \bar{\lambda}\,\bar{\mu}\,\mathfrak{Cot}\,\bar{\mu})\,(1 + \bar{\lambda}\,\bar{\mu}\cot\bar{\mu})\,. \qquad (30\,\mathrm{b})$$

Hierin bedeutet J_1 das axiale Trägheitsmoment des Wellenquerschnittes der Laststrecke, J_2 das des unbelasteten Teiles; unserer Voraussetzung gemäß ist $J_1 = J_2$. Ferner bedeutet (Abb. 4) $\bar{\lambda} = \frac{l_2}{l_1}$, wobei l_1 die halbe belastete, l_2 die halbe unbelastete Wellenstrecke ist. $\bar{\mu} = l_1 \sqrt[4]{\frac{p}{g}\,\frac{\omega^2}{EJ}}$, worin $\frac{p}{g} = \mu\, r_0^2 \pi$ in unserer Bezeichnungsweise zu setzen ist, wobei — im Gegensatz zum $\bar{\mu}$ der Brunellischen Gleichungen — jetzt μ die räumliche Dichte bedeutet. Daher ist:

$$\bar{\mu} = l_1 \sqrt[4]{\frac{p}{g}\,\frac{\omega^2}{EJ}} = l_1 \sqrt[4]{\mu\, l^2 \varrho_0^2 \pi \frac{\omega^2}{EJ}} = \frac{l_1}{l} \sqrt[4]{\frac{\mu\,\omega^2 l^6 \pi}{EJ}\,\varrho_0^2} = \left(\frac{1}{2} - \alpha\right) \sqrt[4]{u\,\varrho_0^2}\,;$$

$$\bar{\lambda}\,\bar{\mu} = \frac{l_2}{l_1}\left(\frac{1}{2} - \alpha\right) \sqrt[4]{u\,\varrho_0^2} = \alpha \sqrt[4]{u\,\varrho_0^2}\,.$$

Man erkennt leicht, daß die hier vorkommende Größe: $\sqrt[4]{u\varrho_0^2}$, die wir zunächst $\varkappa$ nennen wollen, die Wurzel der zu (27) gehörigen charakteristischen Gleichung ist, so daß wir deren vollständige Lösung in der Form schreiben können:

$$\eta = A\,\mathfrak{Sin}(\varkappa\xi) + B\,\mathfrak{Cof}(\varkappa\xi) + C\sin(\varkappa\xi) + D\cos(\varkappa\xi), \tag{31}$$

$$\varkappa = \sqrt[4]{u\,\varrho_0^2}. \tag{32}$$

Bei Mehrfelderwellen, z. B. bei der Dreifelderwelle der Abb. 5, treten statt ϱ_0 die drei Halbmesser $\varrho_\varkappa, \varrho_\lambda, \varrho_\mu$ in den Formeln auf, denen dann statt (32) die Größen $\varkappa = \sqrt[4]{u\varrho_\varkappa^2}$, $\lambda = \sqrt[4]{u\varrho_\lambda^2}$, $\mu = \sqrt[4]{u\varrho_\mu^2}$ zugeordnet sind, wobei bei beachteter Kreiselwirkung für jede derselben zwei Wurzelwerte treten, die durch die unteren Zeiger $i = 1, 2$ nach dem Schema (33) in den Gleichungen unterschieden werden sollen. Die multiplikative Verknüpfung dieser Größen mit den Feldlängen u, v, w (Abb. 5) soll nach dem Schema (33) durch Hinzufügen eines Zeigers u, v, w in mittlerer Höhe berücksichtigt werden, wodurch die Formeln sehr vereinfacht werden und der obere Platz noch für Exponenten freibleibt. Z. B. bedeutet also $\varkappa_1^2{}^u = (\varkappa_1 u)^2$. Der Fortfall der vielen Klammern gestaltet insbesondere die Formeln der Abschnitte 12 und 13 sehr übersichtlich[25*].

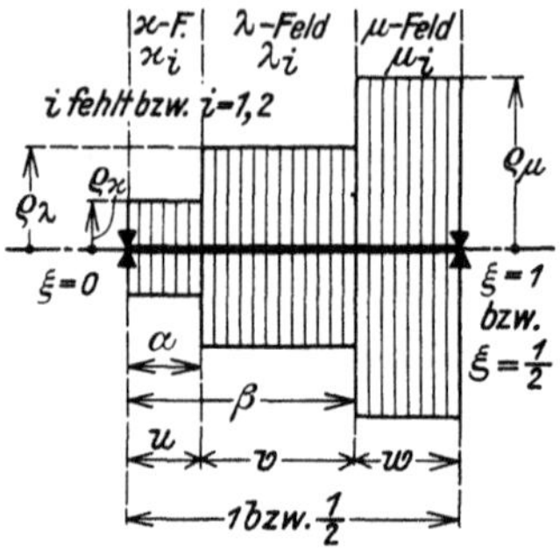

Abb. 5. Festsetzung der Bezeichnungsweise bei mehrstufigen Läufern.

	$\varkappa_i$	λ_i	μ_i
u	$\varkappa_i{}^u$	$\lambda_i{}^u$	
v	$\varkappa_i{}^v$	$\lambda_i{}^v$	$\mu_i{}^v$
w		$\lambda_i{}^w$	$\mu_i{}^w$

bei unbeachteter Kreiselwirkung fehlt i
bei beachteter Kreiselwirkung ist $i = 1$ oder 2
Statt der Feldlängen u, v, w können auch die Feldgrenzen α, β mit $\varkappa_i$, λ_i, μ_i zu $\varkappa_i{}^\alpha$ usw. vereint werden. Man vgl. Abb. 5. (33)

Hinsichtlich der Feldlängen erhalten wir nach obigen Festsetzungen die Regel (Abb. 5), wobei aber z. B. auch abweichend die rechte Grenze des Feldes u mit β bezeichnet werden kann [vgl. Abb. 6 und nach (36)], falls dies die Klarheit erheischt:

a) Einfelderwelle

$u = 1,\ v = 0,\ w = 0$ oder $u = 0,\ v = 1,\ w = 0$ oder $u = 0,\ v = 0,\ w = 1$

b) Zweifelderwelle

$u = \alpha,\ v = 1 - \alpha = 1 - u$ bei unsymm., $v = \frac{1}{2} - \alpha = \frac{1}{2} - u$ bei symm. Belastung, $w = 0$ oder

$u = 0,\ v = \beta,\ w = 1 - \beta = 1 - v$ bei unsymm., $w = \frac{1}{2} - \beta = \frac{1}{2} - v$ bei symm. Belastung

c) Dreifelderwelle

$u = \alpha,\ v = \beta - \alpha = \beta - u,\ w = 1 - \beta = 1 - (u + v)$ bei unsymm.,

$w = \frac{1}{2} - \beta = \frac{1}{2} - (u + v)$ bei symm. Belastung (34)

Gemäß (32), (33), (34) erhalten wir nun aus (30a) bzw. (30b), wenn die dort angedeuteten Multiplikationen ausgeführt werden und unter Beachtung, daß

[25*] Eine Verwechslung des Eigenwertes u in (9), der gemäß (32) in $\varkappa, \lambda, \mu$ vorkommt, mit der Feldlänge u in Abb. 5 ist schwer möglich, da beide Größen nebeneinander explizit nicht vorkommen und die Feldlänge u nach (33) überhaupt meist als mittlerer Index im Kleindruck erscheint.

nach der neuen Bezeichnungsweise $\overline{\mu} = \lambda v$, $\overline{\lambda}\,\overline{\mu} = \lambda u$ ist (Abb. 4), worin $\lambda = \sqrt[4]{u\,\varrho_\lambda^2}$ wohl vom $\overline{\lambda}$ der Brunellischen Bezeichnungsweise zu unterscheiden ist,

a) für Geschwindigkeiten ungerader Ordnung aus (30a)

$$1 - \lambda u\,(\operatorname{tg}\lambda v - \mathfrak{Tg}\,\lambda v) - \lambda^2 u \operatorname{tg}\lambda v\,\mathfrak{Tg}\,\lambda v - \tfrac{1}{6}\lambda^3 u\,(\operatorname{tg}\lambda v + \mathfrak{Tg}\,\lambda v) = 0, \quad v = \tfrac{1}{2} - u, \qquad (35\text{a})$$

b) für Geschwindigkeiten gerader Ordnung aus (30b)

$$\operatorname{tg}\lambda v\,\mathfrak{Tg}\,\lambda v + \lambda u\,(\operatorname{tg}\lambda v + \mathfrak{Tg}\,\lambda v) + \lambda^2 u - \tfrac{1}{6}\lambda^3 u\,(\operatorname{tg}\lambda v - \mathfrak{Tg}\,\lambda v) = 0, \quad v = \tfrac{1}{2} - u. \qquad (35\text{b})$$

Die Zahlenwerte $\overline{\mu}$ in (30a) und (30b) sind in Tabellen des Buches von P. E. Brunelli für verschiedene Werte von $\overline{\lambda}$ berechnet und brauchten bloß nach der oben angegebenen Beziehung auf $u_{W_1}\varrho_0^2$ umgerechnet werden. Die Werte $u_1\varrho_0^2$ bzw. $u_2\varrho_0^2$, die wieder im fünften Abschnitte wegen ihrer Symmetrie bedeutend verbessert werden, weichen bei der zweiten kritischen Drehzahl noch verhältnismäßig wenig von den strengen Werten ab, während sie die erste vorzüglich annähern. Statt des dem λ entsprechenden Wertes ϱ_λ konnte hier wieder ϱ_0 gesetzt werden, da nur ein Scheibenhalbmesser in Abb. 4 erscheint.

Fall 3, Abb. 6. Unsymmetrischer Fall mit drei in Tabelle 2 ersichtlichen Unterfällen. Wegen $\gamma_n = \beta_n$ (da $\alpha = 0$) ist die Näherungsrechnung besonders rasch zu bewerkstelligen. Als strenge Lösung gibt P. E. Brunelli wieder (35b), die sich aber wegen der Belastung des ersten $\varkappa$-Feldes und wegen $v = 1 - u$ gemäß (33) jetzt darstellt in der Form:

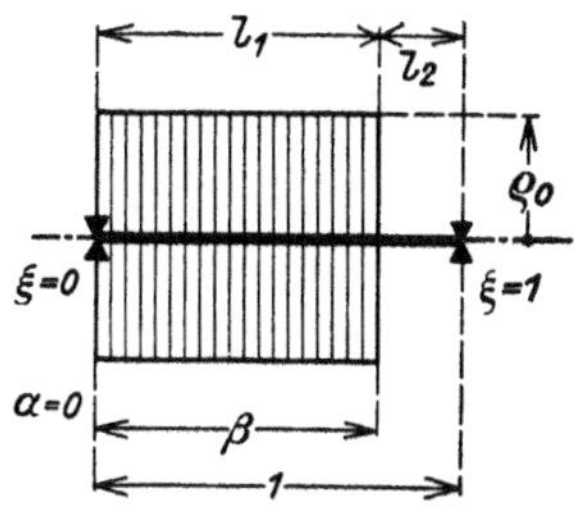

Abb. 6, Fall 3. Die unsymmetrische, teilweise mit Scheiben von konstantem Halbmesser ϱ_0 besetzte Welle. [Man vgl. (36), (98).]

$$\operatorname{tg}\varkappa u\,\mathfrak{Tg}\,\varkappa u + \varkappa v\,(\operatorname{tg}\varkappa u + \mathfrak{Tg}\,\varkappa u) + \varkappa^2 v - \tfrac{1}{6}\varkappa^3 v\,(\operatorname{tg}\varkappa u - \mathfrak{Tg}\,\varkappa u) = 0, \quad v = 1 - u. \qquad (36)$$

Bei Auswertung von (36) wurden hinsichtlich der zweiten kritischen Drehzahl die in Tabelle 2 ersichtlichen Annahmen gemacht, die den strengen Wurzelwert umschließen.

(35b) und (36) werden identisch, wenn λv in Fall 2 gleich $\varkappa u$ in Fall 3 und analog λu gleich $\varkappa v$ wird. Dies besagt, daß nach den Abb. 4 und 6 die beiden Gleichungen

$$\lambda(\tfrac{1}{2} - \alpha) = \varkappa\beta\,, \qquad \lambda\alpha = \varkappa(1 - \beta)$$

bestehen müssen, die $\beta = 1 - 2\alpha$, $\lambda = 2\varkappa$ ergeben, welch letztere Gleichung nach (32) besagt, daß der Wert $u_{W_2}\varrho_0^2$ des Falles 2 gleich $16 \cdot u_{W_1}\varrho_0^2$ des Falles 3 wird, wobei dann natürlich im Fall 2 die zweite, im Fall 3 die erste kritische Drehzahl zu verstehen ist:

Besteht zwischen den Größen α und β der in den Abb. 4 und 6 dargestellten Belastungsfälle die Beziehung $\beta = 1 - 2\alpha$, so ist bei Außerachtlassung der Kreiselwirkung der Wert $u_{W_2}\varrho_0^2$ der zweiten kritischen Drehzahl des Falles 2 in Abb. 4 gerade sechzehnmal so groß als der Wert $u_{W_1}\varrho_0^2$ der ersten kritischen Drehzahl des Falles 3 in Abb. 6.

Mit Hilfe dieses Satzes kann Rechenarbeit bei Auswertung von (35b) bzw. (36) erspart werden, wovon in Tabelle 2 Gebrauch gemacht wurde, denn $\alpha = 0{,}25$ in Fall 2 und $\beta = 0{,}5$ in Fall 3 erfüllen die obige Bedingung. Somit ist für Fall 2: $u_{W_2}\varrho_0^2 = 16 \cdot u_{W_1}\varrho_0^2$ in Fall 3, also $u_{W_2}\varrho_0^2 = 16 \cdot 186{,}203 = 2979{,}25$. Mit abnehmendem β sinkt die Genauigkeit der Näherung an die zweite kritische Drehzahl bedeutend, so daß schon für $\beta = 0{,}5$ ein anderer Weg der Berechnung benutzt werden muß, doch haben derart unsymmetrisch belastete Wellen kaum eine praktische Bedeutung.

Fall 4, Abb. 7. Die Scheibenumfänge erfüllen einen Kegelmantel mit der Spitze im Lager $\xi = 0$. Hier ist $\varrho_0 = 0$ und i^2 erscheint als unbestimmt gebliebener Faktor bei den Näherungswerten u.

Um auch für diesen Fall eine strenge Ermittelung zu ermöglichen, geht man mit dem für $\varrho_0 = 0$ aus (10) ermittelten Ausdruck $\varrho = i\xi$ in (26a) ein und erhält die Differentialgleichung

$$\frac{d^4\eta}{d\xi^4} - u\,i^2\,\xi^2\,\eta = 0\,. \tag{37}$$

(37) gestattet keine geschlossene Lösung und deshalb werde folgender Reihenansatz eingeführt

$$\eta = \alpha_0 + \alpha_1\xi + \alpha_2\xi^2 + \alpha_3\xi^3 + \cdots + \alpha_n\xi^n + \cdots. \tag{38}$$

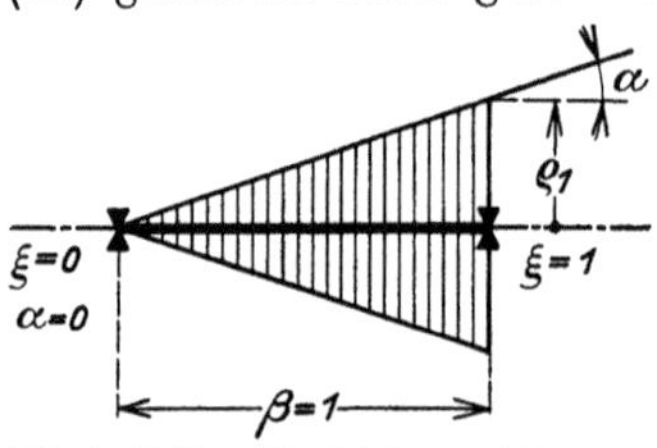

Abb. 7, Fall 4. Die Scheiben erfüll n mit ihren Umfängen einen Kegelmantel mit dem Basishalbmesser ϱ_1 und der Spitze in einem Lager. [Man vgl. (40), (102).]

(37) ergibt mit (38) zunächst die Rekursionsformel:

$$n(n-1)(n-2)(n-3)\,\alpha_n - u\,i^2\,\alpha_{n-6} = 0\,,$$
$$n = 6, 7, 8 \ldots$$

und damit ergibt sich nach längerer Rechnung mit $\bar{\alpha}_0, \bar{\alpha}_1, \bar{\alpha}_2, \bar{\alpha}_3$ als Integrationskonstanten die Lösung

$$\eta = \bar{\alpha}_0 D + \bar{\alpha}_1 E + \bar{\alpha}_2 F + \bar{\alpha}_3 G\,,$$

worin ist

$$\left.\begin{aligned}
D &= \frac{1}{2!} + \frac{u\,i^2\,\xi^6}{6!} + \frac{u^2\,i^4\,\xi^{12}\cdot 7\cdot 8}{12!} + \frac{u^3\,i^6\,\xi^{18}\cdot 7\cdot 8\cdot 13\cdot 14}{18!} + \cdots\\
E &= \frac{\xi}{3!} + \frac{u\,i^2\,\xi^7}{7!} + \frac{u^2\,i^4\,\xi^{13}\cdot 8\cdot 9}{13!} + \frac{u^3\,i^6\,\xi^{19}\cdot 8\cdot 9\cdot 14\cdot 15}{19!} + \cdots\\
F &= \frac{\xi^2}{4!} + \frac{u\,i^2\,\xi^8}{8!} + \frac{u^2\,i^4\,\xi^{14}\cdot 9\cdot 10}{14!} + \frac{u^3\,i^6\,\xi^{20}\cdot 9\cdot 10\cdot 15\cdot 16}{20!} + \cdots\\
G &= \frac{\xi^3}{5!} + \frac{u\,i^2\,\xi^9}{9!} + \frac{u^2\,i^4\,\xi^{15}\cdot 10\cdot 11}{15!} + \frac{u^3\,i^6\,\xi^{21}\cdot 10\cdot 11\cdot 16\cdot 17}{21!} + \cdots
\end{aligned}\right\} \tag{39}$$

Wegen der ersten beiden der Randbedingungen (12a) ist $\bar{\alpha}_0 = \bar{\alpha}_2 = 0$ und die beiden letzten ergeben

$$\bar{\alpha}_1 E_1 + \bar{\alpha}_3 G_1 = 0\,,$$
$$\bar{\alpha}_1 E_1'' + \bar{\alpha}_3 G_1'' = 0\,.$$

Hierin besagt der Index 1, daß in den in (39) angegebenen Reihen bzw. in ihren Ableitungen für $\xi = 1$ zu setzen ist. Soll Verzerrung eintreten, so dürfen $\bar{\alpha}_1$ und $\bar{\alpha}_3$ nicht gleichzeitig verschwinden; daraus folgt die Stabilitätsgleichung

$$f = \begin{vmatrix} E_1 & G_1 \\ E_1'' & G_1'' \end{vmatrix} = 0\,. \tag{40}$$

Um nun (40) mit (39) auszuwerten, wurden — gestützt auf den Wert $u_1 i^2$ in Tabelle 2 für $u_1 i^2$ einmal der Wert $u_1 i^2 = 335$, dann $u_1 i^2 = 336$ angenommen, womit die Reihen in (39) die in Tabelle 3 angegebenen und damit f in (40) die in Tabelle 2 ersichtlichen Werte ergaben. Eine lineare Interpolation lieferte dann den unter $u_{W_1} i^2$ in Tabelle 2 angegebenen strengen Wert, der mit außerordentlicher Schärfe mit $u_1 i^2$ übereinstimmt. Die Ermittelung des strengen Wertes für die zweite kritische Drehzahl gestaltet sich nach (39) und (40) außerordentlich mühsam, doch sind auf anderem Wege im vierten und neunten Abschnitt verschärfte Annäherungen für die zweite kritische Drehzahl gefunden worden.

Tabelle 3. Wichtige Reihenwerte für die strengen Lösungen der kritischen Drehzahlen bei kegelartigen Läufern und bei der Zweiflußtrommelturbine mit kegelstumpfförmigem Läufer. [Man vgl. hierzu (39), (40), (65), (66), (73), (76), (101), (102).]

$u_1 i^2$	E_1	G_1	E_1''	G_1''	$E_1 G_1''$	$E_1'' G_1$	f in (40)	$u_1 i^2$
335	0,234437	0,009266	2,995694	0,118460	0,027771	0,027758	+0,000013	335
336	0,234643	0,009269	3,005252	0,118670	0,027845	0,027855	−0,000010	336
	$E_{1/2}'$	$G_{1/2}'$	$E_{1/2}'''$	$G_{1/2}'''$	$E_{1/2}' G_{1/2}'''$	$G_{1/2}' E_{1/2}'''$	f in (65)	
724	0,182398	0,006320	1,895577	0,065741	0,011991	0,011980	+0,000011	724
728	0,182485	0,006321	1,906107	0,065828	0,012013	0,012048	−0,000035	728
	$D_{1/2}$	$F_{1/2}$	$D_{1/2}''$	$F_{1/2}''$	$D_{1/2} F_{1/2}''$	$D_{1/2}'' F_{1/2}$	f in (66)	
2930	0,563830	0,010701	7,759773	0,147313	0,083059	0,083038	+0,000021	2930
2940	0,564049	0,010702	7,786702	0,147532	0,083215	0,083334	−0,000118	2940
u_1	$\bar{D}$ (0,33)	$\bar{D}'$ (0,33)	$\bar{D}''$ (0,33)	$\bar{D}'''$ (0,33)	Hauptdiagonale in (76)	Nebendiagonale in (76)	f in (76)	u_1
7750	1,036384	0,482595	5,054255	39,442169	123,985767	124,074393	−0,088626	7750
7755	1,036407	0,482907	5,057528	39,467869	124,065808	124,093243	−0,027435	7755
7758	1,036421	0,483094	5,059491	39,483289	124,113834	124,104555	+0,009278	7758
	$\bar{F}$ (0,33)	$\bar{F}'$(0,33)	$\bar{F}''$(0,33)	$\bar{F}'''$(0,33)				
7750	0,109276	0,667558	2,130634	1,895343				7750
7755	0,109276	0,667563	2,130718	1,896568				7755
7758	0,109276	0,667566	2,130769	1,897303				7758
$u_1' i^2$	$j = \frac{i^2}{4}$ (E_1)	(G_1)	(E_1'')	(G_1'')	$(E_1) \cdot (G_1'')$	$(E_1'') \cdot (G_1)$	f in (102)	$u_1' i^2$
440	0,268280	0,010117	5,036081	0,189870	0,050938	0,050951	−0,000013	440
441	0,268526	0,010121	5,050033	0,190228	0,051081	0,051113	−0,000032	441
$u_1'' i^2$	$j = -\frac{3 i^2}{4}$ (E_1)	(G_1)	(E_1'')	(G_1'')	$(E_1) \cdot (G_1'')$	$(E_1'') \cdot (G_1)$	f in (102)	$u_1'' i^2$
192	0,193348	0,008224	0,997541	0,042650	0,008246	0,008203	+0,000043	192
193	0,193482	0,008223	1,001897	0,042616	0,008245	0,008239	+0,000007	193

Fall 5, Abb. 8. Die Scheibenumfänge erfüllen den Mantel eines Kegelstumpfes und sind bestimmt durch die in Tabelle 2 angegebenen Werte. Mit Fällen dieser Art[26] hat man es in der Praxis sehr häufig zu tun und auch das vorliegende Beispiel ist derselben entnommen[27]. Die strenge Lösung gestaltet sich in diesen

[26] Man vgl. etwa A. Stodola: Dampfturbinen. AEG-Turbine für große Leistungen, Abb. 603, S. 514; ferner die 15000 PS-Zoelly-Turbine, Abb. 635, S. 529; MAN-Turbine, Abb. 649, 650, S. 539, Abb. 651, 652, Tafel V, S. 540; Weser-Turbine, Abb. 655, S. 542; Rateau-Turbine, Abb. 670, S. 549 und Abb. 673, S. 550; Örlikon-Turbine, Abb. 676, S. 552; Skoda-Turbine, Abb. 682, S. 555 u. v. a. m.

[27] Es ist die Turbine der General Electric Company, Abb. 576, S. 500 in A. Stodola: Dampfturbinen, von der obige Angaben nur ganz geringfügig abweichen. Man vgl. auch ebendort die Baumann-Turbine, Abb. 694, 695, S. 571 und die Turbine der BBC-A.G. Abb. 707, S. 580. Man vgl. auch E. A. Kraft: Die neuzeitliche Dampfturbine, 2. Aufl. IV. Kap. S. 109. Berlin 1930, insbes. die amer. GEC-Kondensationsturbine, Abb. 145, S. 127 und die BTH-zweigehäusige-Kondensationsturbine, Abb. 149, S. 130 ebenda. Ferner: H. Melan: Theorie und Bau der Dampfturbinen. Leipzig-Wien 1922: Abdampfturbine von Westinghous,

Fällen außerordentlich schwierig, wie man sofort erkennt, wenn man die Reihenentwicklungen im fünften Abschnitt mit den Ergebnissen des dreizehnten Abschnittes der Dreifelderwelle, der ja auch der vorliegende Fall angehört, vergleicht. In noch höherem Maße gilt dies natürlich bei Berücksichtigung der Kreiselwirkung, die gerade hier von ausschlaggebender Bedeutung ist und somit noch eindringlicher die Anwendung des Näherungsverfahrens rechtfertigt.

Mit den in Tabelle 2 gefundenen Näherungswerten sind aber gemäß Abb. 8 Lösungen auch für alle jene Fälle gefunden, deren Erzeugende sich mit denen des berechneten Falles in derselben Spitze S der Drehachse treffen, was durch die Gleichungen $\varrho_{0II} = n\varrho_{0I}$, $i_{II} = ni_I$ ausgedrückt wird, in welchen die Zeiger I bzw. II den berechneten bzw. einen neuen Fall mit beliebigem reellen n bezeichnen. Aus (14) und (18) bzw. (16) und (21) folgt dann aber sofort, daß $u_{II} = \frac{u_I}{n^2}$, mithin $u_I \varrho_{0I}^2 = u_{II} \varrho_{0II}^2 = \cdots =$ konstant ist; auch die Fälle 1 bis 4 stellen sich nun als Unterfälle dieses allgemeineren Falles 5 dar, den man folgendermaßen beschreiben kann:

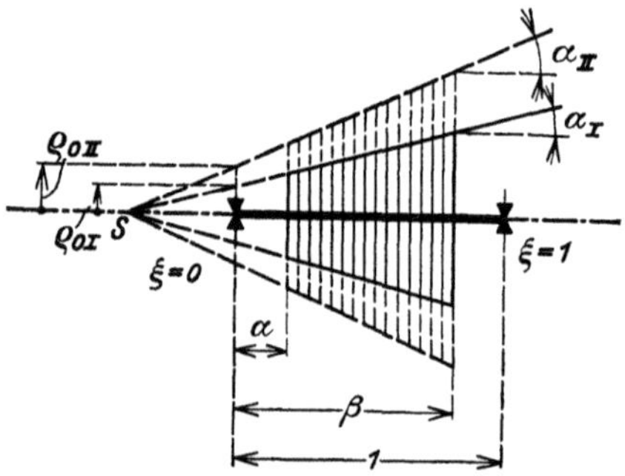

Abb. 8, Fall 5. Die Scheiben erfüllen mit ihren Umfängen Kegelstumpfmäntel mit der gemeinsamen Spitze S. Die Abmessungen entsprechen einer ausgeführten Läuferform.

Für alle jene Fälle, deren Scheibenumfänge bei gleicher Wellenbesetzung α und β mit ihrer Ergänzung Kegelmäntel erfüllen, deren gemeinsame Spitze in der Drehachse liegt, bleibt bei Außerachtlassung der Kreiselwirkung der Wert $u\varrho_0^2$ stets derselbe.

Hinsichtlich des in Tabelle 2 vermerkten Falles 5a vgl. man den 11. Abschnitt.

4. Die Realität der Näherungswerte und ihre geometrische Bedeutung. Weitere Näherungsformeln.

Daß die aus (16) und (21) errechneten Werte stets reell und positiv sein müssen, folgt unmittelbar aus der Definition von F_A, F_B, F_C, A, B, C in (14) und (18). Es soll nun auch gezeigt werden, daß die Wurzeln der quadratischen Gleichung (20) ebenfalls stets reell und positiv sein müssen, ein Ergebnis, das hinsichtlich der strengen Werte selbst ja bekanntlich aus der Darstellung des vorliegenden Randwertproblems durch eine homogene lineare Integralgleichung zweiter Art wegen der Symmetrie des Kernes ohne weiteres gefolgert werden kann. Hierzu sei die sog. Schwarzsche Ungleichung[28] in mehrfacher Art benutzt, die mit $v(s)$ und $w(s)$ als nebst ihren Quadraten in a, b integrablen Funktionen lautet

$$\int_a^b v^2(s)\,ds \cdot \int_a^b w^2(s)\,ds \geqq \left(\int_a^b v(s)\,w(s)\,ds\right)^2. \tag{41}$$

In (41) gilt das Gleichheitszeichen bloß dann, wenn $v(s) = c \cdot w(s)$ ist. (20) lautet

---

Abb. 147, S. 253 und Turbine der M. A. N., Abb. 146, S. 251 und P. E. Brunelli, Le macchine a vapore. Torino 1934: Capitolo ottavo, Fig. 186, S. 276, Fig. 187, S. 277, Fig. 188, S. 278 und Fig. 193, S. 283.

[28] v. Mises, R.: Die Differential- und Integralgleichungen der Mechanik und Physik Bd. 1. VIII, § 1, S. 306. Braunschweig 1925 oder G. Wiarda: Integralgleichungen S. 29. Leipzig und Berlin 1930.

etwas umgeformt $(AC-B^2)u^2-(AF_C+CF_A-2BF_B)u+(F_AF_C-F_B^2)=0$ oder kürzer $au^2-bu+c=0$, worin $a=AC-B^2$, $b=AF_C+CF_A-2BF_B$, $c=F_AF_C-F_B^2$ ist. Diese quadratische Gleichung hat sicher zwei relle, positive Wurzeln u, wenn $a>0$, $b>0$, $c>0$ und außerdem $b^2>4ac$ ist. Aus (41) folgt in Verbindung mit (14) und (18), wenn man einmal $\varrho\eta_4$, dann aber η_4'' gleich $v(s)$ setzt und analog $\varrho\eta_5$ bzw. η_5'' gleich $w(s)$, unmittelbar, daß

$$AC>B^2, \qquad F_AF_C>F_B^2 \tag{42}$$

ist, womit $a>0$ und $c>0$ erwiesen ist. Es ist aber auch $b>0$, denn multipliziert man die beiden Gleichungen (42) miteinander, radiziert und verdoppelt, so erhält man nach Vertauschung der Faktoren

$$2\sqrt{AF_C}\sqrt{CF_A}>2BF_B, \tag{42a}$$

worin, wie in (42), wegen der linearen Unabhängigkeit zwischen η_4 und η_5 bloß das Ungleichheitszeichen gilt. Da nun die Quadratsumme zweier ungleicher reeller Zahlen stets größer ist als ihr doppeltes Produkt, so folgt

$$AF_C+CF_A>2\sqrt{AF_C}\sqrt{CF_A}$$

und somit wegen (42a) erst recht

$$b=AF_C+CF_A-2BF_B>0. \tag{43}$$

Es möge besonders vermerkt werden, daß (43) auch dann noch gültig ist, wenn in (42) $AC=B^2$ angenommen wird, da dann (42a) trotzdem noch seine Gültigkeit behält.

Um schließlich auch die Gültigkeit der letzten Bedingung zu erweisen, sei mit $\delta>1$, $\Delta>1$ gesetzt $AC=B^2\delta$, $F_AF_C=F_B^2\Delta$. Daraus folgt

$$4ac=4(AC-B^2)(F_AF_C-F_B^2)=4B^2F_B^2(\delta-1)(\Delta-1),$$

$$b^2=(AF_C+CF_A-2BF_B)^2>(2\sqrt{AF_C}\sqrt{CF_A}-2BF_B)^2=4B^2F_B^2(\sqrt{\delta\Delta}-1)^2.$$

Da nun $(\delta-1)(\Delta-1)=\delta\Delta+1-(\delta+\Delta)<\delta\Delta+1-2\sqrt{\delta\Delta}=(\sqrt{\delta\Delta}-1)^2$ ist, so ist erst recht $b^2>4ac$.

Beachtet man (16) und (21) und ferner auch (42), woraus

$$\lambda_B=\frac{B^2}{AC}<1 \tag{44}$$

folgt, so kann (20) kürzer in der Form:

$$(u-u_A)(u-u_C)=\lambda_B(u-u_B)^2 \tag{20a}$$

geschrieben werden. Trägt man nun in Abb. 9 auf einer Geraden, der u-Achse, die Werte u_A, u_B, u_C auf, errichtet über der Strecke $\overline{u_Au_C}$ als Durchmesser den Kreis K_{AC} und denkt sich ferner um den Punkt u_B einen Nullkreis K_B (also von verschwindendem Radius) errichtet, so kann (20a) folgendermaßen gedeutet werden: $(u-u_A)(u-u_C)$ stellt offenbar die Potenz des gesuchten Punktes u der u-Achse bezüglich des Kreises K_{AC} dar, ebenso $(u-u_B)^2$ die Potenz hinsichtlich des Nullkreises u_B. Denkt man sich statt des Punktes u auf der u-Achse als variablen Punkt (x,y), so daß für $x=0$ $y=u$ wird, so wird der variable Punkt (x,y) gemäß (20a) durch die Aussage eingeschränkt, daß seine Potenz bezüglich K_{AC} gerade der λ_B-fachen Potenz bezüglich K_B sein soll. Dies ist aber bekanntlich wieder ein Kreis und seine Schnittpunkte mit der u-Achse $x = 0$ ergeben eben die fraglichen Wurzeln der quadratischen Gleichung (19) bzw. (20a).

Bei dieser Auffassung ist die Tatsache wesentlich, daß der Wert λ_B in allen Fällen sehr nahe an 1 herankommt. Im Falle der Abb. 9, die diese graphische Ermittelung von u bezüglich des in Abb. 8 dargestellten Falles 5 zeigt, ist z. B. $\lambda_B = 0{,}99934$, im Falle der Abb. 10, die den in Abb. 6 dargestellten Fall 3 mit $\beta = 0{,}5$ betrifft, ist $\lambda_B = 0{,}99969$. Im Verhältnis zur Strecke $\overline{u_A u_C}$, also zum Kreis K_{AC} ist also der Kreis (20a) sehr groß, was ja auch durch die in Tabelle 2 ersichtlichen hohen Werte für die zweiten kritischen Drehzahlen u_2 bestätigt wird. Man wird daraus mit Recht schließen können, daß es für die zweite Annäherung an die erste kritische Drehzahl nicht viel ausmachen kann, wenn man den Kreis (20a) unendlich, also $\lambda_B = 1$ werden läßt, womit der Kreis (20a) in die Potenzlinie oder Harmonikale der beiden Kreise K_{AC} und K_B übergeht, deren Schnittpunkt mit der u-Achse den gesuchten Punkt $\bar{u}_1$ liefert. Mit $\lambda_B = 1$ ergibt sich aus (20a):

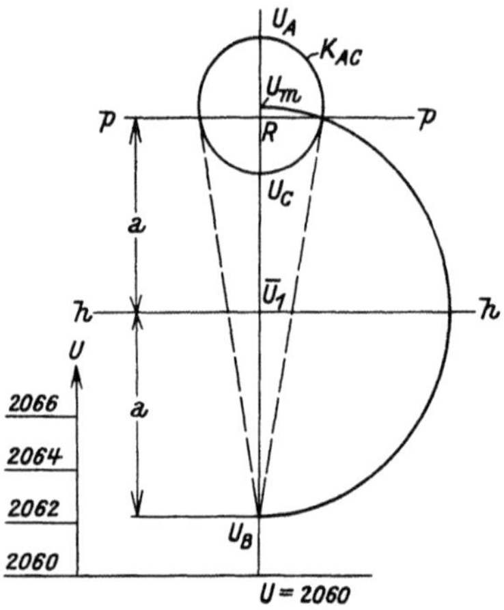

Abb. 9, Fall 5. Graphische Ermittelung der verbesserten ersten kritischen Drehzahl $\bar{u}_1$ unter der Voraussetzung, daß u_B kleiner ist als u_A oder u_C: $u_B < u_C < u_A$.

$$\bar{u}_1 = \frac{u_A u_C - u_B^2}{u_A + u_C - 2 u_B}. \tag{45}$$

(45) stellt den analytischen Ausdruck für die oben erwähnte graphische Konstruktion dar. Für diese ist es wesentlich, wie u_B zum Kreise K_{AC} liegt. In Abb. 9 liegt u_B außerhalb, in Abb. 10 innerhalb K_{AC}. Auf jeden Fall aber muß u_B tiefer liegen als der Mittelpunkt des Kreises K_{AC}, nämlich $u_m = \frac{u_A + u_C}{2}$. Aus (43) folgt nämlich durch Division:

$$\frac{1}{2}\left(\frac{F_A}{A} + \frac{F_C}{C}\right) - \frac{B^2}{AC} \cdot \frac{F_B}{B} > 0$$

oder:

$$\frac{1}{2}(u_A + u_C) - \lambda_B u_B > 0$$

und es wurde bemerkt, daß diese Ungleichung auch für $\lambda_B = 1$ gültig bleibt: $u_m - u_B = \Delta u_B > 0$. Daraus folgt aber, daß u_B auf jeden Fall dem kleineren der beiden Werte u_A oder u_C näherliegt, gleichgültig, ob u_B innerhalb oder außerhalb des Kreises K_{AC} liegt. Weiterhin kann aber auch gefolgert werden, daß der verbesserte Wert $\bar{u}_1$ in (45) auf jeden Fall kleiner ist als der kleinere der Werte u_A oder u_C; denn sei der Halbmesser des Kreises K_{AC} mit $\Delta u_A = \Delta u_C$ bezeichnet, so ist $u_A = u_m + \Delta u_A$, $u_C = u_m - \Delta u_A$ oder umgekehrt und es folgt aus (45)

$$\bar{u}_1 = \frac{u_m^2 - \Delta^2 u_A - (u_m - \Delta u_B)^2}{2 u_m - 2 u_B} = \frac{-\Delta^2 u_A + 2 u_m \Delta u_B - \Delta^2 u_B}{2 \Delta u_B} = u_m - \frac{\Delta^2 u_A + \Delta^2 u_B}{2 \Delta u_B}.$$

Der Zähler dieses Bruches ist aber größer als $2 \Delta u_A \Delta u_B$, dieser selbst also größer als Δu_A, d. h. $\bar{u}_1$ liegt unterhalb des Kreises K_{AC}:

Werden nach (16) und (21) die Werte u_A, u_B, u_C und nach (45) $\bar{u}_1$ berechnet, so liegt u_B stets näher dem kleineren der Werte u_A bzw. u_C, während $\bar{u}_1$ stets kleiner als jeder derselben ist.

Da jeder Punkt der Harmonikale zweier Kreise gleiche Tangentialentfernung von den beiden Kreisen besitzt, so wurden in Abb. 9, wo u_B außerhalb K_{AC} liegt, einfach die von u_B an K_{AC} gezogenen Tangenten halbiert und so die Harmonikale hh gewonnen, deren Schnittpunkt $\bar{u}_1$ mit der u-Achse eine sehr scharfe Annäherung an den Wert u_1 der Tabelle 2 darstellt, was ja auch durch (45) leicht bestätigt werden kann.

In Abb. 10, wo $u_B \varrho_0^2$ innerhalb K_{AC} liegt, wurde von dem Satze Gebrauch gemacht, daß sich die Potenzlinien dreier Kreise in demselben Punkte schneiden. Der Hilfskreis K_1 liefert so den Punkt 1 der Harmonikale hh von K_{AC} und dem Nullkreis K_B. Noch kürzer wird die Konstruktion, wenn man einen Kreis K_2 gleich so wählt, daß dessen Mittelpunkt M_2 auf einer Senkrechten zur u-Achse durch $u_B \varrho_0^2$ liegt, denn dann erhält man sofort den Schnittpunkt der Harmonikalen hh mit der u-Achse, somit den Punkt $\bar{u}_1 \varrho_0^2$ (Abb. 10).

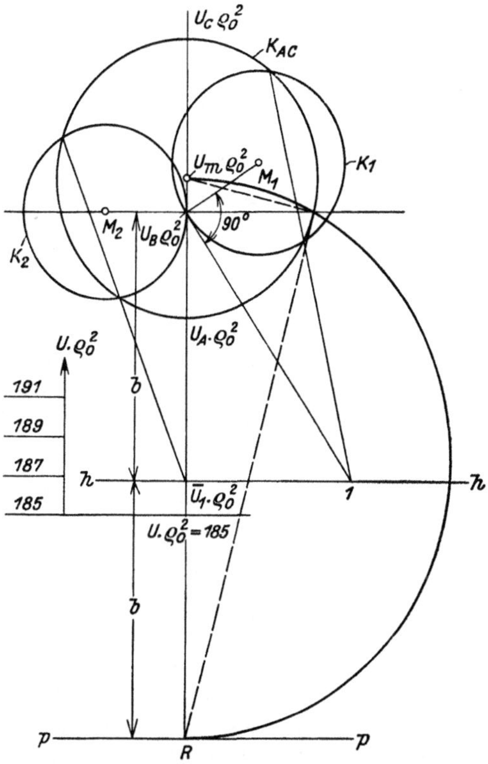

Abb. 10, Fall 3. $\alpha = 0$, $\beta = 0{,}5$: Graphische Ermittelung der verbesserten ersten kritischen Drehzahl $\bar{u}_1 \varrho_0^2$ unter der Voraussetzung, daß $u_{\bar{B}} \cdot \varrho_0^2$ zwischen $u_A \cdot \varrho_0^2$ und $u_C \cdot \varrho_0^2$ liegt: $u_A \varrho_0^2 < u_B \varrho_0^2 < u_C \varrho_0^2$.

Ist ferner in Abb. 9 pp die Polare zum Punkt u_B hinsichtlich K_{AC} und sei deren Schnittpunkt mit der u-Achse R, so halbiert $\bar{u}_1$ die Strecke $\overline{u_B R}$, wie unmittelbar aus der Konstruktion folgt und dies gilt nach einem elementaren Satze auch im Fall der Abb. 10, wo $u_B \varrho_0^2$ innerhalb K_{AC} liegt. Wird R der zu u_B hinsichtlich des Kreises K_{AC} reziproke Punkt genannt, so folgt der Satz:

Trägt man auf einer Geraden, der u-Achse, die nach (16) und (21) ermittelten Werte u_A, u_B, u_C maßstäblich auf und errichtet über $\overline{u_A u_C}$ als Durchmesser den Kreis K_{AC}, so erhält man eine verbesserte Annäherung an die erste kritische Drehzahl, nämlich den Wert $\bar{u}_1$ in (45), als Schnittpunkt der Harmonikalen hh zwischen K_{AC} und dem Nullkreis um u_B mit der u-Achse oder auch als Halbierungspunkt der Strecke $\overline{u_B R}$, wo R der zu u_B hinsichtlich K_{AC} reziproke Punkt ist; diese Konstruktionen behalten für jede Lage von u_B zum Kreise K_{AC} ihre Gültigkeit.

Aus diesen Konstruktionen, die auch bei Berücksichtigung der Kreiselwirkung, sowie bei verwandten Stabilitäts- und Schwingungsproblemen sinngemäße Anwendung finden können, ist neuerdings ersichtlich, daß u_B — wenn überhaupt — so nur mit dem kleineren der Werte u_A bzw. u_C zusammenfallen kann und daß dann, wie bereits in Abschnitt 3 erwähnt, auch u_1 mit u_B übereinstimmt.

Um schließlich noch einen Einblick in die Größe des Fehlers, sowie die Art seiner Abhängigkeit von den verschiedenen Größen zu gewinnen, sei statt (45) auf die ursprüngliche Gl. (20a) nach (44) zurückgegriffen, in der also $\lambda_B \neq 1$ vorausgesetzt sei. Sie lautet entwickelt

$$u^2(1-\lambda_B) - u(u_A + u_C - 2\lambda_B u_B) + u_A u_C - \lambda_B u_B^2 = 0$$

oder aufgelöst

$$u_{1,2} = \frac{1}{1-\lambda_B}\left[\frac{u_A+u_C}{2} - \lambda_B u_B \pm \sqrt{\left(\frac{u_A-u_C}{2}\right)^2 - \lambda_B u_B(u_A+u_C-2u_B) + \lambda_B(u_A u_C - u_B^2)}\right]$$

$$= \frac{1}{1-\lambda_B}\left[\frac{u_A+u_C}{2} - \lambda_B u_B \pm \sqrt{\left(\frac{u_A+u_C}{2} - u_B\right)^2 + (1-\lambda_B)(u_A u_B + u_B u_C - u_B^2 - u_A u_C)}\right].$$

Entwickelt man hier die Wurzel bis zum Gliede mit $(1-\lambda_B)^2$, so erhält man bei Beachtung der Beziehung

$$(u_A u_B + u_B u_C - u_B^2 - u_A u_C) = u_B(u_A + u_C - 2u_B) - (u_A u_C - u_B^2),$$

für das für die erste kritische Drehzahl gültige untere Vorzeichen mit $2\Delta u_B = u_A + u_C - 2u_B$ und (45)

$$u_1 = \bar{u}_1 + (1-\lambda_B)\frac{(u_B - \bar{u}_1)^2}{2\Delta u_B}. \tag{46}$$

Die zweite Näherung u_1 an die erste kritische Drehzahl liegt also über der Näherung $\bar{u}_1$ nach (45) und der Unterschied beider ist nach (46) um so kleiner, je mehr sich λ_B der Einheit und $\bar{u}_1$ dem Werte u_B nähert und je größer ferner Δu_B, also der Abstand von u_B vom Mittelpunkt des Kreises K_{AC} ist. Für die Näherung u_2 an die zweite kritische Drehzahl erhält man analog mit dem positiven Wurzelvorzeichen

$$u_2 = \frac{u_A + u_C - 2\lambda_B u_B}{1-\lambda_B} - \bar{u}_1 - (1-\lambda_B)\frac{(u_B - \bar{u}_1)^2}{2\Delta u_B}, \tag{46a}$$

worin die beiden ersten Summanden also den zu (45) analogen Näherungswert an die zweite kritische Drehzahl darstellen. Aus (46) ist ersichtlich, daß $\bar{u}_1$ den strengen Wert im allgemeinen besser annähern wird als sogar die zweite Ritzsche Näherung, die noch dazu bedeutend mehr Rechenarbeit erfordert als die Bestimmung von $\bar{u}_1$ nach (45)[29].

(46) und (46a) ersetzen vollkommen die zweite Näherung und ersparen die Auflösung der quadratischen Gleichung (19). Mit den angegebenen Näherungswerten für λ_B ergibt z. B. (46a) für Fall 5 (Abb. 9) $u_2 \sim 49330$, für Fall 3 (Abb. 10) $u_2 \varrho_0^2 \sim 11013$ in guter Übereinstimmung mit Tabelle 2.

[29] Der große Vorteil in der Anwendung von (45) tritt besonders dann klar hervor, wenn es sich darum handelt, für viele Fälle die Abhängigkeit des ersten Eigenwertes von irgendwelchen Veränderlichen tabellarisch festzulegen, wie dies z. B. in der Arbeit von K. Karas: Die Schwingungen von Dampfturbinenschaufeln. Ing.-Arch. Bd. 5 (1934) S. 325 auch hinsichtlich der Berechnung von Knicklasten geschehen ist. — Der nach (48) ermittelte Wert u läßt sich, wie hier nur angedeutet werden soll, in großer Annäherung als Schwerpunkt eines linearen Massensystems deuten, das man folgendermaßen erhält: Entwickelt man (24) nach den Elementen irgendeiner Zeile oder Spalte, so liefert die zu jedem Element gehörige Unterdeterminante, genau wie z. B. hinsichtlich der zum Element $F(u - u_F)$ gehörigen Unterdeterminante (19) gezeigt wurde, zwei Kreise [worin in (19) der eine ein Nullkreis ist, Abb. 9, 10] und einen Näherungswert $\bar{u}_1$. Bildet man nun die Strecke $\frac{u_F + \bar{u}_1}{2}$ und belegt sie mit einer Massendichtigkeit, die der Mittelpunktdistanz der beiden Kreise, die durch die zugehörige Unterdeterminante definiert sind, proportional sind, und konstruiert auch noch die beiden anderen mit Masse belegten Strecken bezüglich der restlichen beiden Zeilen- oder Spaltenelemente, so ist u als Schwerpunkt dieses linearen Massensystems nach (48) deutbar.

Es liegt nun nahe, diese Betrachtungen auch auf die dritte Ritzsche Näherung auszudehnen. Läßt man in analoger Weise, wie dies zur Bestimmung von (45) führte, auch in der kubischen Gleichung die Wurzel, welche die dritte kritische Drehzahl annähert, über alle Grenzen wachsen, unterdrückt man also in (24) das kubische Glied, so wird man eine bloß quadratische Näherungsgleichung an die erste und zweite kritische Drehzahl erhalten, von der man wie von (45) sehr gute Ergebnisse erwarten darf.

Da das kubische Glied in (24) den Koeffizienten $ACF + 2BDE - AE^2 - CD^2 - FB^2$ besitzt, so verschwindet es offenbar, wenn man außer λ_B in (44) noch die folgenden echten Brüche

$$\lambda_D = \frac{D^2}{AF} < 1, \qquad \lambda_E = \frac{E^2}{CF} < 1 \tag{47}$$

gleich Eins setzt, wobei aber dann auch das quadratische Glied in (24) verschwindet und bloß die lineare Gleichung

$$\left.\begin{aligned} & u\,(u_A u_C + u_A u_F + u_C u_F + 2\,u_B u_D + 2\,u_B u_E + 2\,u_D u_E - 2\,u_A u_E \\ & \quad - 2\,u_C u_D - 2\,u_B u_F - u_B^2 - u_D^2 - u_E^2) = u_A u_C u_F \\ & \quad + 2\,u_B u_D u_F - u_A u_E^2 - u_C u_D^2 - u_F u_B^2 \end{aligned}\right\} \tag{48}$$

verbleibt, worin neben (16) und (21) auch die in (25) erklärten Abkürzungen benutzt wurden[29]. Die Linearität dieses neben (45) schon wegen seines verwickelten Aufbaues bedeutungslosen Ergebnisses folgt daher, weil die Festsetzungen $\lambda_B = \lambda_D = \lambda_E = 1$ zum Verschwinden des kubischen Gliedes in (24) gar nicht nötig sind, denn dazu gehört bloß, daß

$$1 + 2\sqrt{\lambda_B \lambda_D \lambda_E} - \lambda_B - \lambda_D - \lambda_E = 0 \tag{49}$$

erfüllt ist, wie man durch Teilung des vor (47) mitgeteilten Koeffizienten durch ACF erkennt. Mit (49) ergibt nun (24) die quadratische Gleichung

$$\left.\begin{aligned} & u^2\,[\lambda_E (u_A + 2\,u_E) + \lambda_D (u_C + 2\,u_D) + \lambda_B (u_F + 2\,u_B) - (u_A + u_C + u_F) \\ & \quad - (\lambda_B + \lambda_D + \lambda_E - 1)\,(u_B + u_D + u_E)] - u\,[\lambda_E (2\,u_A u_E + u_E^2) \\ & \quad + \lambda_D (2\,u_C u_D + u_D^2) + \lambda_B (2\,u_F u_B + u_B^2) - (u_A u_C + u_A u_F + u_C u_F) \\ & \quad - (\lambda_B + \lambda_D + \lambda_E - 1)\,(u_B u_D + u_B u_E + u_D u_E)] + \lambda_E u_A u_E^2 \\ & \quad + \lambda_D u_C u_D^2 + \lambda_B u_F u_B^2 - u_A u_C u_F - (\lambda_B + \lambda_D + \lambda_E - 1)\,u_B u_D u_E = 0 \end{aligned}\right\} \tag{50}$$

Sind die Hilfsgrößen A bis F nach (14), (18), (23) und damit die Werte u_A bis u_F nach (16), (21), (25) und schließlich die Werte $\lambda_B, \lambda_D, \lambda_E$ nach (44) und (47) ermittelt, so ergibt (50) die gesuchten Näherungen u_1, u_2, wobei alle Hilfsgrößen und ihre Verbindungen freilich sehr scharf berechnet werden müssen, was die Anwendung von (50) und auch (48) natürlich erschwert; allerdings erhält man dann die Ergebnisse mit solcher Schärfe, daß sich jede weitere Verbesserung erübrigt. Für Fall 4, Abb. 7 z. B. ergeben sich neben den in Tabelle 2 berechneten Werten noch die in Tabelle 4 (Seite 26) oben angegebenen[23*].

Damit ergab (50) die quadratische Gleichung:

$$0{,}0^3 154\,u^2 - 0{,}97906\,u + 311{,}304 = 0$$

mit den beiden Wurzeln: $u_1 i^2 = 335{,}689$ und $u_2 i^2 = 6021{,}4$, während (48) die Lösung $u_1 i^2 = 335{,}686$ ergab, welche Werte die große Schärfe der Näherungen erweisen.

Tabelle 4. Nach (23), (25), (44), (47) berechnete Werte für Fall 4, Abb. 7, die zur weiteren Auswertung nach (50) benötigt werden, ferner Teilreihen der Reihen $\overline{D}$ und $\overline{F}$ in (73) zur strengen Berechnung des Falles 9, Abb. 14.

$D:i^2$ $u_D\, i^2$ λ_B	0,064225 333,650 0,999312	$E:i^2$ $u_E\, i^2$ λ_D	0,491919 335,421 0,997949	$F:i^2$ $u_F\, i^2$ λ_E	0,296825 336,898 0,999634
$\overline{D}$ (0,33) in (73), Teilreihe mit u	$0{,}004691 \cdot 10^{-3}$	Teilreihe mit u^2	$0{,}453116 \cdot 10^{-12}$	Teilreihe mit u^3	$0{,}006392 \cdot 10^{-18}$
$\overline{D}'$ (0,33) ,, (73), ,, ,, u	$0{,}062175 \cdot 10^{-3}$	,, ,, u^2	$0{,}012333 \cdot 10^{-9}$	,, ,, u^3	$0{,}263788 \cdot 10^{-18}$
$\overline{D}''$ (0,33) ,, (73), ,, ,, u	$0{,}649827 \cdot 10^{-3}$	,, ,, u^2	$0{,}301241 \cdot 10^{-9}$	,, ,, u^3	$0{,}010151 \cdot 10^{-15}$
$\overline{D}'''$(0,33) ,, (73), ,, ,, u	0,005039	,, ,, u^2	$0{,}006529 \cdot 10^{-6}$	,, ,, u^3	$0{,}362649 \cdot 10^{-15}$
$\overline{F}$ (0,33) ,, (73), ,, ,, u	$0{,}048486 \cdot 10^{-6}$	,, ,, u^2	$0{,}001612 \cdot 10^{-12}$	,, ,, u^3	$0{,}011352 \cdot 10^{-21}$
$\overline{F}'$ (0,33) ,, (73), ,, ,, u	$0{,}974774 \cdot 10^{-6}$	,, ,, u^2	$0{,}055086 \cdot 10^{-12}$	,, ,, u^3	$0{,}547939 \cdot 10^{-21}$
$\overline{F}''$ (0,33) ,, (73), ,, ,, u	$0{,}016843 \cdot 10^{-3}$	,, ,, u^2	$0{,}001729 \cdot 10^{-9}$	,, ,, u^3	$0{,}024922 \cdot 10^{-18}$
$\overline{F}'''$(0,33) ,, (73), ,, ,, u	$0{,}244177 \cdot 10^{-3}$	,, ,, u^2	$0{,}049472 \cdot 10^{-9}$	,, ,, u^3	$0{,}001065 \cdot 10^{-15}$

5. Die symmetrischen Fälle und die Zweiflußtrommelturbine mit kegelstumpfförmigem Läufer.

Wie in den vorhergehenden Abschnitten mehrfach erwähnt wurde, zerfallen bei symmetrischen Belastungsfällen sämtliche Lösungen in zwei Gruppen, von denen die eine die kritischen Drehzahlen ungerader, die andere die Drehzahlen gerader Ordnung liefert. Wählt man demgemäß statt der Ansätze (13), (17), (22) solche zwei verschiedene Gruppen, die jede für sich den Randbedingungen entsprechen, die für die Wellenform bei ungeraden bzw. geraden kritischen Drehzahlen vorgeschrieben sind, so wird man für die erste bzw. zweite kritische Drehzahl denselben Grad der Annäherung erwarten dürfen, als ihn obige Ansätze für die unsymmetrischen Belastungsfälle für die erste kritische Drehzahl allein ergaben, während man für die dritte bzw. vierte kritische Drehzahl Näherungen von demselben Grad der Schärfe erhält wie in den unsymmetrischen Fällen für die zweite kritische Drehzahl. Im folgenden sollen diese Ansätze und Formeln zunächst für die ungeraden Drehzahlen der symmetrischen Fälle angeschrieben werden und sämtlich durch den Index 1 (erste kritische Drehzahl) charakterisiert werden, sodann ebenso für die geraden mit dem Index 2.

a) Kritische Drehzahlen ungerader Ordnung.

Für diese Gruppe soll die unabhängig Veränderliche ξ von der Mitte ($\xi = 0$) bis zum rechten Ende $\xi = \frac{1}{2}$ gezählt werden. Da die Tangente in der Wellenmitte bei den auftretenden Verzerrungsformen aus Symmetriegründen horizontal ist, so gelten offenbar jetzt folgende Randbedingungen

$$\eta'(0) = \eta'''(0) = \eta(0{,}5) = \eta''(0{,}5) = 0\,. \quad (51)$$

Die Bedingung $\eta'''(0)$ folgt aus dem Umstande, daß in der Mitte aus Symmetriegründen die Querkraft verschwinden muß. Diesen Bedingungen genügt, wenn gleich auch die zweite Annäherung mit erledigt werden soll, offenbar der Ansatz

$$\left.\begin{aligned}
\eta &= \alpha_4(5-24\xi^2+16\xi^4)+\alpha_6(7-30\xi^2+32\xi^6)=\alpha_4\eta_4+\alpha_6\eta_6\\
\eta' &= -16\alpha_4(3\xi-4\xi^3)-12\alpha_6(5\xi-16\xi^5)\\
\eta'' &= -48\alpha_4(1-4\xi^2)-60\alpha_6(1-16\xi^4)\\
\eta''' &= 384\alpha_4\xi+3840\alpha_6\xi^3
\end{aligned}\right\}\qquad(52)$$

(1b), in dem die obere Grenze jetzt $\frac{1}{2}$ ist, gibt mit (10) und (52) zunächst wieder: $I_1=\alpha_4^2F_{A_1}+2\alpha_4\alpha_6F_{B_1}+\alpha_6^2F_{C_1}-u\,(\alpha_4^2A_1+2\alpha_4\alpha_6B_1+\alpha_6^2C_1)$, worin die angegebenen Größen folgende sind [man beachte (15)]

$$\left.\begin{aligned}
&F_{A_1}=\int_0^{1/2}\eta_4''^2\,d\xi=\frac{3072}{5}=614{,}4,\quad F_{B_1}=\int_0^{1/2}\eta_4''\eta_6''\,d\xi=\frac{6144}{7}=877{,}714286,\\
&\qquad\qquad F_{C_1}=\int_0^{1/2}\eta_6''^2\,d\xi=1280\\
&A_1=\int_0^{1/2}\varrho^2\eta_4^2\,d\xi=\gamma_{11}\cdot256\,i^2+\gamma_{10}\cdot512\,i\varrho_0+\gamma_9(-768\,i^2+256\,\varrho_0^2)\\
&\quad-\gamma_8\cdot1536\,i\varrho_0+\gamma_7(736\,i^2-768\,\varrho_0^2)+\gamma_6\cdot1472\,i\varrho_0+\gamma_5(-240\,i^2+736\,\varrho_0^2)\\
&\quad-\gamma_4\cdot480\,i\varrho_0+\gamma_3(25\,i^2-240\,\varrho_0^2)+\gamma_2\cdot50\,i\varrho_0+\gamma_1\cdot25\,\varrho_0^2\\
&B_1=\int_0^{1/2}\varrho^2\eta_4\eta_6\,d\xi=\gamma_{13}\cdot512\,i^2+\gamma_{12}\cdot1024\,i\varrho_0+\gamma_{11}(-768\,i^2+512\,\varrho_0^2)\\
&\quad-\gamma_{10}\cdot1536\,i\varrho_0-\gamma_9(320\,i^2+768\,\varrho_0^2)-\gamma_8\cdot640\,i\varrho_0+\gamma_7(832\,i^2-320\,\varrho_0^2)\\
&\quad+\gamma_6\cdot1664\,i\varrho_0+\gamma_5(-318\,i^2+832\,\varrho_0^2)-\gamma_4\cdot636\,i\varrho_0\\
&\quad+\gamma_3(35\,i^2-318\,\varrho_0^2)+\gamma_2\cdot70\,i\varrho_0+\gamma_1\cdot35\,\varrho_0^2\\
&C_1=\int_0^{1/2}\varrho^2\eta_6^2\,d\xi=\gamma_{15}\cdot1024\,i^2+\gamma_{14}\cdot2048\,i\varrho_0+\gamma_{13}\cdot1024\,\varrho_0^2-\gamma_{11}\cdot1920\,i^2\\
&\quad-\gamma_{10}\cdot3840\,i\varrho_0+\gamma_9(448\,i^2-1920\,\varrho_0^2)+\gamma_8\cdot896\,i\varrho_0+\gamma_7(900\,i^2+448\,\varrho_0^2)\\
&\quad+\gamma_6\cdot1800\,i\varrho_0+\gamma_5(-420\,i^2+900\,\varrho_0^2)-\gamma_4\cdot840\,i\varrho_0+\gamma_3(49\,i^2-420\,\varrho_0^2)\\
&\quad+\gamma_2\cdot98\,i\varrho_0+\gamma_1\cdot49\,\varrho_0^2
\end{aligned}\right\}\qquad(53)$$

Bildet man nun analog (16) und (21) die Näherungswerte u_{A_1}, u_{B_1}, u_{C_1} und führt den angegebenen Wert I_1 in (2b), das wieder $\frac{1}{2}$ zur oberen Integrationsgrenze hat, ein, d. h. bildet man die Ableitungen: $\frac{\partial I_1}{\partial\alpha_4}=0$ und $\frac{\partial I_1}{\partial\alpha_6}=0$ und setzt die Determinante des so entstehenden homogenen Gleichungssystems gleich Null, so erhält man mit Beachtung von (53) wie früher folgende Ergebnisse:

$$u_{A_1}=\frac{F_{A_1}}{A_1},\qquad u_{B_1}=\frac{F_{B_1}}{B_1},\qquad u_{C_1}=\frac{F_{C_1}}{C_1}\qquad(54)$$

und

$$\left.\begin{aligned}
&\Delta_2=\begin{vmatrix}(A_1u-F_{A_1}) & (B_1u-F_{B_1})\\(B_1u-F_{B_1}) & (C_1u-F_{C_1})\end{vmatrix}=0\\
&\text{bzw.}\begin{cases}(A_1u-F_{A_1})(C_1u-F_{C_1})-(B_1u-F_{B_1})^2=0\\(u-u_{A_1})(u-u_{C_1})-\lambda_{B_1}(u-u_{B_1})^2=0,\quad\text{worin}\quad\lambda_{B_1}=\dfrac{B_1^2}{A_1C_1}.\end{cases}
\end{aligned}\right\}\qquad(55)$$

In Tabelle 5, die der Tabelle 2 analog ist, sind (53), (54) und (55) für die dort angegebenen Fälle ziffernmäßig ausgewertet worden.

b) Kritische Drehzahlen gerader Ordnung.

Hier sei ξ vom linken Lager $\xi = 0$ bis zur Wellenmitte $\xi = \frac{1}{2}$ gezählt. Da bei den kritischen Drehzahlen gerader Ordnung die zugehörigen Verzerrungsformen der Welle zentrumsymmetrisch hinsichtlich des Wellenmittelpunktes sind, so bildet sich an dieser Stelle stets ein Knotenpunkt mit Wendetangente aus, weshalb in diesen Fällen folgende Randbedingungen zu erfüllen sind:

$$\eta(0) = \eta''(0) = \eta(0{,}5) = \eta''(0{,}5) = 0. \tag{56}$$

(56) genügt offenbar, wenn wieder gleich bis zur zweiten Annäherung geschritten werden soll, der folgende Ansatz:

$$\left.\begin{aligned} \eta &= \alpha_5(7\xi - 40\xi^3 + 48\xi^5) + \alpha_7(3\xi - 14\xi^3 + 32\xi^7) = \alpha_5\eta_5 + \alpha_7\eta_7 \\ \eta' &= \alpha_5(7 - 120\xi^2 + 240\xi^4) + \alpha_7(3 - 42\xi^2 + 224\xi^6) \\ \eta'' &= -240\alpha_5(\xi - 4\xi^3) - 84\alpha_7(\xi - 16\xi^5) \end{aligned}\right\} \tag{57}$$

Analog wie früher ergibt (1b) (obere Grenze $\frac{1}{2}$) mit (10) und (57):

$$I_2 = \alpha_5^2 F_{A_2} + 2\alpha_5\alpha_7 F_{B_2} + \alpha_7^2 F_{C_2} - u(\alpha_5^2 A_2 + 2\alpha_5\alpha_7 B_2 + \alpha_7^2 C_2),$$

worin die angegebenen Größen wie folgt definiert sind, wobei γ durch (15) bestimmt ist

$$\left.\begin{aligned}
& F_{A_2} = \int_0^{1/2} \eta_5''^2\, d\xi = \frac{3840}{7} = 548{,}571429, \quad F_{B_2} = \int_0^{1/2} \eta_5''\eta_7''\, d\xi = 256, \\
& F_{C_2} = \int_0^{1/2} \eta_7''^2\, d\xi = \frac{1344}{11} = 122{,}181818, \\
& A_2 = \int_0^{1/2} \varrho^2 \eta_5^2\, d\xi = \gamma_{13}\cdot 2304\, i^2 + \gamma_{12}\cdot 4608\, i\varrho_0 + \gamma_{11}(-3840\, i^2 + 2304\,\varrho_0^2) \\
& \quad - \gamma_{10}\cdot 7680\, i\varrho_0 + \gamma_9(2272\, i^2 - 3840\,\varrho_0^2) + \gamma_8\cdot 4544\, i\varrho_0 \\
& \quad + \gamma_7(-560\, i^2 + 2272\,\varrho_0^2) - \gamma_6\cdot 1120\, i\varrho_0 + \gamma_5(49\, i^2 - 560\,\varrho_0^2) \\
& \quad + \gamma_4\cdot 98\, i\varrho_0 + \gamma_3\cdot 49\,\varrho_0^2 \\
& B_2 = \int_0^{1/2} \varrho^2 \eta_5\eta_7\, d\xi = \gamma_{15}\cdot 1536\, i^2 + \gamma_{14}\cdot 3072\, i\varrho_0 + \gamma_{13}(-1280\, i^2 + 1536\,\varrho_0^2) \\
& \quad - \gamma_{12}\cdot 2560\, i\varrho_0 + \gamma_{11}(-448\, i^2 - 1280\,\varrho_0^2) - \gamma_{10}\cdot 896\, i\varrho_0 \\
& \quad + \gamma_9(704\, i^2 - 448\,\varrho_0^2) + \gamma_8\cdot 1408\, i\varrho_0 + \gamma_7(-218\, i^2 + 704\,\varrho_0^2) \\
& \quad - \gamma_6\cdot 436\, i\varrho_0 + \gamma_5(21\, i^2 - 218\,\varrho_0^2) + \gamma_4\cdot 42\, i\varrho_0 + \gamma_3\cdot 21\,\varrho_0^2 \\
& C_2 = \int_0^{1/2} \varrho^2 \eta_7^2\, d\xi = \gamma_{17}\cdot 1024\, i^2 + \gamma_{16}\cdot 2048\, i\varrho_0 + \gamma_{15}\cdot 1024\,\varrho_0^2 - \gamma_{13}\cdot 896\, i^2 \\
& \quad - \gamma_{12}\cdot 1792\, i\varrho_0 + \gamma_{11}(192\, i^2 - 896\,\varrho_0^2) + \gamma_{10}\cdot 384\, i\varrho_0 + \gamma_9(196\, i^2 + 192\,\varrho_0^2) \\
& \quad + \gamma_8\cdot 392\, i\varrho_0 + \gamma_7(-84\, i^2 + 196\,\varrho_0^2) - \gamma_6\cdot 168\, i\varrho_0 + \gamma_5(9\, i^2 - 84\,\varrho_0^2) \\
& \quad + \gamma_4\cdot 18\, i\varrho_0 + \gamma_3\cdot 9\,\varrho_0^2.
\end{aligned}\right\} \tag{58}$$

Wie früher erhält man schließlich die zu (54) und (55) analogen Gleichungen

$$u_{A_2} = \frac{F_{A_2}}{A_2}, \qquad u_{B_2} = \frac{F_{B_2}}{B_2}, \qquad u_{C_2} = \frac{F_{C_2}}{C_2}, \tag{59}$$

$$\left.\begin{array}{l} \Delta_2 = \begin{vmatrix} (A_2 u - F_{A_2}) & (B_2 u - F_{B_2}) \\ (B_2 u - F_{B_2}) & (C_2 u - F_{C_2}) \end{vmatrix} = 0 \\ \text{bzw.:} \begin{cases} (A_2 u - F_{A_2})(C_2 u - F_{C_2}) - (B_2 u - F_{B_2})^2 = 0 \\ (u - u_{A_2})(u - u_{C_2}) - \lambda_{B_2}(u - u_{B_2})^2 = 0\,, \quad \text{worin} \quad \lambda_{B_2} = \frac{B_2^2}{A_2 C_2}\,. \end{cases} \end{array}\right| \quad (60)$$

In Tabelle 6 sind (58), (59), (60) für die bereits in Tabelle 5 angegebenen symmetrischen Belastungsfälle ziffernmäßig ausgewertet worden.

c) Berechnung einiger wichtiger Spezialfälle und die Zweiflußtrommelturbine mit kegelstumpfförmigem Läufer.

Um den Vorteil der mitgeteilten Formeln darzutun, seien die bereits im dritten Abschnitt berechneten Fälle 1, Abb. 3 und 2, Abb. 4, neuerlich berechnet. Man hat hierbei auf die Grenzen α und β zu achten, die nach (15) die Größe γ ermitteln lassen. α und β sind in Tabelle 5 bzw. 6 angegeben. Für die ungeraden Drehzahlen ist ξ, wie erwähnt, von der Wellenmitte an gerechnet. Für Fall 2 war z. B. in Tabelle 2: $\alpha = 0{,}2$, $\beta = 0{,}8$ angegeben, daher ist jetzt in Tabelle 5 eingetragen: $\bar{\alpha} = 0$, $\bar{\beta} = 0{,}8 - 0{,}5 = 0{,}3$[30]. Für gerade kritische Drehzahlen ist es gleichgültig, ob man die bezüglichen Formeln für die Zählung von einem Lager oder von der Wellenmitte an benutzt. Es ist das letztere in Tabelle 6 für Fall 2 geschehen, da dann die Werte γ direkt aus Tabelle 1 entnommen werden konnten; würde man z. B. in Fall 2 das linke Lager als Anfangspunkt gewählt haben, so wäre z. B. $\alpha = 0{,}2$, $\beta = 0{,}5$ und die bezüglichen γ-Werte müßten als Differenzen dargestellt werden. Im übrigen erkennt man die große, bei gleicher Rechenarbeit gegenüber Tabelle 2 erzielte Verschärfung der Werte der ersten und zweiten kritischen Drehzahl, während man außerdem noch Abschätzungen für die dritte und vierte kritische Drehzahl erhält. Die strengen Werte sind, soweit sie ermittelt wurden, unter u_w angegeben, wobei der angefügte Index die Ordnung der Drehzahl angibt.

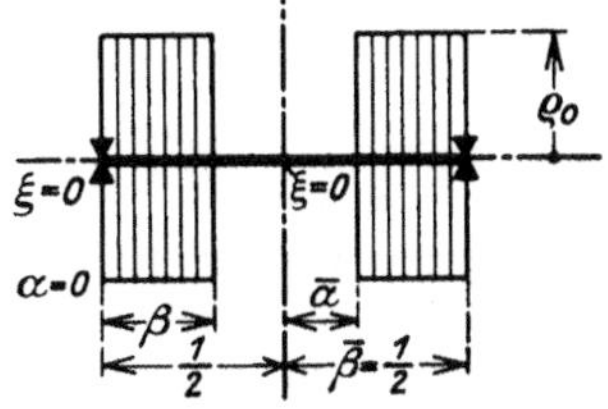

Abb. 11, Fall 6. Die Scheiben vom Halbmesser ϱ_0 erfüllen 2 symmetrische Zylinder, deren Basisflächen je auf einer Seite durch die Lagermitten hindurchgehen. [Man vgl. (63), (111).]

Fall 6, Abb. 11. Die Scheibenumfänge erfüllen Zylindermäntel von gleicher Länge und gleichem Halbmesser, beginnend an den Wellenenden. Dieser Fall stellt somit gewissermaßen eine Ergänzung zu Fall 2, Abb. 4 dar und enthält bei voller Scheibenbesetzung wieder Fall 1, Abb. 3 als Spezialfall. In Tabelle 5 sind die ungeraden kritischen Drehzahlen für die angegebenen Grenzwerte $\bar{\alpha}$ und $\bar{\beta}$ berechnet. Für die geraden kritischen Drehzahlen ist in Tabelle 6 bloß der Fall berechnet, daß die Länge eines Zylinders gerade ein Viertel der ganzen Wellenlänge beträgt. Zum Zwecke des Vergleiches wurde dieser Fall aber doppelt berechnet: Zuerst, indem der Anfangspunkt $\xi = 0$ in ein Wellenlager verlegt wurde, womit also $\alpha = 0$, $\beta = 0{,}25$, sodann, indem dieser Anfangspunkt in der Wellenmitte angenommen wurde, womit also $\bar{\alpha} = 0{,}25$, $\bar{\beta} = 0{,}5$ ist. Im ersteren Falle sind alle Werte dem darüberstehenden Fall 2 mit $\bar{\alpha} = 0$, $\bar{\beta} = 0{,}25$ gleich. Man sieht, daß trotz der verhältnismäßigen Verschiedenheit der Werte $u_{A_2} \cdot \varrho_0^2$, $u_{B_2} \cdot \varrho_0^2$, $u_{C_2} \cdot \varrho_0^2$ doch die zweiten Annäherungen an die zweite kritische Drehzahl nur ganz unwesentlich voneinander abweichen, hingegen divergieren wegen der stark

[30] In allen Abbildungen und Tabellen beziehen sich die überstrichenen Größen $\bar{\alpha}, \bar{\beta}, \ldots$ auf die Zählung von der Wellenmitte ab.

Tabelle 5. Die ungeraden kritischen Drehzahlen bei symmetrischen Fällen ohne

Fall Nr.	Kennzeichen $\alpha, \beta, \varrho_0, i$	Abb. Nr.	$A_1 : \varrho_0^2$	$B_1 : \varrho_0^2$	$C_1 : \varrho_0^2$	$u_{A_1} \cdot \varrho_0^2$	$u_{B_1} \cdot \varrho_0^2$
1	$\bar{\alpha} = 0,\ \bar{\beta} = 0{,}5$, $i = 0$	3	6,298413	8,948918	12,717949	97,548	98,080
2	$\bar{\alpha} = 0,\ \bar{\beta} = 0{,}3$, $i = 0$	4	5,674261	8,030757	11,367210	108,278	109,294
	$\bar{\alpha} = 0,\ \bar{\beta} = 0{,}25$, $i = 0$		5,137162	7,253145	10,241375	119,599	121,011
6	$\bar{\alpha} = 0{,}3,\ \bar{\beta} = 0{,}5$, $i = 0$	11	0,624151	0,918161	1,350738	984,376	955,949
	$\bar{\alpha} = 0{,}25,\ \bar{\beta} = 0{,}5$, $i = 0$		1,161251	1,695772	2,476574	529,084	517,590
7	$\bar{\alpha} = 0,\ \bar{\beta} = 0{,}5$, $i = -2\varrho_0$	12	3,362915	4,743293	6,691928	182,699	185,448
			$A_1 : i^2$	$B_1 : i^2$	$C_1 : i^2$	$u_{A_1} \cdot i^2$	$u_{B_1} \cdot i^2$
8	$\bar{\alpha} = 0,\ \bar{\beta} = 0{,}5$, $\varrho_0 = 0$	13	0,207792	0,300677	0,435209	2956,800	2919,126
			A_1	B_1	C_1	u_{A_1}	u_{B_1}
9	$\bar{\alpha} = 0,\ \bar{\beta} = 0{,}33$, $\varrho_0 = 0{,}08,\ i = 0{,}25$	14	0,079134	0,112661	0,160422	7764,075	7790,741
9a	$\bar{\alpha} = 0,\ \bar{\beta} = 0{,}5$, $\varrho_0 = 0{,}08\ i = 0{,}25$	—	0,090964	0,130149	0,186274	6754,357	6743,934

unsymmetrischen Belastung ($\beta = 0{,}25$) die Näherungen für die vierte kritische Drehzahl ganz beträchtlich und es ergibt sich also hier, wie auch für die unsymmetrischen Fälle des dritten Abschnittes, die praktische Regel, die Rechnung einfach bei verschiedener Annahme des Nullpunktes zweimal durchzuführen, womit sich oftmals eine schärfere Bestimmung der höheren Drehzahlen nach Abschnitt 4 oder 9 vermeiden läßt. Bei den ungeraden Drehzahlen der symmetrischen Fälle gelten dann allerdings die Randbedingungen (64), denen die Ansätze:

$$\eta = \alpha_4(\xi - 2\,\xi^3 + \xi^4) + \alpha_6(3\,\xi - 10\,\xi^3 + 15\,\xi^4 - 12\,\xi^5 + 4\,\xi^6)$$

bzw.
$$\eta = \alpha_4(\xi - 2\,\xi^3 + \xi^4) + \alpha_5(25\,\xi - 40\,\xi^3 + 16\,\xi^5)$$

genügen, von denen der erstere aus (52) durch Ersatz von ξ durch $\frac{1}{2} - \xi$ entsteht, wodurch die Werte $F_{A_1}, F_{B_1}, F_{C_1}$ in (53) beibehalten werden könnten, während der letztere einfacher ist. Die aus diesen Ansätzen analog (53) abzuleitenden Ausdrücke können aber hier übergangen werden, da man für die meisten Fälle mit den mitgeteilten Formeln auslangen wird. Der Wert $u_3\varrho_0^2$ in Tabelle 5 für $\bar{\alpha} = 0{,}25$, $\bar{\beta} = 0{,}5$ kommt dagegen aus dem angegebenen Grunde als brauchbare Näherung nicht in Frage.

Um die strenge Lösung für ungerade Drehzahlen anzugeben, sei $\xi = 0$ in das linke Lager verlegt, was bei Herleitung der strengen Lösungen stets beibehalten

Kreiselwirkung. $F_{A_1} = 614{,}4$, $F_{B_1} = 877{,}714286$, $F_{C_1} = 1280$, $F_{A_1} F_{C_1} - F_{B_1}^2 = 16049{,}628641$.

$u_{C_1} \cdot \varrho_0^2$	$u_1 \cdot \varrho_0^2$	$u_3 \cdot \varrho_0^2$	Annahme $u_1 \cdot \varrho_0^2$	f	$u_{W_1} \cdot \varrho_0^2$	Annahme $u_3 \cdot \varrho_0^2$	f	$u_{W_3} \cdot \varrho_0^2$
100,645	97,409	8337,97	—	—	97,409	—	—	7890,14
112,605	107,829	19944,5	—	—	107,726	—	—	—
124,983	118,830	38761,3	—	—	118,822	—	—	—
947,630	944,180	367502	944,180 941,974	$-0{,}0^2 1188$ $+0{,}0^2 3047$	943,432	—	—	—
516,843	516,798	111276	517,694 515,095	$-0{,}0^2 6012$ $+0{,}0^2 3958$	516,126	104976 65536	$-14{,}371$ $+\ 1{,}366$	68427
191,275	181,285	15925,8	724 728	$+0{,}0^4 1065$ $-0{,}0^4 3502$	181,233	—	—	—
$u_{C_1} \cdot i^2$	$u_1 \cdot i^2$	$u_3 \cdot i^2$	Annahme $u_1 \cdot i^2$	f	$u_{W_1} \cdot i^2$	—	—	—
2941,114	2933,020	207517,6	2930 2940	$+0{,}0^4 2138$ $-0{,}0^3 1182$	2931,53	—	—	—
u_{C_1}	u_1	u_3	Annahme u_1	f	u_{W_1}	—	—	—
7978,940	7759,68	922872,6	7755 7758	$-0{,}02743$ $+0{,}00928$	7757,24	—	—	—
6871,598	6753,60	435989,4	—	—	—	—	—	—

wird und gemäß Abb. 5 und nach (34) daher neben α die Grenze $\beta = \frac{1}{2}$ festgesetzt. Heiße $\eta_\varkappa(\xi)$ die Auslenkung im belasteten ersten Feld, $\eta_\lambda(\xi)$ die im unbelasteten zweiten Feld, so gelten offenbar die Rand- und Übergangsbedingungen

$$\left.\begin{array}{ll} \text{a)} & \eta_\varkappa(0) = \eta_\varkappa''(0) = 0 \\ \text{b)} & \eta_\varkappa(\alpha) = \eta_\lambda(\alpha), \quad \eta_\varkappa'(\alpha) = \eta_\lambda'(\alpha), \quad \eta_\varkappa''(\alpha) = \eta_\lambda''(\alpha), \quad \eta_\varkappa'''(\alpha) = \eta_\lambda'''(\alpha) \\ \text{c)} & \eta_\lambda'(0{,}5) = \eta_\lambda'''(0{,}5) = 0 \end{array}\right\} \tag{61}$$

Den Bedingungen (61a) und (61c) entsprechen die Ansätze

$$\text{a)}\ \eta_\varkappa = A_\varkappa \operatorname{Sin}(\varkappa\xi) + C_\varkappa \sin(\varkappa\xi); \qquad \text{b)}\ \eta_\lambda = \alpha_{0\lambda} + \alpha_{2\lambda}(-\xi + \xi^2). \tag{62}$$

Die Bedingungen (61b) ergeben nun hinsichtlich der vier Integrationskonstanten $A_\varkappa, C_\varkappa, \alpha_{0\lambda}, \alpha_{2\lambda}$ vier lineare homogene Gleichungen und das Verschwinden ihrer Determinante liefert mit Beachtung des Schemas (33) die Stabilitätsgleichung

$$f = 2 + \varkappa v (\operatorname{Tg} \varkappa u - \operatorname{tg} \varkappa u) = 0, \quad v = \tfrac{1}{2} - u, \tag{63}$$

worin $\varkappa$ durch (32) bestimmt ist. (63) ist in Tabelle 5 ausgewertet worden, wobei sich f statt (63) auf die erweiterte Gleichung

$$f = 2 \operatorname{Cof} \varkappa u \cos \varkappa u + \varkappa v (\operatorname{Sin} \varkappa u \cos \varkappa u - \operatorname{Cof} \varkappa u \sin \varkappa u) = 0 \tag{63a}$$

Tabelle 6. Die geraden kritischen Drehzahlen bei symmetrischen Fällen ohne Kreiselwirkung.

$F_{A_2} = 548{,}571\,429$, $F_{B_2} = 256$, $F_{C_2} = 122{,}181\,818$ $F_{A_2} F_{C_2} - F_{B_2}^2 = 1489{,}441\,08$.

Fall Nr.	Kennzeichen $\alpha, \beta, \varrho_0, i$	Abb. Nr.	$A_2 : \varrho_0^2$	$B_2 : \varrho_0^2$	$C_2 : \varrho_0^2$	$u_{A_2} \cdot \varrho_0^2$	$u_{B_2} \cdot \varrho_0^2$	$u_{C_2} \cdot \varrho_0^2$	$u_2 \cdot \varrho_0^2$	$u_4 \cdot \varrho_0^2$	$u_{W_2} \cdot \varrho_0^2$	Annahme $u_4 \cdot \varrho_0^2$	f	$u_{W_4} \cdot \varrho_0^2$
1	$\alpha = 0$, $\beta = 0{,}5$ $i = 0$	3	0,346 320	0,158 597	0,072 727	1 584	1614,154	1680	1558,63	28 159,2	1558,54			24936,7
2	$\bar{\alpha} = 0$, $\bar{\beta} = 0{,}3$ $i = 0$	4	0,231 797	0,103 880	0,046 576	2 366,606	2464,384	2623,268	2210,6	130 195,2	2205,58			
	$\bar{\alpha} = 0$, $\bar{\beta} = 0{,}25$ $i = 0$		0,164 094	0,072 719	0,032 240	3 343,022	3520,381	3789,787	3002,54	219 984,9	2979,25			
6	$\alpha = 0$, $\beta = 0{,}25$ $i = 0$	11	0,164 094	0,072 719	0,032 240	3 343,022	3520,381	3789,787	3002,54	219 984,9	2979,25	104 976 79 659	− 4,997 +21,472	99 790
	$\bar{\alpha} = 0{,}25$, $\bar{\beta} = 0{,}5$, $i = 0$		0,182 254	0,085 878	0,040 488	3 009,921	2980,988	3017,764	2997,16	122 015,4	2979,25			99 790
7	$\bar{\alpha} = 0$, $\bar{\beta} = 0{,}5$ $i = -2\varrho_0$	12	0,094 096	0,042 086	0,018 839	5 829,900	6082,826	6485,441	5405,10	182 732,8				
			$A_2 : i^2$	$B_2 : i^2$	$C_2 : i^2$	$u_{A_2} \cdot i^2$	$u_{B_2} \cdot i^2$	$u_{C_2} \cdot i^2$	$u_2 \cdot i^2$	$u_4 \cdot i^2$				
8	$\bar{\alpha} = 0$, $\bar{\beta} = 0{,}5$ $\varrho_0 = 0$	13	0,025 486	0,011 944	0,005 604	21 524,73	21 434,04	21 804,36	21 506,70	433 183,2				
			A_2	B_2	C_2	u_{A_2}	u_{B_2}	u_{C_2}	u_2	u_4				
9	$\bar{\alpha} = 0$, $\bar{\beta} = 0{,}33$ $\varrho_0 = 0{,}08$, $i = 0{,}25$	14	0,004 976	0,002 258	0,001 025	110 249,9	113 388,9	119 196,3	106 566,6	4 578 107				

bezieht, die sich in dieser Form als Spezialisierung allgemeinerer Fälle darbietet. Für gerade kritische Drehzahlen gilt wieder (36), wenn man daselbst $v = \frac{1}{2} - u$ setzt. Analog wie bei Fall 3 folgert man jetzt den Satz:

Ist die Größe β in Abb. 11 halb so groß wie jene in Abb. 6, so ist bei Außerachtlassung der Kreiselwirkung der Wert $u_{W_2}\varrho_0^2$ der zweiten kritischen Drehzahl des Falles 6, Abb. 11 gerade 16mal so groß als der Wert $u_{W_1}\varrho_0^2$ der ersten kritischen Drehzahl des Falles 3 in Abb. 6.

Eine graphische Lösung von (63) und ebenso auch der Brunellischen Gleichungen (35a), (35b) und (36) nach dem Vorgange von R. Grammel ist im siebenten Abschnitte angegeben.

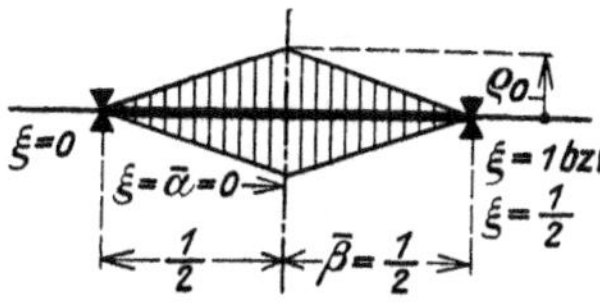

Abb. 12, Fall 7. Die Scheiben erfüllen einen symmetrischen Doppelkegel mit den Spitzen in den Lagermitten und der gemeinsamen Basis durch den Wellenmittelpunkt. [Man vgl. (65).]

Fall 7, Abb. 12. Die Scheibenumfänge erfüllen einen symmetrischen Doppelkegelmantel mit den beiden Spitzen in den Wellenlagern. Ist ϱ_0 wieder der Scheibenhalbmesser in der Wellenmitte $\xi = 0$, so muß, damit die Kegelspitze im rechten Lager $\xi = \frac{1}{2}$ ist, offenbar in den Formeln (53) und (58) für $i = -2\varrho_0$ gesetzt werden. Die Ergebnisse sind wieder in Tabelle 5 und 6 angegeben.

Um auch hier die strenge Lösung angeben zu können, muß der Anfangspunkt $\xi = 0$ im linken Lager angenommen werden, wonach dann die Reihen (39) unmittelbar verwendet werden können. Die Randbedingungen lauten dann für die ungeraden kritischen Drehzahlen

$$\eta(0) = \eta''(0) = \eta'(0{,}5) = \eta'''(0{,}5) = 0\,. \tag{64}$$

Die beiden ersten Bedingungen (64) ergeben mit (39) $\bar{\alpha}_0 = \bar{\alpha}_2 = 0$, die beiden letzten liefern die homogenen Gleichungen

$$\bar{\alpha}_1 E'_{1/2} + \bar{\alpha}_3 G'_{1/2} = 0\,,$$
$$\bar{\alpha}_1 E'''_{1/2} + \bar{\alpha}_3 G'''_{1/2} = 0\,.$$

Da $\bar{\alpha}_1$ und $\bar{\alpha}_3$ nicht gleichzeitig verschwinden dürfen, wenn $\eta = \bar{\alpha}_1 E + \bar{\alpha}_3 G$ nicht identisch verschwinden soll, so folgt die Stabilitätsgleichung

$$f = \begin{vmatrix} E'_{1/2} & G'_{1/2} \\ E'''_{1/2} & G'''_{1/2} \end{vmatrix} = 0\,. \tag{65}$$

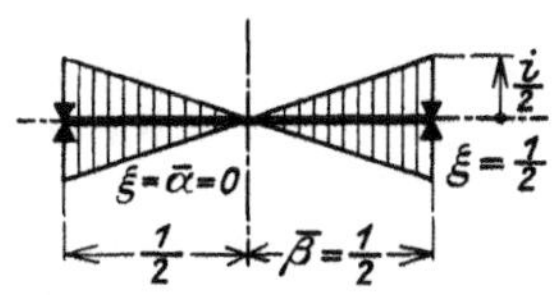

Abb. 13, Fall 8. Die Scheiben erfüllen 2 symmetrische Kegel, deren Basisflächen je durch die Lagermitten hindurchgehen und deren gemeinsame Spitze im Wellenmittelpunkt liegt (Spule). [Man vgl. (66) und (67).]

Da $i = -2\varrho_0$ ist, so erscheint in den Reihen (39) statt der Größe $\varkappa$ in (32) überall $4\varkappa$, was bei der Annahme für u in Tabelle 3, wo die Reihen in (65) ausgewertet erscheinen, berücksichtigt ist: Als Annahmen erscheinen ungefähr viermal so große Werte, als sie die Näherungsergebnisse in Tabelle 5 lieferten. Der vierte Teil des so erhaltenen Interpolationswertes ist in Tabelle 5 unter $u_{W_1}\varrho_0^2$ eingetragen und man erkennt die ausgezeichnete Übereinstimmung mit den Näherungswerten.

Fall 8, Abb. 13. Diese Annahme stellt einen Gegenfall zum vorigen dar, denn der symmetrische Doppelkegel hat jetzt seine Spitze im Wellenmittel, die Basisflächen aber in den Lagern.

Für die strenge Lösung ist jetzt der Anfangspunkt $\xi = 0$ in der Wellenmitte anzunehmen. Für ungerade Drehzahlen gelten dann offenbar die Randbedingungen (51), deren zwei ersten mit (39) $\bar{\alpha}_1 = \bar{\alpha}_3 = 0$ ergeben, während die beiden letzten wie früher die Stabilitätsgleichung liefern

$$f = \begin{vmatrix} D_{1/2} F_{1/2} \\ D''_{1/2} F''_{1/2} \end{vmatrix} = 0 . \tag{66}$$

(66) ist in Tabelle 3 ausgewertet und der daraus folgende strenge Wert in Tabelle 5 nebst den für $\varrho_0 = 0$ folgenden Näherungswerten ui^2 eingetragen. Neben der ausgezeichneten Übereinstimmung erkennt man vor allem im Vergleich mit dem vorhergehenden Fall 7, welch großen Einfluß die Massenverteilung der Scheiben auch bei gleichem Gesamtgewicht auf die Höhe der kritischen Drehzahl besitzt, ein Einfluß, der durch Beachtung der Kreiselwirkung, wie der nächste Abschnitt zeigen soll, in derartigem Grade verändert wird, daß jede vorherige Einschätzung desselben vollkommen unsicher und unbrauchbar erscheint. Z. B. ist bei gleichem Basishalbmesser, also $i = 2\varrho_0$ beim Doppelkegel, Fall 7: $u_1\varrho_0^2 \doteq 181$, bei der Spule, Fall 8, $u_1\varrho_0^2 \doteq \frac{2933}{4} \doteq 733$. Für gerade kritische Drehzahlen würde (56) gelten und damit erhielte man aus (39) zunächst $\bar{\alpha}_0 = \bar{\alpha}_2 = 0$ und sodann die Stabilitätsgleichung:

$$f = \begin{vmatrix} E_{1/2} G_{1/2} \\ E''_{1/2} G''_{1/2} \end{vmatrix} = 0 . \tag{67}$$

Die strenge Auswertung von (67) bereitet freilich erhebliche Schwierigkeiten, weil wegen der hohen Werte der Drehzahlen in den Reihen (39) sehr viele Glieder berechnet werden müssen, um eine ausreichende Genauigkeit zu erzielen.

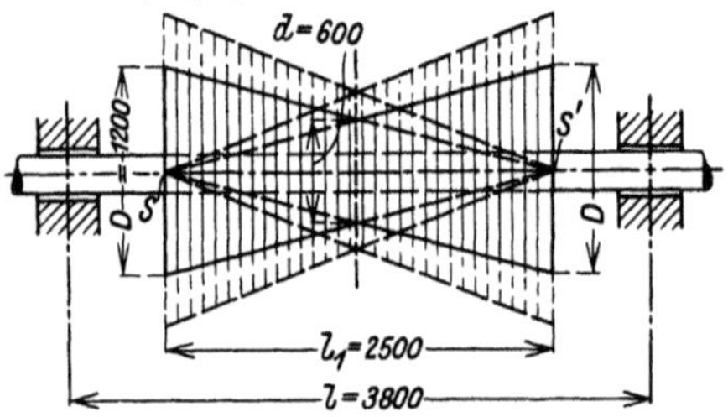

Abb. 14, Fall 9. Die Zweiflußtrommelturbine mit kegelstumpfförmigem Läufer. Wirkliche Abmessungen in mm einer ausgeführten Läuferform (nach G. Zerkowitz). [Man vgl. (76).]

Fall 9, Abb. 14. Die Zweiflußtrommelturbine mit kegelstumpfförmigem Läufer[31]. Die Scheiben erfüllen zwei Kegelstümpfe, die in der Wellenmitte mit ihrer kleineren Basisfläche zusammenstoßen. Den in Abb. 14 in mm angegebenen Werten des Läufers entsprechen mit sehr großer Annäherung die Annahmen: $\bar{\alpha} = 0, \bar{\beta} = 0{,}33, \varrho_0 = 0{,}08, i = 0{,}25$. Mit ihnen wird $l_1 = 2508$ mm, $d = 608$ mm, $D = 1235$ mm. Diese sehr geringen, durch die leichter zu bewältigende Zahlenrechnung entstandenen Abweichungen von den Konstruktionsangaben sind, da es sich ja ohnehin in den meisten Fällen um Näherungsrechnungen handeln wird, stets zulässig und dies um so mehr, als man die Durchmesser des Läufers wegen der zu berücksichtigenden Schaufelmasse, die man nur ungenau hinsichtlich ihrer Trägheitswirkung erfassen kann, ohnehin nur näherungsweise für die mechanische Berechnung annehmen muß. Mit den angegebenen Werten erhält man mit verhältnismäßig sehr geringer Mühe die in den Tabellen 5 und 6 eingetragenen Ergebnisse. Die große Überlegenheit der näherungsweisen Berechnung tritt gerade

[31] Die Anregung zur Untersuchung dieser Turbine erhielt der Verfasser durch eine freundliche Mitteilung von Herrn Prof. G. Zerkowitz, München, der auch die dem berechneten Beispiele zugrunde liegenden Zahlenangaben entnommen sind. Man vgl. auch die Doppelendturbine von Melms und Pfenninger in A. Stodola: Dampfturbinen, Abb. 713, S. 589, und in H. Melan: Theorie und Bau der Dampfturbinen. a. a. O. Abb. 154, S. 261. Man vgl. weiter in E. A. Kraft: a. a. O. die engl. GEG, zweigehäusige Kondensationsturbine, Abb. 133, S. 119; ferner die AEG, zweigehäusige Kondensationsturbine, Abb. 137, S. 121; auch MAN, dreigehäusige, zweiflutige Kondensationsturbine, Abb. 142, S. 124; BBC, dreigehäusige, zweiflutige Kondensationsturbine, Abb. 155, S. 133 und BBC, ND-Turbine, Abb. 158, S. 137; ferner P. E. Brunelli: Le macchine a vapore. a. a. O. Abb. 182, S. 273, und Abb. 205, S. 301.

in dem vorliegenden allgemeineren Fall sehr deutlich hervor, dessen strenge Berechnung zum Zwecke des Vergleiches und zum Zwecke der Überprüfung, die gerade für diesen praktisch wichtigen Fall die Güte der Annäherung erweisen soll, trotz der großen Rechenarbeit im folgenden angegeben werde.

Bezeichnet man mit η_1 die Auslenkung der Welle im belasteten, mit η_2 im unbelasteten Teil, so erhält man durch Einführung von (10) in (26a) leicht die beiden Differentialgleichungen:

$$\frac{d^4\eta_1}{d\xi^4} - u(\varrho_0^2 + 2\varrho_0 i\xi + i^2\xi^2)\eta_1 = 0, \tag{68}$$

$$\frac{d^4\eta_2}{d\xi^4} = 0. \tag{69}$$

Hierbei gelten für ungerade kritische Drehzahlen offenbar die folgenden Randbedingungen:

$$\left.\begin{array}{ll} \text{a)} & \eta_1'(0) = \eta_1'''(0) = 0 \\ \text{b)} & \eta_1(\bar\beta) = \eta_2(\bar\beta), \quad \eta_1'(\bar\beta) = \eta_2'(\bar\beta), \quad \eta_1''(\bar\beta) = \eta_2''(\bar\beta), \quad \eta_1'''(\bar\beta) = \eta_2'''(\bar\beta) \\ \text{c)} & \eta_2(0{,}5) = \eta_2''(0{,}5) = 0 \end{array}\right\} \tag{70}$$

Für gerade kritische Drehzahlen ändern sich nur die Bedingungen (70a) um in:

$$\eta_1(0) = \eta_1''(0) = 0, \tag{71}$$

während (70b) und (70c) unverändert bleiben. Die Bedingungen (70b) folgen ebenso wie (61b) aus dem Umstande, daß die Biegungsform der Welle an der Stelle $\xi = \bar\beta$ sprung- und knicklos verläuft und ebenso die Diagramme der Biegungsmomente und Querkräfte ohne Sprung über die Stelle $\xi = \bar\beta$ hinweggehen müssen, da dort keine konzentrierten Einzelmassen vorhanden sind. Wie sich diese Randbedingungen bei Beachtung der Kreiselwirkung, die ihrerseits die Querkräfte beeinflußt, ändern, wird im nächsten Abschnitt dargetan.

Die Lösung von (69) wird im Verein mit (70c) leicht gefunden:

$$\eta_2 = \alpha_1(-1 + 2\xi) + \alpha_3(1 - 6\xi^2 + 4\xi^3). \tag{72}$$

Hierin bedeuten α_1 und α_3 die beiden durch (70c) noch nicht bestimmten Integrationskonstanten von (69). (68) hingegen läßt sich in geschlossener Form nicht lösen, weshalb der Reihenansatz (38) in (68) eingeführt werde, was zunächst die Rekursionsformel ergibt:

$$n(n-1)(n-2)(n-3)\alpha_n - u\varrho_0^2\alpha_{n-4} - 2ui\varrho_0\alpha_{n-5} - ui^2\alpha_{n-6} = 0, \quad n = 6, 7, 8 \ldots$$

Damit liefert (68) nach langen Rechnungen die Lösung:

$$\eta_1 = \bar\alpha_0\bar D + \bar\alpha_1\bar E + \bar\alpha_2\bar F + \bar\alpha_3\bar G,$$

worin ist:

$$\begin{aligned}\bar D = 1 &+ u\left(\frac{1}{4!}\varrho_0^2\xi^4 + \frac{2}{5!}\varrho_0 i\xi^5 + \frac{2}{6!}i^2\xi^6\right) \\ &+ u^2\left(\frac{1}{8!}\varrho_0^4\xi^8 + \frac{12}{9!}\varrho_0^3 i\xi^9 + \frac{56}{10!}\varrho_0^2 i^2\xi^{10} + \frac{112}{11!}\varrho_0 i^3\xi^{11} + \frac{112}{12!}i^4\xi^{12}\right) \\ &+ u^3\left(\frac{1}{12!}\varrho_0^6\xi^{12} + \frac{30}{13!}\varrho_0^5 i\xi^{13} + \frac{386}{14!}\varrho_0^4 i^2\xi^{14} + \frac{2664}{15!}\varrho_0^3 i^3\xi^{15}\right. \\ &\left.+ \frac{10192}{16!}\varrho_0^2 i^4\xi^{16} + \frac{20384}{17!}\varrho_0 i^5\xi^{17} + \frac{20384}{18!}i^6\xi^{18}\right) + \cdots\end{aligned}$$

$$\left.\begin{aligned}
\overline{E} &= \xi + u\left(\frac{1}{5!}\varrho_0^2\xi^5 + \frac{4}{6!}\varrho_0 i\,\xi^6 + \frac{6}{7!}i^2\xi^7\right)\\
&+ u^2\left(\frac{1}{9!}\varrho_0^4\xi^9 + \frac{16}{10!}\varrho_0^3 i\,\xi^{10} + \frac{104}{11!}\varrho_0^2 i^2\xi^{11} + \frac{320}{12!}\varrho_0 i^3\xi^{12} + \frac{432}{13!}i^4\xi^{13}\right)\\
&+ u^3\left(\frac{1}{13!}\varrho_0^6\xi^{13} + \frac{36}{14!}\varrho_0^5 i\,\xi^{14} + \frac{566}{15!}\varrho_0^4 i^2\xi^{15} + \frac{4928}{16!}\varrho_0^3 i^3\xi^{16}\right.\\
&\left.+ \frac{24976}{17!}\varrho_0^2 i^4\xi^{17} + \frac{70336}{18!}\varrho_0 i^5\xi^{18} + \frac{90720}{19!}i^6\xi^{19}\right) + \cdots\\
\overline{F} &= \xi^2 + u\left(\frac{2}{6!}\varrho_0^2\xi^6 + \frac{12}{7!}\varrho_0 i\,\xi^7 + \frac{24}{8!}i^2\xi^8\right)\\
&+ u^2\left(\frac{2}{10!}\varrho_0^4\xi^{10} + \frac{40}{11!}\varrho_0^3 i\,\xi^{11} + \frac{328}{12!}\varrho_0^2 i^2\xi^{12} + \frac{1296}{13!}\varrho_0 i^3\xi^{13} + \frac{2160}{14!}i^4\xi^{14}\right)\\
&+ u^3\left(\frac{2}{14!}\varrho_0^6\xi^{14} + \frac{84}{15!}\varrho_0^5 i\,\xi^{15} + \frac{1552}{16!}\varrho_0^4 i^2\xi^{16} + \frac{16064}{17!}\varrho_0^3 i^3\xi^{17}\right.\\
&\left.+ \frac{98144}{18!}\varrho_0^2 i^4\xi^{18} + \frac{336960}{19!}\varrho_0 i^5\xi^{19} + \frac{518400}{20!}i^6\xi^{20}\right) + \cdots\\
\overline{G} &= \xi^3 + u\left(\frac{6}{7!}\varrho_0^2\xi^7 + \frac{48}{8!}\varrho_0 i\,\xi^8 + \frac{120}{9!}i^2\xi^9\right)\\
&+ u^2\left(\frac{6}{11!}\varrho_0^4\xi^{11} + \frac{144}{12!}\varrho_0^3 i\,\xi^{12} + \frac{1416}{13!}\varrho_0^2 i^2\xi^{13} + \frac{6720}{14!}\varrho_0 i^3\xi^{14} + \frac{13200}{15!}i^4\xi^{15}\right)\\
&+ u^3\left(\frac{6}{15!}\varrho_0^6\xi^{15} + \frac{288}{16!}\varrho_0^5 i\,\xi^{16} + \frac{6096}{17!}\varrho_0^4 i^2\xi^{17} + \frac{72576}{18!}\varrho_0^3 i^3\xi^{18}\right.\\
&\left.+ \frac{512160}{19!}\varrho_0^2 i^4\xi^{19} + \frac{2035200}{20!}\varrho_0 i^5\xi^{20} + \frac{3590400}{21!}i^6\xi^{21}\right) + \cdots
\end{aligned}\right| \quad (73)$$

Setzt man in (73) zunächst $\varrho_0 = 0$ und dividiert $\overline{D}, \overline{E}, \overline{F}, \overline{G}$ bezüglich durch 2!, 3!, 4!, 5!, so ergeben sich sofort die Reihen D, E, F, G in (39), wie man leicht erkennt. Setzt man hingegen in (73) $i = 0$, so folgen mit $\varkappa = \sqrt[4]{u\varrho_0^2}$ (32) die Reihen, die sich in der rechts stehenden Weise darstellen lassen:

$$\left.\begin{aligned}
\overline{D} &= 1 + \frac{\varkappa^4}{4!}\xi^4 + \frac{\varkappa^8}{8!}\xi^8 + \frac{\varkappa^{12}}{12!}\xi^{12} + \cdots &&= \frac{1}{2}\left[\mathfrak{Cof}(\varkappa\xi) + \cos(\varkappa\xi)\right]\\
\overline{E} &= \xi + \frac{\varkappa^4}{5!}\xi^5 + \frac{\varkappa^8}{9!}\xi^9 + \frac{\varkappa^{12}}{13!}\xi^{13} + \cdots &&= \frac{1}{2\varkappa}\left[\mathfrak{Sin}(\varkappa\xi) + \sin(\varkappa\xi)\right]\\
\overline{F} &= 2!\left[\frac{\xi^2}{2!} + \frac{\varkappa^4}{6!}\xi^6 + \frac{\varkappa^8}{10!}\xi^{10} + \frac{\varkappa^{12}}{14!}\xi^{14} + \cdots\right] &&= \frac{1}{\varkappa^2}\left[\mathfrak{Cof}(\varkappa\xi) - \cos(\varkappa\xi)\right]\\
\overline{G} &= 3!\left[\frac{\xi^3}{3!} + \frac{\varkappa^4}{7!}\xi^7 + \frac{\varkappa^8}{11!}\xi^{11} + \frac{\varkappa^{12}}{15!}\xi^{15} + \cdots\right] &&= \frac{3}{\varkappa^3}\left[\mathfrak{Sin}(\varkappa\xi) - \sin(\varkappa\xi)\right]
\end{aligned}\right| {}^{32}$$

d. h. man erhält wieder die in diesem Fall gültige Lösung (31), denn für $i = 0$ folgt aus (68) wieder die Differentialgleichung (27), für $\varrho_0 = 0$ aber (37).

(73) ergibt für ungerade kritische Drehzahlen in Verbindung mit (70a) sofort:

$$\bar{\alpha}_1 = \bar{\alpha}_3 = 0,$$

so daß verbleibt:

$$\eta_1 = \bar{\alpha}_0\overline{D} + \bar{\alpha}_2\overline{F}. \tag{74}$$

(72) und (74) stellen somit die Lösungen von (68) und (69) bereits unter Berücksichtigung der Randbedingungen (70a) und (70c) dar und sind bloß noch den

[32] Man vgl. hierzu die in Anm. [19] erwähnte Arbeit des Verfassers, S. 198.

Bedingungen (70b) zu unterwerfen. Man erhält die vier hinsichtlich der noch verbliebenen Integrationskonstanten $\bar{\alpha}_0$, $\bar{\alpha}_2$, α_1, α_3 linearen und homogenen Gleichungen:

$$\left.\begin{aligned}
&\text{a)}\quad \bar{\alpha}_0 \bar{D}(\bar{\beta}) + \bar{\alpha}_2 \bar{F}(\bar{\beta}) = \alpha_1(-1+2\bar{\beta}) + \alpha_3(1-6\bar{\beta}^2+4\bar{\beta}^3)\\
&\text{b)}\quad \bar{\alpha}_0 \bar{D}'(\bar{\beta}) + \bar{\alpha}_2 \bar{F}'(\bar{\beta}) = 2\alpha_1 + 12\alpha_3(-\bar{\beta}+\bar{\beta}^2)\\
&\text{c)}\quad \bar{\alpha}_0 \bar{D}''(\bar{\beta}) + \bar{\alpha}_2 \bar{F}''(\bar{\beta}) = \qquad 12\alpha_3(-1+2\bar{\beta})\\
&\text{d)}\quad \bar{\alpha}_0 \bar{D}'''(\bar{\beta}) + \bar{\alpha}_2 \bar{F}'''(\bar{\beta}) = \qquad 24\alpha_3
\end{aligned}\right\} \quad (75)$$

Teilt man (75c) durch (75d), so erhält man sofort die Gleichung:

$$\bar{\alpha}_0[2\bar{D}''(\bar{\beta}) - \bar{D}'''(\bar{\beta})(-1+2\bar{\beta})] + \bar{\alpha}_2[2\bar{F}''(\bar{\beta}) - \bar{F}'''(\bar{\beta})(-1+2\bar{\beta})] = 0\,.$$

Teilt man hingegen (75a) durch (75b) und drückt die Konstante α_3 mittels (75d) durch $\bar{\alpha}_0$ und $\bar{\alpha}_2$ aus, so folgt nach einigen Umformungen:

$$\begin{aligned}
&\bar{\alpha}_0[24\bar{D}(\bar{\beta}) - 12\bar{D}'(\bar{\beta})(-1+2\bar{\beta}) - \bar{D}'''(\bar{\beta})(1-6\bar{\beta}+12\bar{\beta}^2-8\bar{\beta}^3)]\\
&+\bar{\alpha}_2[24\bar{F}(\bar{\beta}) - 12\bar{F}'(\bar{\beta})(-1+2\bar{\beta}) - \bar{F}'''(\bar{\beta})(1-6\bar{\beta}+12\bar{\beta}^2-8\bar{\beta}^3)] = 0\,.
\end{aligned}$$

Hiermit folgt wie früher als Stabilitätsbedingung die Determinante:

$$f = \begin{vmatrix}
[2\bar{D}''(\bar{\beta}) - \bar{D}'''(\bar{\beta})(-1+2\bar{\beta})] & [2\bar{F}''(\bar{\beta}) - \bar{F}'''(\bar{\beta})(-1+2\bar{\beta})]\\
[24\bar{D}(\bar{\beta}) - 12\bar{D}'(\bar{\beta})(-1+2\bar{\beta}) & [24\bar{F}(\bar{\beta}) - 12\bar{F}'(\bar{\beta})(-1+2\bar{\beta})\\
-\bar{D}'''(\bar{\beta})(1-6\bar{\beta}+12\bar{\beta}^2-8\bar{\beta}^3)] & -\bar{F}'''(\bar{\beta})(1-6\bar{\beta}+12\bar{\beta}^2-8\bar{\beta}^3)]
\end{vmatrix} = 0 \quad (76)$$

Da für $\varrho_0 = 0$ die Reihen in (73) in die Reihen (39) übergehen, so folgt für $\bar{\beta} = \frac{1}{2}$ aus (76) wieder die Determinante (66), wie man leicht erweist.

Für gerade kritische Drehzahlen liefert die Randbedingung (71):

$$\eta_1 = \bar{\alpha}_1 \bar{E} + \bar{\alpha}_3 \bar{G}\,.$$

Wie oben gelangt man somit zu einer (76) völlig analogen Stabilitätsbedingung für gerade kritische Drehzahlen, wenn man in (76) bloß $\bar{D}$ durch $\bar{E}$ und $\bar{F}$ durch $\bar{G}$ ersetzt, und die daher nicht eigens dargestellt zu werden braucht; sie geht ebenfalls für $\beta = \frac{1}{2}$ und $\varrho_0 = 0$ über in die Stabilitätsgleichung (67).

Um (76) auszuwerten mußten zunächst die darin dargestellten Reihen für $\xi = \bar{\beta} = 0{,}33$ berechnet werden. Hierbei mußten mit Rücksicht auf die in Tabelle 5 angegebenen Näherungsergebnisse wieder für u je zwei Werte so angenommen werden, daß der Wert f in (76) voraussichtlich verschiedenes Vorzeichen erhält, die beiden Annahmen von u den wahren Wert u_{W_1} somit einschließen[33]. Die Werte der so berechneten Reihen und von f sind in Tabelle 3 eingetragen, ebenso der durch lineare Interpolation erhaltene Wert u_{W_1} in Tabelle 5, woraus man neuerdings die ausgezeichnete Übereinstimmung der Werte u_1 und u_{W_1} beurteilen kann und wohl auch den großen Unterschied der Rechenarbeiten, die zur Gewinnung der verglichenen Werte nötig waren. Man kann sogar sagen, daß ohne Kenntnis der Näherungswerte eine ziffernmäßige Berechnung von (76) völlig aussichtslos erscheinen müßte.

[33] Es wurden, wie aus Tabelle 3 hervorgeht, sogar drei Werte für u angenommen, von denen in Tabelle 5 bloß die Werte 7755 und 7758 aufgenommen wurden, da sie den wahren Wert u_{W_1} umschließen. Die Faktoren von u, u^2 u^3 in den Reihen $\bar{D} \ldots \bar{F}'''$ sind in Tabelle 4 angegeben.

Wie bei Fall 5, Abb. 8 erörtert wurde, gilt auch hier für alle Läuferformen, deren ideelle Kegelspitzen S, S' (Abb. 14) auf der Drehachse dieselbe Lage haben, die Beziehung $u_I \varrho_{0I}^2 = u_{II} \varrho_{0II}^2 =$ konstant, worin $\varrho_{0I}, \varrho_{0II}, \ldots$ die Scheibenhalbmesser in der Wellenmitte $\xi = 0$ bedeuten.

Als Fall 9a ist schließlich in Tabelle 5 eine Welle der Zweiflußtrommelturbine mit den gleichen Annahmen ϱ_0 und i berechnet, jedoch mit dem Unterschied, daß die Kegelstümpfe, welche die aufgekeilten Scheiben erfüllen, bis an die Wellenlager heranreichen ($\overline{\alpha} = 0$, $\overline{\beta} = 0{,}5$). Der Vergleich mit Fall 9 zeigt, daß trotz des Umstandes, daß die neu hinzutretenden Scheiben sich ganz in der Nähe der Lager befinden, dennoch eine bedeutende Herabsetzung der ersten kritischen Drehzahl gegenüber Fall 9 eingetreten ist und in viel höherem Grade gilt dies hinsichtlich der dritten kritischen Drehzahl. Daß dieser Einfluß bei Beachtung der Kreiselwirkung noch viel größer ist und von gar nicht vorher abzuschätzender Art, wird der nächste Abschnitt erweisen.

d) Läuferformen gleicher kritischer Drehzahlen.

Die Formeln (53) und (54) bzw. (58) und (59) gestatten, wenn man bei der ersten Annäherung stehen bleiben will, die Gesamtheit jener Läuferformen von kegelstumpfförmiger Gestalt zu ermitteln, die bei symmetrischer Belastung und bestimmten vorgegebenen Werten α und β eine vorgegebene erste oder zweite kritische Drehzahl besitzen. Dieselbe Frage beantworten hinsichtlich der unsymmetrischen Belastungsfälle die Formeln (14), (16), (18) und (21) des zweiten Abschnittes.

Ordnet man in den angegebenen Gleichungen nach Gliedern mit ϱ_0^2, $\varrho_0 i$ und i^2, so erhält man hinsichtlich ϱ_0, i positiv definite Ausdrücke von der Form

$$a_{11}\varrho_0^2 + 2\,a_{12}\varrho_0\, i + a_{22}\, i^2 = \frac{F_A}{u_A} \quad \text{bzw.} \quad \frac{F_{A_1}}{u_{A_1}} \cdots \frac{F_{C_2}}{u_{C_2}}\,.$$

Rechts vom Gleichheitszeichen stehen nur positive Brüche, denn die Ausdrücke F sind gemäß ihrer Herleitung positiv und ebenso die Nenner $u_A, \ldots$, sofern überhaupt kritische Drehzahlen existieren, was bei fehlender Kreiselwirkung ja stets zutrifft. Faßt man links ϱ_0 und i als laufende Koordinaten auf, so stellen obige Gleichungen offenbar Kegelschnitte dar. Für die erste kritische Drehzahl symmetrischer Fälle beispielsweise ergibt sich für die a_{ik}, da die linke Gleichungsseite aus $\int\limits_0^{1/2} \eta^2 (\varrho_0 + i\xi)^2 d\xi$ entstanden ist, offenbar: $a_{11} = \int\limits_0^{1/2} \eta^2 d\xi$, $a_{12} = \int\limits_0^{1/2} \eta^2 \xi\, d\xi$, $a_{22} = \int\limits_0^{1/2} \eta^2 \xi^2 d\xi$. Setzen wir nun $\eta = v$, $\eta\xi = w$, so folgt aus der Schwarzschen Ungleichung (41) sofort:

$$A_{33} = a_{11} a_{22} - a_{12}^2 > 0\,.$$

Dies folgt auch aus der Bemerkung, daß obige Ausdrücke hinsichtlich ϱ_0, i positiv definit sind.

Dies ist aber die Bedingung dafür, daß obige Kegelschnitte Ellipsen sind. Es kann also für eine vorgegebene erste kritische Drehzahl bei unbeachteter Kreiselwirkung nur Läuferformen geben, bei denen weder ϱ_0 noch i unendlich große Werte annehmen. Man erkennt auch sofort, daß obige Ellipsen um so kleiner werden, je größer der zugehörige Wert u ist.

Man entnimmt z. B. für symmetrische Fälle hinsichtlich der ersten kritischen Drehzahl der Tabelle 5 für volle Scheibenbesetzung $\overline{\alpha} = 0$, $\overline{\beta} = 0{,}5$ aus Fall 1 mit $i = 0$ den Wert $A_1 : \varrho_0^2 = a_{11} = 6{,}298413$, aus Fall 8 für $\varrho_0 = 0$ den Wert $A_1 : i^2 = a_{22} = 0{,}207792$. Da schließlich bei Fall 7 $i = -2\varrho_0$ ist, so folgt aus dem angegebenen Tabellenwert sofort: $(a_{11} - 4a_{12} + 4a_{22})\varrho_0^2 = 3{,}362915\,\varrho_0^2$, woraus $a_{12} = 0{,}941667$ folgt, was nach (53) natürlich auch direkt berechnet werden könnte. Die Achsenneigung 2α gegen die ϱ_0-Achse, sowie die Halbachsen a, b bestimmen sich aus den Gleichungen: $\operatorname{tg} 2\alpha = \frac{2\,a_{12}}{a_{11} - a_{22}}$, $a^2 = \frac{F_{A_1}}{u_{A_1} k_1}$, $b^2 = \frac{F_{A_1}}{u_{A_1} k_2}$, worin $k_{1,2} = \frac{1}{2}\left(a_{11} + a_{22} \pm \sqrt{(a_{11} - a_{22})^2 + 4a_{12}^2}\right)$ ist. Es ist somit $\operatorname{tg} 2\alpha = 0{,}3092$ und mit $F_{A_1} = 614{,}4$ weiter: $a = \frac{9{,}767}{\sqrt{u_{A_1}}}$, $b = \frac{96{,}833}{\sqrt{u_{A_1}}}$, während sich die Abschnitte auf der ϱ_0- bzw. i-Achse zu $\varrho_0 = \frac{9{,}877}{\sqrt{u_{A_1}}}$, $i = \frac{54{,}376}{\sqrt{u_{A_1}}}$ ergeben, mit welchen Werten nun in Abb. 15 nach dem angegebenen Maßstab die Ellipse leicht eingezeichnet werden konnte. Der laufende Punkt P bestimmt durch seine Koordinaten ϱ_0, i eine ihm zugeordnete Läuferform und nur den Punkten des ersten Quadranten, der in Abb. 15 dick ausgezogen ist, entsprechen die praktisch wichtigen Läuferformen mit positivem ϱ_0 und i. Den Punkten des zweiten Quadranten z. B. entsprechen Läuferformen, wie sie in Abb. 16 dargestellt sind, als deren Grenzfälle die in den Abb. 12 und 13 dargestellten Formen angesehen werden können. Man kann diese Ergebnisse so aussprechen: Faßt man die als veränderlich gedachten Größen ϱ_0 und i eines Läufers von kegelstumpfförmiger Gestalt und fester Scheibenbesetzung α und β als kartesische Koordinaten eines Bildpunktes P auf, so erfüllen in erster Näherung bei Außerachtlassung der Kreiselwirkung die zur selben ersten oder bei symmetrischen Fällen auch zweiten kritischen Drehzahl gehörigen Bildpunkte P eine eindeutig bestimmbare Ellipse.

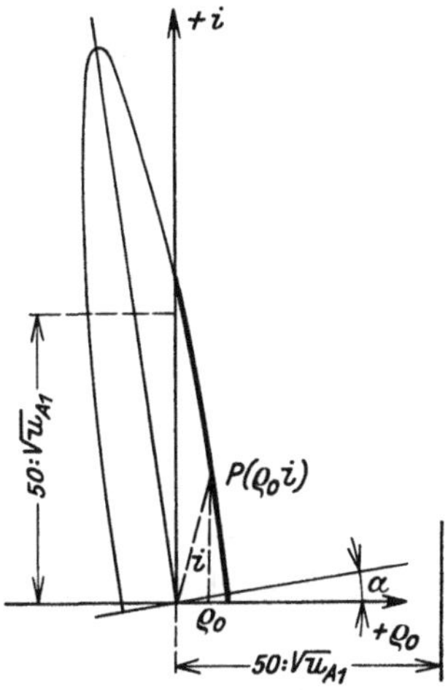

Abb. 15. Läuferformen mit gleicher erster kritischer Drehzahl bei symmetrischen Fällen und fehlender Kreiselwirkung. Der Punkt P mit den Koordinaten ϱ_0 und i erfüllt eine Ellipse.

Allerdings muß betont werden, daß die so festgelegten Ellipsen bloß erste, in den meisten Fällen allerdings sehr gute Annäherungen an die wirklichen transzendenten Verhältnisse darstellen. Schreitet man gemäß (19), (55) oder (60) zur zweiten Annäherung vor, so ergeben sich als bessere Darstellung Kurven vierter Ordnung in ϱ_0, i, die allerdings von Ellipsen nur sehr wenig verschieden sind.

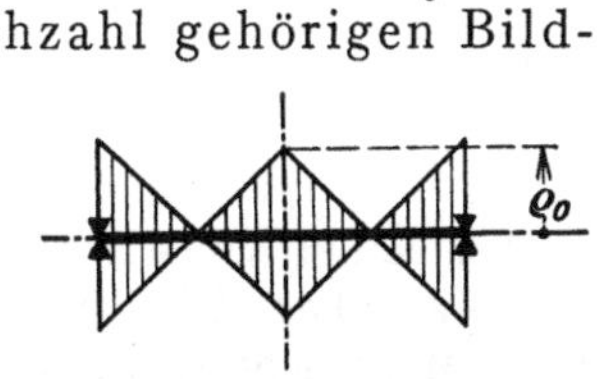

Abb. 16. Läuferformen, deren Profil durch verschiedenes Verzeichen von ϱ_0 und i bedingt ist. Die zugehörigen Bildpunkte P liegen bei der Darstellung nach Abb. 15 im 2. oder 4. Quadranten. (Man vgl. als zugehörige Grenzfälle auch die Abb. 12 und 13.)

Eine Verzerrung anderer Art tritt auch schon bei ersten Näherungen infolge Beachtung der Kreiselwirkung ein; auch hier sind es Kurven vierter Ordnung, die in ebenso übersichtlicher Weise die Rotorformen gleicher kritischer Drehzahl zur Darstellung bringen. (Man vgl. insbesondere hierzu den Unterabschnitt 6d.)

6. Die Berücksichtigung der Kreiselwirkung der Läuferscheiben.

a) Die Differentialgleichung.

Ein Wellenelement von der Länge $d\mathfrak{x}$ (Abb. 2) ist außer von der Fliehkraft $dm\,\mathfrak{y}\,\omega^2$ noch vom Kreiselmoment $\Theta_d\,\omega^2 \frac{d\mathfrak{y}}{d\mathfrak{x}}\,d\mathfrak{x}$ ergriffen, worin Θ_d das axiale Durchmesserträgheitsmoment der aufgekeilten Scheiben je Längeneinheit der

Welle, $d\mathfrak{y}/d\mathfrak{x}$ aber die Neigung der Tangente an die verzerrte Wellenmittellinie im Scheibenmittelpunkte gegen die unverzerrte Mittellinie bedeuten[34]. Nach dem Satz vom gleichsinnigen Parallelismus der Drehachsen ist der Sinn dieses Kreiselmomentes bei synchroner Präzession im Gleichlauf, bei welcher also die verbogene Welle mit den aufgekeilten Scheiben wie ein starrer Körper umläuft, so gerichtet, daß es der eingetretenen Verzerrung entgegenwirkt (Abb. 2), während sich sein Drehsinn bei synchronem Gegenlauf umkehrt und sein Betrag die dreifache Größe annimmt. An der Stelle $x < \mathfrak{x}$ herrscht also nach Abb. 2 das Biegungsmoment

$$M_x = E J \frac{d^2 y}{d x^2} = \pi \mu \omega^2 \int_x^l r^2(\mathfrak{x}) \mathfrak{y}(\mathfrak{x}) (\mathfrak{x} - x) \, d\mathfrak{x} - \omega^2 \int_x^l \Theta_a(\mathfrak{x}) \frac{d\mathfrak{y}}{d\mathfrak{x}} \, d\mathfrak{x} - T(l - x),$$

worin T die Haltekraft am oberen Wellenende ist. Wie im dritten Abschnitt ergibt doppelte Ableitung nach x

$$\frac{d M_x}{d x} = E J \frac{d^3 y}{d x^3} = -\pi \mu \omega^2 \int_x^l r^2(\mathfrak{x}) \, \mathfrak{y}(\mathfrak{x}) \, d\mathfrak{x} + \Theta_d(x) \omega^2 \frac{d y}{d x} + T,$$

$$\frac{d^2 M_x}{d x^2} = E J \frac{d^4 y}{d x^4} = \pi \mu \omega^2 r^2(x) y + \omega^2 \frac{d}{d x} \left[\Theta_a(x) \frac{d y}{d x}\right].$$

Liegen Vollscheiben vor, so folgt wegen

$$\Theta_a(x) = \frac{1}{4} \pi \mu r^4(x) \tag{77}$$

die Differentialgleichung

$$E J \frac{d^4 y}{d x^4} - \frac{1}{4} \pi \mu \omega^2 \frac{d}{d x} \left[r^4(x) \frac{d y}{d x}\right] - \pi \mu \omega^2 r^2(x) \, y = 0 \,. \tag{78}$$

Führt man wieder dimensionslose Veränderliche und Konstanten nach (6) bis (9) ein, so folgt für synchrone Präzession im Gleichlauf

$$\frac{d^4 \eta}{d \xi^4} - \frac{1}{4} u \frac{d}{d \xi} \left(\varrho^4 \frac{d \eta}{d \xi}\right) - u \varrho^2 \eta = 0 \tag{78a}$$

und für synchrone Präzession im Gegenlauf (retrograde Präzession)

$$\frac{d^4 \eta}{d \xi^4} + \frac{3}{4} u \frac{d}{d \xi} \left(\varrho^4 \frac{d \eta}{d \xi}\right) - u \varrho^2 \eta = 0 \,. \tag{78b}$$

Für fehlende Kreiselwirkung geht ersichtlich (78) in (26) bzw. (78a) oder (78b) in (26a) über. Eine Kontrolle dieser Differentialgleichungen erfolgt hier und im Unterabschnitt 6b mittels des Prinzips von Hamilton, im Abschnitt 10 mittels der zugeordneten Integrodifferentialgleichung[35].

Auch die Integrale (1a) bzw. (2a) sind nun entsprechend zu erweitern. Während die Arbeit L_i der inneren Kräfte ungeändert bleibt, tritt zur Arbeit L_{aF} der Fliehkräfte nach (4) noch jene L_{aK} der Kreiselmomente hinzu, die bei syn-

[34] Der Einfluß der Kreiselwirkung der Läuferscheiben auf die kritischen Drehzahlen wurde erstmals untersucht von A. Stodola: Neue kritische Drehzahlen als Folge der Kreiselwirkung der Laufräder. Z. ges. Turb.-Wes. Bd. 15 (1918) S. 253, 264, 269 und ebenda Zur Theorie der kritischen Drehzahlen Bd. 17 (1920) S. 1 und S. 18; ferner Dampfturbinen, S. 363 und S. 921. F. Klein u. A. Sommerfeld: Theorie des Kreisels Bd. IV, S. 893. Leipzig 1910, insbesondere hinsichtlich des Satzes vom Parallelismus der Drehachsen vgl. man ebenda, S. 763. Ferner R. Grammel: Der Kreisel, seine Theorie und seine Anwendungen, S. 213—234. Braunschweig 1920. Man vgl. auch die im Anhang des letztgenannten Werkes zu § 17 angeführten literarischen Anmerkungen. Ferner H. Lorenz: Technische Anwendungen der Kreiselbewegung. Erweiterter Sonderabdruck aus Z. VDI Bd. 63 (1919) S. 1224. Th. Pöschl: Z. angew. Math. Mech. Bd. 3 (1923) S. 307 und die unter Anm. [19] und [20] mitgeteilten Arbeiten des Verfassers.

[35] Für konstanten Scheibenhalbmesser $r = r_0$ folgt aus (78) unmittelbar die von R. Grammel[16] in Gl. (2) seiner Arbeit angegebene Differentialgleichung, worüber man insbesondere Abschnitt 7 vergleiche.

chronem Gleichlauf

$$L_{aK} = -\frac{\omega^2}{2}\int_0^l \Theta_d y'^2 dx$$

beträgt. Mit $L_a = L_{aF} + L_{aK}$ ergibt nun (1) bzw. (2) bei Beachtung von (77)

$$I = \int_0^l \left(E J y''^2 + \frac{1}{4}\pi\mu\omega^2 r^4 y'^2 - \pi\mu\omega^2 r^2 y^2\right) dx = 0\,, \tag{79}$$

$$\delta I = \delta\int_0^l \left(E J y''^2 + \frac{1}{4}\pi\mu\omega^2 r^4 y'^2 - \pi\mu\omega^2 r^2 y^2\right) dx = 0\,. \tag{80}$$

Dies kann sofort mittels des Prinzips von Hamilton nach (5) bestätigt werden. Ein Scheibenbündel besitzt auf einem Wellenelement der Länge dx offenbar die kinetische Energie (Abb. 2)

$$dL = \frac{1}{2} dm\, y^2\omega^2 + \frac{1}{2} d\Theta_p \omega_x^2 + \frac{1}{2} d\Theta_d \omega_y^2\,,$$

worin $d\Theta_p = 2\,d\Theta_d$ das polare Trägheitsmoment des Scheibenbündels um die Tangente an die verzerrte Wellenmittellinie, $d\Theta_d$ wie früher das axiale Durchmesserträgheitsmoment um den die unverzerrte Wellenmittellinie schneidenden Durchmesser bedeuten, während $\omega_x = \omega\cos d\alpha$, $\omega_y = \omega\sin d\alpha$ die Komponenten von ω in diesen Achsen mit $d\alpha = y'$ als Tangentenneigung bedeuten. Mit (77) ist daher

$$L = \frac{1}{2}\pi\mu\omega^2\int_0^l \left(r^2 y^2 + \frac{1}{2} r^4 - \frac{1}{4} r^4 y'^2\right) dx\,,$$

während V durch (3) gegeben ist. Damit aber ergibt (5)

$$\delta\int_{t_0}^{t_1}\int_0^l \left[E J y''^2 - \pi\mu\omega^2\left(r^2 y^2 + \frac{1}{2} r^4 - \frac{1}{4} r^4 y'^2\right)\right] dx\, dt = 0\,,$$

woraus, wie im zweiten Abschnitt, die Übereinstimmung mit (80) leicht erschlossen werden kann.

Führt man mittels (6) bis (9) wieder dimensionslose Veränderliche ein, so folgt aus (79) bzw. (80) mit geänderter Bedeutung von I

$$I = \int_0^1 \left(\eta''^2 + \frac{u}{4}\varrho^4\eta'^2 - u\varrho^2\eta^2\right) d\xi = 0\,, \tag{79a}$$

$$\delta I = \delta\int_0^1 \left(\eta''^2 + \frac{u}{4}\varrho^4\eta'^2 - u\varrho^2\eta^2\right) d\xi = 0\,. \tag{80a}$$

Bezeichnet man den Integranden von (80a) mit $F(\eta'', \eta', \eta)$ und wendet auf ihn nach Vorschrift der Variationsrechnung die Euler-Lagrangesche Ableitung (28) an, so erhält man sofort die Differentialgleichung (78a). Für synchronen Gegenlauf gelten zwei zu (79a) und (80a) analoge Gleichungen, in denen bloß $u/4$ durch $-\frac{3}{4}u$ ersetzt ist. Für fehlende Kreiselwirkung gehen (79a) und (80a) ersichtlich in (1b) und (2b) S. 6 über. Bei den symmetrischen Belastungsfällen ist die obere Integrationsgrenze in (79a) und (80a) wieder $\frac{1}{2}$.

b) Die Kreiselwirkung bei den unsymmetrischen Fällen.

Es sollen hier, wie bei den symmetrischen Fällen, die Entwicklungen wieder bloß bis zur zweiten, allen praktischen Fällen genügenden Annäherung fortgeführt werden. Führt man in (79a) bzw. (80a) den allen Randbedingungen (12a) genügenden Ansatz (17) ein, so ändern sich die in (14) und (18) angegebenen Größen nicht, hingegen erfahren die Gleichungen (16), (19) und (21) insofern eine Modifikation, als neben den Größen A, B, C noch weitere von dem mittleren Gliede in (79a) und (80a) herrührende Summanden K_A, K_B, K_C auftreten. Es ergibt sich nämlich statt (16) und (21)

$$\left.\begin{aligned} u'_A &= \frac{F_A}{A - \frac{1}{4} K_A}, & u'_B &= \frac{F_B}{B - \frac{1}{4} K_B}, & u'_C &= \frac{F_C}{C - \frac{1}{4} K_C} \\ u''_A &= \frac{F_A}{A + \frac{3}{4} K_A}, & u''_B &= \frac{F_B}{B + \frac{3}{4} K_B}, & u''_C &= \frac{F_C}{C + \frac{3}{4} K_C} \end{aligned}\right\} \tag{81}$$

In (81) soll ein einfacher Akzent die Werte u bei synchroner Präzession im Gleichlauf, ein doppelter bei synchroner Präzession im Gegenlauf andeuten. Wir können sogar die Formeln (16), (21) und somit auch (19) für die zweite Annäherung formell vollkommen aufrecht erhalten, wenn wir die durch die Kreiselwirkung modifizierten Größen A', B', C' bzw. A'', B'', C'' wie folgt einführen

$$\left.\begin{aligned} &A' = A - \tfrac{1}{4} K_A, \quad B' = B - \tfrac{1}{4} K_B, \quad C' = C - \tfrac{1}{4} K_C \quad \text{für synchronen Gleichlauf} \\ &A'' = A + \tfrac{3}{4} K_A, \quad B'' = B + \tfrac{3}{4} K_B, \quad C'' = C + \tfrac{3}{4} K_C \quad \text{für synchronen Gegenlauf} \end{aligned}\right\} \tag{82}$$

(16), (21) und (19) sind formell erhalten geblieben, nur die den Gleichlauf oder Gegenlauf andeutende einfache bzw. doppelte Akzentuierung der Größen u_A, u_B, u_C, A, B, C ist unterschiedlich hinzugetreten. Die Größen K_A, K_B, K_C (Kreiselkorrektionen) in (81) und (82) werden gemäß (79a) natürlich von ϱ und damit nach (10) ebenso wie A, B, C selbst von ϱ_0 und i abhängig sein. Sie lauten mit Beachtung von (15)

$$\left.\begin{aligned} K_A = \int_0^1 \varrho^4 \eta_4'^2 \, d\xi &= \gamma_{11} \cdot 16 i^4 + \gamma_{10}(-48 i^4 + 64 i^3 \varrho_0) + \gamma_9 (36 i^4 - 192 i^3 \varrho_0 + 96 i^2 \varrho_0^2) \\ &+ \gamma_8 (8 i^4 + 144 i^3 \varrho_0 - 288 i^2 \varrho_0^2 + 64 i \varrho_0^3) + \gamma_7(-12 i^4 + 32 i^3 \varrho_0 \\ &+ 216 i^2 \varrho_0^2 - 192 i \varrho_0^3 + 16 \varrho_0^4) + \gamma_6(-48 i^3 \varrho_0 + 48 i^2 \varrho_0^2 + 144 i \varrho_0^3 - 48 \varrho_0^4) \\ &+ \gamma_5 (i^4 - 72 i^2 \varrho_0^2 + 32 i \varrho_0^3 + 36 \varrho_0^4) + \gamma_4 (4 i^3 \varrho_0 - 48 i \varrho_0^3 + 8 \varrho_0^4) \\ &+ \gamma_3 (6 i^2 \varrho_0^2 - 12 \varrho_0^4) + \gamma_2 \cdot 4 i \varrho_0^3 + \gamma_1 \cdot \varrho_0^4 \\ K_B = \int_0^1 \varrho^4 \eta_4' \eta_5' \, d\xi &= \gamma_{12} \cdot 60 i^4 + \gamma_{11}(-90 i^4 + 240 i^3 \varrho_0) + \gamma_{10}(-120 i^4 - 360 i^3 \varrho_0 + 360 i^2 \varrho_0^2) \\ &+ \gamma_9 (195 i^4 - 480 i^3 \varrho_0 - 540 i^2 \varrho_0^2 + 240 i \varrho_0^3) \\ &+ \gamma_8 (28 i^4 + 780 i^3 \varrho_0 - 720 i^2 \varrho_0^2 - 360 i \varrho_0^3 + 60 \varrho_0^4) \\ &+ \gamma_7 (-72 i^4 + 112 i^3 \varrho_0 + 1170 i^2 \varrho_0^2 - 480 i \varrho_0^3 - 90 \varrho_0^4) \\ &+ \gamma_6(-288 i^3 \varrho_0 + 168 i^2 \varrho_0^2 + 780 i \varrho_0^3 - 120 \varrho_0^4) + \gamma_5(7 i^4 - 432 i^2 \varrho_0^2 + 112 i \varrho_0^3 + 195 \varrho_0^4) \\ &+ \gamma_4 (28 i^3 \varrho_0 - 288 i \varrho_0^3 + 28 \varrho_0^4) + \gamma_3 (42 i^2 \varrho_0^2 - 72 \varrho_0^4) + \gamma_2 \cdot 28 i \varrho_0^3 + \gamma_1 \cdot 7 \varrho_0^4 \\ K_C = \int_0^1 \varrho^4 \eta_5'^2 \, d\xi &= \gamma_{13} \cdot 225 i^4 + \gamma_{12} \cdot 900 i^3 \varrho_0 + \gamma_{11} (-900 i^4 + 1350 i^2 \varrho_0^2) \\ &+ \gamma_{10} (-3600 i^3 \varrho_0 + 900 i \varrho_0^3) + \gamma_9 (1110 i^4 - 5400 i^2 \varrho_0^2 + 225 \varrho_0^4) \\ &+ \gamma_8 (4440 i^3 \varrho_0 - 3600 i \varrho_0^3) + \gamma_7 (-420 i^4 + 6660 i^2 \varrho_0^2 - 900 \varrho_0^4) \\ &+ \gamma_6 (-1680 i^3 \varrho_0 + 4440 i \varrho_0^3) + \gamma_5 (49 i^4 - 2520 i^2 \varrho_0^2 + 1110 \varrho_0^4) \\ &+ \gamma_4 (196 i^3 \varrho_0 - 1680 i \varrho_0^3) + \gamma_3 (294 i^2 \varrho_0^2 - 420 \varrho_0^4) + \gamma_2 \cdot 196 i \varrho_0^3 + \gamma_1 \cdot 49 \varrho_0^4 \end{aligned}\right\} \tag{83}$$

Zur Anwendung der Formeln (81) bis (83) mögen die bereits im dritten Abschnitt behandelten Sonderfälle durchgerechnet und die strengen Lösungen hierzu angegeben werden.

Die in Tabelle 2 angeführten symmetrischen Fälle 1 und 2 sind sogleich aus den bereits im dritten Abschnitt zutage getretenen Gründen hier übergangen worden und sind unter c) genauer betrachtet.

Fall 3, Abb. 6. Zunächst ist in der Spalte 4 der Tabelle 7, in welcher der Unterfall $\beta = 0{,}75$ berechnet wurde, zwischen den Werten $A' : \varrho_0^2$ und $A'' : \varrho_0^2$ die zu ihrer Berechnung nötige Größe $K_A : \varrho_0^4$ und analog in den Spalten 5 und 6 angegeben, denn in (83) erscheint wegen $i = 0$ jeweils der Faktor ϱ_0^4. Dann wurden $A' : \varrho_0^2 = A : \varrho_0^2 - \frac{1}{4}\varrho_0^2(K_A : \varrho_0^4)$ und analog die übrigen Größen in den Spalten 4, 5, 6 berechnet, woraus ersichtlich ist, daß man bei Beachtung der Kreiselwirkung Annahmen von ϱ_0 (hier 0,3) machen muß und daher auch nicht einen für alle Werte von ϱ_0 gültigen Wert $u\varrho_0^2$ wie bei fehlender Kreiselwirkung erhalten kann. Die Größen $A : \varrho_0^2$ usw. sind hierbei natürlich nach (14) und (18) zu berechnen und aus Gründen der Analogie sind in Tabelle 7 auch die Größen $u'_A\varrho_0^2$, $u''_A\varrho_0^2$ neben dem Werte $u_A\varrho_0^2$ aus Tabelle 2 in der Spalte 7 und ebenso in 8 und 9 beibehalten worden, so daß ein Vergleich stets unmittelbar möglich ist. Es besteht stets die Ungleichung

$$u' > u > u'',$$

denn für synchronen Gleichlauf ergibt sich nach Abb. 2 eine Versteifung der Welle durch die Kreiselmomente, die die kritischen Drehzahlen erhöht, weil sie der eintretenden Verzerrung entgegenwirkt, während bei synchronem Gegenlauf gerade das Umgekehrte der Fall ist, so daß es denkbar ist, daß dann die Kreiselwirkung der Scheiben auch bei verschwindender Fliehkraftwirkung Instabilität hervorzurufen vermag[36].

Zum Zwecke der Ermittelung der strengen Lösung werde die Auslenkungsfunktion im belasteten $\varkappa$-Feld mit $\eta_\varkappa$, im unbelasteten λ-Feld mit η_λ bezeichnet, sie genügt im $\varkappa$-Feld nach (78a) wegen $\varrho = \varrho_\varkappa =$ konstant $=$ dem ϱ_0 der Näherungsrechnung in Tabelle 7 der Differentialgleichung

$$\frac{d^4\eta_\varkappa}{d\xi^4} - \frac{u}{4}\varrho_\varkappa^4\frac{d^2\eta_\varkappa}{d\xi^2} - u\varrho_\varkappa^2\eta_\varkappa = 0\,, \tag{84}$$

während η_λ einer (69) analogen Gleichung gehorcht. Führt man ferner die Abkürzungen

$$u\varrho_\varkappa^2 = u_\varkappa\,, \qquad \frac{u}{4}\varrho_\varkappa^4 = w_\varkappa \tag{85}$$

ein, so vereinfacht sich (84) zu

$$\frac{d^4\eta_\varkappa}{d\xi^4} - w_\varkappa\frac{d^2\eta_\varkappa}{d\xi^2} - u_\varkappa\eta_\varkappa = 0\,; \tag{86}$$

(86) gilt für synchrone Präzession im Gleichlauf, für synchronen Gegenlauf ist $w_\varkappa$ durch $-3w_\varkappa$ zu ersetzen[37]. Der Ansatz

$$\eta_\varkappa = e^{\varkappa\xi} \tag{87}$$

[36] In der Tat gelingt auf diesem Wege, wie der Verfasser in einer demnächst abzuschließenden Arbeit zeigen wird, eine sehr anschauliche kinetische Deutung des Knickproblems, die den Vorteil in sich birgt, daß man auf diese Art die Kerne der bezüglichen Integralgleichungen ohne weiteres als Einfluß- oder Greensche Funktionen explizite darstellen kann, während das Knickproblem selbst bekanntlich einer solchen Darstellung erhebliche Schwierigkeiten bereitet.

[37] (86) stimmt überein mit (19a) der in Fußnote [19] genannten Arbeit des Verfassers, wenn dort $v = 0$ gesetzt wird, also die Längskraft außer Betracht bleibt.

Tabelle 7. Die kritischen Drehzahlen bei unsymmetrischen Fällen mit Belauf. Die kritischen Drehzahlen bei fehlender Kreiselwirkung sind aus Tabelle 2

Fall Nr.	Kennzeichen $\alpha, \beta, \varrho_0, i,$	Abb. Nr.	$A' : \varrho_0^2$ $K_A : \varrho_0^4$ $A'' : \varrho_0^2$	$B' : \varrho_0^2$ $K_B : \varrho_0^4$ $B'' : \varrho_0^2$	$C' : \varrho_0^2$ $K_C : \varrho_0^4$ $C'' : \varrho_0^2$
3	$\alpha=0, \beta=0{,}75$ $\varrho_0=0{,}3, i=0$	6	0,038254	0,286670	2,148510
			0,285184	2,069782	15,084045
			0,063920	0,472951	3,506074
			$A' : i^2$ $K_A : i^4$ $A'' : i^2$	$B' : i^2$ $K_B : i^4$ $B'' : i^2$	$C' : i^2$ $K_C : i^4$ $C'' : i^2$
4	$\alpha=0, \beta=1$ $\varrho_0=0, i=0{,}3$	7	0,010769	0,081799	0,621526
			0,140260	1,099134	8,622844
			0,023392	0,180721	1,397582
			A' K_A A''	B' K_B B''	C' K_C C''
5	$\alpha=0{,}2, \beta=0{,}8$ $\varrho_0=0{,}1, i=0{,}25$	8	0,002183	0,016537	0,125329
			0,000499	0,003688	0,027413
			0,002682	0,020225	0,152742
			A' $K_A+\alpha_\varkappa \eta_{4\varkappa}'^2 \varrho_\varkappa^2$ A''	B' $K_B+\alpha_\varkappa \eta_{4\varkappa}' \eta_{5\varkappa}' \varrho_\varkappa^2$ B''	C' $K_C+\alpha_\varkappa \eta_{5\varkappa}'^2 \varrho_\varkappa^2$ C''
5a	Wie bei 5 $\varepsilon=0{,}25, \varkappa=0{,}15$ $\varrho_\varkappa=0{,}4$	31	0,001940	0,014785	0,112697
			0,001471	0,010698	0,077941
			0,003411	0,025482	0,190638

liefert mit (86) folgende zwei Wurzeln der charakteristischen Gleichung

$$\varkappa_1 = \sqrt{\frac{w_\varkappa}{2} + \sqrt{\frac{w_\varkappa^2}{4} + u_\varkappa}}\,, \qquad \varkappa_2 = \sqrt{-\frac{w_\varkappa}{2} + \sqrt{\frac{w_\varkappa^2}{4} + u_\varkappa}}\,, \tag{88}$$

welche für $w_\varkappa = 0$ beide wieder in (32) übergehen. Für synchronen Gegenlauf gilt statt (88) bei Beachtung von (85)

$$\varkappa_1 = \sqrt{-\frac{3}{2} w_\varkappa + \sqrt{\frac{9}{4} w_\varkappa^2 + u_\varkappa}}\,, \qquad \varkappa_2 = \sqrt{\frac{3}{2} w_\varkappa + \sqrt{\frac{9}{4} w_\varkappa^2 + u_\varkappa}}\,. \tag{88a}$$

(87) und (88) geben somit als Lösung von (84)

$$\eta_\varkappa = A_\varkappa \mathfrak{Sin}(\varkappa_1 \xi) + B_\varkappa \mathfrak{Cof}(\varkappa_1 \xi) + C_\varkappa \sin(\varkappa_2 \xi) + D_\varkappa \cos(\varkappa_2 \xi)\,. \tag{89}$$

(89) geht für fehlende Kreiselwirkung mit $\varkappa_1 = \varkappa_2 = \varkappa$ wieder in (31) über.

achtung der Kreiselwirkung bei synchroner Präzession im Gleich- und Gegenmit übernommen. Die dort angegebenen Werke F_A, F_B, F_C sind auch hier gültig.

$u'_A \cdot \varrho_0^2$ $u_A \cdot \varrho_0^2$ $u''_A \cdot \varrho_0^2$	$u'_B \cdot \varrho_0^2$ $u_B \cdot \varrho_0^2$ $u''_B \cdot \varrho_0^2$	$u'_C \cdot \varrho_0^2$ $u_C \cdot \varrho_0^2$ $u''_C \cdot \varrho_0^2$	$u'_1 \cdot \varrho_0^2$ $u_1 \cdot \varrho_0^2$ $u''_1 \cdot \varrho_0^2$	$u'_2 \cdot \varrho_0^2$ $u_2 \cdot \varrho_0^2$ $u''_2 \cdot \varrho_0^2$	Annahmen $u'_1 \cdot \varrho_0^2$, $u''_1 \cdot \varrho_0^2$	f	$u'_{W1} \cdot \varrho_0^2$ $u_{W1} \cdot \varrho_0^2$ $u''_{W1} \cdot \varrho_0^2$
125,478	125,580	127,663	125,473	19781,50	125,47 125,00	+0,1171 −0,0786	125,189
107,454	108,030	110,248	107,253	2233,65			106,961
75,094	76,118	78,232	74,138	650,79	74 73	+0,1570 −0,3962	73,716
$u'_A \cdot i^2$ $u_A \cdot i^2$ $u''_A \cdot i^2$	$u'_B \cdot i^2$ $u_B \cdot i^2$ $u''_B \cdot i^2$	$u'_C \cdot i^2$ $u_C \cdot i^2$ $u''_C \cdot i^2$	$u'_1 \cdot i^2$ $u_1 \cdot i^2$ $u''_1 \cdot i^2$	$u'_2 \cdot i^2$ $u_2 \cdot i^2$ $u''_2 \cdot i^2$	Annahmen	f	$u'_{W1} \cdot i^2$ $u_{W1} \cdot i^2$ $u''_{W1} \cdot i^2$
445,719	440,103	441,310	441,097	21184,3	440 441	$-0{,}0^4 1252$ $-0{,}0^4 3203$	439,358
344,705	337,934	336,324	335,822	7840,3			335,578
205,194	199,202	196,257	193,420	3242,4	192 193	$+0{,}0^4 4278$ $+0{,}0^5 660$	193,182
u'_A u_A u''_A	u'_B u_B u''_B	u'_C u_C u''_C	u'_1 u_1 u''_1	u'_2 u_2 u''_2			
2198,933	2176,946	2188,527	2184,782	87473,9			
2080,128	2061,974	2075,059	2069,578	49632,0			
1789,991	1779,955	1795,750	1786,094	21795,0			
u'_A u_A u''_A	u'_B u_B u''_B	u'_C u_C u''_C	u'_1 u_1 u''_1	u'_2 u_2 u''_2			
2474,519	2434,979	2433,836	2433,800	352704			
1943,087	1934,471	1954,733	1940,516	34584,6			
1407,256	1412,738	1438,780	1405,796	16432,2			

Die Randbedingungen (61a) liefern mit (89) die vereinfachte, der Gleichung (62a) analoge Gleichung

$$\eta_\varkappa = A_\varkappa \operatorname{Sin}(\varkappa_1 \xi) + C_\varkappa \sin(\varkappa_2 \xi), \qquad (90\text{a})$$

während die auch hier gültigen beiden letzten Randbedingungen (12a) im Verein mit (69) die Lösung

$$\eta_\lambda = \alpha_{1\lambda}(-1 + \xi) + \alpha_{3\lambda}(2 - 3\xi^2 + \xi^3) \qquad (90\text{b})$$

ergeben. Hingegen gelten von den Übergangsbedingungen (61b) nur die drei ersten, denn die Kreiselmomente beeinflussen, wie bereits erwähnt, die Querkräfte. Zur Ermittelung der vierten Übergangsbedingung, die einige Vorsicht erheischt, bedient man sich am besten der zugehörigen Differentialgleichungen. Sie soll mit Rücksicht auf spätere allgemeinere Fälle gleich Scheiben mit den Halbmessern $\varrho_\varkappa$ und ϱ_λ an der Grenze zwischen dem $\varkappa$- und λ-Feld voraussetzen.

In Abb. 17 ist somit neben dem belasteten Feld $\varkappa$ mit dem Scheibenradius $r_\varkappa$ noch ein weiteres Feld λ mit dem Scheibenradius r_λ angenommen, das an der Stelle $x = b$ vom $\varkappa$-Feld durch die Trennungslinie G getrennt ist. Das Biegungsmoment an der Stelle x_λ des λ-Feldes ist vor (77) dargestellt worden und daher gilt auch die dort angegebene Ableitung dM_x/dx. Bilden wir diesen Ausdruck sogleich für die Stelle $x_\lambda = b$ und fügen überall den das λ-Feld kennzeichnenden Index λ hinzu, so folgt

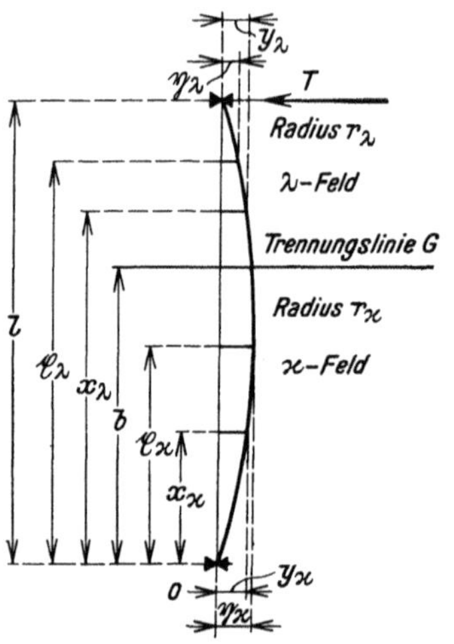

Abb. 17. Die in den Feldern $\varkappa$ und λ mit Scheiben von verschiedenen, aber innerhalb eines Feldes stetig begrenzten Halbmessern $r_\varkappa$ und r_λ besetzte Welle.

$$\left(\frac{dM_{x\lambda}}{dx_\lambda}\right)_{x_\lambda=b} = EJ\left(\frac{d^3y_\lambda}{dx_\lambda^3}\right)_{x_\lambda=b}$$

$$= T - \int_b^l \mu\pi r_\lambda^2(\mathfrak{x}_\lambda)\,\omega^2\,\mathfrak{y}_\lambda(\mathfrak{x}_\lambda)\,d\mathfrak{x}_\lambda$$

$$+ \Theta_{d\lambda}(x_\lambda)_{x_\lambda=b}\,\omega^2\left(\frac{dy_\lambda}{dx_\lambda}\right)_{x_\lambda=b}. \tag{91}$$

Bilden wir nun ebenso das Biegungsmoment $M_{x\varkappa}$ des Feldes $\varkappa$ an der Stelle $x_\varkappa$, so folgt:

$$M_{x_\varkappa} = EJ\frac{d^2y_\varkappa}{dx_\varkappa^2} = -T(l-x_\varkappa) + \int_b^l \pi\mu r_\lambda^2(\mathfrak{x}_\lambda)\,\omega^2(\mathfrak{x}_\lambda - x_\varkappa)\,\mathfrak{y}_\lambda(\mathfrak{x}_\lambda)\,d\mathfrak{x}_\lambda - \int_b^l \Theta_{d\lambda}(\mathfrak{x}_\lambda)\,\omega^2\frac{d\mathfrak{y}_\lambda}{d\mathfrak{x}_\lambda}\,d\mathfrak{x}_\lambda$$

$$+\int_{x_\varkappa}^b \pi\mu r_\varkappa^2(\mathfrak{x}_\varkappa)\,\omega^2(\mathfrak{x}_\varkappa - x_\varkappa)\,\mathfrak{y}_\varkappa(\mathfrak{x}_\varkappa)\,d\mathfrak{x}_\varkappa - \int_{x_\varkappa}^b \Theta_{d\varkappa}(\mathfrak{x}_\varkappa)\,\omega^2\frac{d\mathfrak{y}_\varkappa}{d\mathfrak{x}_\varkappa}\,d\mathfrak{x}_\varkappa.$$

Ableitung an der Stelle $x_\varkappa$ gibt nun:

$$\frac{dM_{x\varkappa}}{dx_\varkappa} = EJ\frac{d^3y_\varkappa}{dx_\varkappa^3}$$

$$= T - \int_b^l \pi\mu r_\lambda^2(\mathfrak{x}_\lambda)\,\omega^2\,\mathfrak{y}_\lambda(\mathfrak{x}_\lambda)\,d\mathfrak{x}_\lambda - \int_{x_\varkappa}^b \pi\mu r_\varkappa^2(\mathfrak{x}_\varkappa)\,\omega^2\,\mathfrak{y}_\varkappa(\mathfrak{x}_\varkappa)\,d\mathfrak{x}_\varkappa + \Theta_{d\varkappa}(x_\varkappa)\,\omega^2\frac{dy_\varkappa}{dx_\varkappa}$$

und für $x_\varkappa = b$ folgt hieraus

$$\left(\frac{dM_{x\varkappa}}{dx_\varkappa}\right)_{x_\varkappa=b} = EJ\left(\frac{d^3y_\varkappa}{dx_\varkappa^3}\right)_{x_\varkappa=b}$$

$$= T - \int_b^l \pi\mu r_\lambda^2(\mathfrak{x}_\lambda)\,\omega^2\,\mathfrak{y}_\lambda(\mathfrak{x}_\lambda)\,d\mathfrak{x}_\lambda + \Theta_{d\varkappa}(x_\varkappa)_{x_\varkappa=b}\,\omega^2\left(\frac{dy_\varkappa}{dx_\varkappa}\right)_{x_\varkappa=b}. \tag{92}$$

Subtrahiert man nun (92) von (91) und ordnet anders, so erhält man die Übergangsbedingung

$$EJ\left(\frac{d^3y_\lambda}{dx_\lambda^3}\right)_{x_\lambda=b} - \Theta_{d\lambda}(x_\lambda)_{x_\lambda=b}\,\omega^2\left(\frac{dy_\lambda}{dx_\lambda}\right)_{x_\lambda=b}$$

$$= EJ\left(\frac{d^3y_\varkappa}{dx_\varkappa^3}\right)_{x_\varkappa=b} - \Theta_{d\varkappa}(x_\varkappa)_{x_\varkappa=b}\,\omega^2\left(\frac{dy_\varkappa}{dx_\varkappa}\right)_{x_\varkappa=b}. \tag{93}$$

Beachtet man (77) und führt die (85) analoge konstante Größe

$$\frac{u}{4}\varrho_\lambda^4 = w_\lambda \tag{94}$$

ein, so folgt aus (93) mittels der dimensionslosen Größe β in (11) die in durchwegs dimensionslosen Größen dargestellte Übergangsbedingung

$$\eta_\lambda'''(\beta) - w_\lambda \eta_\lambda'(\beta) = \eta_\varkappa'''(\beta) - w_\varkappa \eta_\varkappa'(\beta). \tag{93a}$$

Da $\varrho_\varkappa$ bzw. ϱ_λ als veränderliche Größen im $\varkappa$- bzw. λ-Feld aufzufassen sind, sind in (93a) und (94) natürlich deren Werte an der Feldgrenze $\xi = \beta$ einzusetzen, an der aber wegen der Knicklosigkeit der verzerrten Wellenmittellinie nach (61b)

$$\eta_\varkappa'(\beta) = \eta_\lambda'(\beta) = \eta'(\beta)$$

gilt, weshalb (93a) auch kürzer in der Form

$$\eta_\lambda'''(\beta) - \eta_\varkappa'''(\beta) - [w_\lambda(\beta) - w_\varkappa(\beta)]\,\eta'(\beta) = 0 \tag{93b}$$

geschrieben werden kann, die für synchrone Präzession im Gegenlauf die Form

$$\eta_\lambda'''(\beta) - \eta_\varkappa'''(\beta) + 3\,[w_\lambda(\beta) - w_\varkappa(\beta)]\,\eta'(\beta) = 0 \tag{93c}$$

annimmt. Es ist vorteilhaft, diese wichtigen Übergangsbedingungen noch anderweitig zu kontrollieren. Wendet man daher das Prinzip von Hamilton (5) sogleich in der, wie erwiesen, ihm gleichwertigen Form (80a) auf die in Abb. 17 dargestellte Welle an, so folgt in leicht verständlicher Bezeichnungsweise

$$\delta(I_\varkappa + I_\lambda) = \delta\int_0^\beta \left[\eta_\varkappa''^2 + \frac{u}{4}\varrho_\varkappa^4 \eta_\varkappa'^2 - u\,\varrho_\varkappa^2 \eta_\varkappa^2\right] d\xi$$

$$+ \delta\int_\beta^1 \left[\eta_\lambda''^2 + \frac{u}{4}\varrho_\lambda^4 \eta_\lambda'^2 - u\,\varrho_\lambda^2 \eta_\lambda^2\right] d\xi = 0. \tag{95}$$

Wird nun zunächst in (95) die Variation nur an $I_\varkappa$ durchgeführt, da sie bei I_λ ganz analog verläuft, so folgt bei Teilung durch den Faktor 2:

$$\frac{1}{2}\delta I_\varkappa = \int_0^\beta \left[\eta_\varkappa''\delta\eta_\varkappa'' + \frac{u}{4}\varrho_\varkappa^4 \eta_\varkappa'\delta\eta_\varkappa' - u\,\varrho_\varkappa^2 \eta_\varkappa \delta\eta_\varkappa\right] d\xi.$$

Wird nun hier jeder einzelne der beiden ersten Summanden partieller Integration unterworfen, so folgt

$$\int_0^\beta \eta_\varkappa''\delta\eta_\varkappa''\,d\xi = \eta_\varkappa''\delta\eta_\varkappa'\Big|_0^\beta - \int_0^\beta \eta_\varkappa'''\delta\eta_\varkappa'\,d\xi = \eta_\varkappa''\delta\eta_\varkappa'\Big|_0^\beta - \eta_\varkappa'''\delta\eta_\varkappa\Big|_0^\beta + \int_0^\beta \eta_\varkappa''''\delta\eta_\varkappa\,d\xi$$

$$\int_0^\beta \frac{u}{4}\varrho_\varkappa^4 \eta_\varkappa'\delta\eta_\varkappa'\,d\xi = \frac{u}{4}\varrho_\varkappa^4 \eta_\varkappa'\delta\eta_\varkappa\Big|_0^\beta - \frac{u}{4}\int_0^\beta (\varrho_\varkappa^4 \eta_\varkappa')'\,\delta\eta_\varkappa\,d\xi.$$

Verfährt man ebenso hinsichtlich δI_λ, so ergibt sich aus (95)

$$\eta_\varkappa''\delta\eta_\varkappa'\Big|_0^\beta - \eta_\varkappa'''\delta\eta_\varkappa\Big|_0^\beta + \int_0^\beta \eta_\varkappa''''\delta\eta_\varkappa\,d\xi + \frac{u}{4}\,\varrho_\varkappa^4\eta_\varkappa'\delta\eta_\varkappa\Big|_0^\beta$$

$$-\frac{u}{4}\int_0^\beta(\varrho_\varkappa^4\eta_\varkappa')'\delta\eta_\varkappa\,d\xi - u\int_0^\beta\varrho_\varkappa^2\,\eta_\varkappa\delta\eta_\varkappa\,d\xi$$

$$+\,\eta_\lambda''\delta\eta_\lambda'\Big|_\beta^1 - \eta_\lambda'''\delta\eta_\lambda\Big|_\beta^1 + \int_\beta^1 \eta_\lambda''''\delta\eta_\lambda\,d\xi + \frac{u}{4}\,\varrho_\lambda^4\eta_\lambda'\delta\eta_\lambda\Big|_\beta^1$$

$$-\frac{u}{4}\int_\beta^1(\varrho_\lambda^4\eta_\lambda')'\delta\eta_\lambda\,d\xi - u\int_\beta^1\varrho_\lambda^2\,\eta_\lambda\delta\eta_\lambda\,d\xi = 0\,.$$

Für $\eta_\varkappa$ gelten zunächst die Randbedingungen (61a), für η_λ die beiden letzten Randbedingungen (12a), während hinsichtlich der Übergangsbedingungen wegen der Sprung- und Knicklosigkeit der verzerrten Welle an der Übergangsstelle zunächst bloß die beiden ersten der Bedingungen (61b) ausgesagt werden können. Berücksichtigt man diese und bedenkt, daß sie weiterhin in jeder beliebigen Nachbarlage bloß dann erfüllt bleiben können, wenn die Variationen $\delta\eta_\varkappa$, $\delta\eta_\lambda$, $\delta\eta_\varkappa'$, $\delta\eta_\lambda'$ den folgenden Bedingungen genügen

$$\delta\eta_\varkappa(0) = \delta\eta_\lambda(1) = 0\,,\quad \delta\eta_\varkappa(\beta) = \delta\eta_\lambda(\beta) = \delta\eta(\beta)\,,\quad \delta\eta_\varkappa'(\beta) = \delta\eta_\lambda'(\beta) = \delta\eta'(\beta)\,,$$

so folgt mit Weglassung der bezüglich verschwindenden Glieder und Zusammenziehung der verbleibenden Integrale:

$$\eta_\varkappa''\delta\eta_\varkappa'\Big|^\beta - \eta_\varkappa'''\delta\eta_\varkappa\Big|^\beta + \frac{u}{4}\,\varrho_\varkappa^4\,\eta_\varkappa'\delta\eta_\varkappa\Big|^\beta + \int_0^\beta\Big[\eta_\varkappa'''' - \frac{u}{4}\,(\varrho_\varkappa^4\eta_\varkappa')' - u\,\varrho_\varkappa^2\eta_\varkappa\Big]\delta\eta_\varkappa\,d\xi$$

$$+\,\eta_\lambda''\delta\eta_\lambda'\Big|_\beta - \eta_\lambda'''\delta\eta_\lambda\Big|_\beta + \frac{u}{4}\,\varrho_\lambda^4\,\eta_\lambda'\delta\eta_\lambda\Big|_\beta + \int_\beta^1\Big[\eta_\lambda'''' - \frac{u}{4}\,(\varrho_\lambda^4\eta_\lambda')' - u\,\varrho_\lambda^2\eta_\lambda\Big]\delta\eta_\lambda\,d\xi = 0.$$

Bedenkt man nun, daß obige Gleichung für voneinander unabhängige $\delta\eta_\varkappa$, $\delta\eta_\lambda$, $\delta\eta_\varkappa'$, $\delta\eta_\lambda'$ erfüllt sein muß, sofern diese Zusatzfunktionen nur die obigen ihnen auferlegten Bedingungen erfüllen, so erkennt man, daß zunächst die Integranden der beiden Integrale für sich verschwinden müssen, was zu (78a) für Feld $\varkappa$ und einer anlogen Differentialgleichung für Feld λ führt, wodurch die auf anderem Wege hergeleitete Beziehung (78a) zunächst eine willkommene Bestätigung erfährt. Aber auch die mit $\delta\eta'(\beta)$ behafteten Glieder müssen wegen der oben angegebenen Unabhängigkeit der Zusatzfunktionen für sich verschwinden, ebenso die mit $\delta\eta(\beta)$ multiplizierten. Dies liefert sofort die beiden noch fehlenden Übergangsbedingungen

$$\eta_\varkappa''(\beta) = \eta_\lambda''(\beta) \quad\text{und}\quad \eta_\lambda'''(\beta) - \eta_\varkappa'''(\beta) - [w_\lambda(\beta) - w_\varkappa(\beta)]\,\eta'(\beta) = 0\,,$$

die hiermit bestätigt werden. [Man vgl. (93b).]

Man erkennt, daß für fehlende Kreiselwirkung, also für $w_\varkappa = w_\lambda = 0$ wieder die Übergangsbedingungen (61b) oder (70b) folgen.

Da nun in unserem Falle das λ-Feld unbelastet, somit $w_\lambda = 0$ ist, so lauten zusammengefaßt sämtliche Randbedingungen für $\eta_\varkappa$ bzw. η_λ, wenn der Anfangspunkt $\xi = 0$ in das linke Lager verlegt wird:

$$\left.\begin{array}{l} \text{a) } \eta_\varkappa(0) = \eta_\varkappa''(0) = 0 \\ \text{b) } \eta_\varkappa(\beta) = \eta_\lambda(\beta),\ \eta_\varkappa'(\beta) = \eta_\lambda'(\beta),\ \eta_\varkappa''(\beta) = \eta_\lambda''(\beta),\ \eta_\varkappa'''(\beta) - w_\varkappa \eta_\varkappa'(\beta) = \eta_\lambda'''(\beta) \\ \text{c) } \eta_\lambda(1) = \eta_\lambda''(1) = 0 \end{array}\right\} \quad (96)$$

Den Bedingungen (96a) und (96c) genügen bereits die in (90a) bzw. (90b) angegebenen Lösungen von (84) bzw. (69). Die Übergangsbedingungen (96b) liefern nun analog (75) vier lineare und homogene Gleichungen bezüglich der vier Integrationskonstanten $A_\varkappa$, $C_\varkappa$, $\alpha_{1\lambda}$, $\alpha_{3\lambda}$, von denen nur die aus der letzten Übergangsbedingung (96b) folgende angeschrieben werden soll:

$$A_\varkappa \varkappa_1^3 \operatorname{Cof}(\varkappa_1 \beta) - C_\varkappa \varkappa_2^3 \cos(\varkappa_2 \beta) - w_\varkappa [A_\varkappa \varkappa_1 \operatorname{Cof}(\varkappa_1 \beta) + C_\varkappa \varkappa_2 \cos(\varkappa_2 \beta)] = 6\,\alpha_{3\lambda}.$$

Nun ist aber nach den Definitionsgleichungen (88) $w_\varkappa = \varkappa_1^2 - \varkappa_2^2$, woraus

$$\varkappa_1^3 - w_\varkappa \varkappa_1 = \varkappa_2^2 \varkappa_1, \qquad \varkappa_2^3 + w_\varkappa \varkappa_2 = \varkappa_1^2 \varkappa_2 \quad (97)$$

folgt, womit sich die oben angeschriebene Gleichung zu

$$A_\varkappa \varkappa_1 \varkappa_2^2 \operatorname{Cof}(\varkappa_1 \beta) - C_\varkappa \varkappa_1^2 \varkappa_2 \cos(\varkappa_2 \beta) = 6\,\alpha_{3\lambda}$$

vereinfacht. Wie nach (75) ergibt dann das Verschwinden der Systemdeterminante der erwähnten vier Gleichungen mit Beachtung des Schemas (33)

$$\begin{aligned} f = (\varkappa_1^2 + \varkappa_2^2)(\varkappa_{1^v} \varkappa_{2^v} + \operatorname{Tg} \varkappa_{1^u} \operatorname{tg} \varkappa_{2^u}) + \varkappa_1^2 \varkappa_{2^v} (2 + \tfrac{1}{3} \varkappa_{1^v}^2) \operatorname{Tg} \varkappa_{1^u} \\ + \varkappa_{1^v} \varkappa_2^2 (2 - \tfrac{1}{3} \varkappa_{2^v}^2) \operatorname{tg} \varkappa_{2^u} = 0, \qquad v = 1 - u. \quad (98) \end{aligned}$$

Läßt man in (98) β und damit u bis Eins anwachsen, womit $v = \varkappa_{1^v} = \varkappa_{2^v} = 0$ wird, so bleibt

$$\operatorname{tg} \varkappa_{2^u} = \operatorname{tg} \varkappa_2 = 0,$$

woraus mit (88) wegen $\varkappa_2 = n\pi$ die Lösung folgt[38]:

$$u_\varkappa - w_\varkappa (n\pi)^2 = (n\pi)^4, \qquad n = 1, 2, 3, \ldots. \quad (99)$$

Bei fehlender Kreiselwirkung folgt aus (98) wegen $\varkappa_1 = \varkappa_2 = \varkappa$ (32) nach Kürzung durch $2\varkappa^2$ sofort

$$\varkappa^{2v} + \operatorname{Tg} \varkappa^u \operatorname{tg} \varkappa^u + \varkappa^v (\operatorname{tg} \varkappa^u + \operatorname{Tg} \varkappa^u) + \tfrac{1}{6} \varkappa^{3v} (\operatorname{Tg} \varkappa^u - \operatorname{tg} \varkappa^u) = 0,$$

also wieder die Brunellische Gleichung (36), von der somit (98) die durch Beachtung der Kreiselwirkung bedingte Verallgemeinerung darstellt. (98) wurde in Tabelle 7 für synchronen Gleich- und Gegenlauf ausgewertet, wobei in letzterem Fall (88a) herangezogen werden mußte. Eine graphische Lösung von (98) durch die verallgemeinerten Grammelschen Schaulinien ist im nächsten Abschnitt angegeben.

Fall 4, Abb. 7. Hierzu enthält Tabelle 7 in den ersten Kolonnen wie im Falle 3 die errechneten Größen und Näherungswerte. Wegen $\varrho_0 = 0$ erscheint — analog wie früher der Faktor ϱ_0 — jetzt der Faktor i. Für i wurde der Wert $i = 0{,}3$ angenommen. Auch für diesen Fall kann die strenge Lösung nicht allzu schwer angegeben werden. Für $\varrho_0 = 0$ folgt aus (10): $\varrho = i\xi$ und das gibt in (78a) eingeführt die Differentialgleichung

$$\frac{d^4 \eta}{d\xi^4} - \frac{u\, i^4}{4} \frac{d}{d\xi}\left(\xi^4 \frac{d\eta}{d\xi}\right) - u\, i^2 \xi^2 \eta = 0. \quad (100)$$

[38] (99) steht in voller Übereinstimmung mit Gl. (57) Fall I der in [19] mitgeteilten Arbeit des Verfassers für fehlende Längskraft, also für $v = 0$ in der Bezeichnungsweise der erwähnten Arbeit.

Führt man in (100) nun wieder den Reihenansatz (38) ein, wobei es sich empfiehlt, in (100) die angedeutete Differentiation des zweiten Gliedes erst nach Einführung von (38) auszuführen, so folgt zunächst die Rekursionsformel

$$n(n-1)(n-2)(n-3)\alpha_n - u i^2\left[1+\frac{i^2}{4}(n-3)(n-6)\right]\alpha_{n-6}=0, \quad n=6,7,8,\ldots.$$

Damit ergibt sich sodann nach längerer Rechnung mit $\bar{\alpha}_0, \bar{\alpha}_1, \bar{\alpha}_2, \bar{\alpha}_3$ als Integrationskonstanten die Lösung:

$$\left.\begin{aligned}
&\eta = \bar{\alpha}_0(D) + \bar{\alpha}_1(E) + \bar{\alpha}_2(F) + \bar{\alpha}_3(G),\\
&\text{worin mit } j=\frac{i^2}{4} \text{ ist}\\
&(D)=\frac{1}{2!}+\frac{u i^2(1+0\cdot 3j)\xi^6}{6!}+\frac{u^2 i^4(1+0\cdot 3j)(1+6\cdot 9j)\xi^{12}\cdot 7\cdot 8}{12!}\\
&\qquad+\frac{u^3 i^6(1+0\cdot 3j)(1+6\cdot 9j)(1+12\cdot 15j)\xi^{18}\cdot 7\cdot 8\cdot 13\cdot 14}{18!}+\cdots\\
&(E)=\frac{\xi}{3!}+\frac{u i^2(1+1\cdot 4j)\xi^7}{7!}+\frac{u^2 i^4(1+1\cdot 4j)(1+7\cdot 10j)\xi^{13}\cdot 8\cdot 9}{13!}\\
&\qquad+\frac{u^3 i^6(1+1\cdot 4j)(1+7\cdot 10j)(1+13\cdot 16j)\xi^{19}\cdot 8\cdot 9\cdot 14\cdot 15}{19!}+\cdots\\
&(F)=\frac{\xi^2}{4!}+\frac{u i^2(1+2\cdot 5j)\xi^8}{8!}+\frac{u^2 i^4(1+2\cdot 5j)(1+8\cdot 11j)\xi^{14}\cdot 9\cdot 10}{14!}\\
&\qquad+\frac{u^3 i^6(1+2\cdot 5j)(1+8\cdot 11j)(1+14\cdot 17j)\xi^{20}\cdot 9\cdot 10\cdot 15\cdot 16}{20!}+\cdots\\
&(G)=\frac{\xi^3}{5!}+\frac{u i^2(1+3\cdot 6j)\xi^9}{9!}+\frac{u^2 i^4(1+3\cdot 6j)(1+9\cdot 12j)\xi^{15}\cdot 10\cdot 11}{15!}\\
&\qquad+\frac{u^3 i^6(1+3\cdot 6j)(1+9\cdot 12j)(1+15\cdot 18j)\xi^{21}\cdot 10\cdot 11\cdot 16\cdot 17}{21!}+\cdots
\end{aligned}\right\} \quad (101)$$

Für synchronen Gegenlauf gilt die Lösung (101) ebenso, wenn man statt j $-3j$ setzt. Die Reihen (D), (E), (F), (G) in (101), die übrigens ein deutlich erkennbares Bildungsgesetz zeigen, gehen für fehlende Kreiselwirkung, also $j=0$ über in die bezüglichen Reihen D, E, F, G in (39). Wie dort findet sich hier eine zu (40) völlig analoge Stabilitätsbedingung:

$$f=\begin{vmatrix}(E_1) & (G_1)\\ (E_1'') & (G_1'')\end{vmatrix}=0. \qquad (102)$$

In Tabelle 3 sind zunächst die Reihen in (102) für Gleichlauf und Gegenlauf für die dort ersichtlichen Werte von u ausgewertet worden, die wieder auf Grund der Näherungsergebnisse gewählt wurden. In beiden Fällen liegt aber, wie man den Tabellen 3 und 7 entnimmt, der wahre Wert außerhalb des so versuchsweise angenommenen Intervalles, es mußte somit linear extrapoliert werden. Gleichwohl liegen die wahren Werte stets so nahe einer Grenze, daß eine neue versuchsweise Annahme für u unterlassen werden konnte. Man entnimmt Tabelle 7, daß die so gewonnenen strengen Werte mit denen der zweiten Annäherung außerordentlich scharf übereinstimmen (bei Gleichlauf beträgt der Fehler für die Tabellenwerte noch nicht $^1/_3$%, für die Drehzahlen selbst bleibt er somit unter $^1/_6$%); die Rechenarbeit hingegen erwies sich bei den strengen Lösungen, insbesondere bei Gegenlauf, wo die Reihen schlechter konvergieren, als recht beträchtlich.

Fall 5, Abb. 8. Die entsprechenden Werte sind wieder in Tabelle 7 eingetragen. Ein Vergleich mit den Werten der Tabelle 2 zeigt, in welchem Maße sich in diesem praktisch wichtigen Fall die Größen der kritischen Drehzahlen durch Beachtung der Kreiselwirkung ändern. Auf eine Kontrolle durch strenge Lösungen mußte in diesem Falle in Anbetracht der schon bei Vernachlässigung der Kreiselwirkung zutage getretenen großen Weitläufigkeit der Rechnung, die der analoge Fall der Zweiflußtrommelturbine mit kegelstumpfförmigem Läufer erforderte (vgl. Unterabschnitt 5c) verzichtet werden. Der in Tabelle 7 weiterhin angegebene Fall 5a, Abb. 31, soll im elften Abschnitt näher erörtert werden.

c) Die Kreiselwirkung bei den symmetrischen Fällen.

Hier sind, wie im fünften Abschnitte, die kritischen Drehzahlen ungerader und gerader Ordnung zu unterscheiden. Begnügt man sich wieder mit Annäherungen zweiter Ordnung, so genügt für ungerade kritische Drehzahlen den hierbei gültigen Randbedingungen (51) wieder der Ansatz (52), der in (79a) und (80a) eingeführt, neben den Ergebnissen (53) noch die vom Gliede mit η' herrührenden Größen K_{A_1}, K_{B_1}, K_{C_1} ergibt, welche lauten

$$\left.\begin{aligned}
K_{A_1} &= \int_0^{1/2} \varrho^4 \eta_4'^2 \, d\xi = 256 [\gamma_{11} \cdot 16 i^4 + \gamma_{10} \cdot 64 i^3 \varrho_0 + \gamma_9(-24 i^4 + 96 i^2 \varrho_0^2) \\
&\quad + \gamma_8(-96 i^3 \varrho_0 + 64 i \varrho_0^3) + \gamma_7(9 i^4 - 144 i^2 \varrho_0^2 + 16 \varrho_0^4) \\
&\quad + \gamma_6(36 i^3 \varrho_0 - 96 i \varrho_0^3) + \gamma_5(54 i^2 \varrho_0^2 - 24 \varrho_0^4) + \gamma_4 \cdot 36 i \varrho_0^3 + \gamma_3 \cdot 9 \varrho_0^4] \\
K_{B_1} &= \int_0^{1/2} \varrho^4 \eta_4' \eta_6' \, d\xi = 192 [\gamma_{13} \cdot 64 i^4 + \gamma_{12} \cdot 256 i^3 \varrho_0 + \gamma_{11}(-48 i^4 + 384 i^2 \varrho_0^2) \\
&\quad + \gamma_{10}(-192 i^3 \varrho_0 + 256 i \varrho_0^3) + \gamma_9(-20 i^4 - 288 i^2 \varrho_0^2 + 64 \varrho_0^4) \\
&\quad + \gamma_8(-80 i^3 \varrho_0 - 192 i \varrho_0^3) + \gamma_7(15 i^4 - 120 i^2 \varrho_0^2 - 48 \varrho_0^4) \\
&\quad + \gamma_6(60 i^3 \varrho_0 - 80 i \varrho_0^3) + \gamma_5(90 i^2 \varrho_0^2 - 20 \varrho_0^4) + \gamma_4 \cdot 60 i \varrho_0^3 + \gamma_3 \cdot 15 \varrho_0^4] \\
K_{C_1} &= \int_0^{1/2} \varrho^4 \eta_6'^2 \, d\xi = 144 [\gamma_{15} \cdot 256 i^4 + \gamma_{14} \cdot 1024 i^3 \varrho_0 + \gamma_{13} \cdot 1536 i^2 \varrho_0^2 \\
&\quad + \gamma_{12} \cdot 1024 i \varrho_0^3 + \gamma_{11}(-160 i^4 + 256 \varrho_0^4) - \gamma_{10} \cdot 640 i^3 \varrho_0 - \gamma_9 \cdot 960 i^2 \varrho_0^2 \\
&\quad - \gamma_8 \cdot 640 i \varrho_0^3 + \gamma_7(25 i^4 - 160 \varrho_0^4) + \gamma_6 \cdot 100 i^3 \varrho_0 + \gamma_5 \cdot 150 i^2 \varrho_0^2 \\
&\quad + \gamma_4 \cdot 100 i \varrho_0^3 + \gamma_3 \cdot 25 \varrho_0^4]
\end{aligned}\right\} \quad (103)$$

Es ergeben sich schließlich, wie früher aus (79a) und (80a) mit (53) und (103), die den Gleichungen (81) und (82) völlig analogen, von ihnen nur durch den Akzent 1, der auf die ungeraden kritischen Drehzahlen hinweisen soll, unterschiedenen Gleichungen

$$\left.\begin{aligned}
u_{A_1}' &= \frac{F_{A_1}}{A_1 - \frac{1}{4} K_{A_1}} = \frac{F_{A_1}}{A_1'}; \quad u_{B_1}' = \frac{F_{B_1}}{B_1 - \frac{1}{4} K_{B_1}} = \frac{F_{B_1}}{B_1'}; \quad u_{C_1}' = \frac{F_{C_1}}{C_1 - \frac{1}{4} K_{C_1}} = \frac{F_{C_1}}{C_1'} \\
u_{A_1}'' &= \frac{F_{A_1}}{A_1 + \frac{3}{4} K_{A_1}} = \frac{F_{A_1}}{A_1''}; \quad u_{B_1}'' = \frac{F_{B_1}}{B_1 + \frac{3}{4} K_{B_1}} = \frac{F_{B_1}}{B_1''}; \quad u_{C_1}'' = \frac{F_{C_1}}{C_1 + \frac{3}{4} K_{C_1}} = \frac{F_{C_1}}{C_1''}.
\end{aligned}\right\} \quad (104)^{39}$$

[39] Es soll in diesem Zusammenhange auf eine andere Beeinflussung der kritischen Drehzahlen hingewiesen werden, nämlich die durch ein vorgegebenes Torsionsmoment, wie dies erstmalig untersucht wurde in der beachtenswerten Arbeit von R. Grammel: Der Einfluß der Wellentorsion auf die kritische Drehzahl. Festschrift zur Feier des 70. Geburtstages A. Stodolas, S. 180. Zürich 1929.

Tabelle 8. Die ungeraden kritischen Drehzahlen bei symmetrischen Fällen und Gegenlauf. Die kritischen Drehzahlen bei fehlender Kreiselwirkung sind auch

Fall Nr.	Kennzeichen $\alpha, \beta, \varrho_0, i$	Abb. Nr.	$A_1' : \varrho_0^2$ $K_{A_1} : \varrho_0^4$ $A_1'' : \varrho_0^2$	$B_1' : \varrho_0^2$ $K_{B_1} : \varrho_0^4$ $B_1'' : \varrho_0^2$	$C_1' : \varrho_0^2$ $K_{C_1} : \varrho_0^4$ $C_1'' : \varrho_0^2$	$u'_{A_1} \cdot \varrho_0^2$ $u_{A_1} \cdot \varrho_0^2$ $u''_{A_1} \cdot \varrho_0^2$
1	$\bar{\alpha}=0$, $\bar{\beta}=0{,}5$ $\varrho_0=0{,}3$, $i=0$	3	4,899556	6,960346	9,884702	125,399
			62,171429	88,380952	125,922078	97,548
			10,494984	14,914632	21,217689	58,542
2	$\bar{\alpha}=0$, $\bar{\beta}=0{,}3$ $\varrho_0=0{,}3$, $i=0$	4	5,272007	7,495421	10,654273	116,540
			17,877987	23,792700	31,686101	108,278
			6,881025	9,636764	13,506022	89,289
6	$\bar{\alpha}=0{,}3$, $\bar{\beta}=0{,}5$ $\varrho_0=0{,}3$, $i=0$	11	negativ	negativ	negativ	negativ
			44,293442	64,588253	94,235977	984,376
			3,613959	5,277868	7,711667	170,007
6′	$\bar{\alpha}=0{,}25$, $\bar{\beta}=0{,}5$ $\varrho_0=0{,}3$, $i=0$	11	0,006197	0,026135	0,060700	99143,94
			51,335714	74,206101	107,372172	529,084
			4,626411	6,704684	9,724195	132,80
7	$\bar{\alpha}=0$, $\bar{\beta}=0{,}5$ $\varrho_0=0{,}15$, $i=-2\varrho_0$	12	3,349123	4,725233	6,668253	183,451
			2,451951	3,210658	4,208990	182,699
			3,404292	4,797473	6,762955	180,478
			$A_1' : i^2$ $K_{A_1} : i^4$ $A_1'' : i^2$	$B_1' : i^2$ $K_{B_1} : i^4$ $B_1'' : i^2$	$C_1' : i^2$ $K_{C_1} : i^4$ $C_1'' : i^2$	$u'_{A_1} \cdot i^2$ $u_{A_1} \cdot i^2$ $u''_{A_1} \cdot i^2$
8	$\bar{\alpha}=0$, $\bar{\beta}=0{,}5$ $\varrho_0=0$, $i=0{,}3$	13	0,175844	0,253714	0,366131	3494,003
			1,419913	2,087246	3,070130	2956,800
			0,303636	0,441566	0,642443	2023,473
			A_1' K_{A_1} A_1''	B_1' K_{B_1} B_1''	C_1' K_{C_1} C_1''	u'_{A_1} u_{A_1} u''_{A_1}
9	$\bar{\alpha}=0$, $\bar{\beta}=0{,}33$ $\varrho_0=0{,}08$, $i=0{,}25$	14	0,076713	0,109365	0,155931	8009,114
			0,009684	0,013186	0,017967	7764,075
			0,086397	0,122551	0,173897	7111,362
9a	$\bar{\alpha}=0$, $\bar{\beta}=0{,}5$ $\varrho_0=0{,}08$, $i=0{,}25$	—	0,076815	0,109573	0,156316	7998,41
			0,056593	0,082302	0,119834	6754,357
			0,133408	0,191875	0,276149	4605,41

mit Beachtung der Kreiselwirkung bei synchroner Präzession im Gleich- sind aus Tabelle 5 mit übernommen. Die dort angegebenen Werte $F_{A_1}, F_{B_1}, F_{C_1}$ hier gültig.

$u'_{B_1} \cdot \varrho_0^2$ $u_{B_1} \cdot \varrho_0^2$ $u''_{B_1} \cdot \varrho_0^2$	$u'_{C_1} \cdot \varrho_0^2$ $u_{C_1} \cdot \varrho_0^2$ $u''_{C_1} \cdot \varrho_0^2$	$u'_1 \cdot \varrho_0^2$ $u_1 \cdot \varrho_0^2$ $u''_1 \cdot \varrho_0^2$	$u'_3 \cdot \varrho_0^2$ $u_3 \cdot \varrho_0^2$ $u''_3 \cdot \varrho_0^2$	Annahmen $u'_1 \cdot \varrho_0^2$, $u''_1 \cdot \varrho_0^2$	f	$u'_{W_1} \cdot \varrho_0^2$ $u_{W_1} \cdot \varrho_0^2$ $u''_{W_1} \cdot \varrho_0^2$
126,102	129,493	125,215	negativ	—	—	125,215
98,080	100,645	97,409	8337,97	—	—	97,409
58,849	60,327	58,462	1177,95	—	—	58,462
117,100	120,139	116,414	negativ	116 116,4	+0,08085 $+0{,}0^{3}883$	116,404
109,294	112,605	107,829	19944,5	—	—	107,726
91,080	94,772	87,769	2691,7	87 87,8	+ 0,1729 − 0,0858	87,535
negativ	negativ	negativ	negativ	—	—	—
955,949	947,630	944,180	367502	—	—	943,432
166,301	165,982	165,943	7029,5	165,5 165,9	+ 0,01301 − 0,05023	165,582
33583,78	21087,32	8371,66	negativ	7800 8300	+15,094 −68,701	7890,07
517,590	516,843	516,798	111276	—	—	516,126
130,91	131,63	131,43	3455,6	—	—	—
185,750	191,950	182,096	17732,3	—	—	—
185,448	191,275	181,285	15925,8	—	—	181,233
182,953	189,266	178,882	12245,7	—	—	—
$u'_{B_1} \cdot i^2$ $u_{B_1} \cdot i^2$ $u''_{B_1} \cdot i^2$	$u'_{C_1} \cdot i^2$ $u_{C_1} \cdot i^2$ $u''_{C_1} \cdot i^2$	$u'_1 \cdot i^2$ $u_1 \cdot i^2$ $u''_1 \cdot i^2$	$u'_3 \cdot i^2$ $u_3 \cdot i^2$ $u''_3 \cdot i^2$			$u'_{W_1} \cdot i^2$ $u_{W_1} \cdot i^2$ $u''_{W_1} \cdot i^2$
3459,463	3496,013	3477,230	411193,1	—	—	—
2919,126	2941,114	2933,020	207517,6	—	—	2931,53
1987,730	1992,394	1991,85	91229,7	—	—	—
u'_{B_1} u_{B_1} u''_{B_1}	u'_{C_1} u_{C_1} u''_{C_1}	u'_1 u_1 u''_1	u'_3 u_3 u''_3			u'_{W_1} u_{W_1} u''_{W_1}
8025,579	8208,780	8007,52	1657001	—	—	—
7790,741	7978,940	7759,68	922872,6	—	—	7757,24
7162,033	7360,670	7094,05	417043	—	—	—
8010,30	8188,56	7997,58	1770572	—	—	—
6743,934	6871,598	6753,60	435989,4	—	—	—
4574,40	4635,17	4594,94	142598	—	—	—

Die Gleichungen (103) und (104) und ebenso die genau analog (19) berechneten zweiten Annäherungen sind für die unten angegebenen Fälle in Tabelle 8 ausgewertet worden.

Für gerade kritische Drehzahlen gelten wieder die Randbedingungen (56) mit dem Ansatz (57), der nach Einführung in (79a) und (80a) neben (58) die (103) analogen Größen K_{A_2}, K_{B_2}, K_{C_2} ergibt

$$\left.\begin{aligned}
K_{A_2} = \int_0^{1/2} \varrho^4 \eta_5'^2 \, d\xi &= \gamma_{13} \cdot 57600\, i^4 + \gamma_{12} \cdot 230400\, i^3 \varrho_0 \\
&+ \gamma_{11}(-57600\, i^4 + 345600\, i^2 \varrho_0^2) + \gamma_{10}(-230400\, i^3 \varrho_0 + 230400\, i \varrho_0^3) \\
&+ \gamma_9(17760\, i^4 - 345600\, i^2 \varrho_0^2 + 57600\, \varrho_0^4) + \gamma_8(71040\, i^3 \varrho_0 - 230400\, i \varrho_0^3) \\
&+ \gamma_7(-1680\, i^4 + 106560\, i^2 \varrho_0^2 - 57600\, \varrho_0^4) + \gamma_6(-6720\, i^3 \varrho_0 + 71040\, i \varrho_0^3) \\
&+ \gamma_5(49\, i^4 - 10080\, i^2 \varrho_0^2 + 17760\, \varrho_0^4) + \gamma_4(196\, i^3 \varrho_0 - 6720\, i \varrho_0^3) \\
&+ \gamma_3(294\, i^2 \varrho_0^2 - 1680\, \varrho_0^4) + \gamma_2 \cdot 196\, i \varrho_0^3 + \gamma_1 \cdot 49\, \varrho_0^4 \\
K_{B_2} = \int_0^{1/2} \varrho^4 \eta_5' \eta_7' \, d\xi &= \gamma_{15} \cdot 53760\, i^4 + \gamma_{14} \cdot 215040\, i^3 \varrho_0 \\
&+ \gamma_{13}(-26880\, i^4 + 322560\, i^2 \varrho_0^2) + \gamma_{12}(-107520\, i^3 \varrho_0 + 215040\, i \varrho_0^3) \\
&+ \gamma_{11}(-8512\, i^4 - 161280\, i^2 \varrho_0^2 + 53760\, \varrho_0^4) \\
&+ \gamma_{10}(-34048\, i^3 \varrho_0 - 107520\, i \varrho_0^3) + \gamma_9(5760\, i^4 - 51072\, i^2 \varrho_0^2 - 26880\, \varrho_0^4) \\
&+ \gamma_8(23040\, i^3 \varrho_0 - 34048\, i \varrho_0^3) + \gamma_7(-654\, i^4 + 34560\, i^2 \varrho_0^2 - 8512\, \varrho_0^4) \\
&+ \gamma_6(-2616\, i^3 \varrho_0 + 23040\, i \varrho_0^3) + \gamma_5(21\, i^4 - 3924\, i^2 \varrho_0^2 + 5760\, \varrho_0^4) \\
&+ \gamma_4(84\, i^3 \varrho_0 - 2616\, i \varrho_0^3) + \gamma_3(126\, i^2 \varrho_0^2 - 654\, \varrho_0^4) + \gamma_2 \cdot 84\, i \varrho_0^3 + \gamma_1 \cdot 21\, \varrho_0^4 \\
K_{C_2} = \int_0^{1/2} \varrho^4 \eta_7'^2 \, d\xi &= \gamma_{17} \cdot 50176\, i^4 + \gamma_{16} \cdot 200704\, i^3 \varrho_0 + \gamma_{15} \cdot 301056\, i^2 \varrho_0^2 \\
&+ \gamma_{14} \cdot 200704\, i \varrho_0^3 + \gamma_{13}(-18816\, i^4 + 50176\, \varrho_0^4) - \gamma_{12} \cdot 75264\, i^3 \varrho_0 \\
&+ \gamma_{11}(1344\, i^4 - 112896\, i^2 \varrho_0^2) + \gamma_{10}(5376\, i^3 \varrho_0 - 75264\, i \varrho_0^3) \\
&+ \gamma_9(1764\, i^4 + 8064\, i^2 \varrho_0^2 - 18816\, \varrho_0^4) + \gamma_8(7056\, i^3 \varrho_0 + 5376\, i \varrho_0^3) \\
&+ \gamma_7(-252\, i^4 + 10584\, i^2 \varrho_0^2 + 1344\, \varrho_0^4) + \gamma_6(-1008\, i^3 \varrho_0 + 7056\, i \varrho_0^3) \\
&+ \gamma_5(9\, i^4 - 1512\, i^2 \varrho_0^2 + 1764\, \varrho_0^4) + \gamma_4(36\, i^3 \varrho_0 - 1008\, i \varrho_0^3) \\
&+ \gamma_3(54\, i^2 \varrho_0^2 - 252\, \varrho_0^4) + \gamma_2 \cdot 36\, i \varrho_0^3 + \gamma_1 \cdot 9\, \varrho_0^4
\end{aligned}\right\} \quad (105)$$

Wie früher ergeben sich nun aus (79a), (80a), (58) und (105) die (104) analogen Gleichungen, in denen der Index 2 auf die geraden kritischen Drehzahlen hinweisen soll

$$\left.\begin{aligned}
u'_{A_2} &= \frac{F_{A_2}}{A_2 - \frac{1}{4} K_{A_2}} = \frac{F_{A_2}}{A_2'}; \quad u'_{B_2} = \frac{F_{B_2}}{B_2 - \frac{1}{4} K_{B_2}} = \frac{F_{B_2}}{B_2'}; \quad u'_{C_2} = \frac{F_{C_2}}{C_2 - \frac{1}{4} K_{C_2}} = \frac{F_{C_2}}{C_2'} \\
u''_{A_2} &= \frac{F_{A_2}}{A_2 + \frac{3}{4} K_{A_2}} = \frac{F_{A_2}}{A_2''}; \quad u''_{B_2} = \frac{F_{B_2}}{B_2 + \frac{3}{4} K_{B_2}} = \frac{F_{B_2}}{B_2''}; \quad u''_{C_2} = \frac{F_{C_2}}{C_2 + \frac{3}{4} K_{C_2}} = \frac{F_{C_2}}{C_2''}
\end{aligned}\right\} \quad (106)$$

(105) und (106) und auch die aus diesen Gleichungen folgenden (19) analogen zweiten Annäherungen sind für die unten angegebenen Fälle in Tabelle 9 ausgewertet worden. Der Berechnung wurden wieder die bereits im fünften Abschnitte behandelten Fälle zugrunde gelegt.

Fall 1, Abb. 3. Hier führen die Näherungslösungen in Tabelle 8 auf die Gln. (33) und (35) mit $v = 0$ der unter Anm. [19] erwähnten Arbeit des Verfassers, während die strenge Lösung durch (99) mit Beachtung von (85) für $n = 1{,}3$ geliefert wird. Man findet wie $u_3' \varrho_0^2$ auch $u_{W_3}' \varrho_0^2 < 0$ wegen Verhinderung der dritten kritischen Drehzahl durch die Kreiselwirkung der Laufscheiben.

Fall 2, Abb. 4. Dieser wurde in den Tabellen 8 und 9 für $\varrho_0 = 0{,}3$ berechnet, wobei sich für die dritte kritische Drehzahl in Tabelle 8 ein negativer, für ω selbst nach (9) also ein imaginärer Wert ergab, da die Kreiselwirkung bei synchronem Gleichlauf diese kritische Drehzahl wieder verhinderte, worüber im siebenten und achten Abschnitt ausführlicher berichtet wird.

Um die strenge Lösung auch dieses Falles zu ermitteln, werde die Auslenkungsfunktion der Wellenmittellinie im unbelasteten ersten Wellenteil mit $\eta_\varkappa$, im zweiten mit Scheiben vom Halbmesser ϱ_λ belasteten Wellenteil mit η_λ bezeichnet. $\eta_\varkappa$ und η_λ genügen somit für synchrone Präzession im Gleichlauf wieder den Differentialgleichungen (69) und (84), wenn man dort $\varkappa$ mit λ vertauscht. Wird nun der Anfangspunkt $\xi = 0$ in Abb. 4 in das linke Wellenlager verlegt, so lauten für ungerade kritische Drehzahlen auf Grund der Ausführungen des Unterabschnittes 6b in Analogie zu (96) die zugehörigen Rand- und Übergangsbedingungen

$$\left.\begin{aligned} &\text{a)}\ \eta_\varkappa(0) = \eta_\varkappa''(0) = 0, \\ &\text{b)}\ \eta_\varkappa(\alpha) = \eta_\lambda(\alpha), \eta_\varkappa'(\alpha) = \eta_\lambda'(\alpha), \eta_\varkappa''(\alpha) = \eta_\lambda''(\alpha), \eta_\varkappa'''(\alpha) = \eta_\lambda'''(\alpha) - w_\lambda \eta_\lambda'(\alpha), \\ &\text{c)}\ \eta_\lambda'(0{,}5) = \eta_\lambda'''(0{,}5) = 0 \end{aligned}\right\} \quad (107)$$

Als Lösungen der oben erwähnten Gleichungen (69) und (84) mit vertauschten Indizes $\varkappa$ und λ und der Randbedingungen (107a und c) ergeben sich sofort die Gleichungen

$$\eta_\varkappa = \alpha_{1\varkappa} \xi + \alpha_{3\varkappa} \xi^3, \quad (108\text{a})$$

$$\eta_\lambda = B_\lambda \operatorname{Cof}[\lambda_1(\tfrac{1}{2} - \xi)] + D_\lambda \cos[\lambda_2(\tfrac{1}{2} - \xi)]. \quad (108\text{b})$$

In (108b) sind λ_1 und λ_2 als Wurzeln der zu (84) oder (86) gehörigen charakteristischen Gleichung gemäß (88) definiert, wobei der Index $\varkappa$ wieder durch λ zu ersetzen ist. Analog sind dann die in (88) und (107b) auftretenden Größen u_λ und w_λ durch (85) angegeben. Unterwirft man nun die Lösungen (108a) und (108b) wieder den Übergangsbedingungen (107b) und beachtet insbesondere die die weiteren Rechnungen sehr vereinfachende Beziehung (97), so ergeben sich wieder vier hinsichtlich $\alpha_{1\varkappa}, \alpha_{3\varkappa}, B_\lambda, D_\lambda$ lineare homogene Gleichungen, deren verschwindende Systemdeterminante mit Beachtung des Schemas (33) ergibt

$$\left.\begin{aligned} f = (\lambda_1^2 + \lambda_2^2)(1 - \lambda_1 u\, \lambda_2 u \operatorname{Tg} \lambda_1 v \operatorname{tg} \lambda_2 v) - \lambda_1^2 \lambda_2 u\,(2 + \tfrac{1}{3}\lambda_1^2 u) \operatorname{tg} \lambda_2 v \\ + \lambda_2^2 \lambda_1 u\,(2 - \tfrac{1}{3}\lambda_2^2 u) \operatorname{Tg} \lambda_1 v = 0, \qquad v = \tfrac{1}{2} - u \end{aligned}\right\} \quad (109)$$

Ist die ganze Welle mit Scheiben bedeckt, so ist $\lim u = 0 = \lambda_1 u = \lambda_2 u$ und aus (109) folgt, da $\lambda_1^2 + \lambda_2^2 \neq 0$ ist, wenn man das von höherer Ordnung kleine Glied in $\lambda_1 u\, \lambda_2 u$ unterdrückt, unmittelbar

$$\operatorname{tg} \lambda_2 v = \infty.$$

Nun ist aber für $u = 0 : v = \frac{1}{2}$, womit aus obiger Gleichung sofort folgt

$$\lambda_2 = (2n - 1)\pi, \quad n = 1, 2, 3 \ldots \quad (110)$$

Man erkennt sofort, daß (110) nur einen Teil der Lösung (99) darstellt, nämlich eben die ungeraden kritischen Drehzahlen, wie es ja gemäß (107c) auch nicht anders sein kann.

Tabelle 9. Die geraden kritischen Drehzahlen bei symmetrischen Fällen mit Beachtung der Kreiselwirkung bei synchroner Präzession im Gleich- und Gegenlauf. Die kritischen Drehzahlen bei fehlender Kreiselwirkung sind aus Tabelle 6 mit übernommen. Die dort angegebenen Werte F_{A_2}, F_{B_2}, F_{C_2} sind auch hier gültig.

Fall Nr.	Kennzeichen $\alpha, \beta, \varrho_0, i$	Abb. Nr.	$A_2' : \varrho_0^2$ $K_{A_2} : \varrho_0^4$ $A_2'' : \varrho_0^2$	$B_2' : \varrho_0^2$ $K_{B_2} : \varrho_0^4$ $B_2'' : \varrho_0^2$	$C_2' : \varrho_0^2$ $K_{C_2} : \varrho_0^4$ $C_2'' : \varrho_0^2$	$u_{A_2}' \cdot \varrho_0^2$ $u_{A_2} \cdot \varrho_0^2$ $u_{A_2}'' \cdot \varrho_0^2$	$u_{B_2}' \cdot \varrho_0^2$ $u_{B_2} \cdot \varrho_0^2$ $u_{B_2}'' \cdot \varrho_0^2$	$u_{C_2}' \cdot \varrho_0^2$ $u_{C_2} \cdot \varrho_0^2$ $u_{C_2}'' \cdot \varrho_0^2$	$u_2' \cdot \varrho_0^2$ $u_2 \cdot \varrho_0^2$ $u_2'' \cdot \varrho_0^2$	$u_4' \cdot \varrho_0^2$ $u_4 \cdot \varrho_0^2$ $u_4'' \cdot \varrho_0^2$
2	$\bar{\alpha} = 0$, $\bar{\beta} = 0{,}25$ $\varrho_0 = 0{,}3$, $i = 0$	4	0,018049	0,007823	0,003309	30394,29	32725,77	36929,33	27066,77	negativ
			6,490932	2,884303	1,285832	3343,022	3520,381	3789,787	3002,54	219984,9
			0,602232	0,267410	0,119033	910,897	957,331	1026,450	817,95	10254,4
7	$\bar{\alpha} = 0$, $\bar{\beta} = 0{,}5$ $\varrho_0 = 0{,}15$, $i = -2\varrho_0$	12	0,073826	0,033244	0,014978	7430,622	7700,753	8157,620	7041,064	349764
			3,603630	1,571945	0,686532	5829,900	6082,826	6485,441	5405,10	182732,8
			0,154907	0,068612	0,030425	3541,286	3731,111	4015,887	3165,581	87861,5
			$A_2' : i^2$ $K_{A_2} : i^4$ $A_2'' : i^2$	$B_2' : i^2$ $K_{B_2} : i^4$ $B_2'' : i^2$	$C_2' : i^2$ $K_{C_2} : i^4$ $C_2'' : i^2$	$u_{A_2}' \cdot i^2$ $u_{A_2} \cdot i^2$ $u_{A_2}'' \cdot i^2$	$u_{B_2}' \cdot i^2$ $u_{B_2} \cdot i^2$ $u_{B_2}'' \cdot i^2$	$u_{C_2}' \cdot i^2$ $u_{C_2} \cdot i^2$ $u_{C_2}'' \cdot i^2$	$u_2' \cdot i^2$ $u_2 \cdot i^2$ $u_2'' \cdot i^2$	$u_4' \cdot i^2$ $u_4 \cdot i^2$ $u_4'' \cdot i^2$
8	$\bar{\alpha} = 0$, $\bar{\beta} = 0{,}5$ $\varrho_0 = 0$, $i = 0{,}3$	13	0,019423	0,009008	0,004179	28243,84	28419,01	29236,16	28195,84	2116070
			0,269464	0,130470	0,063307	21524,73	21434,04	21804,36	21506,70	433183,2
			0,043674	0,020750	0,009877	12560,45	12337,16	12370,60	12366,13	152908
			A_2' K_{A_2} A_2''	B_2' K_{B_2} B_2''	C_2' K_{C_2} C_2''	u_{A_2}' u_{A_2} u_{A_2}''	u_{B_2}' u_{B_2} u_{B_2}''	u_{C_2}' u_{C_2} u_{C_2}''	u_2' u_2 u_2''	u_4' u_4 u_4''
9	$\bar{\alpha} = 0$, $\bar{\beta} = 0{,}33$ $\varrho_0 = 0{,}08$, $i = 0{,}25$	14	0,004759	0,002162	0,000982	115270,2	118395,1	124391,6	111846,1	negativ
			0,000867	0,000382	0,000171	110249,9	113388,9	119196,3	106566,6	4578107
			0,005626	0,002544	0,001153	97507,3	100624,5	105924,3	93132,7	952089

Verzichtet man andrerseits in (109) auf die Beachtung der Kreiselwirkung, setzt also $\lambda_1 = \lambda_2 = \lambda = \sqrt[4]{u_\lambda} = \sqrt[4]{u \varrho_\lambda^2}$, so folgt nach Kürzung durch $2\lambda^2$

$$1 - \lambda^{2u} \mathfrak{Tg}\, \lambda^v \operatorname{tg} \lambda^v - \lambda^u (\operatorname{tg} \lambda^v - \mathfrak{Tg}\, \lambda^v) - \tfrac{1}{6} \lambda^{3u} (\operatorname{tg} \lambda^v + \mathfrak{Tg}\, \lambda^v) = 0, \qquad v = \tfrac{1}{2} - u$$

und man erkennt, daß diese Gleichung mit der für diesen Fall gültigen Brunellischen Gleichung (35a) vollkommen übereinstimmt.

Die — wie früher angegeben — gemäß (109) berechneten strengen Lösungen $u'_{W_1} \varrho_0^2$ und $u''_{W_1} \varrho_0^2$ stimmen mit den in Tabelle 8 angegebenen Näherungswerten vorzüglich überein; bei synchronem Gegenlauf sind dabei die Hilfsgrößen λ_1, λ_2 in (109) nach (88a) berechnet worden. Die geraden kritischen Drehzahlen können mit $\xi = 0$ in der Wellenmitte unmittelbar nach (98) berechnet werden, sofern dort $v = \frac{1}{2} - u$ gesetzt wird. Bezüglich der graphischen Lösung von (109) sei auf den siebenten Abschnitt verwiesen.

Fall 6, Abb. 11. Auch hier wurde $\varrho_0 = 0{,}3$ gewählt. Die Ergebnisse der Formeln (103) und (104) im Verein mit (53) in Tabelle 8 zeigen, daß in diesem Falle für $\bar{\alpha} = 0{,}3$, $\bar{\beta} = 0{,}5$ schon die erste kritische Drehzahl durch die Kreiselwirkung der Scheiben verhindert wird, ein Ergebnis, das im nächsten Abschnitt die graphische Ermittelung der kritischen Drehzahlen nach dem Verfahren von R. Grammel bestätigen wird. An sich ist dieses Ergebnis keineswegs auffällig, denn nach Abb. 11 entfallen ja in diesem Fall die gerade im Bereich um die Wellenmitte großen Fliehkräfte der hier nicht vorhandenen Scheiben, während demgegenüber gerade die an den Wellenlagern vorhandenen Scheiben wegen der großen Neigung der verzerrten elastischen Wellenlinie daselbst bei synchroner Präzession im Gleichlauf auf Grund des oben erwähnten Satzes vom gleichsinnigen Parallelismus der Drehachsen ihr größtes versteifendes Kreiselmoment ausüben.

Es wurde deshalb derselbe Fall in Tabelle 8 noch für $\bar{\alpha} = 0{,}25$, $\bar{\beta} = 0{,}5$ durchgerechnet, also vorausgesetzt, daß das mittlere von Scheiben freie Wellenstück kleiner sei als bei der vorhergehenden Annahme. Hier ergab sich in der Tat auch bei synchronem Gleichlauf eine — wenn auch sehr hohe — erste kritische Drehzahl, während hier die dritte kritische Drehzahl auch weiterhin durch die Kreiselwirkung verhindert erscheint. Dieser Fall führt mit diesen Annahmen deutlich vor Augen, wie außerordentlich wichtig die Kenntnis eines allgemeinen Kriteriums hinsichtlich der Verhinderung der kritischen Drehzahlen ist, worüber man den siebenten und achten Abschnitt vergleiche. Da bei Gleichlauf der Wert u sich im vorliegenden Falle nahe einer solchen kritischen Grenze befindet, erklären sich sowohl die großen Abweichungen der Werte $u'_{A_1} \varrho_0^2$, $u'_{B_1} \varrho_0^2$, $u'_{C_1} \varrho_0^2$ voneinander, als auch ihr großer Abstand vom Wert $u'_1 \varrho_0^2$ der zweiten Annäherung. Diese weicht ihrerseits auch noch ziemlich beträchtlich (um ca. 5%) vom strengen Werte ab.

Um die strenge Lösung für ungerade kritische Drehzahlen in diesem Falle anzugeben, werde der Koordinatenanfangspunkt $\xi = 0$ wieder in das linke Wellenende verlegt (Abb. 11). Heiße dann die Auslenkungsfunktion im ersten belasteten $\varkappa$-Feld wieder $\eta_\varkappa$, im zweiten unbelasteten λ-Feld η_λ, so gelten für beide ohne Änderung (84) und (69), sowie für $\eta_\varkappa$ die Randbedingungen (61a) oder (96a), für η_λ (61c) oder (107c), während die Übergangsbedingungen (96b) an der Stelle $\xi = \beta$ ebenfalls unmittelbar übernommen werden können. Daher folgt für $\eta_\varkappa$ sofort die Lösung (90a), für η_λ (62b), während das Verschwinden der Systemdeterminante der durch die Übergangsbedingungen entstehenden vier Gleichungen mit Beachtung von (97) wie früher ergibt

$$f = (\varkappa_1^2 + \varkappa_2^2) + \varkappa_1^2 \varkappa_1{}^v \mathfrak{Tg}\, \varkappa_1{}^u - \varkappa_2^2 \varkappa_2{}^v \operatorname{tg} \varkappa_2{}^u = 0\,, \qquad v = \tfrac{1}{2} - u \tag{111}$$

Sind die Scheiben in unserem Falle über die ganze Wellenlänge verteilt, so ist $v = \varkappa_1{}^v = \varkappa_2{}^v = 0$ und es verbleibt, wie im Anschluß an (109) gezeigt, mit $\varkappa$

statt λ wieder die Lösung (110). Verzichtet man hingegen auf die Beachtung der Kreiselwirkung, setzt also $\varkappa_1 = \varkappa_2 = \varkappa$, so folgt aus (111) nach Kürzung durch $\varkappa^2$ sofort die bereits bekannte Lösung (63). Die mittels (111) gewonnenen strengen Ergebnisse sind in Tabelle 8 angegeben, die graphische Lösung von (111) erfolgt wieder im siebenten Abschnitte. Für die geraden kritischen Drehzahlen dieses Falles gilt mit der Änderung $v = \frac{1}{2} - u$ wieder (98) und es wurden daher in Tabelle 9 dieselben nicht berechnet.

Fall 7, Abb. 12. Mit den in Tabelle 8 und 9 ersichtlichen Werten von $\overline{\alpha}, \overline{\beta}, \varrho_0$ und i wurden mit (53), (58) und (103) bis (106) die erste bis vierte kritische Drehzahl näherungsweise berechnet.

Fall 8, Abb. 13. Da der Basishalbmesser gleich groß wie im vorhergehenden Fall gewählt wurde, besitzen die Scheiben die gleiche Gesamtmasse wie dort und die Ergebnisse können unmittelbar verglichen werden, wenn die in den Tabellen 8 und 9 angegebenen Werte des Falles 8, wie im Unterabschnitt 5c nach (65) begründet wurde, durch vier geteilt werden. Hinsichtlich der geraden kritischen Drehzahlen in Tabelle 9 müßten sie vollkommen übereinstimmen, was hinsichtlich der zweiten Näherungen nahezu erreicht ist, wodurch die Brauchbarkeit der Formeln (103) bis (106) neuerdings bestätigt ist. In Tabelle 8 fällt außerdem der große Einfluß der Kreiselwirkung bei Fall 8 im Gegensatz zu Fall 7 auf, bei dem ein solcher wegen der Kleinheit der stark schiefgestellten Scheiben an den Lagerenden nicht in Erscheinung treten kann.

Die strengen Lösungen der Fälle 7 und 8 könnten mittels der Reihen (101) angegeben werden, doch ist mit Rücksicht auf die langwierigen Rechnungen hierauf verzichtet worden.

Fall 9, Abb. 14. Die Zweiflußtrommelturbine mit kegelstumpfförmigem Läufer, die ohne Kreiselwirkung bereits in den Tabellen 5 und 6 berechnet wurde, wird, solange die Scheiben ziemlich weit von den Lagern abstehen, durch die Kreiselwirkung, wie die Tabellen 8 und 9 zeigen, nur wenig beeinflußt. Reichen sie hingegen bis gegen die Wellenenden heran, so ist die Beeinflussung schon sehr merklich und beträgt, wie dies bei Fall 9a hinsichtlich der ungeraden kritischen Drehzahlen durch Vergleich der Tabellen 5 und 8 folgt, für die erste kritische Drehzahl bereits ca. 20%.

Die strenge Lösung dieses Falles, die nur durch entsprechende Verallgemeinerung der ohnehin schon recht komplizierten Reihen (73) und ihre numerische Auswertung erfolgen kann, wurde der äußerst langwierigen Rechnungen halber unterlassen.

d) Läuferformen gleicher kritischer Drehzahlen.

Auch bei Berücksichtigung der Kreiselwirkung kann man in analoger Weise, wie dies in Abb. 15 für fehlende Kreiselwirkung geschehen ist, nach dem Diagramm sämtlicher Läuferformen fragen, die zur selben ersten oder zweiten kritischen Drehzahl gehören. Die durch ϱ_0, i als Koordinaten bestimmten zugehörigen Bildpunkte durchlaufen dann, wie aus (81) und (83) für unsymmetrische, aus (103) und (104) bzw. (105) und (106) für symmetrische Läuferformen folgt, geschlossene Kurven vierter Ordnung, wobei die dem Gleichlauf entsprechenden außerhalb, die dem Gegenlauf entsprechenden aber innerhalb der bei fehlender Kreiselwirkung gültigen Ellipse liegen. Ist insbesondere die zugehörige kritische Drehzahl unendlich groß, also $u = \infty$, so ergeben sich ebenso alle jene Läuferformen, die bei synchronem Gleichlauf überhaupt keine kritische Drehzahl besitzen, da dieselbe durch die Kreiselwirkung der Läuferscheiben verhindert wird.

In Tabelle 10 sind nun zunächst bei voller Scheibenbesetzung, wie sie Fall 9a entpricht, für die dort angegebenen Werte λ die zugehörigen Größen $A_1 : \varrho_0^2$ und

$K_{A_1}:\varrho_0^4$ nach (53) und (103) für die erste kritische Drehzahl symmetrischer Rotoren in den beiden ersten Spalten berechnet worden.

Dabei bedeutet $\lambda = \frac{i}{\varrho_0}$ das Verhältnis der Steigung der Erzeugenden des Läuferkegels zum Radius der Läuferscheiben in der Wellenmitte und insbesondere entspricht der in Tabelle 10 ersichtliche Wert $\lambda = 3{,}125$ den für die Zweiflußtrommelturbine Fall 9 Abb. 14, in den Tabellen 5, 6, 8, 9 gemachten Annahmen. Bezeichnet man nun die Ziffernwerte der beiden ersten Spalten in Tabelle 10 mit Z_{A_1} bzw. $Z_{K_{A_1}}$, so daß also $A_1 = Z_{A_1}\cdot\varrho_0^2$ und $K_{A_1} = Z_{K_{A_1}}\cdot\varrho_0^4$ ist, so findet man zu einer beliebigen, aber fest vorgegebenen ersten kritischen Drehzahl u'_{A_1} und zu irgend einem λ nach (104) den zugehörigen Halbmesser ϱ'_0 nach der Gleichung

$$\frac{1}{4} Z_{K_{A_1}}\cdot\varrho_0'^4 - Z_{A_1}\cdot\varrho_0'^2 + \frac{F_{A_1}}{u'_{A_1}} = 0.$$

In dieser Gleichung, in der die Bezeichungsweise ϱ'_0 auf den synchronen Gleichlauf hinweisen soll, ergeben sich für eine nicht verschwindende positive Diskriminante zwei verschiedene Wurzeln ϱ'_{01} und ϱ'_{02}, die in Tabelle 10 in der vierten und sechsten Spalte angegeben sind, während in der fünften und siebenten Spalte ihre in Abb. 18 maßstäblich eingetragenen Vektoren $\mathfrak{r}(\varrho'_{01})$ und $\mathfrak{r}(\varrho'_{02})$ berechnet sind, die man aus ϱ'_{01} bzw. ϱ'_{02} einfach durch Multiplikation mit den Werten $\sqrt{1+\lambda^2}$ der dritten Spalte erhält. Hierbei wurde die Annahme $u'_{A_1} = 4000$ getroffen. Für denselben Wert u_{A_1} sind nun in der nächsten Spalte die Vektorenstrecken der Ellipse

Tabelle 10. Die Werte $A_1:\varrho_0^2$ und $K_{A_1}:\varrho_0^4$ in Abhängigkeit von λ, desgleichen die Werte ϱ'_0 bei Gleich- und ϱ''_0 bei Gegenlauf, schließlich ϱ_{0G} der Grenzkurve, sowie sämtliche Vektorstrecken $\mathfrak{r}$ dieser Werte für zwei Annahmen von u_{A_1} im symmetrischen Fall 9a bei voller Scheibenbesetzung. Man vgl. hierzu Abb. 18.

$\lambda = i:\varrho_0$	$A_1:\varrho_0^2$	$K_{A_1}:\varrho_0^4$	$\sqrt{1+\lambda^2}$	ϱ'_{01}	$\mathfrak{r}(\varrho'_{01})$	ϱ'_{02}	$\mathfrak{r}(\varrho'_{02})$	$\mathfrak{r}_{Ell.}$	ϱ''_0	$\mathfrak{r}(\varrho''_0)$	ϱ'_{01}	$\mathfrak{r}(\varrho'_{01})$	ϱ'_{02}	$\mathfrak{r}(\varrho'_{02})$	ϱ_{0G}	$\mathfrak{r}(\varrho_{0G})$	$\lambda = i:\varrho_0$
+ 10	45,911	33800,353	10,050	—	—	—	—	0,582	0,042	0,419	—	—	—	—	0,074	0,741	+ 10
+ 5	20,910	4354,379	5,099	—	—	—	—	0,437	0,066	0,338	—	—	—	—	0,139	0,710	+ 5
+ 3,125	14,213	1381,669	3,282	—	—	—	—	0,340	0,084	0,278	—	—	—	—	0,203	0,666	+ 3,125
+ 2	10,896	572,052	2,236	0,137	0,306	0,240	0,536	0,265	0,100	0,224	—	—	—	—	0,276	0,617	+ 2
+ 1	8,390	215,782	1,414	0,146	0,207	0,367	0,519	0,191	0,120	0,170	—	—	—	—	0,394	0,557	+ 1
+ 0,5	7,292	119,328	1,118	0,153	0,171	0,471	0,526	0,162	0,132	0,147	—	—	—	—	0,495	0,554	+ 0,5
+ 0,2	6,683	81,906	1,020	0,158	0,161	0,550	0,560	0,154	0,140	0,143	—	—	—	—	0,573	0,584	+ 0,2
0	6,298	62,171	1	0,162	0,162	0,616	0,616	0,156	0,145	0,145	0,405	0,405	0,492	0,492	0,636	0,636	0
— 0,2	5,930	46,489	1,020	0,166	0,169	0,696	0,710	0,164	0,151	0,154	0,380	0,387	0,605	0,616	0,716	0,730	— 0,2
— 0,5	5,409	29,208	1,118	0,172	0,192	0,845	0,945	0,188	0,161	0,180	0,375	0,419	0,775	0,866	0,864	0,965	— 0,5
— 1	4,623	12,582	1,414	0,185	0,262	1,200	1,700	0,258	0,177	0,250	0,385	0,545	1,153	1,634	1,218	1,724	— 1
— 2	3,363	2,452	2,236	0,215	0,480	2,332	5,215	0,477	0,212	0,475	0,435	0,972	2,305	5,150	2,340	5,230	— 2
— 3,125	2,442	1,594	3,282	0,252	0,828	2,462	8,080	0,824	0,247	0,814	0,513	1,680	2,420	7,940	2,480	8,150	— 3,125
— 5	2,077	74,379	5,099	—	—	—	—	1,390	0,246	1,255	—	—	—	—	0,334	1,703	— 5
— 10	8,244	4840,353	10,050	—	—	—	—	1,375	0,074	0,745	—	—	—	—	0,082	0,830	— 10
∞	∞	∞	∞	—	—	—	—	0,858	0	0,543	—	—	—	—	0	0,765	∞
				$u'_{A_1} = u_{A_1} = u''_{A_1} = 4000$							$u'_{A_1} = 1000$						

bei fehlender Kreiselwirkung berechnet und ebenso hierauf die Größen ϱ_0'' und $\mathfrak{r}(\varrho_0'')$ bei synchronem Gegenlauf, wobei ϱ_0'' gemäß (104) aus der Gleichung

$$\frac{3}{4} Z_{K_{A_1}} \cdot \varrho_0''^4 + Z_{A_1} \cdot \varrho_0''^2 - \frac{F_{A_1}}{u_{A_1}''} = 0$$

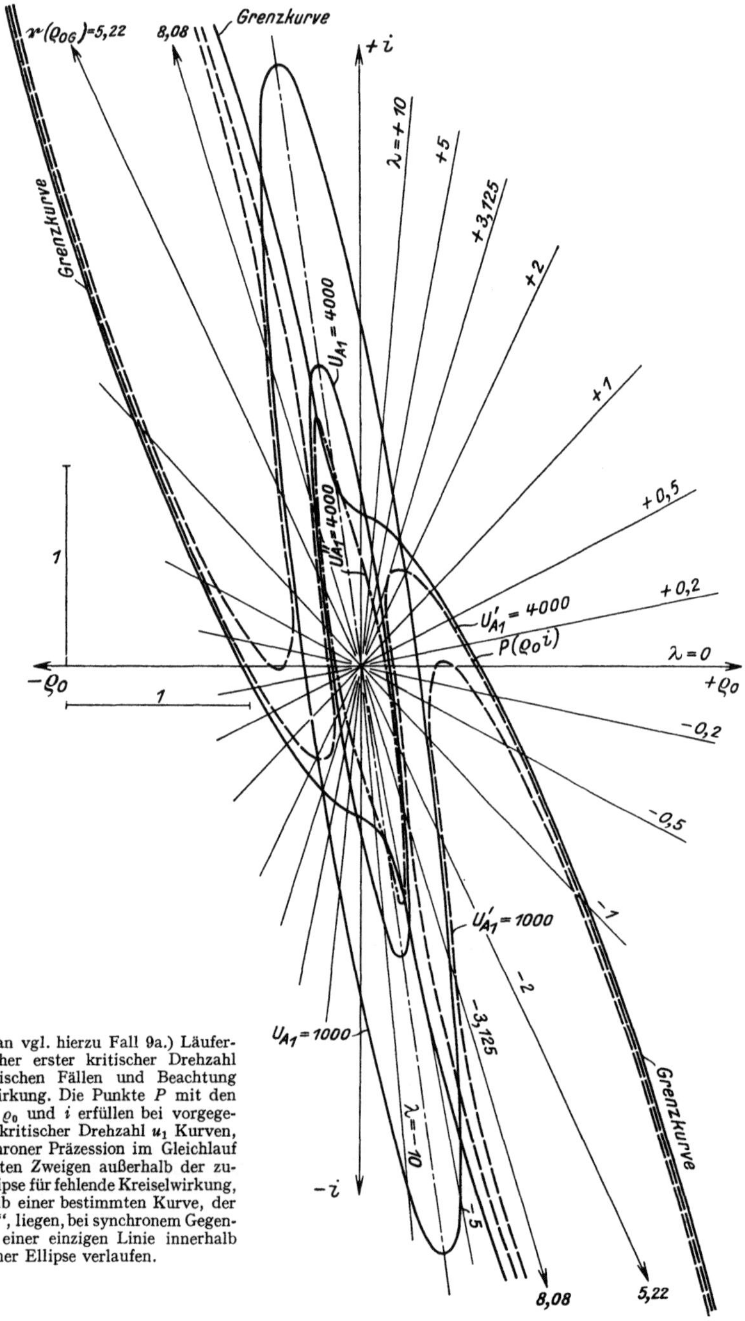

Abb. 18. (Man vgl. hierzu Fall 9a.) Läuferformen gleicher erster kritischer Drehzahl bei symmetrischen Fällen und Beachtung der Kreiselwirkung. Die Punkte P mit den Koordinaten ϱ_0 und i erfüllen bei vorgegebener erster kritischer Drehzahl u_1 Kurven, die bei synchroner Präzession im Gleichlauf in 2 getrennten Zweigen außerhalb der zugehörigen Ellipse für fehlende Kreiselwirkung, aber innerhalb einer bestimmten Kurve, der „Grenzkurve", liegen, bei synchronem Gegenlauf aber in einer einzigen Linie innerhalb jener Ellipse verlaufen.

berechnet wurde, worin wieder $u_{A_1}'' = 4000$ ist. Dieselbe Berechnung wurde für synchronen Gleichlauf bei der weiteren Annahme $u_{A_1}' = 1000$ in Tabelle 10 durchgeführt und in Abb. 18 samt der Ellipse für fehlende Kreiselwirkung eingezeichnet.

Die Ellipsen sind dick ausgezogen, während die auf den Geraden $i = \lambda\varrho_0$ gewonnenen Endpunkte $\mathfrak{r}(\varrho_0')$ durch strichlierte, $\mathfrak{r}(\varrho_0'')$ durch strichpunktierte Kurven verbunden sind. Da durch den Wert $\lambda = \frac{i}{\varrho_0}$ der Scheitel S des zum Kegelstumpf i, ϱ_0 gehörigen Ergänzungskegels auf der Drehachse festgelegt ist (man vgl. insbesondere die Abb. 8 und 14), so sieht man, daß es also zwei Läuferformen mit derselben Spitze S gibt, die dieselbe erste kritische Drehzahl bei synchronem Gleichlauf besitzen, während die für ϱ_0'' angegebene Gleichung nur eine positive reelle Wurzel ϱ_0'' besitzt.

Die strichlierten Kurven in Abb. 18 schmiegen sich ein Wegstück hindurch von außen den Ellipsen für fehlende Kreiselwirkung an, entfernen sich aber dann von ihnen, um sich anderen in Abb. 18 als Grenzkurven benannten Linien zu nähern, und zwar um so inniger, je höher der zugehörige Wert u_{A_1}' ist, da die zu höheren Werten u_{A_1}' gehörigen strichlierten Kurven die zu niedrigeren Werten gehörigen umschließen, wie man Abb. 18 entnimmt. Wird im Grenzfalle $\lim u_{A_1}' = \infty$, so fällt in der oben S. 59 angegebenen Gleichung der Term $\frac{F_{A_1}}{u_{A_1}'}$ weg und wir erhalten neben dem trivialen Fall $\varrho_0 = 0$, auf den sich die Ellipse reduziert, den Wert

$$\varrho_{0G}^2 = \frac{4 Z_{A_1}}{Z_{K_{A_1}}}.$$

In Tabelle 10 sind hiervon wieder die Werte ϱ_{0G} und $\mathfrak{r}(\varrho_{0G})$ angegeben. Trägt man die letzteren wieder auf den zugehörigen Ursprungsgeraden $i = \lambda\varrho_0$ auf, so erhält man die erwähnte, in Abb. 18 dick ausgezogene Grenzkurve (nebst dem dem Werte $\varrho_0 = 0$ entsprechenden Ursprungspunkt als Einsiedlerpunkt). Der Name „Grenzkurve" soll dabei veranschaulichen, daß die ganze Ebene durch diese Kurven in zwei Gebiete geteilt wird: Nur den innerhalb dieser Kurve liegenden Bildpunkten i, ϱ_0 entsprechen Läuferformen, die bei synchroner Präzession im Gleichlauf kritische Drehzahlen besitzen; die außerhalb liegenden Punkte hingegen repräsentieren solche Läuferformen, die überhaupt keine kritischen Drehzahlen haben: Bei ihnen überwindet eben die versteifende Kreiselwirkung jene der Fliehkräfte. Auffällig ist es, wie weit sich die Grenzkurve für negative λ-Werte, also im zweiten und vierten Quadranten erstreckt; sie konnte daher in Abb. 18 nicht mehr gänzlich dargestellt werden, doch sind den bezüglichen Ursprungsgeraden die Werte der Radiusvektoren $\mathfrak{r}(\varrho_{0G})$ beigefügt. Gleichwohl bleibt die „Grenzkurve" stets im Endlichen, da ja $Z_{K_{A_1}}$ niemals Null werden kann, stellt also eine geschlossene Kurve vierter Ordnung dar und dasselbe gilt somit auch von den mehrfach erwähnten strichlierten Kurven. Die letzteren zerfallen allerdings in zwei gänzlich voneinander getrennte Teile, während die „Grenzkurve" ein zusammenhängendes Gebilde darstellt (ebenso auch die strichpunktierte Kurve).

Die Ergebnisse dieses Unterabschnittes können wir in die beiden Sätze zusammenfassen: 1. Trägt man die als veränderlich gedachten Größen ϱ_0 und i, welche die Profilform eines Läufers von kegelstumpfförmiger Gestalt mit den festen Werten α und β bestimmen, auf zwei rechtwinkligen Achsen als kartesische Koordinaten auf, so werden alle Läuferformen durch entsprechende Bildpunkte eindeutig dargestellt; liegen diese Bildpunkte innerhalb einer geschlossenen Kurve vierten Ordnung, in Abb. 18 als „Grenzkurve" bezeichnet, so sind die zugehörigen Läuferformen auch bei synchroner Präzession im Gleichlauf kritischer Zustände ihrer Wellen fähig, liegen die Bildpunkte jedoch außerhalb der „Grenzkurve", die der ersten kritischen Drehzahl entspricht, so gibt es keine kritischen Zustände ihrer Wellen, also auch keine kritischen Drehzahlen. 2. Die zu einer gewissen beliebig gewählten kritischen Drehzahl gehörigen Läuferformen erfüllen mit ihren Bildpunkten Kurven, die bei synchronem Gleichlauf in Form zweier getrennter Teile innerhalb der „Grenzkurve", aber außerhalb der Ellipse liegen, die der fehlenden Kreiselwirkung entspricht, bei synchronem Gegenlauf aber in einer zusammenhängenden Linie innerhalb jener Ellipse verlaufen. Dabei umschließen bei synchronem Gleichlauf die Kurven, die zu einem höheren Werte der kritischen Drehzahl gehören, jene, die einem niedrigeren entsprechen, und umgekehrt bei synchronem Gegenlauf. Beschränkt man insbesondere die Mannigfaltigkeit der Läuferformen durch Annahme einer gemeinsamen Spitze S auf der Achse, so gibt es — wenn überhaupt — zu einer bestimmten vorgeschriebenen ersten kritischen Drehzahl bei synchronem Gleichlauf im allgemeinen zwei, bei synchronem Gegenlauf aber stets nur eine einzige Läuferform.

Auch hier muß wieder betont werden, daß die entwickelten graphischen Darstellungen bloß eine erste, in den meisten Fällen jedoch ausreichende Näherung an die wirklichen Verhältnisse darstellen, die natürlich mit fortschreitender Annäherung des Verfahrens auch weiterhin verschärft werden kann.

Der allgemeine Charakter der Grenzkurven, die nur noch von den Werten α und β bzw. γ in (15), also von der Besetzung der Welle mit Scheiben beeinflußt werden, bleibt auch in anderen Fällen gewahrt, also auch für die zweiten kritischen Drehzahlen bei symmetrischen und für die ersten kritischen Drehzahlen bei den unsymmetrischen Fällen. Wie die graphische Ermittelung der kritischen Drehzahlen nach dem Verfahren von R. Grammel im siebenten Abschnitt und auch die im achten Abschnitt mitgeteilte Betrachtungsweise zeigt, stellt die Abb. 18 die wirklichen Verhältnisse im ersten und dritten Quadranten, der den praktisch wichtigsten Läuferformen entspricht, außerordentlich gut dar. Dies gilt aber nicht auch für den zweiten und vierten Quadranten, denn es wird dort gezeigt, daß die Grenzkurve nur innerhalb des Streifens $|i| < \frac{4}{3}$ verlaufen kann, worauf schon an dieser Stelle verwiesen werden möge.

7. Die verallgemeinerten Schaulinien von R. Grammel und die graphische Ermittelung der kritischen Drehzahlen bei stufenförmigen Rotoren.

In den durch Beachtung der Kreiselwirkung verallgemeinerten Gleichungen von P. E. Brunelli, nämlich in den Gleichungen (98) und (109), ferner in Gleichung (111) haben wir Fälle kennengelernt, die sowohl als Spezialfälle von Läufern mit kegelstumpfförmiger Gestalt mit $i = 0$, als auch als solche von stufenförmiger Gestalt aufgefaßt werden können. In letzterer Auffassung erscheinen sie nämlich insofern als Spezialfälle der allgemeinen, im zwölften Abschnitt ausführlich behandelten Zweifelderwelle, als bei ihnen die Scheibenbesetzung des einen Feldes verschwindet.

Das Verfahren, das nun R. Grammel[16] zum erstenmal in seiner schon mehrfach erwähnten, sehr lesenswerten Arbeit für Wellen mit voller Scheibenbesetzung, die also in unserem Sinne als „Einfelderwellen" anzusprechen wären, entwickelte, und zwar sogleich für verschiedene Arten der Lagerung, ist einer bedeutenden Verallgemeinerung fähig und kann unter Benutzung der Gleichung von Dunkerley auch für Mehrfelderwellen benutzt werden; freilich muß zugegeben werden, daß schon bei den einfachen Fällen der Gleichungen (98), (109) und (111) der Entwurf der verallgemeinerten Grammelschen Schaulinien, die dann der Mehrfelderwelle zur Grundlage dienen, bedeutende Mühe und Rechenarbeit verursacht. Sie brauchen aber bloß ein für allemal entworfen zu werden und stellen dann ein Hilfsmittel dar, das in äußerst einfacher und übersichtlicher Weise alle hier interessierenden Fragen beantwortet und dies mit einer für praktische Erfordernisse genügenden Genauigkeit, wenigstens sofern man von den Ergebnissen allzu schleifender Schnitte absieht.

Führt man also nach dem Vorgange von R. Grammel die Größen σ, τ mittels der Definitionsgleichungen ein

$$\left.\begin{array}{l} \varkappa_1 = \pi\sigma \\ \varkappa_2 = \pi\tau \end{array} \text{ bzw. } \begin{array}{l} \lambda_1 = \pi\sigma \\ \lambda_2 = \pi\tau \end{array}\right\} \tag{112}$$

so folgt aus (85), (88) und (112) sofort

$$\varkappa_1^2\varkappa_2^2 = u_\varkappa = u\,\varrho_\varkappa^2 = \pi^4\sigma^2\tau^2 \tag{113}$$

und eine analoge Beziehung ergibt sich für die Größen λ. Definiert man ferner einen „Koeffizienten $\hat{\beta}$ der Kreiselwirkung" durch die Gleichung

$$\hat{\beta} = \frac{4\,l}{D\pi} = \frac{4\,l}{2\,r_\varkappa\pi} = \frac{2}{\varrho_\varkappa\pi}, \tag{114}$$

worin $D\pi$ den Umfang der Scheiben des belasteten Wellenteiles bedeutet, so folgt mit (114) aus (85)

$$w_\varkappa = \frac{u}{4}\varrho_\varkappa^4 = \frac{4\,u}{\hat{\beta}^4\pi^4}, \tag{115}$$

womit (88) mit (112) ergibt

$$\varkappa_1^2 - \varkappa_2^2 = \pi^2(\sigma^2 - \tau^2) = w_\varkappa = \frac{4\,u}{\hat{\beta}^4\,\pi^4}.$$

Ersetzt man hierin u mittels (113) durch σ, τ und hierauf $\varrho_\varkappa$ mittels (114) durch $\hat{\beta}$, so folgt die wichtige, bereits von R. Grammel[16] entwickelte Relation

$$\hat{\beta}^2(\sigma^2 - \tau^2) = \sigma^2\tau^2. \tag{116}$$

Liegt synchrone Präzession im Gegenlauf vor, so hat man gemäß (88a) $w_\varkappa$ durch $-3w_\varkappa$ und somit — wie R. Grammel zeigte — $\hat{\beta}^2$ durch $-\frac{1}{3}\hat{\beta}^2$ zu ersetzen und erhält dann statt (116)

$$-\tfrac{1}{3}\hat{\beta}^2(\sigma^2 - \tau^2) = \sigma^2\tau^2. \tag{116a}$$

Falls nicht das $\varkappa$-Feld, sondern das λ-Feld mit Scheiben besetzt ist, so gelten analog (112) auch (113) bis (115) für den Index λ. Führt man (112) in (98), (109) und (111) ein, so folgen nach einigen Umformungen folgende Gleichungen

aus (98)

$$f = \frac{\left[2\pi(1-\beta)\mathfrak{Tg}(\pi\beta\sigma)\sigma^2 + \pi^2(1-\beta)^2\sigma^3 + \frac{1}{3}\pi^3(1-\beta)^3\mathfrak{Tg}(\pi\beta\sigma)\sigma^4\right]\tau + \pi^2(1-\beta)^2\sigma\tau^3}{\mathfrak{Tg}(\pi\beta\sigma)\sigma^2 + [\mathfrak{Tg}(\pi\beta\sigma) + 2\pi(1-\beta)\sigma]\tau^2 - \frac{1}{3}\pi^3(1-\beta)^3\sigma\tau^4}$$
$$= -\operatorname{tg}(\pi\beta\tau), \tag{117}$$

aus (109)

$$f = \frac{\sigma^2 + \left[1 + 2\pi\alpha\sigma\,\mathfrak{Tg}\left\{\pi\sigma\left(\frac{1}{2} - \alpha\right)\right\}\right]\tau^2 - \frac{1}{3}\pi^3\alpha^3\sigma\,\mathfrak{Tg}\left\{\pi\sigma\left(\frac{1}{2} - \alpha\right)\right\}\tau^4}{\left[2\pi\alpha\sigma^2 + \pi^2\alpha^2\sigma^3\,\mathfrak{Tg}\left\{\pi\sigma\left(\frac{1}{2} - \alpha\right)\right\} + \frac{1}{3}\pi^3\alpha^3\sigma^4\right]\tau + \pi^2\alpha^2\sigma\,\mathfrak{Tg}\left\{\pi\sigma\left(\frac{1}{2} - \alpha\right)\right\}\tau^3}$$
$$= \operatorname{tg}\left\{\pi\tau\left(\frac{1}{2} - \alpha\right)\right\}, \tag{118}$$

aus (111)

$$f = \frac{\sigma^2 + \pi\left(\frac{1}{2} - \beta\right)\sigma^3\,\mathfrak{Tg}(\pi\sigma\beta) + \tau^2}{\pi\left(\frac{1}{2} - \beta\right)\tau^3} = \operatorname{tg}(\pi\tau\beta). \tag{119}$$

Hierbei wurde überall die Feldlänge u durch den Abszissenwert von ξ an der Trennungsstelle der beiden Felder ersetzt, im unsymmetrischen Fall 3, Abb. 6 somit durch β [Gl. (117)], im symmetrischen Fall 2, Abb. 4 durch α [Gl. (118)] und im symmetrischen Fall 6, Abb. 11 ebenfalls durch β [Gl. (119)]. Wenn nun σ, τ als Koordinaten eines kartesischen Koordinatensystems gedeutet werden, so stellen (117), (118) und (119) offenbar gewisse Kurven dar, die wir die verallgemeinerten Grammelschen Schaulinien nennen wollen. Da sie von den Parametern β bzw. α, und zwar jeweils nur von einem derselben abhängen, werden durch (117) bzw. (118) bzw. (119) jeweils einparametrige Kurvenscharen dargestellt. Andrerseits hängt wieder die Kurvenschar (116) von dem Parameter $\hat{\beta}$ der Kreiselwirkung, also gemäß (114) von dem Halbmesser $\varrho_\varkappa$ bzw. ϱ_λ der aufgekeilten Scheiben ab. Durch Angabe dieses Halbmessers $\varrho_\varkappa$ bzw. ϱ_λ und der Trennungsstelle β bzw. α der beiden Felder der Welle ist offenbar ein bestimmter individueller Fall für die weitere Untersuchung festgelegt; ihm entspricht eine bestimmte verallgemeinerte Grammelsche Schaulinie (117) bis (119) und eine bestimmte Kurve (116). Der Schnittpunkt dieser beiden Kurven ergibt gewisse Koordinaten σ_K, τ_K, zu denen dann mittels (113) die zugehörige kritische Drehzahl gefunden werden kann.

Die Kurvenschar (116) bzw. (116a) wurde bereits von R. Grammel[16] ausführlich diskutiert und entworfen. Für fehlende Kreiselwirkung ist $\hat{\beta} = \infty$ und also ergibt (116): $\sigma = \tau$, d. h. die erste Mediane gehört der Kurvenschar (116) bzw. (116a) an und entspricht dem Fall der fehlenden Kreiselwirkung, bei dem also nach (114) der Radius $\varrho_\varkappa$ der Scheiben keine Rolle spielt, also Null gesetzt werden kann. Da ferner aus (116) folgt

$$\frac{d\tau}{d\sigma} = \frac{\sigma}{\tau}\cdot\frac{\hat{\beta}^2 - \tau^2}{\hat{\beta}^2 + \sigma^2} = \left(\frac{\sqrt{\hat{\beta}^2 - \tau^2}}{\hat{\beta}}\right)^3 = \left(\frac{\hat{\beta}}{\sqrt{\hat{\beta}^2 + \sigma^2}}\right)^3, \tag{120}$$

so erkennt man, daß im Ursprungspunkt $\sigma = \tau = 0$ alle Kurven der Schar (116) die erste Mediane $\sigma = \tau$ zur Tangente haben und ein analoges Ergebnis folgt hinsichtlich der Schar (116a). Aus (116) und (120) erkennt man ferner leicht, daß für $\lim \sigma = \infty$, $\tau = \hat{\beta}$ und $\frac{d\tau}{d\sigma} = 0$ wird, so daß also die Geraden $\tau = \hat{\beta}$ Asymptoten der Kurvenschar (116) sind und analog erkennt man, daß die Geraden $\sigma = \frac{\hat{\beta}}{\sqrt{3}}$ Asymptoten der Schar (116a) sind, Ergebnisse, die bereits R. Grammel[16] in seiner mehrfach erwähnten Arbeit hergeleitet hat. Wie in dieser Arbeit und der unter [19] erwähnten Arbeit des Verfassers sind auch hier in den Abb. 21 bis 23 die Kurven der Schar (116), die synchronem Gleichlauf entsprechen, ausgezogen, während die der Schar (116a) für synchronen Gegenlauf strichliert sind. Nach (120) kann man außerdem die Richtung der Tangenten der Schar (116) in jedem Punkt leicht graphisch ermitteln, wie dies in Abb. 21 für $\hat{\beta} = 1{,}5$ und $\sigma = 2$ durchgeführt wurde. Trägt man nämlich $\hat{\beta}$ auf der Ordinatenachse bis $\hat{\beta}$ auf, so ist der Winkel α bei σ gegeben durch

$$\sin\alpha = \frac{\hat{\beta}}{\sqrt{\hat{\beta}^2+\sigma^2}}.$$

Macht man $\overline{0\gamma} \perp \overline{\hat{\beta}\sigma}$ und $\overline{\gamma\delta} \perp \overline{0\hat{\beta}}$, so ist $\overline{\gamma\hat{\beta}} = \hat{\beta}\sin\alpha$ und $\overline{\delta\hat{\beta}} = \overline{\gamma\hat{\beta}}\sin\alpha = \hat{\beta}\sin^2\alpha = \frac{\hat{\beta}^3}{\hat{\beta}^2+\sigma^2}$. Wird daher $\overline{\delta\hat{\beta}} = \overline{\hat{\beta}\varepsilon}$ und $\overline{\hat{\beta}\varepsilon} \perp \overline{\hat{\beta}\sigma}$ gemacht, so erscheint gemäß (120) bei σ der Winkel

$$\frac{d\tau}{d\sigma} = \frac{\overline{\hat{\beta}\varepsilon}}{\overline{\hat{\beta}\sigma}} = \frac{\overline{\delta\hat{\beta}}}{\overline{\hat{\beta}\sigma}} = \frac{\hat{\beta}^3}{(\hat{\beta}^2+\sigma^2)^{3/2}}$$

Um nun die Kurvenscharen (117), (118), (119) leicht entwerfen zu können, mögen zunächst deren Schnittpunkte mit der Ordinatenachse $\sigma = 0$ festgelegt werden. Dividiert man also Zähler und Nenner des Bruches der linken Seite von (117) durch σ und geht dann zur Grenze $\sigma = 0$ über, so fallen alle jene Glieder, die σ noch als Faktor enthalten, weg, während der zweite Term des Nenners $\lim\limits_{\sigma=0} \frac{\mathfrak{Tg}(\pi\beta\sigma)}{\sigma} = \pi\beta$ ergibt. Es bleibt somit nach Kürzung durch τ^2

$$\text{für } \sigma = 0 \qquad f = \frac{\pi^2(1-\beta)^2\tau}{\pi\beta + 2\pi(1-\beta) - \frac{1}{3}\pi^3(1-\beta)^2\tau^2} = -\operatorname{tg}(\pi\beta\tau). \tag{117a}$$

Läßt man hingegen in (118) σ zur Grenze 0 gehen, so wird der Bruch links unendlich groß und es ergibt sich einfach für τ bzgl. der ersten, dritten, fünften... kritischen Drehzahl

$$\text{für } \sigma = 0 \qquad \tau = \frac{2n-1}{1-2\alpha}, \qquad n = 1, 2, 3, \ldots. \tag{118a}$$

Analog folgt aus (119)

$$\text{für } \sigma = 0 \qquad f = \frac{1}{\pi\left(\frac{1}{2}-\beta\right)\tau} = \operatorname{tg}(\pi\beta\tau). \tag{119a}$$

Durch (117a) bis (119a) sind die Anfangspunkte der erweiterten Grammelschen Schaulinien auf der Ordinatenachse $\sigma = 0$ festgelegt. Es gelingt aber auch leicht zu zeigen, daß diese Schaulinien in diesen Anfangspunkten durchwegs horizontale Tangenten (also parallel zur σ-Achse) besitzen. Denn denkt man sich in (117) bis (119) jeweils die Nenner entfernt und auf Null reduziert, so ergeben sich drei Gleichungen von der Form $F(\sigma, \tau) = 0$, woraus durch Ableitung nach σ folgt

$$\frac{\partial F}{\partial\sigma} + \frac{\partial F}{\partial\tau}\cdot\frac{d\tau}{d\sigma} = 0.$$

Ist nun $\left(\frac{\partial F}{\partial\sigma}\right)_{\sigma=0} = 0$ und $\left(\frac{\partial F}{\partial\tau}\right)_{\sigma=0} \neq 0$ für alle drei Fälle, so ist die Behauptung bewiesen. Man kann sich in der Tat leicht davon überzeugen, daß diese Bedingungen erfüllt, somit die fraglichen Tangenten wirklich horizontal sind.

Um nun die verallgemeinerten Grammelschen Schaulinien zu entwerfen, geht man am besten zeichnerisch vor. Für ein einmal gewähltes β bzw .α stellen die linken Seiten von (117) bis (119) nur noch Funktionen von σ und τ dar, die rechten Seiten hingegen nur solche von τ. Nimmt man also neben dem Werte β bzw. α auch noch einen bestimmten Wert von σ an, z. B. $\sigma = 1, 2, 3, \ldots$, so sind auch die linken Seiten obiger Gleichungen nur Funktionen von τ; werden sie gemäß den Abb. 19 und 20 als Ordinatenwerte zu den bezüglichen τ-Werten als Abszissen aufgetragen, so erhält man Kurven, deren Schnittpunkte mit den Tangentenkurvenscharen der rechten Seite von (117) bis (119) die gesuchten Abszissenwerte τ_n liefern, die zu $\sigma = n$ gehören.

Um also zunächst die verallgemeinerten Grammelschen Schaulinien für den unsymmetrischen Fall 3, Abb. 6 gemäß (117) und (117a) zu entwerfen, wurden für β die Werte 0,9, 0,8, 0,7, 0,6, 0,5 gewählt, für σ die Werte 0, 1, 2, 3, 4, 5, 6. Die nunmehr nur von τ allein abhängigen linken Seiten von (117) bzw. (117a) wurden punktweise für $\tau = 0{,}5$, 1, 2, 3, 4, 5, 6 ermittelt. Um nun jederzeit einen raschen Neuentwurf der verallgemeinerten Grammelschen Schaulinien zu ermöglichen, wurden die Werte dieser linken Seiten von (117) bzw. für $\sigma = 0$ von (117a) für die oben angegebenen Argumentwerte von β, σ, τ berechnet und in Tabelle 11 in einer für die Zeichnung ausreichende Genauigkeit ein für allemal zusammengestellt.

Tabelle 11. Die Werte der gebrochenen Funktion f links in (117a) für $\sigma = 0$ und die angegebenen Werte von β und τ, sowie der gebrochenen Funktion links in (117) für $\sigma = 1$ bis 6 und dieselben Werte von β und τ im unsymmetrischen Fall 3, Abb. 6, deren Schnittpunkte mit der Tangentenschar $-\mathrm{tg}\,(\pi\beta\tau)$ nach Abb. 19 die Ordinaten der verallgemeinerten Grammelschen Schaulinien in Abb. 21 liefern.

β	τ	$\sigma = 0$	1	2	3	4	5	6
	0,5	0,014	0,271	0,385	0,509	0,566	0,665	0,773
	1	0,029	0,319	0,588	0,797	0,997	1,203	1,423
	2	0,058	0,308	0,671	1,032	1,401	1,791	2,208
0,9	3	0,088	0,329	0,695	1,093	1,529	2,011	2,544
	4	0,120	0,380	0,761	1,177	1,644	2,173	2,771
	5	0,154	0,455	0,885	1,341	1,852	2,434	3,096
	6	0,192	0,557	1,085	1,636	2,243	2,928	3,706
	0,5	0,053	0,588	0,997	1,423	1,914	2,481	3,126
	1	0,107	0,671	1,401	2,208	3,140	4,218	5,450
	2	0,230	0,761	1,644	2,771	4,185	5,907	7,944
0,8	3	0,391	1,085	2,243	3,706	5,575	7,897	10,691
	4	0,645	2,020	4,953	8,730	13,230	18,380	24,154
	5	1,159	10,110	− 12,692	− 10,879	− 13,237	− 17,716	− 24,509
	6	2,986	− 3,840	− 2,715	− 3,039	− 3,783	− 4,912	− 6,469
	0,5	0,111	1,126	1,896	3,026	4,410	6,063	7,989
	1	0,233	1,512	2,544	4,469	6,916	9,903	13,438
	2	0,599	3,242	3,706	6,678	10,691	15,790	21,991
0,7	3	1,695	− 7,144	61,149	242,477	233,745	192,527	179,819
	4	− 9,330	− 1,714	− 3,039	− 4,297	− 6,469	− 9,761	− 14,445
	5	− 1,535	− 1,000	− 1,408	− 1,871	− 2,650	− 3,782	− 5,369
	6	− 0,894	− 0,718	− 0,910	− 1,144	− 1,530	− 2,099	− 2,886
	0,5	0,019	1,401	3,140	5,450	8,393	11,985	16,233
	1	0,422	1,644	4,185	7,943	12,985	19,329	26,986
	2	1,803	4,953	13,230	24,154	37,575	53,531	72,070
0,6	3	− 3,047	− 2,715	− 3,783	− 6,469	− 11,154	− 18,495	− 29,287
	4	− 1,021	− 1,071	− 1,407	− 1,755	− 3,399	− 5,292	− 7,972
	5	− 0,651	− 0,681	− 0,835	− 1,166	− 1,721	− 2,557	− 3,735
	6	− 0,488	− 0,506	− 0,590	− 0,770	− 1,070	− 1,523	− 2,159
	0,5	0,281	1,931	4,789	8,861	14,195	20,810	28,708
	1	0,721	2,443	6,657	13,309	22,493	34,236	48,551
	2	− 10,838	− 9,323	− 17,716	− 40,507	− 93,154	− 215,894	− 551,666
0,5	3	− 1,070	− 1,283	− 2,091	− 3,782	− 6,714	− 11,258	− 17,813
	4	− 0,618	− 0,695	− 0,976	− 1,558	− 2,557	− 4,090	− 6,272
	5	− 0,447	− 0,484	− 0,617	− 0,893	− 1,366	− 2,090	− 3,119
	6	− 0,354	− 0,375	− 0,449	− 0,603	− 0,866	− 1,269	− 1,842

Abb. 19 zeigt z. B. obige Funktionen f und die Tangentenschar $-\mathrm{tg}(\pi\beta\tau)$ für $\beta = 0{,}7$. Für $\sigma = 0$ wurden die erwähnten Funktionen f nach (117a), für die übrigen Werte von σ nach (117) gemäß Tabelle 11 entworfen; sie besitzen sämtlich vertikale Asymptoten und streben links von denselben gegen $+\infty$, um rechts

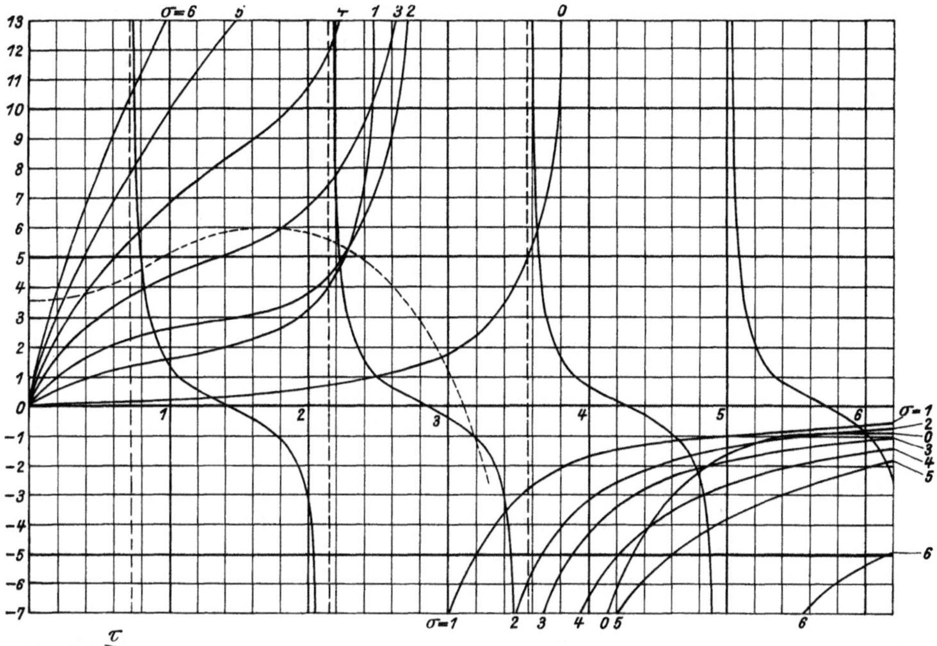

Abb. 19. Die gebrochene Funktion f links in (117a) für $\sigma = 0$ und links in (117) für $\sigma = 1$ bis 6 und ihre Schnittpunkte mit der Tangentenschar $-\mathrm{tg}(\pi\beta\tau)$ im unsymmetrischen Fall 3, Abb. 6 für $\beta = 0{,}7$.

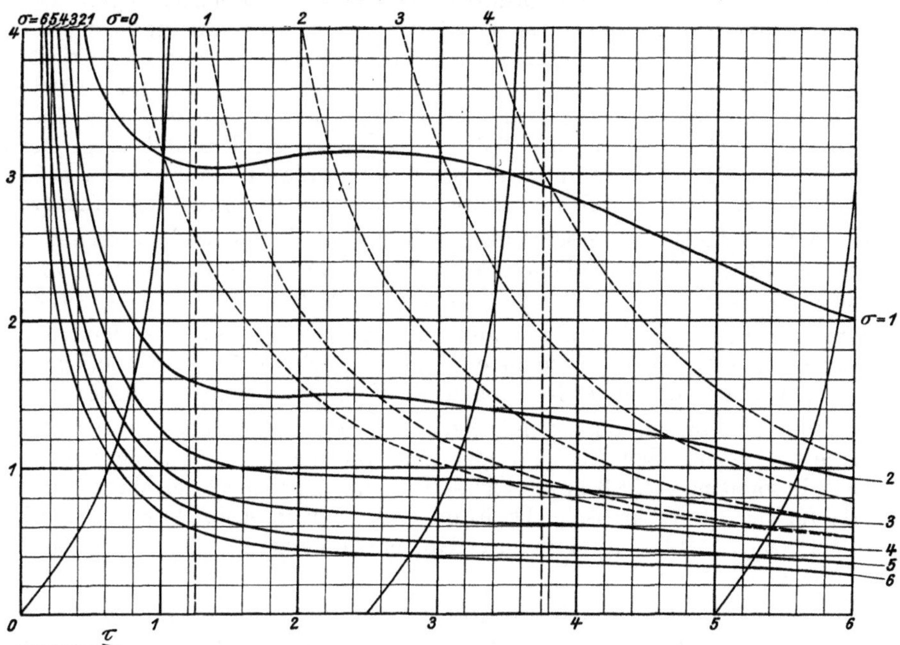

Abb. 20. Die gebrochene Funktion f links in (118) für $\sigma = 1$ bis 6 (dick ausgezogen) und ihre Schnittpunkte mit der Tangentenschar $\mathrm{tg}\{\pi\tau(\frac{1}{2} - \alpha)\}$ im symmetrischen Fall 2, Abb. 4 für $\alpha = 0{,}1$, sowie die gebrochene Funktion links in (124b) für $\sigma = 0$ und links in (124a) für $\sigma = 1$ bis 4 (strichliert) im symmetrischen Fall 6, Abb. 11 für $\bar{\alpha} = 0{,}1$.

von ihnen aus $-\infty$ anzusteigen, was auch in dem Vorzeichenwechsel an gewissen Stellen der Tabelle 11 zum Ausdruck kommt. Man kann auch die Lage dieser Asymptoten, deren genaue Bestimmung aber für die zeichnerische Schärfe des Ergebnisses keinesfalls nötig ist, einigermaßen genau dadurch bestimmen, daß man den Nenner links in (117) allein als Funktion von τ aufträgt und den Schnittpunkt der so gewonnenen Funktion mit der Abszissenachse bestimmt; in Abb. 19 ist für $\sigma = 6$ in verzerrtem Maßstabe die so ermittelte Kurve strichliert eingezeichnet. Die genaue Lage dieser Asymptoten, die in Abb. 19 und 20 nicht eingezeichnet wurden, ist deshalb von geringem Einfluß auf das Ergebnis, weil die bezüglichen Kurven in der Nähe dieser Asymptoten die Tangentenschar in Punkten mit so hohen Ordinatenwerten schneiden, daß die Schnittpunkte ohnehin außerhalb der Zeichnung zu liegen kommen; aber eben deshalb werden die Tangentenkurven in Punkten geschnitten, die in außerordentlicher Nähe der vertikalen Asymptoten der Tangentenschar liegen und daher recht genau eingeschätzt werden können, weil natürlich diese Asymptoten, die in den Abb. 19 und 20 strichliert eingezeichnet wurden, sehr genau bestimmt werden können. In Abb. 21, wo die σ die Abszissen, die τ die Ordinaten sind, sind nun auf der zu jedem $\sigma = n$ festgelegten vertikalen Geraden als Ordinaten jene τ-Werte aufgetragen worden, die sich in Abb. 19 als Abszissen der Schnittpunkte der zu $\sigma = n$ gehörigen Funktion f mit der Tangentenschar $-\operatorname{tg}(0{,}7\,\pi\tau)$ ergaben. Verfährt man so für alle angegebenen Werte von σ und verbindet die so gewonnenen Punkte durch Linienzüge, so erhält man die gesuchten verallgemeinerten Grammelschen Schaulinien, die bei Fall 3, Abb. 6 zu $\beta = 0{,}7$ gehören; für die anderen β-Werte sind der Abb. 19 analoge Kurventafeln entworfen worden. In Abb. 21 sind links von der Geraden $\sigma = 0$ und rechts von der Geraden $\sigma = 6$ diesen verallgemeinerten Grammelschen Schaulinien die Werte von β in kleinen Zahlen beigefügt, denen nach einem Doppelpunkt noch jeweils eine weitere Zahl folgt, die die Ordnung der kritischen Drehzahl angibt. Denn die Schnittpunkte der Funktionen f mit der ersten Tangentenkurve der Tangentenschar geben in Abb. 21 verbunden die zur niedrigsten, also ersten kritischen Drehzahl gehörige Schaulinie und analog die anderen. Die Bezeichnung 0,6 : 2 heißt also z. B.: die zur zweiten kritischen Drehzahl gehörige verallgemeinerte Grammelsche Schaulinie für $\beta = 0{,}6$. Neben diesen Zahlen sind in größerer Schrift in Abb. 21 am oberen und rechten Rand an die Endpunkte der Kurvenschar (116) bzw. (116a) noch die dazugehörigen „Koeffizienten der Kreiselwirkung“ $\hat{\beta}$ [vgl. (114)] hinzugeschrieben, während am linken und unteren Rand die ganzen Zahlen die bezüglichen Werte von σ und τ darstellen. Der vollen Scheibenbesetzung $\beta = 1$ entsprechen nach (117) die Geraden $\tau = n$, $n = 1, 2, 3$.

Ist nun z. B. $\beta = 0{,}75$, so muß man in Abb. 21 sich eine Grammelsche Schaulinie zwischen die beiden gezeichneten Linien für $\beta = 0{,}7$ und $\beta = 0{,}8$ interpoliert denken, was wegen der Nähe obiger Kurven genau genug geschehen kann. Bringt man dieselbe nun für fehlende Kreiselwirkung, also $\hat{\beta} = \infty$, mit der ersten Mediane $\sigma = \tau$ zum Schnitt, so findet man für die erste kritische Drehzahl $\sigma = \tau \doteq 1$, somit nach (113) $u_1 \varrho_\varkappa^2 = \pi^4 \doteq 97{,}5$, wozu Tabelle 2 den Wert 106,961 liefert; für die zweite kritische Drehzahl mißt man in Abb. 21: $\sigma = \tau \doteq 2{,}13$, wozu (113) $u_2 \varrho_\varkappa^2 \doteq 2000$ ergibt in guter Übereinstimmung mit dem Wert 2060,89 der Tabelle 2.

Analog mißt man für $\beta = 0{,}5$ in Abb. 21: $\sigma = \tau \doteq 1{,}16$ und findet $u_1 \varrho_\varkappa^2 \doteq 175$ statt 186,2 in Tabelle 2 für die erste kritische Drehzahl und $\sigma = \tau \doteq 2{,}85$ mit $u_2 \varrho_\varkappa^2 \doteq 6430$ statt 6425,59 in Tabelle 2 für die zweite kritische Drehzahl.

Beachtet man hingegen die Kreiselwirkung und setzt $\varrho_\varkappa = 0{,}3$, so ist nach

(114) $\hat{\beta} = 2{,}12$, weshalb man in Abb. 21 auch die Kurvenschar (116) bzw. (116a) interpolieren muß. Für $\beta = 0{,}75$ schätzt man so als Schnittpunkt ein: $\sigma \doteq 1{,}11$, $\tau \doteq 0{,}98$, wozu wieder (113) $u_1' \varrho_\varkappa^2 \doteq 115{,}5$ statt 125,189 der Tabelle 7 liefert. Will man für synchrone Präzession im Gleichlauf auch die zweite kritische Drehzahl ablesen, so muß man in Abb. 21 extrapolieren, da der Schnittpunkt

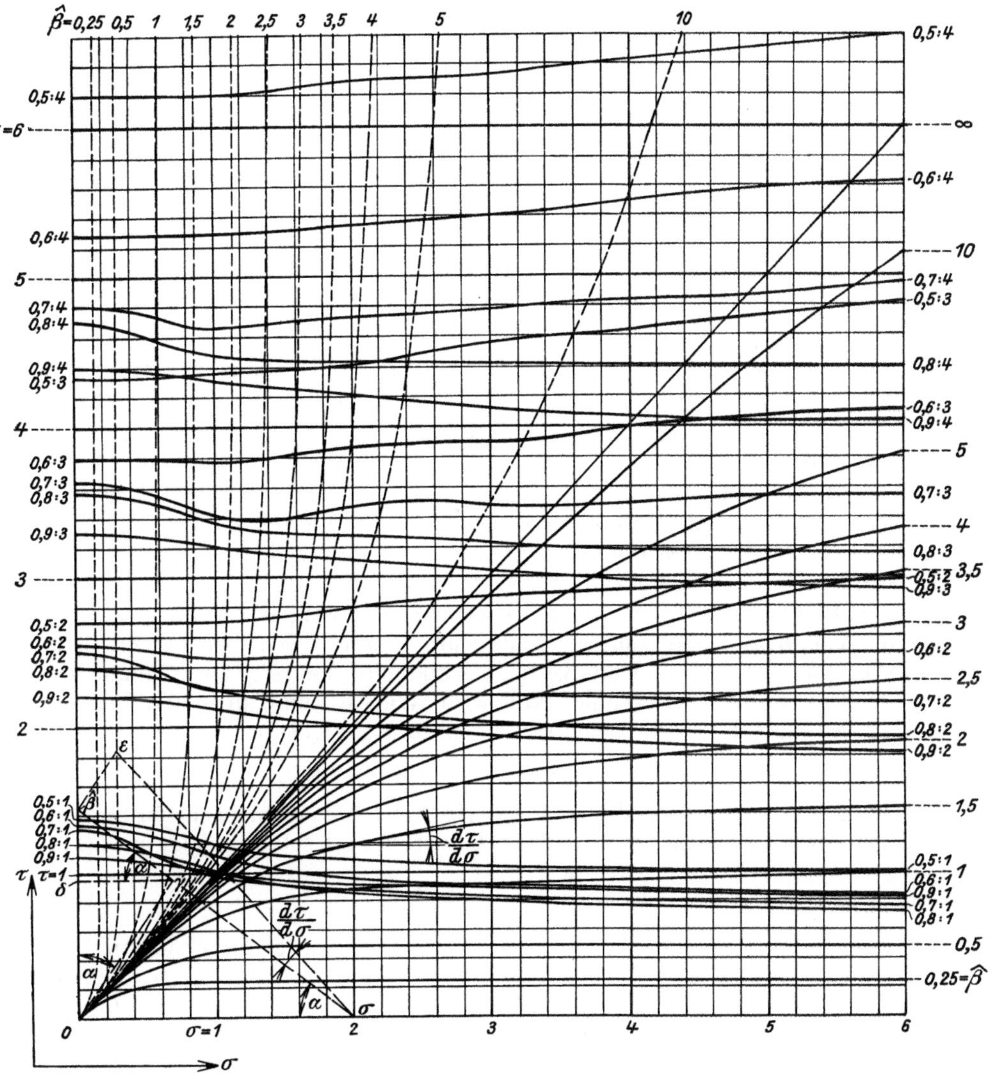

Abb. 21. Die verallgemeinerten Grammelschen Schaulinien und die graphische Ermittelung der kritischen Drehzahlen im unsymmetrischen Fall 3, Abb. 6 für $\beta = 0{,}9$, 0,8, 0,7, 0,6, 0,5 und synchrone Präzession im Gleich- und Gegenlauf, sowie für fehlende Kreiselwirkung der aufgekeilten Scheiben.

der fraglichen Kurven bereits außerhalb der Zeichnung liegt; man schätzt ungefähr ein: $\sigma \doteq 6{,}8$, $\tau \doteq 2$ und findet: $u_2' \varrho_\varkappa^2 \doteq 18100$ statt 19781,5 der Tabelle 7, welcher Wert aber erst die erste Annäherung an den wahren Wert darstellt und daher unbedingt zu hoch ist.

Für synchronen Gegenlauf $\hat{\beta} = 2{,}12$, $\beta = 0{,}75$ mißt man: $\sigma \doteq 0{,}8$, $\tau \doteq 1{,}05$, wozu $u_1'' \varrho_\varkappa^2 \doteq 69$ statt 73,7 der Tabelle 7 gefunden wird; für die zugehörige zweite kritische Drehzahl mißt man: $\sigma \doteq 1{,}1$, $\tau \doteq 2{,}24$, wozu nach (113) $u_2'' \varrho_\varkappa^2 \doteq 610$

statt 650,79 gefunden wird. Da der Tabellenwert wieder zu hoch liegt, muß man die Übereinstimmung in diesem letzteren Beispiel und wohl auch in den vorhergehenden als durchwegs zufriedenstellend bezeichnen.

Zu besonders interessanten Folgerungen gelangt man nun, wenn man nach dem Vorgange von R. Grammel auf Grund des graphischen Bildes Abb. 21 untersucht, unter welchen Umständen in dem dort betrachteten unsymmetrischen Falle 3, Abb. 6 die Kreiselwirkung der aufgekeilten Scheiben bei synchroner Präzession im Gleichlauf die kritischen Drehzahlen verhindert. Dies wird nämlich dann geschehen, wenn der Radiu $\varrho_\varkappa$ der Läuferscheiben solche Werte annimmt, daß die Kurven (116) gewisse Grammelsche Schaulinien im Endlichen nicht schneiden. Man erkennt zugleich aus Abb. 21, daß dies für synchrone Präzession im Gegenlauf niemals geschehen kann, da die strichlierten Kurven (116a) für jeden Wert von $\varrho_\varkappa$ und somit von $\hat{\beta}$ die verallgemeinerten Grammelschen Schaulinien stets sämtlich schneiden.

Um dies zu entscheiden, ist es nötig, das Verhalten der Schaulinien im Unendlichen zu untersuchen bzw. ihre Asymptoten zu bestimmen. Es zeigt sich, daß horizontale Asymtoten existieren, so daß also für $\lim \sigma = \infty \lim \tau$ zu endlichen Werten strebt. u strebt dann gemäß (113) selbst ins Unendliche. Wird nun $\hat{\beta}$ der Kurvenschar (116) und damit nach (114) $\varrho_\varkappa$ so gewählt, daß in (116) für $\lim \sigma = \infty$ der Grenzwert $\lim \tau = \hat{\beta}$ unterhalb des Grenzwertes $\lim \tau$ der verallgemeinerten Grammelschen Schaulinien liegt, daß also m. a. W. die Asymptoten von (116) höchstens so hoch liegen wie die von (117) oder (118) oder (119), so liegen gewisse Schnittpunkte der Schar (116) mit den Scharen (117) bis (119) im Unendlichen oder existieren überhaupt nicht im Reellen, was besagt, daß dann gewisse kritische Drehzahlen von der ersten oder einer höheren Ordnung ab nicht existieren, wie dies von R. Grammel klar dargelegt worden ist.

Nehmen wir zunächst an, die Welle wäre ganz mit Scheiben besetzt, dann ist in (117) $\beta = 1$ zu setzen. Dann verbleiben aber bloß die ersten zwei Summanden des Nenners, während der Zähler Null wird. Wächst nun σ über alle Grenzen, so wird der Wert des Bruches erst recht Null und es verbleibt:

$$\operatorname{tg}(\pi \tau) = 0\,, \quad \text{also} \quad \tau = n\,,\ n = 1, 2, 3, \ldots$$

Da also $\hat{\beta}$ höchstens gleich diesen Werten τ sein kann, wenn nach obigen Darlegungen gewisse kritische Drehzahlen verhindert werden sollen, so folgt nach (114)

$$\varrho_\varkappa \geqq \frac{2}{n \pi}, \quad n = 1, 2, 3, \ldots \tag{121}$$

ein Ergebnis, das bereits R. Grammel in seiner bekannten Untersuchung hergeleitet hat, denn aus (121) folgt sofort wieder: $2 \varrho_\varkappa \pi n \geqq 4$, also $D \pi n \geqq 4 l$, womit also der bezügliche Satz von R. Grammel wiedergewonnen ist. Ist hingegen die Welle bloß teilweise mit Scheiben besetzt, in (117) also $\beta < 1$ und wächst jetzt σ über alle Grenzen, so wird der Zähler wegen des Gliedes σ^4 von größerer Mächtigkeit unendlich groß, als der Nenner und es verbleibt somit

$$\operatorname{tg}(\pi \beta \tau) = \infty\,, \quad \tau = \frac{2n-1}{2\beta}, \qquad n = 1, 2, 3, \ldots,$$

woraus nach (114) wegen $\hat{\beta} \leqq \tau$ zur Verhinderung der kritischen Drehzahlen die Bedingung folgt

$$\varrho_\varkappa \geqq \frac{4\beta}{(2n-1)\pi}, \qquad n = 1, 2, 3, \ldots \quad 0 \leqq \beta < 1\,. \tag{121a}$$

Nehmen wir z. B. in (121) und (121a) $n = 1$ und lassen in (121a) β bis nahe zur Grenze 1 gehen, ohne daß dieselbe wirklich erreicht wird, weil dann eben nicht (121a), sondern (121) gültig ist, so folgt aus (121): $\varrho_\varkappa \geqq \frac{2}{\pi}$, aus (121a) aber: $\varrho_\varkappa \geqq \frac{4-\varepsilon}{\pi}$, wobei $\varepsilon > 0$ ist. Damit also die erste kritische Drehzahl bei nahezu vollständiger Scheibenbesetzung, d. h. mit Freilassung des einen Wellenendes verhindert werde, muß der Scheibenradius doppelt so groß sein als in dem Falle der totalen Scheibenbesetzung. Aus (121a) ergeben sich also bei Annäherung von β gegen 1 ganz andere Werte des Scheibenhalbmessers als aus (121). Diese eigenartige Unstetigkeit im Verhalten dieser Halbmesser bei Drehzahlen, die über jeder angebbaren Grenze liegen, soll im nächsten Abschnitt von einem anderen Standpunkt aus untersucht werden, wobei auch die dortige Betrachtungsweise das hier gewonnene Ergebnis bestätigen wird.

Gehen wir auch in (121a) wieder von den dimensionslosen Größen zum Scheibendurchmesser D und der Wellenlänge l über, so folgt

$$(2n-1) D\pi \geqq 8\beta l, \qquad n = 1, 2, 3, \ldots$$

und wir können mit Einschluß des von R. Grammel gefundenen Satzes die Ergebnisse von (121) und (121a) folgenderweise in Worte fassen:

Es gibt für die beiderseits frei gelagerte Welle im unsymmetrischen Fall 3, Abb. 6 bei synchroner Präzession keine, eine, zwei... kritische Drehzahlen, wenn bei voller Scheibenbesetzung die vierfache Wellenlänge höchstens gleich ist dem ein-, zwei-, drei-...fachen, bei teilweiser Scheibenbesetzung hingegen die 8β-fache Wellenlänge höchstens gleich ist dem ein-, drei-, fünf-... fachen Scheibenumfang.

Vergleicht man den zweiten Teil dieses Satzes mit demjenigen, den R. Grammel für die überhängende Welle hergeleitet hat, so erkennt man, daß sich die partiell mit Scheiben besetzte Welle hinsichtlich der Verhinderung der kritischen Drehzahlen durch die Kreiselwirkung genau so verhält wie eine überhängende voll besetzte Welle, deren Länge mit der mit Scheiben besetzten Wellenstrecke des Falles 3 übereinstimmt. Auch dieses Ergebnis werden die Betrachtungen des nächsten Abschnittes zwanglos bestätigen.

Oben wurde für $\varrho_\varkappa = 0{,}3$ und $\beta = 0{,}75$ und synchronem Gleichlauf aus Abb. 21 eingeschätzt $u_2' \varrho_\varkappa^2 = 18100$, wozu Tabelle 7 den Wert 19781,5 ergab. Diese sehr hohen Werte lassen vermuten, daß die Scheiben einen Halbmesser $\varrho_\varkappa$ von solcher Größe besitzen, daß die zweite kritische Drehzahl durch die Kreiselwirkung der Scheiben gerade noch nicht verhindert wird. Für deren Verhinderung findet man in der Tat aus (121a) mit $n = 2$

$$\varrho_\varkappa \geqq \frac{4 \cdot 0{,}75}{3\pi} = \frac{1}{\pi} = 0{,}318$$

und dieser Wert wird durch die angenommene Größe $\varrho_\varkappa = 0{,}3$ beinahe erreicht.

Das unstetige Verhalten der Scheibenhalbmesser nach (121) und (121a) bei der Annäherung der mit Scheiben besetzten Wellenstrecke an das rechte Wellenlager schließt eine gewisse Schwierigkeit der Vorstellung in sich, die darin besteht, daß das Hinzufügen einer noch so dünnen Scheibe am rechten Wellenende genügen soll, die Halbmesser sämtlicher Scheiben bei Verhinderung der kritischen Drehzahlen im Falle synchronen Gleichlaufs um einen entsprechenden endlichen Teil kleiner werden zu lassen. Dieses Verhalten, das offenbar in der Benutzung der verkürzten Differentialgleichung (78a) begründet ist, würde gewiß einer stetigen Veränderung der Scheibenhalbmesser ähnlich den Näherungsergebnissen in den Abb. 24 bis 26 Platz machen, wenn den Berechnungen die ungekürzte Differentialgleichung zugrunde gelegt würde, in der also η'^2 nicht gegen 1 vernachlässigt ist.

Ein analoges Verhalten liegt auch bei der Eulerschen Knicktheorie vor, wo ja ebenfalls ein sehr kleines Zusatzgewicht über die Eulersche Knicklast hinaus genügt, um jede endliche Ausbiegung des geknickten Stabes rechnerisch zu ergeben, während die Benützung der ungekürzten Differentialgleichung jeder Last über der Eulerschen Knicklast in stetiger Weise eine bestimmte Auslenkung zuordnet; trotzdem wird aber das wesentliche Verhalten der Erscheinung durch die verkürzte Differentialgleichung in ausreichender Weise beschrieben.

Ganz wie beim ebenbehandelten Fall wurden nun die verallgemeinerten Grammelschen Schaulinien auch für den symmetrischen Fall 2, Abb. 4 entworfen, der daher nur ganz kurz beschrieben zu werden braucht. Tabelle 12 enthält zunächst wieder die Werte der Brüche der linken Seite von (118) für die dort angegebenen Werte von α, σ, τ. Damit sind nun in Abb. 20 Kurventafeln analog der Abb. 19 entworfen worden, in denen auch die Tangentenschar rechts in (118), nämlich $\operatorname{tg}\{\pi\tau(\frac{1}{2}-\alpha)\}$, soweit sie benötigt wurde, samt ihrer strichliert gezeich-

Tabelle 12. Die Werte der Funktion f links in (118) für $\sigma = 0{,}5$, 1, 2, 3, 4, 5, 6 und die angegebenen Werte von α und τ im symmetrischen Fall 2, Abb. 4, deren Schnittpunkte mit der Tangentenschar $\operatorname{tg}\{\pi\tau(\frac{1}{2}-\alpha)\}$ nach Abb. 20 die Ordinaten der verallgemeinerten Grammelschen Schaulinien für die ungeraden kritischen Drehzahlen in Abb. 22 liefern.

α	τ	$\sigma = 0{,}5$	1	2	3	4	5	6
	0,5		7,674	5,931	5,247	4,750	4,355	4,002
	1		6,346	3,691	2,978	2,594	2,322	2,106
	2		7,174	3,132	2,145	1,701	1,437	1,254
0,05	3		7,742	3,205	2,045	1,529	1,235	1,041
	4		7,693	3,245	2,043	1,491	1,175	0,969
	5		7,287	3,182	2,025	1,471	1,149	0,938
	6		6,741	3,039	1,966	1,439	1,124	0,915
	0,5		3,728	2,670	2,106	1,766	1,504	1,294
	1		3,129	1,700	1,254	1,003	0,831	0,691
	2		3,306	1,491	0,969	0,714	0,558	0,453
0,1	3		3,180	1,439	0,915	0,654	0,497	0,393
	4		2,820	1,313	0,850	0,608	0,460	0,361
	5		2,401	1,130	0,746	0,540	0,411	0,323
	6		1,997	0,921	0,611	0,446	0,342	0,270
	0,5		2,395	1,518	1,139	0,894	0,720	0,591
	1		2,045	1,041	0,708	0,527	0,411	0,330
	2		2,028	0,915	0,567	0,393	0,290	0,224
0,15	3		1,758	0,802	0,500	0,344	0,250	0,189
	4		1,371	0,611	0,388	0,270	0,197	0,150
	5		0,979	0,378	0,231	0,159	0,117	0,089
	6		0,617	0,132	0,045	0,016	0,007	0,004
	0,5		1,823	1,013	0,703	0,522	0,403	0,320
	1		1,558	0,716	0,453	0,319	0,237	0,183
	2		1,425	0,609	0,361	0,239	0,169	0,126
0,2	3		1,072	0,450	0,270	0,179	0,127	0,094
	4		0,654	0,210	0,115	0,076	0,054	0,041
	5		0,251	−0,069	−0,092	−0,076	−0,056	−0,041
	6		−0,119	−0,357	−0,329	−0,264	−0,204	−0,155
	0,5	2,483	1,341	0,724	0,469	0,334	0,249	0,193
	1	2,766	1,151	0,522	0,311	0,209	0,150	0,113
	2	2,768	0,989	0,413	0,235	0,150	0,103	0,075
0,25	3	2,144	0,617	0,211	0,117	0,076	0,053	0,040
	4	1,453	0,185	−0,077	−0,080	−0,056	−0,038	−0,044
	5	0,829	−0,236	−0,404	−0,335	−0,245	−0,175	−0,126
	6	0,281	−0,630	−0,740	−0,623	−0,478	−0,367	−0,264

neten Asymptotenschar eingetragen wurde. Die Abszissen der Schnittpunkte dieser beiden Kurvenscharen in Abb. 20 ergeben wie früher wieder die Ordinaten der verallgemeinerten Grammelschen Schaulinien in Abb. 22, allerdings nur für die erste und dritte kritische Drehzahl, da sich (109) und ebenso (118) bloß auf die ungeraden kritischen Drehzahlen beziehen. Der vollen Scheibenbesetzung $\alpha = 0$ entsprechen nach (118) die Geraden $\tau = 2n - 1$, $n = 1, 2, 3 \ldots$

Um nun auch die Schaulinien für die geraden kritischen Drehzahlen zu gewinnen, ist zu erwägen, daß Fall 2, Abb. 4 dann dem Fall 3, Abb. 6 vergleichbar wird, wenn mit $\xi = 0$ in der Wellenmitte $\bar{\beta}$ in Abb. 4 gleich der Hälfte von β in Abb. 6 ist, womit dann auch die Feldlängen u, v in (98), falls diese Gleichung für die geraden kritischen Drehzahlen in Fall 2, Abb. 4 herangezogen wird, auf die Hälfte zu reduzieren sind. Dann müssen aber offenbar die Werte $\varkappa_1$, $\varkappa_2$ in (98) und damit nach (112) die Größen σ, τ doppelt so groß werden als im Fall 3, Abb. 6, wenn (98) für die geraden kritischen Drehzahlen des Falles 2, Abb. 4 unmittelbar übernommen werden soll. Daraus folgt das Ergebnis:

Während im symmetrischen Fall 2, Abb. 4 die verallgemeinerten Grammelschen Schaulinien, die sich auf die ungeraden kritischen Drehzahlen beziehen, auf dem beschriebenen Wege aus (118) mittels Abb. 20 gewonnen werden, ergeben sich jene, die sich auf die geraden kritischen Drehzahlen beziehen, aus denen des unsymmetrischen Falles 3, Abb. 6 aus Abb. 21 einfach durch eine ähnliche Vergrößerung im Verhältnis 2 : 1 mit dem Ursprungspunkt als Ähnlichkeitszentrum.

In Abb. 22 sind so aus den Schaulinien für die erste und zweite kritische Drehzahl der Abb. 21 jene für die zweite und vierte kritische Drehzahl gewonnen worden. Die Kurvenschar (116) bzw. (116a) wurde ohne Änderung übertragen[39*].

Prüfen wir zunächst für fehlende Kreiselwirkung den Unterfall $\bar{\alpha} = 0$, $\bar{\beta} = 0{,}3$, der in den Tabellen 5 und 6 berechnet ist. Für $\bar{\beta} = 0{,}3$ ist gemäß Abb. 4 $\alpha = 0{,}2$ und somit sind die Schnittpunkte der Schaulinien 0,2 : 1, 0,2 : 2 usw. mit der ersten Mediane $\sigma = \tau$ zu ermitteln. Gibt der Index gleich die zugehörige Ordnung der Drehzahl an, so mißt man aus Abb. 22:

$$\sigma_1 = \tau_1 \doteq 1{,}03 \quad \text{mit} \quad u_1 \varrho_\lambda^2 \doteq 109{,}3\,, \qquad \sigma_2 = \tau_2 \doteq 2{,}21 \quad \text{mit} \quad u_2 \varrho_\lambda^2 \doteq 2320\,,$$

$$\sigma_3 = \tau_3 \doteq 3{,}52 \quad \text{mit} \quad u_3 \varrho_\lambda^2 \doteq 15000\,, \qquad \sigma_4 = \tau_4 \doteq 4{,}96 \quad \text{mit} \quad u_4 \varrho_\lambda^2 \doteq 59500\,.$$

Während hier die erste und zweite kritische Drehzahl vorzüglich mit den Werten der Tabellen 5 und 6 übereinstimmt, bleibt die hier ermittelte dritte und vierte kritische Drehzahl in höherem Maße von den Tabellenwerten zurück. Da letztere aber nur obere Schranken darstellen und somit über den wahren Werten liegen, erweisen sich die auf graphischem Wege gefundenen Werte auf Grund ihrer Herkunft aus den strengen Lösungen als vollkommen verläßliche Werte.

Ebenso findet man für $\bar{\alpha} = 0$, $\bar{\beta} = 0{,}25$ aus den Schaulinien 0,25 : 1 usw.

[39*] Aus Abb. 22 entnimmt man für synchronen Gegenlauf die merkwürdige Tatsache, daß für $\hat{\beta} < 0{,}75$, also $\varrho_\varkappa > 0{,}85$ die Schaulinie 0,25 : 3 oberhalb der Schaulinie 0,25 : 4 verläuft, was offenbar bedeutet, daß bei Steigerung der Drehschnelle nach der Wellenform mit 1 Knoten sich diejenige mit 3 Knoten und nachher erst die mit 2 Knoten ausbildet, was wohl dem bei Gegenlauf wie eine mit y' proportionale negative Bettung wirkenden Kreiselmoment zugeschrieben werden muß. — In gewisser Analogie hierzu fand Herr Prof. K. Kriso, Brünn, in einer demnächst erscheinenden Arbeit bei der Untersuchung einer offenen achtfeldrigen Fachwerksbrücke, daß bei steigender Belastung und gleichzeitig zunehmender Querstützung nach einer Knickform mit 3 Knoten sich die mit 5 Knoten ausbildet, während die mit 4 Knoten — da es sich hier nur um die ersten Eigenwerte handelt — überhaupt nicht in Erscheinung tritt[36].

bei fehlender Kreiselwirkung:

$$\sigma_1 = \tau_1 \doteq 1{,}05 \quad \text{mit} \quad u_1 \varrho_\lambda^2 \doteq 118\,, \qquad \sigma_2 = \tau_2 \doteq 2{,}35 \quad \text{mit} \quad u_2 \varrho_\lambda^2 \doteq 2970\,,$$

$$\sigma_3 = \tau_3 \doteq 3{,}95 \quad \text{mit} \quad u_3 \varrho_\lambda^2 \doteq 24000\,, \qquad \sigma_4 = \tau_4 \doteq 5{,}76 \quad \text{mit} \quad u_4 \varrho_\lambda^2 \doteq 107000\,,$$

wobei die oben angegebenen Bemerkungen auch hier in Geltung bleiben und insbesondere auf die außerordentlich einseitige Scheibenbesetzung dieses Falles hier neuerdings hingewiesen werden soll.

Beachtet man die Kreiselwirkung, so findet man für den Unterfall $\overline{\alpha} = 0$, $\overline{\beta} = 0{,}3$ und $\varrho_\lambda = 0{,}3$, also $\hat{\beta} = 2{,}12$ aus den Schaulinien 0,2 : 1, 0,2 : 2 . . .

α) für Gleichlauf

$$\sigma_1 \doteq 1{,}12\,, \qquad \tau_1 \doteq 0{,}98 \quad \text{mit} \quad u_1' \varrho_\lambda^2 \doteq 118\,,$$

$$\sigma_2 \doteq 4{,}5\,, \qquad \tau_2 \doteq 1{,}9 \quad \text{mit} \quad u_2' \varrho_\lambda^2 \doteq 7100\,.$$

Während der erstere Wert mit dem Wert 116,404 der Tabelle 8 gut übereinstimmt, wurde der letztere in Tabelle 9 nicht mehr berechnet. Man entnimmt ferner, daß die Schaulinie 0,2 : 3 für die dritte kritische Drehzahl die interpolierte Kurve (116) für $\hat{\beta} = 2{,}12$ nicht schneidet, womit auch hier das bezügliche Ergebnis der Tabelle 8 bestätigt erscheint. Die genaue Nachprüfung für dieses Verhalten kann mit Hilfe des unten angegebenen Satzes erfolgen.

β) für Gegenlauf

$$\sigma_1 \doteq 0{,}85\,, \qquad \tau_1 \doteq 1{,}15 \quad \text{mit} \quad u_1'' \varrho_\lambda^2 \doteq 92{,}5\,,$$

$$\sigma_2 \doteq 1{,}13\,, \qquad \tau_2 \doteq 2{,}52 \quad \text{mit} \quad u_2'' \varrho_\lambda^2 \doteq 780\,,$$

$$\sigma_3 \doteq 1{,}2\,, \qquad \tau_3 \doteq 3{,}87 \quad \text{mit} \quad u_3'' \varrho_\lambda^2 \doteq 2110\,.$$

Auch hier stimmt der erste Wert sehr gut, der dritte schlechter mit dem bezüglichen Wert der Tabelle 8 überein, wobei aus den früher mitgeteilten Gründen dem hier ermittelten Wert die größere Genauigkeit zukommt. Da ja für die kritischen Drehzahlen selbst aus den angegebenen Zahlengrößen gemäß (9) noch die Wurzeln gezogen werden müssen, so erweisen sich die Fehler als praktisch noch zulässig. Der zweite hier mitgeteilte Wert wurde in Tabelle 9 nicht berechnet.

Für den Unterfall $\overline{\alpha} = 0$, $\overline{\beta} = 0{,}25$ wurden in Tabelle 9 die geraden kritischen Drehzahlen $u_2 \varrho_\lambda^2$ und $u_4 \varrho_\lambda^2$ berechnet. Ist wieder $\varrho_\lambda = 0{,}3$, also $\hat{\beta} \doteq 2{,}12$, so ergeben die Schaulinien 0,25 : 2 bzw. 0,25 : 4 die Schnittpunkte

α) für Gleichlauf: Da bereits für die zweite kritische Drehzahl der Schnittpunkt außerhalb der Zeichenfläche liegt, kann er nicht eingeschätzt werden. Würde man roh annehmen: $\sigma_2 \doteq 8$, $\tau_2 \doteq 2$, was den Verhältnissen der Zeichnung ungefähr entspricht, so erhielte man: $u_2' \varrho_\lambda^2 \doteq 25600$ statt 27067 in Tabelle 9

β) für Gegenlauf:

$$\sigma_2 \doteq 1{,}12\,, \quad \tau_2 \doteq 2{,}62\,, \quad u_2'' \varrho_\lambda^2 \doteq 827\,, \quad \sigma_4 \doteq 1{,}2\,, \quad \tau_4 \doteq 5{,}4\,, \quad u_4'' \varrho_\lambda^2 \doteq 4100\,.$$

Man ersieht aus Tabelle 9, daß der erstere Wert sehr gut, der letztere wieder schlecht mit den Tabellenwerten übereinstimmt, wobei die größere Genauigkeit wieder dem auf graphischen Wege ermittelten Wert zukommt.

Von besonderer Bedeutung sind die Ergebnisse hinsichtlich der Verhinderung der kritischen Drehzahlen durch die Kreiselwirkung. Setzen wir zunächst volle Scheibenbesetzung voraus, setzen also in (118) $\alpha = 0$, so bleibt bloß der Term σ^2 und τ^2 des Zählers übrig, während der Nenner verschwindet, so daß der Wert des Bruches ∞ wird und erst recht ∞ bleibt, wenn wir wieder $\lim \sigma = \infty$ setzen. Dann ist also

$$\operatorname{tg}\left(\frac{\pi\tau}{2}\right) = \infty\,, \quad \tau = 2n - 1\,, \qquad n = 1, 2, 3, \ldots$$

Da in (114) wieder $\hat{\beta} \leqq \tau$ zu setzen ist, so folgt als Bedingung der Verhinderung der ungeraden kritischen Drehzahlen bei voller Scheibenbesetzung

$$\varrho_\lambda \geqq \frac{2}{(2n-1)\pi}, \qquad n = 1, 2, 3 \ldots \tag{122a}$$

was natürlich bloß einen Teil der Lösung (121) darstellt, nämlich eine Ab-

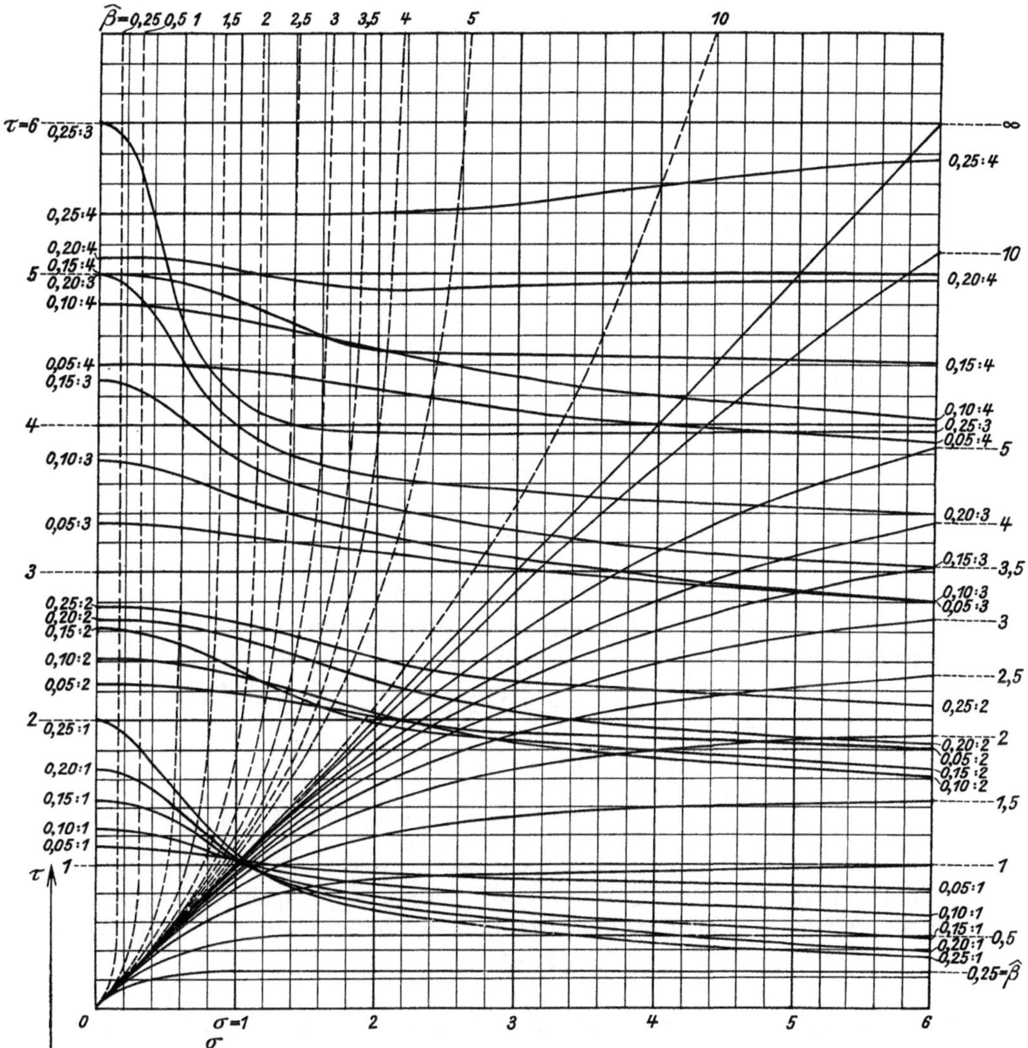

Abb. 22. Die verallgemeinerten Grammelschen Schaulinien und die graphische Ermittelung der kritischen Drehzahlen im symmetrischen Fall 2, Abb. 4 für $\alpha = 0{,}05$, $0{,}1$, $0{,}15$, $0{,}2$, $0{,}25$ und synchrone Präzession im Gleich- und Gegenlauf, sowie für fehlende Kreiselwirkung der aufgekeilten Scheiben.

schätzung für ungerade kritische Drehzahlen. Für symmetrische teilweise Scheibenbesetzung mit $\alpha > 0$ wird hingegen beim Grenzübergang $\lim \sigma = \infty$ wegen des Terms mit σ^4 der Nenner in (118) von höherer Mächtigkeit unendlich groß als der Zähler und es folgt

$$\operatorname{tg}\left\{\pi\tau\left(\frac{1}{2}-\alpha\right)\right\} = 0\,, \quad \tau = \frac{n}{\frac{1}{2}-\alpha}\,, \qquad n = 0, 1, 2, \ldots,$$

woraus sich wegen (114) zur Verhinderung der ungeraden kritischen Drehzahlen bei teilweiser Scheibenbesetzung die Bedingung ergibt

$$\varrho_\lambda \geqq \frac{1-2\alpha}{n\pi}, \qquad n = 0, 1, 2, \ldots, \quad 0 < \alpha \leqq \frac{1}{2}. \tag{123a}$$

Nun kann man auch das Ergebnis der Tabelle 8, wonach im Unterfall $\bar{\alpha} = 0$, $\bar{\beta} = 0{,}3$, also $\alpha = 0{,}2$ die dritte kritische Drehzahl bei synchronem Gleichlauf durch die Kreiselwirkung verhindert wird, genauer nachprüfen. Da in (123a), wie im achten Abschnitt begründet wird, $n = 0$ der ersten, $n = 1$ der dritten kritischen Drehzahl entspricht, so folgt aus (123a) mit $\alpha = 0{,}2$, $n = 1$

$$\varrho_\lambda \geqq \frac{1 - 2 \cdot 0{,}2}{\pi} = 0{,}191 \,,$$

was mit $\varrho_\lambda = 0{,}3$ in der Tat erfüllt ist.

Für gerade kritische Drehzahlen und volle Scheibenbesetzung $\beta = 1$ kann wieder (98) oder (117) des Falles 3, Abb. 6 benutzt werden, wenn man nur, wie oben gezeigt, τ für Fall 2, Abb. 4 durch den doppelten Betrag seines für Fall 3, Abb. 6 ermittelten Wertes ersetzt. Dieser letztere ergab sich aber, wie vor (121) gezeigt, zu $\tau = n$, $n = 1, 2, 3, \ldots$, somit hier $\tau = 2n$, $n = 1, 2, 3, \ldots$ Damit aber ergibt (114)

$$\varrho_\lambda \geqq \frac{2}{2n\pi}, \qquad n = 1, 2, 3, \ldots, \tag{122b}$$

was mit (122a) zusammen gerade wieder (121) ergibt. In (122b) bedeutet $n = 1, 2, \ldots$ die zweite, vierte, ... kritische Drehzahl, während für dieselben Drehzahlen in (121) $n = 2, 4, \ldots$ zu setzen ist.

Für gerade kritische Drehzahlen bei teilweiser Scheibenbesetzung folgt aus (121a), wenn wieder 2τ statt τ, also der Nenner in (121a) verdoppelt und wie früher bedacht wird, daß β im Fall 3, Abb. 6 gerade $2\bar{\beta}$ im Fall 2, Abb. 4 zu setzen ist

$$\varrho_\lambda \geqq \frac{8\bar{\beta}}{2(2n-1)\pi}, \qquad n = 1, 2, 3, \ldots, \quad 0 \leqq \bar{\beta} < \frac{1}{2}.$$

Da aber nach Abb. 4 $\bar{\beta} = \frac{1}{2} - \alpha$ ist, so folgt

$$\varrho_\lambda \geqq \frac{2(1-2\alpha)}{(2n-1)\pi}, \qquad n = 1, 2, 3, \ldots, \quad 0 < \alpha \leqq \frac{1}{2}, \tag{123b}$$

worin sich $n = 1, 2, \ldots$ wieder auf die zweite, vierte, ... kritische Drehzahl bezieht. Für den Unterfall $\bar{\alpha} = 0$, $\bar{\beta} = 0{,}3$, also $\alpha = 0{,}2$ ergab sich oben S. 74 aus Abb. 22, daß die zweite kritische Drehzahl noch besteht. Mit $n = 1$ gibt (123b)

$$\varrho_\lambda \geqq \frac{2 \cdot 0{,}6}{\pi} = 0{,}381$$

und diese zur Verhinderung nötige Bedingung wird durch den gewählten Wert $\varrho_\lambda = 0{,}3$ nicht erfüllt. Für den Unterfall $\bar{\alpha} = 0$, $\bar{\beta} = 0{,}25$, also $\alpha = 0{,}25$ ergab sich in Tabelle 9, daß die vierte kritische Drehzahl verhindert wird, während dort der hohe Wert der zweiten kritischen Drehzahl auffällt, was die Nähe eines kritischen Wertes für ϱ_λ vermuten läßt. Mit $n = 1$ ergibt in der Tat (123b) zur Verhinderung der zweiten kritischen Drehzahl

$$\varrho_\lambda \geqq \frac{2 \cdot 0{,}5}{\pi} = 0{,}318 \,,$$

welcher Zahl der gewählte Wert $\varrho_\lambda = 0{,}3$ sehr nahe kommt. Die vierte kritische Drehzahl ist wegen $0{,}3 > 0{,}106$ in der Tat verhindert.

Gehen wir von den Größen ϱ wieder zum Scheibendurchmesser D über, so ergeben (122a) und (123a) für ungerade Drehzahlen

$$(2n-1)D\pi \geqq 4l, \qquad n = 1, 2, 3, \ldots \text{ bei voller Scheibenbesetzung und}$$

$$\left.\begin{aligned} nD\pi &\geqq (2-4\alpha)l \\ \text{oder: } 2nD\pi &\geqq 8\bar{\beta}l \end{aligned}\right\} n = 0, 1, 2, \ldots \text{ bei partieller Scheibenbesetzung.}$$

Ebenso ergeben (122b) und (123b) für gerade kritische Drehzahlen

$$2nD\pi \geqq 4l, \qquad n = 1, 2, 3, \ldots \text{ bei voller Scheibenbesetzung und}$$

$$(2n-1)D\pi \geqq 8\bar{\beta}l, \qquad n = 1, 2, 3, \ldots \text{ bei partieller Scheibenbesetzung,}$$

wobei wieder $n = 1, \ldots$ die zweite kritische Drehzahl usw. bedeutet. Da somit bei partieller Scheibenbesetzung für jeden endlichen Scheibendurchmesser wegen $n = 0$ stets mindestens eine kritische Drehzahl existiert, so können wir diese Ergebnisse folgendermaßen präzisieren:

Es gibt für die beiderseits frei gelagerte Welle im symmetrischen Fall 2, Abb. 4 bei synchroner Präzession im Gleichlauf keine, eine, zwei... kritische Drehzahlen, wenn bei voller Scheibenbesetzung die vierfache Wellenlänge, hingegen eine, zwei, drei... kritische Drehzahlen, wenn bei teilweiser Scheibenbesetzung die $8\bar{\beta}$-fache Wellenlänge höchstens gleich ist dem ein-, zwei-, drei...fachen Scheibenumfang.

Nimmt man also an, daß eine teilweise mit Scheiben besetzte Welle in ihrer mit Scheiben besetzten Wellenstrecke, deren Länge $2\bar{\beta}l_1$ ist, gerade dieselbe Länge l_2 besitzt, wie eine vollständig mit Scheiben besetzte Welle, so erkennt man, daß unter der Annahme gleichen Scheibendurchmessers bei beiden Wellen die teilweise besetzte Welle jeweils gerade um eine kritische Drehzahl mehr besitzt als die vollständig besetzte Welle. Weitere Einblicke gewährt der nächste Abschnitt.

Um schließlich auch noch für den Fall 6, Abb. 11 die erweiterten Grammelschen Schaulinien zu gewinnen, werde in (119) und (119a) statt β, das nach Abb. 11 die mit Scheiben besetzte Wellenstrecke bedeutet, die Veränderliche $\bar{\alpha} = \frac{1}{2} - \beta$ eingeführt, die die nicht besetzte Wellenstrecke darstellt. Dies bietet den Vorteil, daß man — für die praktisch interessierenden Fälle — gleich die Tangentenschar (118) in Abb. 20 mit verwenden kann.

Man erhält dadurch aus (119)

$$f = \frac{\sigma^2 + \pi\bar{\alpha}\sigma^3 \mathfrak{Tg}\left\{\pi\sigma\left(\frac{1}{2} - \bar{\alpha}\right)\right\} + \tau^2}{\pi\bar{\alpha}\tau^3} = \operatorname{tg}\left\{\pi\tau\left(\frac{1}{2} - \bar{\alpha}\right)\right\} \tag{124a}$$

und aus (119a)

$$f = \frac{1}{\pi\bar{\alpha}\tau} = \operatorname{tg}\left\{\pi\tau\left(\frac{1}{2} - \bar{\alpha}\right)\right\}. \tag{124b}$$

In Abb. 20 ist das für $\bar{\alpha} = 0{,}1$ geschehen und es wurden strichliert die Funktionen der linken Seiten von (124a) und (124b) in Abb. 20 eingezeichnet, wie sie sich auf Grund der in Tabelle 13 dargestellten Funktionswerte ergaben. Wie im Falle der Abb. 21 und 22 wurden dann die erweiterten Grammelschen Schaulinien in Abb. 23 gewonnen, und zwar wieder für die ungeraden kritischen Drehzahlen, auf die sich ja (111) und damit (119) bezog. Die Bezeichnungsweise der Ränder in Abb. 23 ist dieselbe wie in Abb. 21 und 22, die Kennzeichnung der verallgemeinerten Grammelschen Schaulinien bezieht sich dabei auf die Größe β der belasteten Wellenstrecke nach Abb. 11 oder (119) und (119a). Die verallgemeinerten Grammelschen Schaulinien für die geraden kritischen Drehzahlen konnten nach den früheren Darlegungen unmittelbar von Abb. 22

Tabelle 13. Die Werte der gebrochenen Funktionen f links in (124b) für $\sigma = 0$ und die angegebenen Werte von $\bar{\alpha}$ und τ, sowie der gebrochenen Funktionen f links in (124a) für $\sigma = 1$ bis 6 und dieselben Werte von $\bar{\alpha}$ und τ im symmetrischen Fall 6, Abb. 11, deren Schnittpunkte mit der Tangentenschar $\operatorname{tg}\{\pi\tau(\frac{1}{2} - \bar{\alpha})\} = \operatorname{tg}\{\pi\tau(\frac{1}{2} - \alpha)\}$ nach Abb. 20 die Ordinaten der verallgemeinerten Grammelschen Schaulinien für die ungeraden kritischen Drehzahlen in Abb. 23 liefern.

$\bar{\alpha}$	τ	$\sigma = 0$	1	2	3	4	5	6
	0,5	12,732	70,767	280,449				
	1	6,366	13,621	39,831				
	2	3,183	4,090	7,366	13,720	23,915		
0,05	3	2,122	2,391	3,361	5,244	8,265	12,646	18,610
	4	1,591	1,705	2,114	2,909	4,183	6,031	8,548
	5	1,273	1,331	1,541	1,948	2,600	3,546	4,835
	6	1,061	1,095	1,216	1,451	1,829	2,377	3,122
	0,5	6,366						
	1	3,183						
	2	1,592	2,096	4,183	8,548	15,958		
0,1	3	1,061	1,210	1,829	3,122	5,318	8,638	13,305
	4	0,796	0,859	1,120	1,665	2,592	3,992	5,961
	5	0,637	0,669	0,802	1,082	1,556	2,273	3,281
	6	0,531	0,549	0,626	0,788	1,063	1,478	2,061
	0,5	4,244	27,625					
	1	2,122	5,045	18,416				
	2	1,061	1,426	3,098	6,823	13,305		
0,15	3	0,707	0,816	1,311	2,415	4,335	7,302	
	4	0,531	0,576	0,785	1,251	2,061	3,313	5,099
	5	0,424	0,448	0,555	0,793	1,208	1,849	2,763
	6	0,354	0,367	0,429	0,567	0,807	1,178	1,707
	0,5	3,183	21,806					
	1	1,592	3,919	15,597				
	2	0,796	1,087	2,546	5,961			
0,2	3	0,531	0,617	1,049	2,061	3,844	6,634	
	4	0,398	0,434	0,617	1,044	1,796	2,973	4,668
	5	0,318	0,337	0,430	0,649	1,034	1,637	2,505
	6	0,266	0,276	0,330	0,457	0,679	1,028	1,530
	0,5	2,546	17,979					
	1	1,273	3,202	13,704				
	2	0,637	0,878	2,190	5,384	11,183		
0,25	3	0,424	0,496	0,885	1,831	3,549	6,233	10,122
	4	0,318	0,348	0,513	0,912	1,637	2,769	4,409
	5	0,255	0,270	0,354	0,558	0,930	1,509	2,349
	6	0,212	0,221	0,270	0,388	0,603	0,938	1,425

übernommen werden und es brauchte dabei bloß ihre Kennzeichnung am Rande von Abb. 23 gegen Abb. 22 deshalb geändert werden, weil sich ja die Strecken α und β in Abb. 4 und 11 für gleiche Scheibenbesetzung zu $\frac{1}{2}$ ergänzen. Der vollen Scheibenbesetzung $\bar{\alpha} = 0$ entsprechen nach (124a) die Geraden $\tau = 2n - 1$, $n = 1, 2, 3 \ldots$

Zwecks Vergleiches mit den Tabellenwerten mißt man zunächst für den Unterfall $\bar{\alpha} = 0{,}25$, $\bar{\beta} = 0{,}5$ bei den Schaulinien 0,25 : 1 und 0,25 : 3 für fehlende Kreiselwirkung, also $\hat{\beta} = \infty$ als Schnittpunkte mit der ersten Mediane $\sigma = \tau$:

$$\sigma_1 = \tau_1 \doteq 1{,}53 \quad \text{mit} \quad u_1 \varrho_\varkappa^2 \doteq 535\,, \quad \sigma_3 = \tau_3 \doteq 5{,}28 \quad \text{mit} \quad u_3 \varrho_\varkappa^2 \doteq 76000.$$

Die geraden kritischen Drehzahlen ergeben hier natürlich die gleichen Werte, wie im Fall 2, Abb. 4, die ungeraden stimmen gut mit den strengen Werten der Tabelle 5 überein.

Bei Beachtung der Kreiselwirkung mißt man für $\varrho_\varkappa = 0{,}3$, also $\hat{\beta} = 2{,}12$:
a) für Gleichlauf

$$\sigma_1 \doteq 4{,}6\,, \qquad \tau_1 \doteq 1{,}93 \quad \text{mit} \quad u_1' \varrho_\varkappa^2 \doteq 7700\,;$$

hier mußte allerdings ein schleifender Schnitt in Kauf genommen werden, wes-

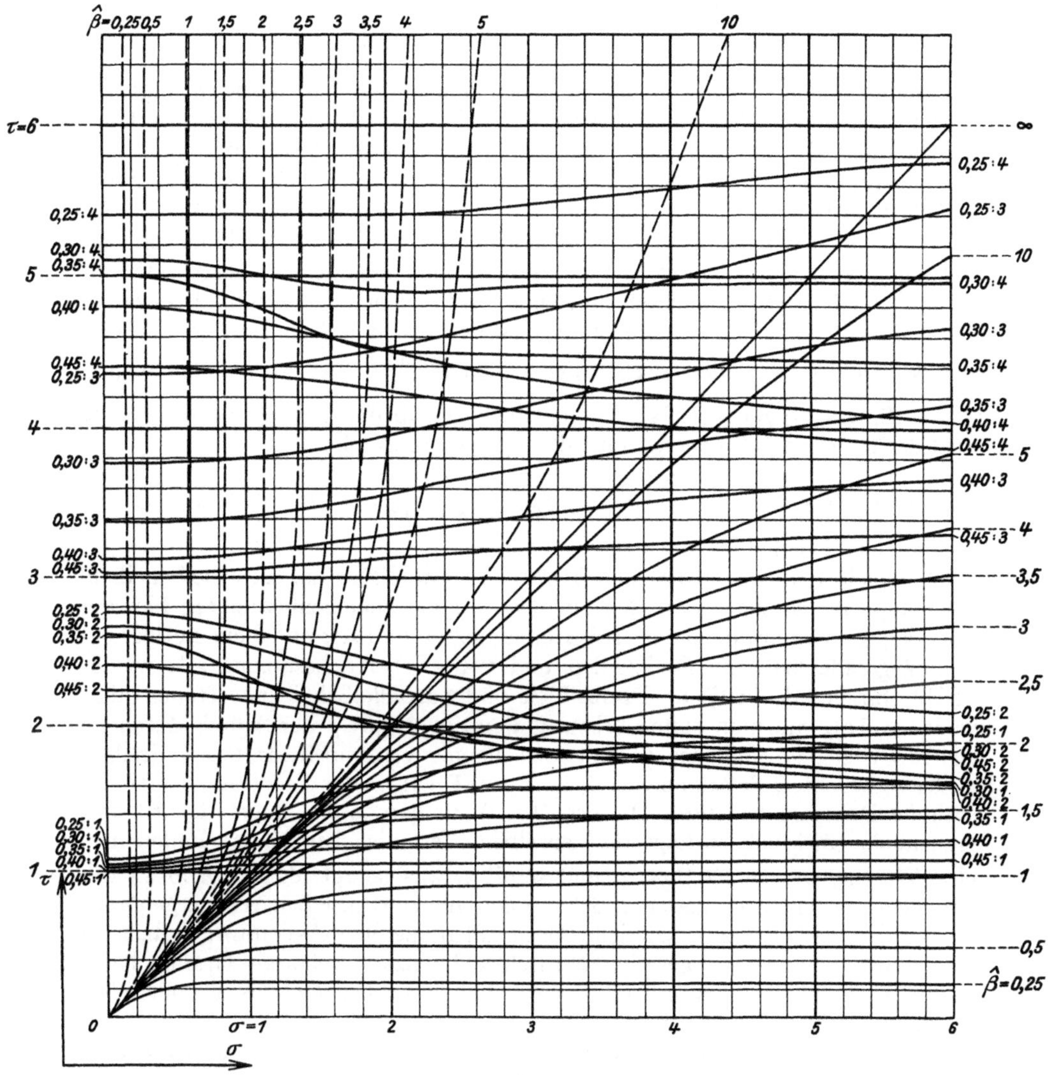

Abb. 23. Die verallgemeinerten Grammelschen Schaulinien und die graphische Ermittelung der kritischen Drehzahlen im symmetrischen Fall 6, Abb. 11 für $\beta = 0{,}25$, 0,3, 0,35, 0,4, 0,45 und synchrone Präzession im Gleich- und Gegenlauf, sowie fehlende Kreiselwirkung der aufgekeilten Scheiben.

halb σ_1 entsprechend ungenau eingeschätzt werden konnte. Die Übereinstimmung mit dem Wert 7890 der Tabelle 8 ist noch befriedigend. Daß für $\hat{\beta} = 2{,}12$ kein Schnitt mit der Schaulinie 0,25 : 3 existieren dürfte, kann aus dem Verlauf dieser Kurven vermutet werden, womit also in Übereinstimmung mit Tabelle 8 die dritte kritische Drehzahl dieses Unterfalles bereits durch die Kreiselwirkung als verhindert erschiene. Die genaue Entscheidung hierzu kann wieder nur auf Grund der strengen Beziehungen gefällt werden. Die Tatsache des schleifenden

Schnittes fällt mit der der großen Abweichungen der Werte $u'_{A_1}\varrho_0^2$, $u'_{B_1}\varrho_0^2$, $u'_{C_1}\varrho_0^2$ in Tabelle 8 zusammen. (Man vgl. die Ausführungen weiter unten.)

b) für Gegenlauf. Man entnimmt der Abb. 23

$$\sigma_1 \doteq 0{,}91\,, \qquad \tau_1 \doteq 1{,}29 \quad \text{mit} \quad u_1''\varrho_\varkappa^2 \doteq 134\,,$$

$$\sigma_2 \doteq 1{,}12\,, \qquad \tau_2 \doteq 2{,}62 \quad \text{mit} \quad u_2''\varrho_\varkappa^2 \doteq 827\,,$$

$$\sigma_3 \doteq 1{,}2\,, \qquad \tau_3 \doteq 4{,}4 \quad \text{mit} \quad u_3''\varrho_\varkappa^2 \doteq 2720\,.$$

Den ersten und dritten der hier angegebenen Werte kann man mit den bezüglichen Zahlen 131,43 und 3455,6 der Tabelle 8 vergleichen und findet eine gute Übereinstimmung. Tabelle 9 liefert statt des zweiten Wertes: 817,95 und auch diese Übereinstimmung ist eine recht befriedigende. (Man vgl. den früher behandelten Fall 2, Abb. 4.)

Um wieder Beziehungen für die Scheibenhalbmesser bei Verhinderung der kritischen Drehzahlen durch die Kreiselwirkung zu erhalten, lassen wir σ in (119) über alle Grenzen wachsen und finden so für ungerade kritische Drehzahlen zunächst bei voller Scheibenbesetzung, wobei also $\beta = \frac{1}{2}$ in (119) und (119a) oder $\bar{\alpha} = 0$ in (124a) oder (124b) zu setzen ist $\operatorname{tg}\left(\frac{\pi\tau}{2}\right) = \infty$, also wieder, wie es sein muß, das Ergebnis (122a). Für partielle Scheibenbesetzung und $\lim\sigma = \infty$ wird der Bruch in (119) wieder unendlich groß und es folgt

$$\operatorname{tg}(\pi\beta\tau) = \infty\,, \quad \tau = \frac{2n-1}{2\beta}\,, \quad \varrho_\varkappa \geqq \frac{4\beta}{(2n-1)\pi}\,, \qquad n = 1, 2, 3, \ldots,$$

also wieder (121a)

Vergleicht man also (121a), das für partielle, mit (122a), das für volle Scheibenbesetzung gilt, so sieht man, daß für $\beta = \frac{1}{2}$ (volle Scheibenbesetzung) hier der Übergang im Gegensatz zu den früher behandelten Fällen 2 und 3 ein stetiger ist.

Für gerade kritische Drehzahlen und volle Scheibenbesetzung gilt wieder (122b), für gerade kritische Drehzahlen und partielle Scheibenbesetzung aber wieder (121a), wie man sofort erkennt, wenn man dort β der Abb. 3 durch 2β der Abb. 6 ersetzt und, wie gezeigt, den Nenner verdoppelt. Dabei ist freilich wieder zu beachten, daß dann $n = 1, 2, \ldots$ in (121a) wieder die zweite, vierte, ... kritische Drehzahl bedeutet. Da also (121a) für gerade wie ungerade kritische Drehzahlen gültig ist, so folgt für denselben Wert von β in beiden Fällen derselbe Wert $\varrho_\varkappa$ oder nach (114) $\hat{\beta}$ und somit τ, was besagt, daß in Abb. 23 die verallgemeinerten Grammelschen Schaulinien, die zu demselben Wert β gehören, für gerade, wie ungerade kritische Drehzahlen dieselbe Asymptote haben so zwar, daß die zu einer geraden kritischen Drehzahl gehörige Grammelsche Schaulinie dieselbe Asymptote besitzt wie die zur nächst niedrigeren ungeraden kritischen Drehzahl gehörige.

Nun kann auch überprüft werden, ob das Näherungsergebnis in Tabelle 8, wonach für Fall 6, Abb. 11 für $\bar{\alpha} = 0{,}3$, $\bar{\beta} = 0{,}5$, also $\beta = 0{,}2$ bereits die erste kritische Drehzahl durch die Kreiselwirkung verhindert wird, zu Recht besteht. Nach (121a) muß mit $n = 1$ sein:

$$\varrho_\varkappa \geqq \frac{4 \cdot 0{,}2}{\pi} = 0{,}254\,,$$

was mit $\varrho_\varkappa = 0{,}3$ in der Tat erfüllt ist. Hingegen ergibt sich für den Unterfall $\bar{\alpha} = 0{,}25$, $\bar{\beta} = 0{,}5$ in Tabelle 8, daß wohl die dritte, nicht aber die erste kritische Drehzahl bei synchronem Gleichlauf verhindert wird. Für die dritte kritische Drehzahl ergibt (121a) für $\beta = 0{,}25$, $n = 2$: $\varrho_\varkappa \geqq \frac{4 \cdot 0{,}25}{3\pi} = 0{,}106$, was mit $\varrho_\varkappa = 0{,}3$

in der Tat erfüllt ist. Für $n = 1$, $\beta = 0,25$ folgt $\varrho_\varkappa \geqq \frac{4 \cdot 0,25}{\pi} = 0,318$; $\varrho_\varkappa = 0,3$ verhindert also in Übereinstimmung mit Tabelle 8 die erste kritische Drehzahl nicht, doch kommt $\varrho_\varkappa$ der bezüglichen Grenze sehr nahe, woraus sich der außerordentlich hohe Wert $u_1' \varrho_0^2 = 8371,66$ für synchronen Gleichlauf erklärt. Man vgl. hierzu die oben erwähnte Tatsache des schleifenden Schnittes in Abb. 23 und der großen Abweichung der Näherungswerte $u_{A_1}' \varrho_0^2$, $u_{B_1}' \varrho_0^2$, $u_{C_1}' \varrho_0^2$ voneinander in Tabelle 8, was auf die Nähe eines kritischen Wertes des Scheibenhalbmessers hinweist.

Gehen wir wieder zu den dimensionierten Größen D und l über, so können die gewonnenen Ergebnisse wie folgt ausgedrückt werden:

Es gibt für die beiderseits frei gelagerte Welle im symmetrischen Fall 6, Abb. 11 bei synchroner Präzession keine, eine, zwei, ... kritische Drehzahlen, wenn bei voller Scheibenbesetzung die vierfache Wellenlänge höchstens gleich ist, dem ein-, zwei-, drei-... fachen, bei teilweiser Scheibenbesetzung aber keine, zwei, vier, ... kritische Drehzahlen, wenn die 8β-fache Wellenlänge höchstens gleich ist dem ein-, drei-, fünf-...fachen Scheibenumfang.

Die verallgemeinerten Grammelschen Schaulinien gestatten, wie die vorhergehenden Beispiele gezeigt haben dürften, die kritischen Drehzahlen in den behandelten Fällen mit befriedigender Genauigkeit zu ermitteln und gestatten diese Bestimmung, wie einleitend erwähnt, unter Zuhilfenahme der Dunkerleyschen Gleichung auch für mehrstufige Läuferformen, wenn man diese in einfachere, nur in einem Wellenfelde mit Scheiben besetzte Läuferelemente zerlegt, wie dies im zwölften Abschnitt für die Zweifelderwelle gezeigt werden soll.

Darüber hinaus aber hat sich, wie zu ersehen ist, die Grammelsche Betrachtungsweise als überaus wertvolles Hilfsmittel für die Beurteilung der Verhältnisse bei Verhinderung der kritischen Drehzahlen durch die Kreiselwirkung erwiesen und sie leistet, wie im zwölften Abschnitt gezeigt werden soll, ebenso wertvolle Dienste bei der diesbezüglichen Beurteilung mehrstufiger Läufer. Die durch das Grammelsche Verfahren gewonnenen Sätze ermöglichen überhaupt erst die Übertragung dieser Überlegungen auf kegelstumpfförmige Läufer, die im nächsten Abschnitt mittels eines Grenzüberganges versucht werden soll[39**]

8. Die Verhinderung der kritischen Drehzahlen durch die Kreiselwirkung bei synchroner Präzession im Gleichlauf und das zugeordnete Randwertproblem.

Im vorhergehenden Abschnitt wurde für einige einfache Fälle nach dem analytisch-graphischen Verfahren von R. Grammel eine Beurteilung der Bedingungen ermöglicht, die erfüllt sein müssen, damit bei synchronem Gleichlauf die Kreiselwirkung die kritischen Drehzahlen verhindere. Sie betrafen durchwegs Fälle mit nur einem belasteten Wellenfeld, dessen Scheiben konstanten Durchmesser besitzen und es ergaben sich dabei Aussagen über das Verhältnis

[39**] Bzgl. eines gewiß erstrebenswerten Entwurfes geeigneter Nomogramme zu den Netztafeln der Abb. 21 bis 23 vgl. man die analoge Fälle betreffenden Arbeiten von A. Fischer, in denen der funktionelle Zusammenhang durch Fluchtlinientafeln mit Doppelknotenpunkten in übersichtlicher Weise zur Darstellung gelangt: Über eine Anwendung der Nomographie auf die Ermittlung der kritischen Drehzahlen stetig mit Masse belegter Wellen mit Längsbelastung und Kreiselwirkung (nach K. Karas), HDI.-Mitt. Bd. 22 (1933) S. 330 und: Über eine Anwendung der Nomographie auf die Ermittlung der kritischen Drehzahlen der fliegenden Welle mit Längsbelastung und Kreiselwirkung (nach K. Karas) HDI.-Mitt. Bd. 23 (1934) S. 12 und 156.

der Wellenlänge zum Scheibenumfang für den Fall der Verhinderung gewisser kritischer Drehzahlen. Diese Aussagen sind nun, wie man vermuten wird, keineswegs auf konstanten Scheibendurchmesser beschränkt und schon im Unterabschnitt 6d) wurde bei der Betrachtung der Läuferformen gleicher kritischer Drehzahlen festgestellt, daß die Steigung i und der Anfangsradius ϱ_0 der Läuferscheiben einer gewissen Bedingung genügen müssen, damit keine kritische Drehzahl eintritt, nämlich der, daß ihr Bildpunkt $P(\varrho_0\, i)$ außerhalb des von der „Grenzkurve" der ersten kritischen Drehzahl umschlossenen Bereiches zu liegen kommt. Allerdings wurde diese Beurteilung nur auf Grund einer ersten Näherung erhalten und es soll jetzt gezeigt werden, daß das in den vorhergehenden Abschnitten entwickelte Verfahren sich auch in diesem Falle zur Gewinnung fortschreitender Annäherungen benutzen läßt. Es möge dies gleich an den im vorhergehenden Abschnitt gefundenen Ergebnissen erwiesen werden, um zugleich auch darzutun, wie sich die Näherungsergebnisse den dort gefundenen heftigen Unstetigkeiten anpassen lassen.

Wie aus (81), (104) und (106) hervorgeht und auch im Unterabschnitt 6d) erwiesen wurde, wird u', u_1', u_2' unendlich groß, wenn die Nenner der auf Gleichlauf bezüglichen Brüche verschwinden. Setzen wir wie im Unterabschnitt 6d) mit $\varrho_0 = \varrho_A$ $A = Z_A \cdot \varrho_A^2$, $K_A = Z_{K_A} \cdot \varrho_A^4$ und analog für B und C, ebenso für A_1, B_1, C_1 und A_2, B_2, C_2, so folgen aus (81), (104) und (106) für ϱ_A^2, ϱ_B^2, ϱ_C^2 usw. die Bestimmungsgleichungen

$$\varrho_A^2 = \frac{4\,Z_A}{Z_{K_A}}, \qquad \varrho_B^2 = \frac{4\,Z_B}{Z_{K_B}}, \qquad \varrho_C^2 = \frac{4\,Z_C}{Z_{K_C}}, \tag{125a}$$

$$\varrho_{A_1}^2 = \frac{4\,Z_{A_1}}{Z_{K_{A_1}}}, \qquad \varrho_{B_1}^2 = \frac{4\,Z_{B_1}}{Z_{K_{B_1}}}, \qquad \varrho_{C_1}^2 = \frac{4\,Z_{C_1}}{Z_{K_{C_1}}}, \tag{125b}$$

$$\varrho_{A_2}^2 = \frac{4\,Z_{A_2}}{Z_{K_{A_2}}}, \qquad \varrho_{B_2}^2 = \frac{4\,Z_{B_2}}{Z_{K_{B_2}}}, \qquad \varrho_{C_2}^2 = \frac{4\,Z_{C_2}}{Z_{K_{C_2}}}. \tag{125c}$$

Hier bezieht sich (125a) auf die unsymmetrischen Fälle, (125b) auf die Verhinderung der ungeraden, (125c) auf die Verhinderung der geraden kritischen Drehzahlen der symmetrischen Fälle. (125) ergibt also zunächst drei verschiedene Werte des gesuchten Scheibenhalbmessers für den Fall der Verhinderung der ersten kritischen Drehzahl (bzw. auch der zweiten kritischen Drehzahl bei den symmetrischen Fällen) gerade so, wie sich in den früheren Fällen drei verschiedene Werte u_A, u_B, u_C für die ersten kritischen Drehzahlen ergaben. Der wesentliche Unterschied ist aber der, daß im Gegensatz zu den Näherungswerten u_A, u_B, u_C, die stets eine obere Schranke für die wahren Werte u_W darstellten, die Werte ϱ_A, ϱ_B, ϱ_C jetzt untere Schranken sind.

Um nun zu einer zweiten Annäherung zu gelangen, gehen wir wieder von (19) aus, wobei wir aber mit Beachtung von (82) statt A, B, C gleich A', B', C' für synchronen Gleichlauf schreiben. Der Koeffizient des quadratischen Gliedes in (19) lautet dann: $A'C' - B'^2$; er muß verschwinden, wenn $\lim u = \infty$ sein soll. Berücksichtigen wir (82) und führen die Zahlenwerte Z_A, Z_B, Z_C statt A, B, C und ebenso Z_{K_A}, Z_{K_B}, Z_{K_C} statt K_A, K_B, K_C ein, so folgt die Gleichung

$$\left(Z_{K_A} \cdot \varrho^2 - 4\,Z_A\right)\left(Z_{K_C} \cdot \varrho^2 - 4\,Z_C\right) - \left(Z_{K_B} \cdot \varrho^2 - 4\,Z_B\right)^2 = 0, \tag{126a}$$

$$\left(Z_{K_{A_1}} \cdot \varrho^2 - 4\,Z_{A_1}\right)\left(Z_{K_{C_1}} \cdot \varrho^2 - 4\,Z_{C_1}\right) - \left(Z_{K_{B_1}} \cdot \varrho^2 - 4\,Z_{B_1}\right)^2 = 0, \tag{126b}$$

$$\left(Z_{K_{A_2}} \cdot \varrho^2 - 4\,Z_{A_2}\right)\left(Z_{K_{C_2}} \cdot \varrho^2 - 4\,Z_{C_2}\right) - \left(Z_{K_{B_2}} \cdot \varrho^2 - 4\,Z_{B_2}\right)^2 = 0. \tag{126c}$$

Die letzteren beiden Gl. (126b) und (126c), die wieder für die symmetrischen Fälle gelten, folgen mit Beachtung von (104) und (106) analog aus (55) und (60).

Tabelle 14. Die Halbmesser ϱ_A^2, ϱ_B^2, ϱ_C^2 der ersten Näherung nach (125) und ϱ_{01}^2, ϱ_{02}^2 der zweiten Näherung nach (126) sowie die zugehörigen die Verhinderung der kritischen Drehzahlen betreffenden strengen Lösungen ϱ_{W_i} nach (121), (121a), (122a), (123a).

Fall Nr.	Abb. Nr.	β	ϱ_A^2	ϱ_B^2	ϱ_C^2	ϱ_{01}^2 ϱ_{02}^2	ϱ_{01} ϱ_{02}	ϱ_{W_1} ϱ_{W_2}
3	6	1	0,40523	0,40523	0,40404	0,40523 0,10101	0,636 0,318	0,637 0,318
3	6	0,9	0,50205	0,50967	0,51594	0,54201 0,12042	0,736 0,348	1,148 0,382
3	6	0,8	0,59826	0,61414	0,62853	0,73174 0,11319	0,855 0,337	1,019 0,339
3	6	0,75	0,62655	0,64401	0,65974	0,76678 0,10106	0,875 0,318	0,954 0,318
3	6	0,5	0,40523	0,40545	0,40442	0,40526 0,03626	0,636 0,191	0,636 0,212
3	6	0,25	0,09048	0,08986	0,08921	0,10128 0,00700	0,318 0,083	0,318 0,106
5 $i:\varrho_0 = 2,5$	8	$\alpha=0,2$ $\beta=0,8$	0,18508	0,18934	0,19288	0,20774 0,02295	0,456 0,152	0,168
			$\varrho_{A_2}^2$	$\varrho_{B_2}^2$	$\varrho_{C_2}^2$	ϱ_{02}^2 ϱ_{04}^2	ϱ_{02} ϱ_{04}	ϱ_{W_2} ϱ_{W_4}
9 $i:\varrho_0 = 3,125$	14	$\bar\alpha=0$ $\bar\beta=0,33$	0,14695	0,15136	0,15324	0,15456 0,00493	0,394 0,070	0,098

Fall Nr.	Abb. Nr.	$\bar\beta$	$\varrho_{A_1}^2$	$\varrho_{B_1}^2$	$\varrho_{C_1}^2$	ϱ_{01}^2 ϱ_{03}^2	ϱ_{01} ϱ_{03}	ϱ_{W_1} ϱ_{W_3}
2	4	0,5	0,40523	0,40502	0,40399	0,40528 0,04442	0,636 0,211	0,637 0,212
2	4	0,4	0,66245	0,68175	0,70066	1,05526 0,06076	1,030 0,247	∞ 0,254
2	4	0,3	1,26955	1,35012	1,43498	8,87565 0,03439	2,980 0,185	∞ 0,191
2	4	0,25	1,89638	2,04676	2,20839	34,18270 0,02169	5,850 0,148	∞ 0,159
6	11	$\bar\beta=0,5$ $\bar\alpha=0,1$	0,25251	0,25407	0,25516	0,25764 0,02659	0,509 0,163	0,510 0,170
6	11	$\bar\beta=0,5$ $\bar\alpha=0,25$	0,09048	0,09141	0,09226	0,10093 0,00807	0,318 0,090	0,318 0,106
6	11	$\bar\beta=0,5$ $\bar\alpha=0,3$	0,05637	0,05686	0,05733	0,06472 0,00478	0,254 0,069	0,254 0,085
9a $i:\varrho_0=3,125$	—	$\bar\alpha=0$ $\bar\beta=0,5$	0,04115	0,04048	0,03979	0,05239 0,00839	0,229 0,092	0,234 0,116
9 $i:\varrho_0=3,125$	14	$\bar\alpha=0$ $\bar\beta=0,33$	0,20918	0,21872	0,22858	0,91972 0,01401	0,960 0,119	0,137

Da die Gleichungen (126) hinsichtlich der Unbekannten ϱ^2 genau den gleichen Aufbau zeigen, wie (20), (55) und (60) hinsichtlich der unbekannten u, so wird man aus ϱ_A^2, ϱ_B^2, ϱ_C^2 eine bedeutend verbesserte weitere Annäherung gewinnen, wenn man analog (45) bildet

$$\bar{\varrho}^2 = \frac{\varrho_A^2 \varrho_C^2 - \varrho_B^4}{\varrho_A^2 + \varrho_C^2 - 2\varrho_B^2}. \tag{127}$$

Denn die aus der Schwarzschen Ungleichung (41) gewonnenen Beziehungen gelten, wie man leicht erweist, auch für die Koeffizienten in (126). Insbesondere wird man die im vierten Abschnitt entwickelten graphischen Konstruktionen zur Verschärfung des ersten Näherungswertes, wie sie in den Abb. 9 und 10 dargestellt sind, gemäß (127) auch für den Radius ϱ übernehmen können. Will man aber auch eine Annäherung an den zweiten Eigenwert für ϱ erhalten, so muß man (126) heranziehen.

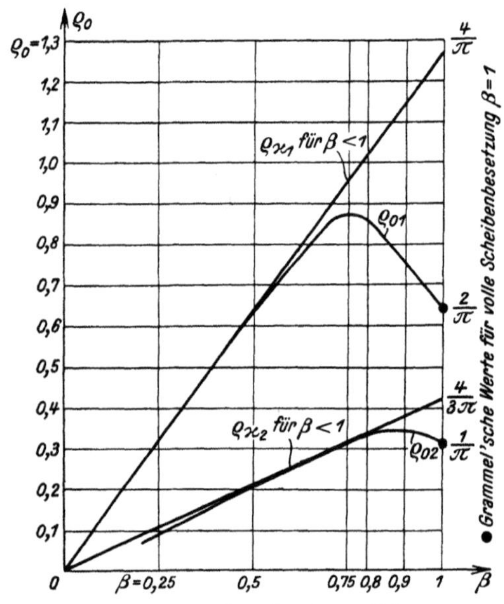

Abb. 24. Die nach Tabelle 14 berechneten Näherungswerte ϱ_{01} bzw. ϱ_{02}, sowie die nach (121a) ermittelten strengen Lösungen $\varrho_{\varkappa_1} = \frac{4\beta}{\pi}$ bzw. $\varrho_{\varkappa_2} = \frac{4\beta}{3\pi}$ für $\beta < 1$ als Funktionen von β bei Verhinderung der ersten bzw. zweiten kritischen Drehzahl durch die Kreiselwirkung im unsymmetrischen Fall 3, Abb. 6.

In Tabelle 14 sind nun zunächst für die im siebenten Abschnitte nach dem Grammelschen Verfahren behandelten Fälle die Werte ϱ_A^2, ϱ_B^2, ϱ_C^2 der ersten Näherung nach (125) und ϱ_{01}^2, ϱ_{02}^2 der zweiten Näherung nach (126), sowie schließlich die Werte ϱ_{01}, ϱ_{02} selbst für die dort angegebene Scheibenbesetzung berechnet worden. Für Fall 3, Abb. 6 und volle Scheibenbesetzung $\beta = 1$ erkennt man z. B. die außerordentlich gute Übereinstimmung mit den nach (121) gewonnenen strengen Ergebnissen ϱ_W. Für $\beta < 1$ wurden die letzteren natürlich nach (121a) berechnet. In Fall 2, Abb. 4 nähert die zweite Wurzel ϱ_{03} die dritte kritische Drehzahl, die nach (122a) für volle und (123a) für teilweise Scheibenbesetzung berechnet wurde; während für Fall 6, Abb. 11 für volle Scheibenbesetzung (122a), für teilweise aber (121a) herangezogen wurde.

Diese Ergebnisse der Tabelle 14 sind in den Abb. 24, 25, 26 veranschaulicht, deren Abszissen durchweg die Scheibenbesetzung, deren Ordinaten die zur Verhinderung der Kreiselwirkung mindestens nötigen Scheibenhalbmesser nach den strengen wie genäherten Werten darstellen. In Abb. 24 z. B. gehen die für ϱ_{01} und ϱ_{02} eingetragenen Kurven von den nach (121) berechneten strengen Grammelschen Werten aus, um sich den nach (121a) dargestellten Geraden nach Überschreitung eines Höchstwertes innig anzuschmiegen. Am rechten Rand der Abb. 24 sind ohne Kreise auch noch die Grenzwerte dieser Geraden für $\beta = 1$, denen aber keine reale Gültigkeit zukommt, eingezeichnet; für $\beta < 0,75$ ist die Übereinstimmung zwischen den strengen und den Näherungsergebnissen vorzüglich, für $\beta > 0,75$ ist die Abweichung durch die heftige Unstetigkeit der strengen Lösungen erklärt.

In Abb. 25 sind für Fall 2, Abb. 4 die Näherungskurven ϱ_{01} und ϱ_{03}, sowie die zugehörigen strengen Lösungen dick ausgezogen. Wegen des starken Anwachsens der Werte ϱ_{01} in Tabelle 14 erkennt man aus Abb. 25, daß es hier keine im Endlichen liegende Gerade als strenge Lösung geben kann, der sich die Kurve ϱ_{01} anschmiegen könnte, weshalb in (123a) auch der Fall $n = 0$ zugelassen werden mußte. Die Kurve ϱ_{03} der Näherung an die dritte kritische Drehzahl zeigt hingegen wieder das bereits aus Abb. 24 bekannte Verhalten, ebenso die Kurven ϱ_{02} und ϱ_{04}, die in Abb. 25 strichliert eingezeichnet wurden und direkt der Abb. 24 nach Änderung des Ordinatenmaßstabs im Verhältnis 2 : 1 übernommen werden konnten. Dasselbe gilt

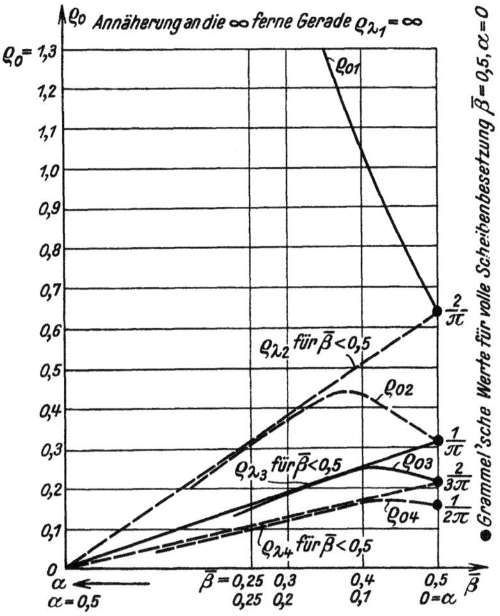

Abb. 25. Die nach Tabelle 14 berechneten Näherungswerte ϱ_{01} bzw. ϱ_{03}, sowie die nach (123a) ermittelten strengen Lösungen $\varrho_{\lambda_1} = \infty$ und $\varrho_{\lambda_3} = \frac{1-2\alpha}{\pi} = \frac{2\bar{\beta}}{\pi}$ für $\alpha > 0$ bzw. $\bar{\beta} < 0{,}5$ als Funktionen von α bzw. $\bar{\beta}$ bei Verhinderung der ersten bzw. dritten kritischen Drehzahl durch die Kreiselwirkung im symmetrischen Fall 2, Abb. 4 (dick ausgezogen). Die für die zweite und vierte kritische Drehzahl maßgebenden Näherungslösungen ϱ_{02} und ϱ_{04}, sowie die zugehörigen strengen Lösungen ϱ_{λ_2} und ϱ_{λ_4} wurden aus Abb. 24 affin im Verhältnis 2:1 der bzgl. Ordinaten übertragen (strichliert gezeichnet). [Man vgl. bzgl. ϱ_{λ_2} und ϱ_{λ_4} auch (123b).]

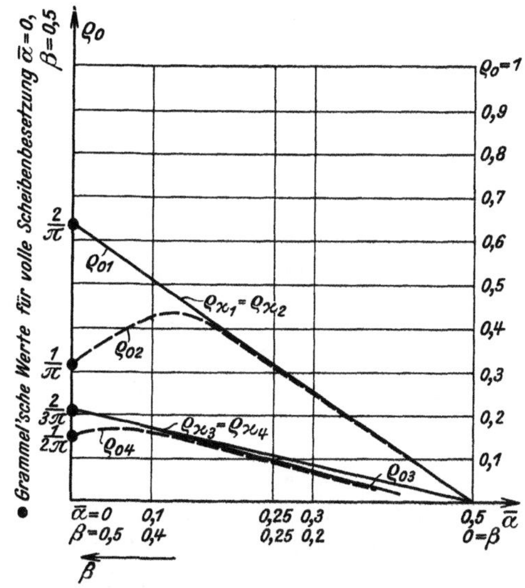

Abb. 26. Die nach Tabelle 14 berechneten Näherungswerte ϱ_{01} bzw. ϱ_{03}, sowie die nach (121a) ermittelten strengen Lösungen $\varrho_{\varkappa_1} = \varrho_{\varkappa_2} = \frac{4\beta}{\pi}$ und $\varrho_{\varkappa_3} = \varrho_{\varkappa_4} = \frac{4\beta}{3\pi}$ für $\beta < 0{,}5$ als Funktionen von $\bar{\alpha}$ bzw. β bei Verhinderung der ersten bzw. dritten kritischen Drehzahl durch die Kreiselwirkung im symmetrischen Fall 6, Abb. 11 (dick ausgezogen). Die für die zweite und vierte kritische Drehzahl maßgebenden Näherungslösungen ϱ_{02} und ϱ_{04} (strichliert gezeichnet) wurden aus Abb. 25 direkt übernommen; die zugehörigen strengen Lösungen fallen mit denen für die erste und dritte kritische Drehzahl zusammen.

in Abb. 26 hinsichtlich der zweiten und vierten kritischen Drehzahlen, die direkt der Abb. 25 entnommen werden konnten und strichliert eingezeichnet wurden, während die sich auf die erste und dritte kritische Drehzahl bezüglichen Linien dick ausgezogen sind. Man erkennt insbesondere die außerordentlich scharfe Übereinstimmung der Kurven ϱ_{01} und ϱ_{03} mit den strengen Lösungen $\varrho_{\varkappa_1}$ und $\varrho_{\varkappa_3}$, die ihrerseits nach dem oben mitgeteilten Satze wieder mit den strengen Lösungen $\varrho_{\varkappa_2}$ und $\varrho_{\varkappa_4}$ zusammenfallen. Die oben bemerkten heftigen Unstetigkeiten innerhalb der strengen Lösungen finden bei Fall 6, Abb. 11 bloß bei den geraden kritischen Drehzahlen statt.

Schließlich möge bemerkt werden, daß man nach (127) sehr gute Verschärfungen für ϱ_{01}^2 erhalten kann, wovon aber in Tabelle 14 kein Gebrauch gemacht wurde. Für Fall 3, Abb. 6 und $\beta = 0{,}9$ findet man z. B. nach (127) $\bar{\varrho}_{01}^2 = 0{,}544$ in guter Übereinstimmung mit ϱ_{01}^2 in Tabelle 14.

In Tabelle 14 wurden schließlich alle Näherungswerte, die bisher ermittelt wurden, auch für die wichtigen Fälle 5, Abb. 8 und 9 bzw. 9a, Abb. 14 berechnet, wobei sich auch hier zeigt, daß die zur Verhinderung höherer Drehzahlen gehörigen Höchstgrenzen von ϱ_0 mit der Ordnung dieser Drehzahlen abnehmen. Da in Tabelle 14 für das Verhältnis $i : \varrho_0$ die dort angegebenen festen Werte der Rechnung zugrunde gelegt wurden, so gehören also die errechneten Schranken ϱ_{01}, ϱ_{02} usw. zu Läuferformen, die dieselbe Spitze S in der Drehachse besitzen, wie in den Abb. 8 und 14 veranschaulicht ist.

Unter ϱ_{W_n} sind ferner in Tabelle 14 neben den so gewonnenen Näherungsergebnissen ϱ_{0n} noch die auf anderem Wege gefundenen strengen Ergebnisse mitgeteilt worden, die für konstanten Scheibenhalbmesser — wie oben erwähnt — bereits im siebenten Abschnitte durch die Grammelsche Betrachtungsweise gefunden worden waren und die durch die folgende nochmals bestätigt werden sollen.

Um sie darzustellen, wurde wieder von der Differentialgleichung (78a) für synchronen Gleichlauf ausgegangen. In etwas anderer Schreibweise lautet sie

$$\frac{\eta''''}{u} = \frac{1}{4}(\varrho^4 \eta')' + \varrho^2 \eta .$$

In ihr soll u über alle Grenzen wachsen. Soll nun tatsächlich bei synchroner Präzession im Gleichlauf eine weitgehende Auslenkung, also eine Zertrümmerung der Welle durch die Fliehkräfte verhindert werden, so kann mit $\lim u = \infty$ nicht auch zugleich $\lim\limits_{u=\infty} \eta'''' = \infty$ werden. Dann aber verschwindet die linke Seite und es verbleibt hinsichtlich $\overline{\eta}$ als abhängig Veränderlicher die selbstadjungierte Differentialgleichung

$$\tfrac{1}{4}(\varrho^4 \overline{\eta}')' + \varrho^2 \overline{\eta} = 0. \tag{128}$$

(128) lehrt, daß auch bei Annahme unendlich großer Drehzahlen eine Auslenkung $\overline{\eta}$ der Welle vorauszusetzen ist, die nur dann identisch verschwindet, wenn die „Belegungsfunktion" $\varrho(\xi)$ oder bei konstantem Scheibenhalbmesser ϱ_0 der Wert desselben sich verschieden erweist von gewissen kritischen Größen, was dann eben das Ausscheiden gewisser kritischer Drehzahlen nach sich zieht, wie die folgenden Beispiele zeigen sollen. Man kann ferner, wenn man will, statt der vielleicht unanschaulichen Vorstellung einer unendlich hohen Drehzahl auch die anschaulichere eines endlichen ω setzen, ist dann aber gemäß (9) genötigt, die Biegungssteifigkeit EJ der Welle von verschwindender Kleinheit anzunehmen. In der Tat wird die Vorstellung, daß bei diesen Vorgängen die Biegungssteifigkeit der Welle keine Rolle spielt, in mancherlei Hinsicht von den folgenden Ergebnissen gefördert, die — z. B. im Falle der Zweifelderwelle — sogar einen Knick der Auslenkung $\overline{\eta}$ an der Feldgrenze fordern, so daß man die Welle in diesem Zustande eher als eine gespannte Saite ansehen kann, deren Differentialgleichung eben durch (128) dargestellt würde.

Nehmen wir zunächst volle Scheibenbesetzung und konstanten Scheibenhalbmesser $\varrho = \varrho_\varkappa$ an, so folgt aus (128) die Gleichung

$$\overline{\eta}'' + \frac{4}{\varrho_\varkappa^2}\overline{\eta} = 0 \tag{128a}$$

mit der bekannten Lösung

$$\left.\begin{aligned} \overline{\eta} &= A \sin\left(\frac{2}{\varrho_\varkappa}\xi\right) + B\cos\left(\frac{2}{\varrho_\varkappa}\xi\right) \\ \overline{\eta}' &= \frac{2}{\varrho_\varkappa}\left[A\cos\left(\frac{2}{\varrho_\varkappa}\xi\right) - B\sin\left(\frac{2}{\varrho_\varkappa}\xi\right)\right] \end{aligned}\right\} \tag{129}$$

Für die beiderseits frei gelagerte Welle gelten, da an den Wellenenden wegen der Lagerung die Auslenkung $\overline{\eta}$ unbedingt Null zu setzen ist, offenbar die Randbedingungen

$$\bar{\eta}(0) = \bar{\eta}(1) = 0 \tag{130}$$

mit $\sin\left(\frac{2}{\varrho_\varkappa}\right) = 0$, $\frac{2}{\varrho_\varkappa} = n\pi$, $\varrho_\varkappa \geqq \frac{2}{n\pi}$, womit also wieder das bekannte Ergebnis (121) dieses Falles folgt. Hierbei werden durch (129) und (130) freilich bloß die kritischen Werte für $\varrho_\varkappa$ selbst geliefert und es kann für Werte von $\varrho_\varkappa$ ungleich diesen kritischen Werten bloß das identische Verschwinden der Auslenkung $\bar{\eta}$ gefolgert werden. Die Ungleichheitszeichen sind also zum Zwecke der Wahrung des Zusammenhanges mit den früheren Ergebnissen in der dort ausgesprochenen Form gleich mit hinzugefügt worden.

Man kann nach dieser Betrachtungsweise eben wegen der oben geforderten verschwindenden Biegungssteifigkeit der Welle voraussehen, daß es auf die Einspannung an den Wellenenden überhaupt nicht ankommen kann, und daß, sofern die Welle überhaupt dort gelagert ist, stets die Randbedingungen (130) gültig bleiben und also stets das Ergebnis (121) folgen muß, was ja auch R. Grammel[16] in seiner sehr bemerkenswerten Arbeit auf dem im siebenten Abschnitt erläuterten Wege gefunden hat. Ganz anders verhält es sich freilich mit der überhängenden Welle, die nach dem siebenten Abschnitt eine gewisse Verwandtschaft mit den partiell mit Scheiben besetzten Wellen besitzt; auch diese Ausnahmestellung der überhängenden Welle ist von R. Grammel erkannt und deutlich ausgesprochen worden.

Um für die teilweise mit Scheiben besetzte Welle die Randbedingungen festzustellen, werde zunächst für den unsymmetrischen Fall 3, Abb. 6 die letzte der Übergangsbedingungen (96b) herangezogen. Ersetzt man gemäß (85) in ihr $w_\varkappa$ durch u und läßt dies über alle Grenzen wachsen, so erhält man einfach $\bar{\eta}'_\varkappa(\beta) = 0$, wenn jetzt wieder $\bar{\eta}$ statt η geschrieben wird. Somit lauten die jetzt gültigen Randbedingungen

$$\bar{\eta}(0) = \bar{\eta}'(\beta) = 0 \tag{131}$$

mit $\cos\left(\frac{2}{\varrho_\varkappa}\beta\right) = 0$, $\frac{2}{\varrho_\varkappa}\beta = \frac{2n-1}{2}\pi$, $\varrho_\varkappa \geqq \frac{4\beta}{(2n-1)\pi}$, $n = 1, 2, 3\ldots$ als Lösungen; also folgt wieder das Ergebnis (121a), das für diesen Fall gültig ist. Für die überhängende Welle gilt nach der für ihr freies Ende gültigen Randbedingung[40] und für $\beta = 1$ wieder (131) und somit (121a) mit $\beta = 1$, womit auch für diesen Fall der bezügliche Grammelsche Satz erwiesen ist.

Wir wollen die Differentialgleichung (128) samt den jeweils zugeordneten Randbedingungen das der Verhinderung der kritischen Drehzahlen zugeordnete Randwertproblem nennen. An Stelle der Eigenwerte u, die in (128) nicht mehr vorkommen, liefert es geometrische Aussagen über die Belegungsfunktion ϱ.

Analog gelten bei Fall 2, Abb. 4 für ungerade kritische Drehzahlen die Randbedingungen

$$\bar{\eta}'(0) = \bar{\eta}'(\bar{\beta}) = 0, \tag{132}$$

die mit (129) die Lösung

$$\frac{2}{\varrho_\varkappa}\bar{\beta} = n\pi, \qquad \varrho_\varkappa \geqq \frac{2\bar{\beta}}{n\pi} = \frac{1-2\alpha}{n\pi}, \qquad n = 0, 1, 2, \ldots$$

also wieder (123a) liefern, wobei $n = 0$ aus den oben dargelegten Gründen hin-

---

[40] Sie lautet $\bar{\eta}_1''' - \frac{u}{4}\varrho_\varkappa^4\bar{\eta}_1' = 0$. Man vgl. auch Gl. (21) in der unter Anm. [19] erwähnten Arbeit des Verfassers für fehlende Längskraft, also für $v = 0$ (Fall IV daselbst).

zugenommen werden mußte. Für gerade kritische Drehzahlen gilt wieder (131), das die Lösung (121a) oder, wenn α statt $\bar{\beta}$ eingeführt wird, (123b) ergibt.

Bei Fall 6, Abb. 11 endlich gelten sowohl für gerade, wie auch für ungerade kritische Drehzahlen die Randbedingungen (131), also wieder die Lösung (121a), wobei also auch in diesem Fall die Ergebnisse des siebenten Abschnittes bestätigt werden.

Man kann darüber hinaus sogar die Frage nach dem Scheibenhalbmesser bei jenem unsymmetrischen Fall aufwerfen, der Scheiben nur von $\xi = \alpha$ bis $\xi = \beta$ besitzt. (Abb. 35.)

Dann gelten die Randbedingungen

$$\bar{\eta}'(\alpha) = \bar{\eta}'(\beta) = 0\,. \tag{133}$$

Man findet nun aus (129) und (133): $\sin\left[\frac{2}{\varrho_\lambda}(\beta - \alpha)\right] = 0$, wenn $\varkappa$ durch λ ersetzt wird, woraus sofort

$$\varrho_\lambda \geqq \frac{2(\beta - \alpha)}{n\pi}, \qquad n = 0, 1, 2, \ldots \tag{134}$$

folgt, indem man aus den früher erörterten Gründen den Wert $n = 0$ mit einbezieht. Liegt Symmetrie vor, ist also $\beta = 1 - \alpha$, so folgt aus (134)

$$\varrho_\lambda \geqq \frac{2(1 - 2\alpha)}{n\pi}, \qquad n = 0, 1, 2, \qquad 0 < \alpha \leqq \frac{1}{2}. \tag{134a}$$

Für $n = 0, 2, 4 \ldots$ ergibt sich somit aus (134a) wieder das Ergebnis (123a), das für die ungeraden kritischen Drehzahlen des symmetrischen Falles 2, Abb. 4 gültig war, für $n = 1, 3, 5 \ldots$ wieder das Ergebnis (123b), das für die geraden kritischen Drehzahlen desselben Falles gefunden wurde. (134a) ist somit eine Zusammenfassung der Beziehungen (123a) und (123b) des Falles 2, Abb. 4, wie es in der Tat sein muß, da ja dieser Fall aus dem unsymmetrischen, auf den sich (134) bezog, hervorgegangen ist: die geradzahligen n in (134a) beziehen sich also auf die ungeraden, die ungeradzahligen n auf die geraden kritischen Drehzahlen dieses Falles.

Für volle Scheibenbesetzung $\alpha = 0$, $\beta = 1$ muß man in (134) vom Wert $n = 0$ wieder absehen und erhält dann sofort wieder (121), wie es ja für volle Scheibenbesetzung sein muß.

Nunmehr soll auch für kegelstumpfförmige Läuferformen das zugeordnete Randwertproblem gelöst werden. Führt man zu diesem Zweck (10) in (128) ein, so folgt

$$(\varrho_0 + i\,\xi)^2\,\bar{\eta}'' + 4\,i(\varrho_0 + i\,\xi)\,\bar{\eta}' + 4\,\bar{\eta} = 0\,.$$

Mittels der Substitution $\varrho_0 + i\,\xi = i\,\xi_1$, worin also $\xi_1 = \xi_0 + \xi = \frac{1}{\lambda} + \xi$ mit $\lambda = \frac{i}{\varrho_0}$ ist, folgt

$$\xi_1^2\,\bar{\eta}'' + 4\,\xi_1\,\bar{\eta}' + 4\,\frac{\bar{\eta}}{i^2} = 0\,.$$

Der Ansatz: $\bar{\eta} = \xi_1^\alpha$ liefert nun die charakteristische Gleichung $\alpha^2 + 3\,\alpha + \frac{4}{i^2} = 0$ mit den Wurzeln

$$\alpha_{1,2} = -\frac{3}{2} \pm \sqrt{\frac{9}{4} - \frac{4}{i^2}}$$

und man erkennt, daß Lösungen der ersten Randwertaufgabe, also Lösungen mit zwei Nullstellen $a \neq b$, bloß dann existieren, wenn $\alpha_{1,2}$ komplex, also

$$\frac{9}{4} - \frac{4}{i^2} < 0$$

ist, was nur dann erfüllt wird, wenn

$$|i| < \frac{4}{3} \tag{135}$$

ist. Denn wäre etwa $\frac{9}{4} - \frac{4}{i^2} > 0$, so wären α_1 und α_2 beide negativ und voneinander verschieden und $\bar{\eta} = c_1 \xi_1^{\alpha_1} + c_2 \xi_1^{\alpha_2}$ hätte nur dann in $\xi_1 = a$ eine Nullstelle, wenn $c_2 = -c_1 a^{\alpha_1 - \alpha_2}$ ist, woraus dann weiter folgt, daß $\bar{\eta} = c_1 (\xi_1^{\alpha_1} - a^{\alpha_1 - \alpha_2} \xi_1^{\alpha_2})$ außerdem in $\xi_1 = b$ nur dann verschwinden könnte, wenn $a = b$ ist, was der Voraussetzung zweier verschiedener Nullstellen ($a \neq b$) offenbar widerspricht, der dann nur durch identisches Verschwinden der Auslenkung $\bar{\eta}$ genügt werden könnte.

(135) ist ein außerordentlich merkwürdiges Ergebnis, denn es besagt, daß bei Läuferformen mit großer Steigung ($|i| > \frac{4}{3}$) die Kreiselwirkung bei synchronem Gleichlauf stets die kritischen Drehzahlen, wie groß immer auch ϱ_0 sei, zu verhindern vermag, sofern die Scheibenbesetzung wenigstens an ein Wellenende heranreicht bzw. bei höheren kritischen Drehzahlen wenigstens einen Wellenknotenpunkt überdeckt. Setzen wir somit

$$\sqrt{\frac{4}{i^2} - \frac{9}{4}} = \sqrt{\frac{4}{\lambda^2 \varrho_0^2} - \frac{9}{4}} = k, \tag{136}$$

und ferner: $\xi_1^{ki} = e^{k i l_n \xi_1} = \cos(k\, l_n\, \xi_1) + i \sin(k\, l_n\, \xi_1)$ mit i als imaginärer Einheit im Gegensatz zu dessen Bedeutung in (135) und (136), so folgt aus dem vollständigen Integral

$$\bar{\eta} = C_1 \xi^{\alpha_1} + C_2 \xi^{\alpha_2}$$

von (128) nach einigen Umformungen mit A und B als Integrationskonstanten die Lösung

$$\left.\begin{aligned} \bar{\eta} &= (\xi_0 + \xi)^{-\frac{3}{2}} [A \cos\{k\, l_n(\xi_0 + \xi)\} + B \sin\{k\, l_n(\xi_0 + \xi)\}] \\ \bar{\eta}' &= -(\xi_0 + \xi)^{-\frac{5}{2}} \Big\{ A\Big[\frac{3}{2} \cos\{k\, l_n(\xi_0 + \xi)\} + k \sin\{k\, l_n(\xi_0 + \xi)\}\Big] \\ &\quad + B\Big[\frac{3}{2} \sin\{k\, l_n(\xi_0 + \xi)\} - k \cos\{k\, l_n(\xi_0 + \xi)\}\Big]\Big\}. \end{aligned}\right\} \tag{137}$$

Es soll zunächst der unsymmetrische Fall 5, Abb. 8 untersucht werden, wobei jedoch die Scheiben bis zu beiden Lagern heranreichen sollen ($\alpha = 0, \beta = 1$). Dann gilt offenbar (130) und man findet aus (137) die einfache Lösung

$$k\, l_n (1 + \lambda) = n \pi, \qquad n = 1, 2, 3, \ldots \tag{138}$$

worin k durch (136) und λ durch $i = \lambda \varrho_0$ erklärt ist. Für partielle Scheibenbesetzung hingegen gilt (133) und damit folgt aus (137)

$$k\, l_n \frac{1 + \beta \lambda}{1 + \alpha \lambda} = n \pi, \qquad n = 0, 1, 2, \ldots \tag{138a}$$

worin sich wegen der offenbaren Analogie mit Fall 2, Abb. 4 $n = 1$ auf die zweite kritische Drehzahl bezieht, während für die erste, wie dort in Abb. 25 klargelegt wurde, wieder $n = 0$ mit einbezogen werden mußte. $n = 1$ ergab $\varrho_{W_2} = 0{,}168$ in guter Übereinstimmung mit der Näherung $\varrho_{02} = 0{,}152$ der Tabelle 14. Für $n = 0$ fand sich zwar aus (138a) mit $k = 0$ der Wert $\varrho_{W_1} = 0{,}534$, doch ist wegen (137) auch ein Anwachsen von ϱ_{W_1} bei veränderlichen Grenzen α, β über jeden endlichen Wert möglich und kann hier die Entscheidung erst durch weitergehende Berechnungen getroffen werden, weshalb in Tabelle 14 für ϱ_W keine Angabe erscheint[41].

Analoge Betrachtungen folgen für symmetrische Rotoren. Es sei zunächst die Zweiflußtrommelturbine Fall 9 bzw. 9a, Abb. 14 untersucht. Für ungerade kritische Drehzahlen und volle Scheibenbesetzung (Fall 9a) gelten die Randbedingungen:

$$\overline{\eta}'(0) = \overline{\eta}(0,5) = 0\,,$$

wenn der Ursprungspunkt $\xi = 0$ in der Mitte der Welle angenommen wird. Damit ergibt aber (137) mit Beachtung von (136) nach längerer Rechnung:

$$k\,l_n\left(1 + \frac{\lambda}{2}\right) + \operatorname{arc\,tg}\left(\frac{2}{3}k\right) = n\,\pi\,. \qquad n = 1, 2, 3, \ldots \tag{139}$$

Ist nun λ ein fest vorgegebener Wert (in den Fällen 9 und 9a der Tabelle 14 ist $\lambda = 3{,}125$), so liefert (139) die Mindestwerte ϱ_{W_1}, $\varrho_{W_3}\ldots$ der Radien an der Stelle $\xi = 0$ (Wellenmitte), die die Rotoren, deren Ergänzungskegeln auf der Drehachse dieselbe Spitze haben (Abb. 14), besitzen müssen, damit die erste, dritte ... kritische Drehzahl durch die Kreiselwirkung bei synchronem Gleichlauf verhindert werde. Da sich (139) auf volle Scheibenbesetzung bezieht, ist kein dem Fall 2, Abb. 4 und Abb. 25 analoger Ausnahmefall vorliegend und liefert daher (139) die in Tabelle 14 angegebenen Werte $\varrho_{W_1} = 0{,}234$, $\varrho_{W_3} = 0{,}116$ für $n = 1, 2$ in sehr guter Übereinstimmung mit den dort angegebenen Näherungswerten $\varrho_{01} = 0{,}229$, $\varrho_{03} = 0{,}092$, für die die strengen Werte obere Schranken darstellen.

Um (139) noch weiterhin mit bereits vorliegenden Näherungsergebnissen zu vergleichen, wurde ϱ_{W_1} noch für $\lambda = 0{,}2$ und $\lambda = 1$ aus (139) berechnet. Hierfür fand sich $\varrho_{W_1} = 0{,}573$ für $\lambda = +0{,}2$ und $\varrho_{W_1} = 0{,}410$ für $\lambda = 1$. Vergleicht man hiermit die in Tabelle 10 unter ϱ_{0G} ersichtlichen Näherungswerte $\varrho_{0G} = 0{,}573$ bzw. $\varrho_{0G} = 0{,}394$, so erkennt man die ausgezeichnete Übereinstimmung. Man erkennt somit, daß die „Grenzkurve" in Abb. 18 im ersten Quadranten die Verhältnisse mit außerordentlicher Schärfe der Annäherung richtig wiedergibt, denn auch für $\lambda = 3{,}125$ ergab Tabelle 10 den Wert $\varrho_{0G} = 0{,}203$, der dann in Tabelle 14 in zweiter Näherung zu $\varrho_{01} = 0{,}229$ verschärft wurde.

Liegt jedoch bloß teilweise Scheibenbesetzung vor (Fall 9, Abb. 14), so gelten die Randbedingungen (132) und damit ergibt (137) mit Beachtung von (136)

$$k\,l_n(1 + \lambda\,\overline{\beta}) = n\,\pi\,, \qquad n = 0, 1, 2, 3, \ldots \tag{139a}$$

worin sich $n = 1$ wieder auf die dritte kritische Drehzahl bezieht, während für die erste wieder ein dem Fall 2, Abb. 4 ähnliches Verhalten zu erwarten ist, worauf schon in Tabelle 14 das außerordentlich starke Anwachsen des Wertes ϱ_{01}^2 der zweiten Näherung gegen die Werte $\varrho_{A_1}^2$, $\varrho_{B_1}^2$, $\varrho_{C_1}^2$ der ersten hinweist[41]. Für $n = 1$ ergab (139a): $\varrho_{W_3} = 0{,}137$ in guter Übereinstimmung mit dem in Tabelle 14

[41] Eine Weiterführung, im Sinne etwa der Abb. 24 bis 26, die sich in weitreichendem Maße wieder der mitgeteilten Näherungsverfahren zu bedienen hätte, ist ohne weiteres möglich, wenn auch die numerischen Berechnungen hier gewiß mehr Mühe als bei zylindrischen Läuferformen verursachen werden.

Der mitgeteilten Schlußweise kommt übrigens — wie hier noch besonders hervorgehoben werden möge — natürlich keinesfalls die volle Evidenz eines mathematischen Existenzbeweises zu, sie führt aber, wie die gleichzeitig mitbenutzten graphischen Methoden hinsichtlich konstanter Scheibenhalbmesser bestätigend erweisen, zu brauchbaren Ergebnissen.

Auch in diesen Fällen könnte natürlich die Benutzung der ungekürzten Differentialgleichung wesentliches zur Klärung der Verhältnisse beitragen.

ersichtlichen Näherungswert $\varrho_{03} = 0{,}119$, da es sich hier ja bereits um Scheibenhalbmesser für die Verhinderung der dritten kritischen Drehzahl handelt.

Sollen nun auch die Verhältnisse für gerade kritische Drehzahlen untersucht werden, so hat man zu bedenken, daß für volle Scheibenbesetzung die (130) analogen Randbedingungen:

$$\bar{\eta}(0) = \bar{\eta}(0{,}5) = 0\,,$$

für teilweise Scheibenbesetzung jedoch die Randbedingungen (131) mit $\bar{\beta}$ statt β Geltung haben. Damit ergibt (137) mit Beachtung von (136) für volle Scheibenbesetzung

$$k\, l_n \left(1 + \frac{\lambda}{2}\right) = n\pi\,, \qquad n = 1, 2, 3, \ldots \tag{140}$$

und für teilweise ($\bar{\beta}$) Scheibenbesetzung

$$k\, l_n (1 + \lambda \bar{\beta}) - \operatorname{arc\,tg}\left(\frac{2}{3}\, k\right) = n\pi\,, \qquad n = 0, 1, 2, 3, \ldots \tag{140a}$$

worin die Verhinderung der zweiten kritischen Drehzahl durch $n = 1$ in (140), aber $n = 0$ in (140a) gekennzeichnet ist. Man findet mit $n = 1$ aus (140): $\varrho_{W_2} = 0{,}175$, welcher Wert sich zwischen den in Tabelle 14 angegebenen Werten $\varrho_{W_1} = 0{,}234$ und $\varrho_{W_3} = 0{,}116$ befindet, wie es sein muß. Die aus (139a) oder (140a) aus $n = k = 0$ folgende Lösung ϱ_{W_1} bzw. $\varrho_{W_2} = 0{,}427$ wurde aus dem oben angegebenen Grunde in Tabelle 14 nicht vermerkt. Für $n = 1$ gibt (140a) $\varrho_{W_4} = 0{,}098$, ein Wert, der mit der Näherung $\varrho_{04} = 0{,}070$ der Tabelle 14 mit Rücksicht darauf, daß es sich um die vierte kritische Drehzahl handelt, noch als gut übereinstimmend bezeichnet werden kann. Übrigens hat (140a) für $n = 0$ stets auch dann Lösungen, wenn $\frac{3}{2}\, l_n (1 + \lambda \bar{\beta}) < 1$, also $\lambda \bar{\beta} < 0{,}9478$ ist, was aber im Fall 9, Abb. 14 wegen $\lambda \bar{\beta} = 3{,}125 \cdot 0{,}33 = 1{,}03125$ nicht erfüllt ist[41].

Bemerkenswert ist ferner, daß auch bei kegelstumpfförmigen Rotoren die Ergebnisse für totale und partielle Scheibenbesetzung keinesfalls stetig ineinander übergehen, wie für symmetrische Läuferformen der Vergleich von (139) mit (139a) hinsichtlich ungerader und von (140) mit (140a) hinsichtlich gerader kritischer Drehzahlen erweist. Dasselbe erkennt man für unsymmetrische Läufer durch Vergleich von (138) mit (140a), welch letztere Formel auch für unsymmetrische Läufer gültig ist, deren Scheiben an ein Wellenende heranreichen. Sind beide Wellenenden von Scheiben frei, so gilt (138a), das ebenso eine Verallgemeinerung von (138) darstellt, wie (134) von (121) bei Scheiben konstanten Halbmessers.

Zusammenfassend kann somit behauptet werden, daß Läufer mit kegelstumpfförmiger Gestalt solchen mit zylindrischer Gestalt in den wesentlichen Eigenschaften sich völlig analog verhalten.

9. Ein Theorem von Rayleigh und seine Benutzung zur schärferen Bestimmung der zweiten kritischen Drehzahl in den unsymmetrischen Fällen.

Während nach den Ergebnissen des fünften und sechsten Abschnittes für symmetrische Fälle die beiden ersten kritischen Drehzahlen mit großer Schärfe bestimmt werden können, ist dies für die unsymmetrischen Fälle bloß hinsichtlich der ersten kritischen Drehzahl der Fall, während sich nach dem im zweiten Abschnitt entwickelten Verfahren für die zweite kritische Drehzahl oftmals bloß eine obere Schranke ermitteln läßt, die in besonders unsymmetrischen

Fällen vom wahren Wert ziemlich weit abstehen kann. Die im vierten Abschnitt hergeleitete Beziehung (50) bestimmt zwar in diesen Fällen die zweite kritische Drehzahl sehr genau, erfordert aber bedeutenden Rechenaufwand. Deshalb soll in diesem Abschnitt der Versuch unternommen werden, die zweite kritische Drehzahl der unsymmetrischen Fälle ohne Mitbestimmung der ersten, die ja nach Abschnitt 2 ohne viele Mühe sehr genau errechnet werden kann, unmittelbar zu ermitteln.

Rayleigh[42] hat gezeigt, daß für eine Reihe benachbarter konkurrenzfähiger Funktionen die nach seinen Angaben zu ermittelnden Eigenwerte einen extremen Wert besitzen, der dann erreicht ist, wenn unter den gewählten Bettungsfunktionen eben gerade die Eigenfunktion des betreffenden Randwertptoblems herausgegriffen wird, und er hat insbesondere gezeigt, daß dieses Extremum hinsichtlich des ersten Eigenwertes ein Minimum ist[43]. Hinsichtlich des zweiten Eigenwertes aber ist es für die hier vorkommenden Probleme ein sehr ausgesprochenes Max.-Min.[43], und um sich ihm rasch zu nähern, müssen die Bettungsfunktionen, die also die zweite Eigenfunktion unseres Randwertproblems annähern sollen, entsprechend günstig ausgewählt werden. Um ihre Mannigfaltigkeit entsprechend einzuengen, wollen wir — außer der selbstverständlichen Forderung der Erfüllung der Randbedingungen — noch festsetzen, daß sie bloß noch von einem weiteren Parameter δ abhängig sein sollen. Um ihnen, sowie diesem Parameter ferner eine besonders anschauliche Deutung zu geben, möge δ einfach die Abszisse ξ des Schnittpunktes der verzerrten Wellenform mit der unverzerrten bedeuten; ein solcher Schnittpunkt innerhalb der Wellenenden existiert ja für die zweite kritische Drehzahl stets, so daß also δ durch den Bereich $0 < \delta < 1$ festgelegt ist.

Wir fordern somit für die Bettungsfunktion η, also für die Näherungsfunktion der verzerrten Wellenform der zweiten kritischen Drehzahl die Bedingungen

$$\eta(0) = \eta''(0) = \eta(\delta) = \eta(1) = \eta''(1) = 0. \tag{141}$$

Denselben genügt mit den abkürzenden Bezeichnungen z der Ansatz

$$\left.\begin{aligned} &\eta = -z_1\xi + z_3\xi^3 - z_4\xi^4 + z_5\xi^5,\\ &\text{worin ist:}\\ &z_1 = 4\delta^2 - 7\delta^3 + 3\delta^4, \quad z_3 = 4 - 10\delta^3 + 6\delta^4, \quad z_4 = 7 - 10\delta^2 + 3\delta^4,\\ &z_5 = 3 - 6\delta^2 + 3\delta^3. \end{aligned}\right\} \tag{142}$$

Ist nun γ_n wieder durch (15) definiert und führen wir weiterhin die bequemen und leicht verständlichen Abkürzungen

---

[42] Theory of sound Vol. I S. 110, 112, London 1894; man vgl. auch A. Stodola: Dampfturbinen, S. 391.

[43] Man vgl. hierzu auch A. Stodola: Dampfturbinen, S. 914—916. Ganz analog, wie im folgenden dargelegt ist, verfährt übrigens auch K. Federhofer in seiner bemerkenswerten Arbeit: Grundschwingzahlen der elastischen Querschwingungen dreifach gelagerter Träger. Bautechn. 1933 Heft 47, wobei die wandernde Mittelstütze jeweils einen Schwingungsknoten erzwingt. Man vgl. insbesondere die Abb. 1 dieser Arbeit mit den Abb. 27 und 28 der vorliegenden Untersuchung. Eine sehr klare Darstellung der Max.-Min.-Eigenschaft des zweiten Eigenwertes findet man in der auch sonst sehr lesenswerten Arbeit von K. Hohenemser: Beitrag zur Dynamik des elastischen Stabes mit Anwendung auf den Propeller. Z. Flugtechn. Motorluftsch. Bd. 23 (1932) S. 37. Dort findet sich auch eine schöne Ableitung des Rayleighschen Satzes. Daß die n-te Oberschwingung eines Stabes immer n Knotenpunkte besitzt, ist erwiesen durch eine Arbeit von K. Hohenemser und W. Prager: Über die Anzahl der Knotenpunkte bei erzwungenen und freien Stabschwingungen. Z. angew. Math. Mech. Bd. 11 (1931) S. 92. Man vgl. auch die in [23] erwähnte Arbeit von K. Hohenemser, insbes. die Abschnitte 6 bis 8, sowie R. v. Mises und Pollaczek-Geiringer: Praktische Verfahren der Gleichungsauflösung. Z. angew. Math. Mech. Bd. 9 (1929) S. 58 und S. 152, insbesondere S. 156. Man vgl. auch K. Hohenemser und W. Prager: Dynamik der Stabwerke, III, 16: Obertöne, S. 216, insbes. Abb. 96, S. 220. Berlin 1933.

$$\left.\begin{aligned} \Gamma_n &= \gamma_n \cdot i^2 + \gamma_{n-1} \cdot 2\, i\, \varrho_0 + \gamma_{n-2} \cdot \varrho_0^2 \\ K_n &= \gamma_n \cdot i^4 + \gamma_{n-1} \cdot 4\, i^3 \varrho_0 + \gamma_{n-2} \cdot 6\, i^2 \varrho_0^2 + \gamma_{n-3} \cdot 4\, i\, \varrho_0^3 + \gamma_{n-4} \cdot \varrho_0^4 \end{aligned}\right\} \quad (143)$$

ein, so ergibt, wenn auch die Kreiselwirkung sogleich mit berücksichtigt werden soll, die Einführung von (142) in (79a) bei synchroner Präzession im Gleichlauf — und analog im Gegenlauf — wieder die Lösung (81) mit (82), worin aber jetzt bedeutet

$$\left.\begin{aligned} F_A &= \frac{400}{7} z_5^2 - 80\, z_4 z_5 + 28{,}8\, z_4^2 + 48\, z_3 z_5 - 36\, z_3 z_4 + 12\, z_3^2 \\ A &= z_5^2 \Gamma_{13} - 2\, z_4 z_5 \Gamma_{12} + (z_4^2 + 2\, z_3 z_5)\, \Gamma_{11} - 2\, z_3 z_4 \Gamma_{10} + (z_3^2 - 2\, z_1 z_5)\, \Gamma_9 \\ &\quad + 2\, z_1 z_4 \Gamma_8 - 2\, z_1 z_3 \Gamma_7 + z_1^2 \Gamma_5 \\ K_A &= 25\, z_5^2 K_{13} - 40\, z_4 z_5 K_{12} + (16\, z_4^2 + 30\, z_3 z_5)\, K_{11} - 24\, z_3 z_4 K_{10} \\ &\quad + (9\, z_3^2 - 10\, z_1 z_5)\, K_9 + 8\, z_1 z_4 K_8 - 6\, z_1 z_3 K_7 + z_1^2 K_5 \end{aligned}\right\} \quad (144)$$

Die Läuferform (bzw. jene Größen, von denen sie abhängt, nämlich ϱ_0, i, α, β und damit γ) ist in Γ_n und K_n in (143) dargestellt, während der Parameter δ der Bettungsfunktion gemäß (142) nur in den Größen z und deren Verbindungen erscheint. Sind nun, wie es in Tabelle 15 geschehen ist, die Funktionen z und ferner alle jene ihrer Verbindungen, die nach (144) benötigt werden, tabellarisch berechnet [43*], so ist es leicht, die kritische Drehzahl u_A für fehlende Kreiselwirkung nach (16) bzw. u'_A und u''_A für synchronen Gleich- bzw. Gegenlauf nach (81) mittels (144) zu berechnen. Dabei ergeben sich natürlich verschiedene Werte u für verschiedene Parameterwerte δ. Sie besitzen jedoch ein ausgeprägtes Maximum für einen gewissen Wert von δ und stellen dann eben die Näherung u_2 für die zweite kritische Drehzahl dar. Die Werte F_A, die man nach (16) und (81) zur Berechnung von u, u', u'' benötigt, sind in der letzten Kolonne der Tabelle 15 angegeben.

Tabelle 15. Die Werte der Funktionen z in (142), sowie der Funktion F_A in (144) für die angegebenen Werte von δ.

δ	z_1	z_3	z_4	z_5	F_A	δ
0	0	4	7	3	5,485714	0
0,05	0,009144	3,998787	6,975019	2,985375	5,389171	0,05
0,1	0,0333	3,9906	6,9003	2,943	5,127783	0,1
0,15	0,067894	3,969287	6,776519	2,875125	4,748378	0,15
0,2	0,1088	3,9296	6,6048	2,784	4,296409	0,2
0,25	0,152344	3,867187	6,386719	2,671875	3,811468	0,25
0,3	0,1953	3,7786	6,1243	2,541	3,324618	0,3
0,33	0,219619	3,711785	5,946578	2,454411	3,040961	0,33
0,35	0,234894	3,661287	5,820019	2,393625	2,857498	0,35
0,4	0,2688	3,5136	5,4768	2,232	2,423401	0,4
0,45	0,295144	3,334787	5,098019	2,058375	2,028635	0,45
0,5	0,3125	3,125	4,6875	1,875	1,674088	0,5
0,55	0,319894	2,885287	4,249519	1,684125	1,358018	0,55
0,6	0,3168	2,6176	3,7888	1,488	1,077109	0,6
0,65	0,303144	2,324787	3,310519	1,288875	0,828563	0,65
0,67	0,294793	2,201437	3,115534	1,208889	0,737708	0,67
0,7	0,2793	2,0106	2,8203	1,089	0,610596	0,7
0,75	0,246094	1,679687	2,324219	0,890625	0,423470	0,75
0,8	0,2048	1,3376	1,8288	0,696	0,268515	0,8
0,85	0,157144	0,990787	1,341019	0,507375	0,147868	0,85
0,9	0,1053	0,6466	0,8683	0,327	0,063305	0,9
0,95	0,051894	0,313287	0,418519	0,157125	0,014869	0,95
1	0	0	0	0	0	1

[43*] Die letzteren können vom Verfasser bezogen werden.

In Tabelle 15 sind die oben erwähnten Funktionen für dieselben Werte von δ berechnet wie die Argumentwerte in Tabelle 1, d. h. im allgemeinen für um 0,05 fortschreitende Werte. Außerdem sind auch die Werte $\delta = 0{,}33$ und 0,67 mit aufgenommen worden. Die Bestimmung auf sechs Dezimalen ist, wie man sehen wird, im allgemeinen ausreichend.

Um die praktische Brauchbarkeit der Tabelle 15 darzutun, wurden in Tabelle 16 zunächst Fall 1, Abb. 3, ferner Fall 3, Abb. 6 mit $\beta = 0{,}75$, $\varrho_0 = 0{,}3$ und schließlich der kegelförmige Fall 4, Abb. 7 mit $i = 0{,}3$ für die in Tabelle 16 ersichtlichen Werte von δ berechnet, und zwar Fall 1 bloß für fehlende Kreiselwirkung, Fall 3 und 4 außerdem noch für synchronen Gleich- und Gegenlauf.

Tabelle 16. Die nach (142) und (144) berechneten zweiten kritischen Drehzahlen der Fälle 1, 3 und 4 für die angegebenen Werte von δ.

δ	Fall 1, Abb. 3	Fall 3, Abb. 6, $\varrho_0=0{,}3$, $\beta=0{,}75$			Fall 4, Abb. 7, $i = 0{,}3$			δ
	ohne Kr. $u_2\varrho_0^2$	ohne Kr. $u_2\varrho_0^2$	Gleichl. $u_2'\varrho_0^2$	Gegenl. $u_2''\varrho_0^2$	ohne Kr. $u_2 i^2$	Gleichl. $u_2' i^2$	Gegenl. $u_2'' i^2$	
0,2	503	696	884	425				0,2
0,25	599	850	1143	481				0,25
0,3	738	1084	1614	546				0,3
0,35	938	1425	2577	609				0,35
0,4	1199	1857	4926	647	2543	5508	972	0,4
0,45	1464	2198	11659	640				0,45
0,5	1584	2149	19695	585	4895	14187	1653	0,5
0,55	1462	1750	9841	505				0,55
0,6	1198	1309	4308	424	7805	19584	2776	0,6
0,65	938	971	2321	354	7332	13152	3162	0,65
0,7	738	746	1482	300	6106	8723	3197	0,7
0,75	598	600	1064	260	4812	6137	2920	0,75
0,8					3836	4630	2533	0,8
0,85					3215	3996	2096	0,85
0,9					2638	3015	1862	0,9

Man entnimmt zunächst der Tabelle 16 für Fall 1, Abb. 3, daß das Maximum $u_2\varrho_0^2$ gerade für $\delta = 0{,}5$ stattfindet, wie es ja für diesen symmetrischen Fall nicht anders zu erwarten ist; auch der Maximalwert 1584 stimmt gut mit dem strenge gültigen Wert 1558,54 der Tabelle 6 überein. Der Auf- und Abstieg vor und hinter dem Maximum erfolgt in Tabelle 16 nahezu symmetrisch.

Bei Fall 3, Abb. 6 liegt für fehlende Kreiselwirkung nach Tabelle 16 der Maximalwert 2198 bei $\delta = 0{,}45$; um seine Lage schärfer zu erhalten, müßte Tabelle 15 ebenso wie Tabelle 1 für kleinere Argumentschritte berechnet werden, doch gelingt dies auch auf graphischem Wege und deshalb sind in Abb. 27 die Werte der Tabelle 16 als Ordinaten in dem links unten in Abb. 27 angegebenen Maßstab aufgetragen worden, während δ als Abszisse erscheint. Für fehlende Kreiselwirkung (*O.K.* in Abb. 27 bezeichnet) ist so die dick ausgezogene Kurve gewonnen worden und man erkennt, daß das Maximum ungefähr $u_2\varrho_0^2 \doteq 2250$ beträgt. Die Bezeichnung (*1*) soll auf die in Tabelle 15 und 16 behandelte erste Annäherung sich beziehen, während analog (*2*) die in den Tabellen 17 und 18 berechnete zweite Annäherung bedeutet. Die Übereinstimmung mit dem strengen Wert $u_{W_2}\varrho_0^2 = 2060{,}89$ der Tabelle 2 ist befriedigend.

Ganz analog ist die strichpunktierte Kurve für synchronen Gleich- und die strichlierte Kurve für synchronen Gegenlauf in Abb. 27 aus Tabelle 16 konstruiert worden, wobei wieder die links unten in Abb. 27 angegebenen Maßstäbe bezügliche Gültigkeit haben. Das Maximum für Gleichlauf, in Abb. 27 mit

Gl. 19700 (*1*) bezeichnet, stimmt sehr gut mit dem bezüglichen Näherungswert 19781,5 der Tabelle 7 überein. Für Gegenlauf entnimmt man der Abb. 27 den ungefähren Wert $u_2'' \varrho_0^2 \doteq 650$ in guter Übereinstimmung mit dem bezüglichen Näherungswert 650,79 der Tabelle 7.

Man entnimmt analog für den Fall 4, Abb. 7 des Kegels die Werte der Tabelle 16 und in Abb. 28 sind bei der gleichen Art der Bezeichnungsweise wie in Abb. 27 die zugehörigen Kurven aufgetragen worden. Für fehlende Kreiselwirkung stimmen der so gewonnene Näherungswert $u_2 i^2 \doteq 7800$ gut mit dem bezüglichen Wert 7840,33 der Tabelle 2, für vorhandene Kreiselwirkung die Werte $u_2' i^2 \doteq 19600$ und $u_2'' i^2 \doteq 3200$ ebenfalls befriedigend mit den bezüglichen Näherungswerten 21184,3 bzw. 3242,4 der Tabelle 7 überein.

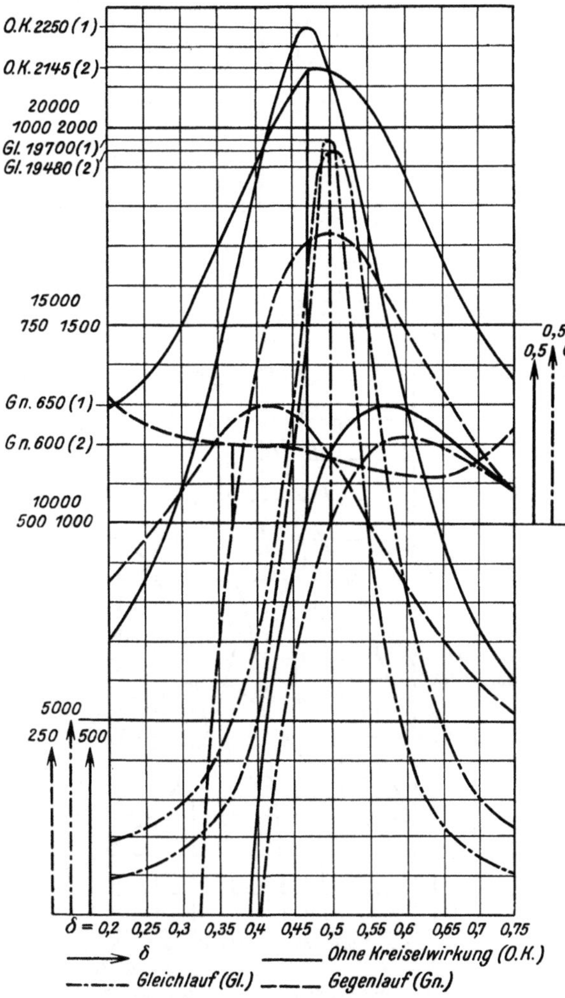

Abb. 27. Die zweiten kritischen Drehzahlen für fehlende Kreiselwirkung, sowie synchrone Präzession im Gleich- und Gegenlauf, ferner die in den eckigen Klammern von (149) und (149a) stehenden Faktoren (*C*-Kurven) im Falle 3, Abb. 6 ($\alpha = 0$, $\beta = 0{,}75$, $\varrho_0 = 0{,}3$) in ihrer Abhängigkeit von δ.

Wie bereits im siebenten Abschnitt nach (121a) gezeigt wurde, ist die in Tabelle 7 und ebenso in der Abb. 27 ersichtliche große Erhöhung der zweiten kritischen Drehzahl $u_2' \varrho_0^2$ bei synchronem Gleichlauf bei Fall 3, Abb. 6 dadurch erklärt, daß der gewählte Wert $\varrho_0 = 0{,}3$ dem kritischen Wert $\varrho_0 = 0{,}318$, der zur Verhinderung der zweiten kritischen Drehzahl überschritten werden müßte, sehr nahe kommt.

Viel schwieriger ist diese Beurteilung für Fall 4, Abb. 7, da die Ergebnisse des achten Abschnittes hier nicht ohne weiteres angewendet werden können. Näherungsweise aber findet man aus (125a)

$$i_A^2 = 0{,}3971\,, \qquad i_B^2 = 0{,}3877\,, \qquad i_C^2 = 0{,}3783$$

und aus (126a) $i_1^2 = 0{,}700$, $i_2^2 = 0{,}133$, also $i_1 \geqq 0{,}837$ bei Verhinderung der ersten und $i_2 \geqq 0{,}364$ bei Verhinderung der zweiten kritischen Drehzahl, welch letzterer Wert dem gewählten $i = 0{,}3$ bereits ziemlich nahe kommt, was auch durch die große Erhöhung der zweiten kritischen Drehzahl $u_2' \varrho_0^2$ bei synchronem Gleichlauf in Tabelle 7 und in der Abb. 28, sowie durch den großen Unterschied der oben berechneten zweiten Näherung i_1^2 gegen i_A^2, i_B^2, i_C^2 zum Ausdruck kommt.

Die berechneten Beispiele haben zunächst gezeigt, daß man mittels des Ansatzes (142) die zweite kritische Drehzahl unabhängig von der ersten kritischen Drehzahl in den unsymmetrischen Fällen mittels der vorliegenden Tabelle 15 berechnen kann. Gleich hier möge bemerkt werden, daß man diese Berechnung keinesfalls für so viele Werte von δ durchführen muß, wie sie in Tabelle **16** angenommen wurden; man wird im Gegenteil oftmals die ungefähre Lage des Knotenpunktes schon aus der Massenverteilung erschließen können und braucht dann bloß für ca. drei Nachbarwerte von δ die Berechnung durchführen, um das Maximum zu erhalten, auf das es ja allein ankommt. Dadurch ist eine sehr rasche Abwicklung der Rechnung nach Tabelle **15** gewährleistet. Diesem Vorteil steht aber der Nachteil gegenüber, daß die Genauigkeit der Rechenergebnisse nicht wesentlich über jenen liegt, die bereits nach dem früher angegebenen Verfahren in Tabelle **2** und **7** erzielt wurden.

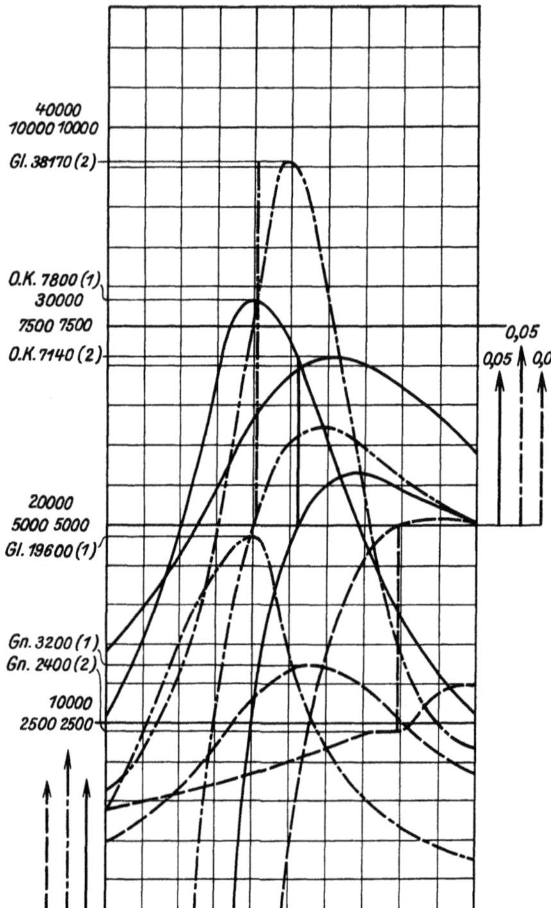

Abb. 28. Die zweiten kritischen Drehzahlen für fehlende Kreiselwirkung, sowie synchrone Präzession im Gleich- und Gegenlauf, ferner die in den eckigen Klammern von (150) und (150 a) stehenden Faktoren (C-Kurven) im Fall 4, Abb. 7 ($\alpha = 0$, $\beta = 1$, $i = 0{,}3$) in ihrer Abhängigkeit von δ.

Der Grund dafür liegt darin, daß (**142**) bloß jene Randbedingungen erfüllt, die im früheren Verfahren auch bereits gefordert und erfüllt wurden bis auf die Bedingung $\eta(\delta) = 0$, die notwendig ist, um überhaupt die zweite kritische Drehzahl anzunähern. Man könnte allerdings noch einen zweiten Ansatz neben (**142**) und daher (**144**) einführen und dann wie früher zu einer besseren Näherung vordringen. Die Rechnung erwiese sich aber als außerordentlich umständlich und man kann im allgemeinen wesentlich rascher die Ergebnisse nach (**144**) verbessern, wenn man zu (**141**) noch eine Bedingung mit hinzunimmt, nämlich die, daß neben $\eta(\delta) = 0$ auch $\eta''(\delta) = 0$ sein soll, da ja meistens die verzerrte Welle im Knotenpunkt oder in dessen Nähe eine Wendetangente besitzt. Wie man leicht zeigt, ist diese Bedingung durch den Ansatz (**142**) bloß für $\delta = 0{,}5$ erfüllt, so daß also in diesem Falle auch nach Tabelle **15** sich sehr gute Annäherungen ergeben werden, wie auch Abb. **27** für Gleichlauf zeigt. Je weiter aber die Stelle des Maximums von der Wellenmitte abrückt, desto ungenauer werden auch die Ergebnisse. Wir fordern somit statt (**141**) die Erfüllung der Bedingungen

$$\eta(0) = \eta''(0) = \eta(\delta) = \eta''(\delta) = \eta(1) = \eta''(1) = 0. \tag{145}$$

Wie man sich leicht überzeugt, genügen (145) etwa die folgenden Ansätze

$$\eta = (5\delta^3 - 11\delta^4 + 5\delta^5)\,\xi - 10\,(\delta - \delta^2 - \delta^3 - \delta^4 + \delta^5)\,\xi^3 + 5\,(1 + 2\delta - 5\delta^2 - 5\delta^3 + 2\delta^4 + \delta^5)\,\xi^4 - 3\,(3 - 2\delta - 7\delta^2 - 2\delta^3 + 3\delta^4)\,\xi^5 + 2\,(2 - 3\delta - 3\delta^2 + 2\delta^3)\,\xi^6$$

oder

$$\begin{aligned}\eta = {} & 2\,(7\delta^4 - 15\delta^5 + 15\delta^7 - 7\delta^8)\,\xi - 5\,(4\delta^2 - 7\delta^3 + 7\delta^7 - 4\delta^8)\,\xi^3 \\ & + 6\,(1 + \delta + \delta^2 - 14\delta^3 + 14\delta^5 - \delta^6 - \delta^7 - \delta^8)\,\xi^5 \\ & - (11 + 11\delta - 49\delta^2 - 49\delta^3 + 49\delta^4 + 49\delta^5 - 11\delta^6 - 11\delta^7)\,\xi^6 \\ & + 5\,(1 + \delta - 7\delta^2 + 7\delta^4 - \delta^5 - \delta^6)\,\xi^7 .\end{aligned}$$

Trotzdem eignen sich diese Ansätze und auch die meisten weiteren dieser Art, die wegen der vielen Bedingungen (145) durchwegs höhere Potenzen von ξ erheischen, nicht zur weiteren Berechnung, denn es zeigt sich, daß sie fast durchwegs neben der Erfüllung von (145) für gewisse Werte von δ noch einen weiteren Schnittpunkt mit der ξ-Achse besitzen und also von einem gewissen δ an die mit ihnen erhaltenen Ergebnisse die dritte kritische Drehzahl approximieren und dieser mißliche Umstand wird eben durch die höheren Potenzen von ξ in diesen Ansätzen herbeigeführt.

Es ist also nötig, Ansätze zu finden, die zwar (145) erfüllen, dennoch aber für kein δ irgendwelche weiteren Schnittpunkte mit der ξ-Achse aufweisen. Am einfachsten gelangt man dazu durch Zerlegung des Gesamtintervalles in zwei Teile η_1 und η_2, wobei also: $0 \leqq \xi \leqq \delta$ im ersten und $\delta \leqq \xi \leqq 1$ im zweiten Teilintervall sein soll.

Dann gelten statt (145) für η_1 und η_2 die folgenden Randbedingungen

$$\eta_1(0) = \eta_1''(0) = \eta_1(\delta) = \eta_1''(\delta) = 0, \tag{145a}$$

$$\eta_2(\delta) = \eta_2''(\delta) = \eta_2(1) = \eta_2''(1) = 0, \tag{145b}$$

$$\eta_1'(\delta) = \eta_2'(\delta). \tag{145c}$$

Während (145a) und (145b) aus (145) durch die Intervallzerlegung folgt, muß (145c) deshalb gefordert werden, damit die Welle in ihrer verzerrten Form im Knotenpunkt keinen Knick aufweise. (145a) bis (145c) genügen die Ansätze

$$\left.\begin{aligned} \eta_1 &= (1 - \delta)^3 (7\delta^4\xi - 10\delta^2\xi^3 + 3\xi^5) \\ \eta_2 &= 8\delta^4 (z_0 - z_1\xi - z_2\xi^2 + z_3\xi^3 - \xi^4), \\ &\text{worin ist} \\ z_0 = \delta - 3\delta^2 + \delta^3, \quad & z_1 = 1 - 3\delta - 3\delta^2 + \delta^3, \quad z_2 = 6\delta, \quad z_3 = 2(1 + \delta). \end{aligned}\right\} \tag{146}$$

Führt man (146) wieder in (79a) ein, so erhält man

$$\left.\begin{aligned} F_A &= \frac{1920}{7}(1 - \delta)^6\delta^7 + \frac{1536}{5}(1 - \delta)^5\delta^8 = F_{A_1} + F_{A_2} \\ A_1 &= (1 - \delta)^6 [9\Gamma_{13} - 60\delta^2\Gamma_{11} + 142\delta^4\Gamma_9 - 140\delta^6\Gamma_7 + 49\delta^8\Gamma_5] \\ A_2 &= 64\delta^8 [\Gamma_{11} - 2z_3\Gamma_{10} + (z_3^2 + 2z_2)\Gamma_9 + (2z_1 - 2z_2z_3)\Gamma_8 \\ &\quad + (z_2^2 - 2z_0 - 2z_1z_3)\Gamma_7 + (2z_0z_3 + 2z_1z_2)\Gamma_6 + (z_1^2 - 2z_0z_2)\Gamma_5 \\ &\quad - 2z_0z_1\Gamma_4 + z_0^2\Gamma_3] \\ K_{A_1} &= (1 - \delta)^6 [225K_{13} - 900\delta^2K_{11} + 1110\delta^4K_9 - 420\delta^6K_7 + 49\delta^8K_5] \\ K_{A_2} &= 64\delta^8 [16K_{11} - 24z_3K_{10} + (9z_3^2 + 16z_2)K_9 - (12z_2z_3 - 8z_1)K_8 \\ &\quad + (4z_2^2 - 6z_1z_3)K_7 + 4z_1z_2K_6 + z_1^2K_5] \end{aligned}\right\} \tag{147}$$

In (147) bezieht sich F_{A_1}, A_1, K_{A_1} auf das erste Teilintervall, F_{A_2}, A_2, K_{A_2} auf das zweite Teilintervall. Γ_n und K_n sind hierbei wieder durch (143) definiert, doch muß γ_n nach (15) im ersten und zweiten Teilintervall mit Vorsicht berechnet werden. Ist z. B. die Welle nur von $\xi = \alpha$ bis $\xi = \beta$ mit Scheiben besetzt und δ so gewählt worden, daß $0 < \alpha < \delta < \beta < 1$ ist, so ist im ersten Teilintervall $\gamma_n = \frac{\delta^n - \alpha^n}{n}$, im zweiten Teilintervall jedoch $\gamma_n = \frac{\beta^n - \delta^n}{n}$, worauf in jedem Falle besonders geachtet werden muß. Im Gegensatz zu (144) tritt somit in unserem Fall der Parameter δ der Bettungsfunktion außer in den von δ abhängigen Koeffizienten in (147) auch noch in den Größen Γ_n und K_n auf. Wird nun in (147) $F_A = F_{A_1} + F_{A_2}$ und analog $A = A_1 + A_2$, $K_A = K_{A_1} + K_{A_2}$ gesetzt, so kann wieder die zweite kritische Drehzahl für fehlende Kreiselwirkung nach (16), für vorhandene Kreiselwirkung aber nach (81) ermittelt werden.

Tabelle 17. Die Werte der Funktionen z in (146), sowie der Funktion F_A in (147) für die angegebenen Werte von δ.

δ	z_0	z_1	z_2	z_3	F_A	δ
0	0	1	0	2	0	0
0,05	0,042625	0,842625	0,3	2,1	0	0,05
0,1	0,071	0,671	0,6	2,2	0,000016	0,1
0,15	0,085875	0,485875	0,9	2,3	0,000212	0,15
0,2	0,088	0,288	1,2	2,4	0,001178	0,2
0,25	0,078125	0,078125	1,5	2,5	0,004092	0,25
0,3	0,057	−0,143	1,8	2,6	0,010445	0,3
0,33	0,039237	−0,280763	1,98	2,66	0,016407	0,33
0,35	0,025375	−0,374625	2,1	2,7	0,021336	0,35
0,4	−0,016	−0,616	2,4	2,8	0,036622	0,4
0,45	−0,066375	−0,866375	2,7	2,9	0,054368	0,45
0,5	−0,125	−1,125	3	3	0,070982	0,5
0,55	−0,191125	−1,391125	3,3	3,1	0,082141	0,55
0,6	−0,264	−1,664	3,6	3,2	0,084286	0,6
0,65	−0,342875	−1,942875	3,9	3,3	0,076130	0,65
0,67	−0,375937	−2,055937	4,02	3,34	0,070288	0,67
0,7	−0,427	−2,227	4,2	3,4	0,059501	0,7
0,75	−0,515625	−2,515625	4,5	3,5	0,038973	0,75
0,8	−0,608	−2,808	4,8	3,6	0,020174	0,8
0,85	−0,703375	−3,103375	5,1	3,7	0,007358	0,85
0,9	−0,801	−3,401	5,4	3,8	0,001454	0,9
0,95	−0,900125	−3,700125	5,7	3,9	0,000067	0,95
1	−1	−4	6	4	0	1

In Tabelle 17 sind nun für dieselben Werte von δ wie in den Tabellen 1 und 15 die in (146) angegebenen Funktionen z, sowie die Funktion F_A in (147) berechnet worden. Liegen auch die anderen nach (147) benötigten Verbindungen von z tabellarisch vor[43*], so können die Berechnungen ziemlich rasch durchgeführt werden.

In Tabelle 18 ist diese Berechnung wieder für die oben bereits behandelten zwei Fälle durchgeführt worden, wobei wieder viel mehr Werte δ, als nötig, ausgewählt wurden. In den Abb. 27 und 28 sind die aus Tabelle 18 gewonnenen Ergebnisse unter Beibehaltung der bereits erwähnten und dort angegebenen Bezeichnungsweise im gleichen Maßstabe, wie er bei der ersten Näherung schon benutzt wurde, aufgetragen worden. Die Maximalwerte sind jetzt durch ein beigefügtes (2) gekennzeichnet und der Größe nach angegeben worden, wobei wieder das Zeichen *O.K.* auf fehlende Kreiselwirkung, das Zeichen *Gl.* auf synchronen Gleich-, *Gn.* auf synchronen Gegenlauf hinweist.

Tabelle 18. Die nach (146) und (147) berechneten zweiten kritischen Drehzahlen der Fälle 3 und 4 für die angegebenen Werte von δ.

δ	Fall 3, Abb. 6, $\varrho_0 = 0{,}3$, $\beta = 0{,}75$			Fall 4, Abb. 7, $i = 0{,}3$			δ
	ohne Kr. $u_2 \varrho_0^2$	Gleichl. $u_2' \varrho_0^2$	Gegenl. $u_2'' \varrho_0^2$	ohne Kr. $u_2 i^2$	Gleichl. $u_2' i^2$	Gegenl. $u_2'' i^2$	
0,2	1286	1867	665				0,2
0,25	1358	2219	627				0,25
0,3	1500	2920	610				0,3
0,35	1695	4281	603				0,35
0,4	1908	7068	598	3420	6443	1421	0,4
0,45	2081	12816	592				0,45
0,5	2141	19479	583	4650	12522	1611	0,5
0,55	2061	15415	573				0,55
0,6	1880	8463	564	6337	30496	1877	0,6
0,65	1669	4830	563	6967	38168	2018	0,65
0,7	1485	3103	579	7134	31300	2151	0,7
0,75	1364	2259	623	7069	21552	2344	0,75
0,8				6213	13162	2405	0,8
0,85							0,85
0,9				5896	8761	2976	0,9

Es fanden fast durchwegs Verminderungen der erst erhaltenen Werte statt und der Unterschied ist im allgemeinen dort größer, wo δ für den Maximalwert der ersten Näherung mehr vom Wellenmittelpunkt $\delta = 0{,}5$ abweicht. Eine Ausnahme macht beim Kegel in Abb. 28 nur der Maximalwert bei synchronem Gleichlauf, der bei der Näherung nach (147) fast doppelt so hoch ausfiel als bei der nach (144), wobei der nach dem Ritzschen Näherungsverfahren erhaltene und in Tabelle 7 vermerkte Wert $u_2' \varrho_0^2 = 21184{,}3$ weit überschritten wurde, während sonst gewöhnlich die Ritzschen Werte auch für die zweiten kritischen Drehzahlen höher liegen als die anderweitig ermittelten strengeren Lösungen. Dieses Verhalten ist wohl durch den Einfluß der Kreiselwirkung der Laufscheiben bedingt und gerade wegen dieses eigenartigen Verhaltens wurde der praktisch übrigens bedeutungslose Fall 4, Abb. 7 hier eingehender behandelt. Es ergibt sich somit für Fall 4, Abb. 7 bei synchronem Gleichlauf im Gegensatz zu den anderen Fällen, daß trotz der Mitbeachtung der Bedingung $\eta''(\delta) = 0$ sich eine bedeutend schlechtere Annäherung errechnen ließ, als im Falle ihrer Außerachtlassung, wobei natürlich der niedrigere der beiden so erhaltenen Näherungswerte die bessere Annäherung darstellt[43**].

Ein eigenartiges Verhalten zeigen ferner nach der verschärften Gleichung (147) für beide betrachteten Fälle die Kurven für synchrone Präzession im Gegenlauf. Neben einem ausgeprägten Minimum in Abb. 27 erscheint ein Kurvenstück mit fast konstanter Ordinate, das auch in Abb. 28 bei fehlendem Minimum wieder erscheint. Offenbar rücken in diesem Kurvenstück ein sehr wenig ausgeprägtes Maximum und ein ebensolches Minimum zusammen. Man wird in Analogie zu den ausgeprägten Maximis für Gleichlauf und fehlende Kreiselwirkung vermuten, daß auch bei Gegenlauf dieses sehr wenig ausgeprägte Maximum die kritische Drehzahl ergibt. Um dies zu zeigen und gleichzeitig auch die Maxima

[43**] Es wurde schon oben erwiesen, daß in diesem Falle die Kreiselwirkung der noch dazu im Durchmesser stark veränderlichen Laufscheiben die zweite kritische Drehzahl bei synchronem Gleichlauf nahezu verhindert und in solchen Ausnahmsfällen kann es wohl geschehen, daß trotz der Hinzunahme einer neuen Bedingung $\eta''(\delta) = 0$ eine schlechtere Näherung an die zweite Eigenfunktion zustande kommt, da hier eben der Wendepunkt offenbar nicht in die Nähe des Knotenpunktes fällt. In den meisten Fällen wird man aber durch (147) eine Verschärfung der Eigenwerte gegenüber (144) erzielen.

in den anderen Fällen als die Annäherungen an die zweiten kritischen Drehzahlen zu erweisen, werde angenommen, daß die Welle in ihrem Knotenpunkte durch ein Lager festgehalten werde. Zu jeder Lage des Knotenpunktes δ, die vorgeschrieben werden möge, wird nun ein Lagerdruck in diesem hypothetischen Lager gehören, mit dessen Hilfe eben erzwungen wird, daß die Welle gerade an der Stelle $\xi = \delta$ einen Knoten hat. Dieser Lagerdruck erscheint somit als Funktion von δ und wo er Null ist, wird die Welle auch ohne Lager und Zwangskraft einen Knoten besitzen können, wie es ja beim freien Umlauf bei der zweiten kritischen Drehzahl in der Tat der Fall ist. Durch diese Betrachtung kann man den Ort des Knotenpunktes ziemlich genau festlegen und nachträglich mit dem der ausgeprägten Maxima vergleichen. Insbesondere folgt für synchronen Gegenlauf in der Tat auf diesem Wege die Bestätigung obiger Vermutung, wie nun bei der verschärften Näherung nach (147) gezeigt werden soll.

Betrachten wir nach Abb. 29 die verzerrte elastische Wellenmittellinie, so bedeute y_1 die Auslenkungsfunktion im ersten Teilintervall $0 \leqq x \leqq d$, y_2 diejenige im zweiten Teilintervall $d \leqq x \leqq l$, wobei d die Abszisse des Durchschnittspunktes der Wellenachse mit ihrer unverzerrten Form, also des erzwungenen bzw. freien Knotens bedeute. (Punkt C in Abb. 29.) Sind A und B die Wellenenden, so mögen auch A, B, C die in diesen drei Punkten auftretenden Lagerreaktionen bedeuten.

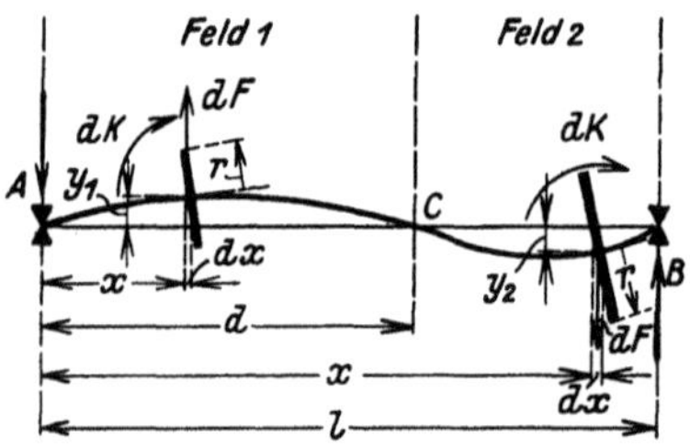

Abb. 29. Die Verzerrung der Wellenmittellinie bei der zweiten kritischen Drehzahl bei synchroner Präzession im Gleichlauf.

Setzen wir zunächst synchrone Präzession im Gleichlauf voraus, so erzeugen die auf einem Wellenelement dx befindlichen Scheiben die Fliehkraft $dF = \mu r^2 \pi \cdot y \omega^2 \cdot dx$ und das Moment

$$dK = \Theta_a \omega^2 y' dx = \tfrac{1}{4} \mu \omega^2 r^4 \pi y' dx,$$

wenn wieder μ die räumliche Dichte des Scheibenmateriales, r den Halbmesser der als voll vorausgesetzten Scheiben bedeutet. Der Sinn des Drehmomentes richtet sich dann bei synchronem Gleichlauf nach der bekannten Regel vom gleichsinnigen Parallelismus der Drehachsen und ist in Abb. 29 eingezeichnet. Wir bilden nun sowohl für die linke Seite ($x \leqq d$), als auch für die rechte Seite ($x \geqq d$) die Momente um den Knotenpunkt C. Dann ergibt sich

$$\text{für } x \leqq d: \qquad -A d + \int_0^d \mu r^2 \pi y_1 (d - x) \omega^2 dx + \int_0^d \frac{1}{4} \mu r^4 \pi y_1' \omega^2 dx = 0,$$

$$\text{für } x \geqq d: \quad -B (l - d) - \int_d^l \mu r^2 \pi y_2 (x - d) \omega^2 dx + \int_d^l \frac{1}{4} \mu r^4 \pi y_2' \omega^2 dx = 0.$$

Hierbei wurden die Momente im Uhrzeigersinn positiv gezählt, für A und B die in Abb. 29 eingezeichneten Richtungssinne angenommen und beim Moment im zweiten Teilintervall ($x \geqq d$) berücksichtigt, daß dort $y_2 < 0$ ist, wenn $y_1 > 0$ angenommen wird. Außerdem wurde für den Knotenpunkt eine Wendetangente angenommen, so daß also $y_1''(d) = y_2''(d) = 0$ ist, somit auch keine Übertragung eines Biegungsmomentes von dem einen Wellenstück auf das andere dort stattfindet, wie es ja nach (145) sein muß. Teilt man durch die Biegungssteifigkeit der Welle EJ und geht außerdem zu dimensionslosen Größen über, so findet man sofort

$$\frac{A\,l^2}{EJ}\cdot\delta = u_2'\int_0^\delta \varrho^2\eta_1(\delta-\xi)\,d\xi + \frac{u_2'}{4}\int_0^\delta \varrho^4\eta_1'\,d\xi\,,$$

$$-\frac{B\,l^2}{EJ}(1-\delta) = u_2'\int_\delta^1 \varrho^2\eta_2(\xi-\delta)\,d\xi - \frac{u_2'}{4}\int_\delta^1 \varrho^4\eta_2'\,d\xi\,,$$

worin in Übereinstimmung mit der früher festgesetzten Bezeichnungsweise u_2' die zweite kritische Drehzahl bei synchronem Gleichlauf bedeutet.

Bilden wir außerdem die Summe aller Kräfte in Richtung y und nehmen nach aufwärts diese Richtung positiv, so folgt, wenn wir für C zunächst eine nach abwärts weisende Richtung annehmen

$$-A+B-C+\int_0^d \mu r^2\pi y_1\omega^2\,dx + \int_d^l \mu r^2\pi y_2\omega^2\,dx = 0\,.$$

Durch Einführung dimensionsloser Veränderlicher gelangt man wie früher zur Beziehung

$$\frac{l^2}{EJ}(A-B+C) - u_2'\int_0^\delta \varrho^2\eta_1\,d\xi - u_2'\int_\delta^1 \varrho^2\eta_2\,d\xi = 0\,.$$

Führt man hier A und B aus den obenstehenden Gleichungen ein, so erhält man schließlich

$$\frac{C\,l^2}{EJ} = u_2'\left[\frac{1}{\delta}\int_0^\delta\left(\varrho^2\eta_1\,\xi - \frac{1}{4}\varrho^4\eta_1'\right)d\xi + \frac{1}{1-\delta}\int_\delta^1\left\{\varrho^2\eta_2(1-\xi)+\frac{1}{4}\varrho^4\eta_2'\right\}d\xi\right]. \quad (148)$$

Vernachlässigt man in (148) die von der Kreiselwirkung herrührenden Glieder, so erhält man für fehlende Kreiselwirkung

$$\frac{C\,l^2}{EJ} = u_2\left[\frac{1}{\delta}\int_0^\delta \varrho^2\eta_1\,\xi\,d\xi + \frac{1}{1-\delta}\int_\delta^1 \varrho^2\eta_2(1-\xi)\,d\xi\right]. \quad (148\text{a})$$

In (148) bzw. (148a) ist natürlich C bloß bis auf einen unbestimmt gelassenen konstanten Faktor zu ermitteln, der mit den Ansätzen η_1, η_2 in die Ergebnisse hineingetragen wird, aber ebenso wie für die Ansätze (146) selbst auch in (148) bzw. (148a) weggelassen worden ist. Diese Unbestimmtheit von C stört aber keinesfalls, denn es kommt ja bei Bestimmung von δ nur auf die Vorzeichenwechsel von C an, keinesfalls aber auf dessen wirkliche Größe, die sich ebenso wie die der Auslenkung nur dann bestimmen läßt, wenn man statt (78a) oder (78b) die unverkürzte, also strengere Differentialgleichung der elastischen Linie heranzieht[44].

Daß η_1 und η_2 der in Abb. 29 dargestellten Wellenform entsprechen, kann durch Differentiation leicht gezeigt werden, denn unter Weglassung des erwähnten konstanten Faktors findet man leicht aus (146)

$$\eta_1'(0) = 7\,\delta^4(1-\delta)^3,\quad \eta_1'(\delta) = \eta_2'(\delta) = -8\,\delta^4(1-\delta)^3 \text{ [man vgl. (145c)]},$$
$$\eta_2'(1) = 8\,\delta^4(1-\delta)^3.$$

[44] Man vgl. hierzu die unter [19] erwähnte Arbeit von R. v. Mises oder die unter [20] erwähnte Arbeit von E. Schwerin. Eine strengere Behandlung des Knickproblems gerader Stäbe findet man in den Arbeiten von E. Trefftz: Zur Frage der Holmfestigkeit. Z. F. M. 9. Jg. (1918) S. 101 und R. v. Mises: Ausbiegung eines auf Knicken beanspruchten Stabes. Z. angew. Math. Mech. Bd. 4 (1924) S. 435. Eine strengere Behandlung der Auslenkung hinsichtlich des Kipproblems findet man in der Arbeit von K. Federhofer: Berechnung der Auslenkung beim Kippen gerader Stäbe. Z. angew. Math. Mech. Bd. 6 (1926) S. 43.

Um nun (148) bzw. (148a) auszuwerten, seien wieder die in Tabelle 18 bereits berechneten und in Abb. 27 und 28 dargestellten beiden Fälle hinsichtlich der Lagerreaktion C untersucht.

Für Fall 3, Abb. 6 hat man für $0 \leqq \xi \leqq \beta$ $\varrho = \varrho_0 = 0{,}3$ und für $\beta \leqq \xi \leqq 1$ $\varrho = 0$. Geht man damit und mit (146) in (148) bzw. (148a) ein, so erhält man mit $\varepsilon_n = \beta^n - \delta^n$ folgenden Ausdruck, worin die in K und F angegebenen Größen z_i durch (146) gegeben sind:

für synchronen Gleichlauf

$$\frac{C\,l^2}{E\,J} = u_2'\,\varrho_0^2 \cdot \frac{2}{105}\,\frac{\delta^4}{1-\delta}\,[40\,\delta^2(1-\delta)^4 + 7\,F + 105\,\varrho_0^2\,K]\,,$$

für synchronen Gegenlauf

$$= u_2''\,\varrho_0^2 \cdot \frac{2}{105}\,\frac{\delta^4}{1-\delta}\,[40\,\delta^2(1-\delta)^4 + 7\,F - 315\,\varrho_0^2\,K]\,, \qquad (149)$$

worin ist:

$$F = 60\,z_0\varepsilon_1 - 30\,(z_0 + z_1)\,\varepsilon_2 + 20\,(z_1 - z_2)\,\varepsilon_3 + 15\,(z_2 + z_3)\,\varepsilon_4 - 12\,(z_3 + 1)\,\varepsilon_5 + 10\,\varepsilon_6$$

$$K = -z_1\varepsilon_1 - z_2\varepsilon_2 + z_3\varepsilon_3 - \varepsilon_4 \qquad \varepsilon_n = \beta^n - \delta^n$$

Für fehlende Kreiselwirkung erhält man aus (148a) oder auch aus (149) mit $K = 0$:

$$\frac{C\,l^2}{E\,J} = u_2\,\varrho_0^2 \cdot \frac{2}{105}\,\frac{\delta^4}{1-\delta}\,[40\,\delta^2(1-\delta)^4 + 7\,F]\,. \qquad (149\text{a})$$

In Tabelle 19 sind nun die in eckigen Klammern stehenden Faktoren von (149) bzw. (149a) für dieselben Werte von δ wie in Tabelle 18 ausgewertet und in Abb. 27 sind diese Tabellenwerte mittels des am rechten Rande der Abb. 27 ersichtlichen Maßstabes und der dort angegebenen Nullachse aufgetragen worden; die Verbindung der so gewonnenen Punkte liefert drei Kurven, die für fehlende Kreiselwirkung wieder dick ausgezogen sind, für synchronen Gleichlauf strichpunktiert und für synchronen Gegenlauf wieder strichliert. Man entnimmt der Abb. 27, daß die Schnittpunkte dieser C-Kuven mit ihrer Nullachse

Tabelle 19. Die Werte des Faktors in der eckigen Klammer der Ausdrücke für $\frac{C\,l^2}{EJ}$ in (149), (149a) und (150), (150a) für die Fälle 3 und 4.

δ	Fall 3, Abb. 6, $\varrho_0 = 0{,}3$ $\beta = 0{,}75$			Fall 4, Abb. 7, $i = 0{,}3$			δ
	ohne Kreiselw.	Gleichl.	Gegenl.	ohne Kreiselw.	Gleichl.	Gegenl.	
0,2	− 9,349	− 10,359	− 6,318				0,2
0,25	− 5,867	− 6,679	− 3,431				0,25
0,3	− 3,426	− 4,067	− 1,504				0,3
0,35	− 1,782	− 2,275	− 0,300				0,35
0,4	− 0,739	− 1,109	0,371	− 0,784	− 0,556	− 1,467	0,4
0,45	− 0,131	− 0,398	0,672				0,45
0,5	0,177	− 0,007	0,731	− 0,268	− 0,156	− 0,602	0,5
0,55	0,290	0,171	0,648				0,55
0,6	0,288	0,218	0,498	− 0,048	− 0,002	− 0,185	0,6
0,65	0,230	0,195	0,334	− 0,006	0,021	− 0,086	0,65
0,7	0,155	0,143	0,191	0,010	0,025	− 0,032	0,7
0,75	0,088	0,088	0,088	0,012	0,019	− 0,008	0,75
0,8				0,008	0,011	0	0,8
0,85							0,85
0,9				0,001	0,001	0,001	0,9

in der Tat nahezu in einer Vertikalen mit den Maximalwerten der bereits früher nach Tabelle 18 ermittelten bezüglichen Kurven für die zweiten kritischen Drehzahlen liegen und daß insbesondere das kurze nahezu horizontale Kurvenstück der zweiten kritischen Drehzahl für synchronen Gegenlauf in der Tat für die Ablesung der bezüglichen Drehzahl maßgebend ist und nicht etwa das rechts davon gelegene Minimum. Zu bemerken ist noch, daß die Ordinaten der C-Kurven keinesfalls den Reaktionen C proportional sind, daß man aber diese Proportionalität gemäß (149a) leicht durch Multiplikation mit dem Faktor $u_2 \frac{\delta^4}{1-\delta}$ erreichen kann, worin u_2 die zu dem Wert δ gehörige zweite kritische Drehzahl bedeutet, falls die Kreiselwirkung unbeachtet bleiben und nach (149) mit $u_2' \frac{\delta^4}{1-\delta}$ bzw. $u_2'' \frac{\delta^4}{1-\delta}$, falls sie berücksichtigt werden soll[45].

Für Fall 4, Abb. 7 findet man mit $\varrho = i\,\xi$ bei Beachtung von (146) aus (148) bzw. (148a), wenn jetzt $\varepsilon_n = 1 - \delta^n$ bedeutet

für synchronen Gleichlauf:

$$\frac{C\,l^2}{E\,J} = u_2'\,i^2 \cdot \frac{2}{105}\,\frac{\delta^4}{1-\delta}\left[16\,\delta^4(1-\delta)^4 + F + i^2 K\right],$$

für synchronen Gegenlauf:

$$= u_2''\,i^2 \cdot \frac{2}{105}\,\frac{\delta^4}{1-\delta}\left[16\,\delta^4(1-\delta)^4 + F - 3\,i^2 K\right], \tag{150}$$

worin ist:

$$F = 140\,z_0\,\varepsilon_3 - 105\,(z_0 + z_1)\,\varepsilon_4 + 84\,(z_1 - z_2)\,\varepsilon_5 + 70\,(z_2 + z_3)\,\varepsilon_6 - 60\,(z_3 + 1)\,\varepsilon_7 + 52{,}5\,\varepsilon_8$$

$$K = -21\,z_1\,\varepsilon_5 - 35\,z_2\,\varepsilon_6 + 45\,z_3\,\varepsilon_7 - 52{,}5\,\varepsilon_8 + 16\,\delta^4(1-\delta)^4, \quad \varepsilon_n = 1 - \delta^n$$

Aus (150) findet man für fehlende Kreiselwirkung, also $K = 0$ oder direkt aus (148a):

$$\frac{C\,l^2}{E\,J} = u_2\,i^2 \cdot \frac{2}{105}\,\frac{\delta^4}{1-\delta}\left[16\,\delta^4(1-\delta)^4 + F\right]. \tag{150a}$$

(150) und (150a) sind wieder in Tabelle 19 ziffernmäßig berechnet worden und auf Grund dieser Ergebnisse sind wieder die C-Kurven in Abb. 28 entworfen worden, hinsichtlich welcher dieselben Bemerkungen wie früher gelten, so daß nichts weiter hinzugefügt werden muß. Die Nullstellen der C-Kurven und die Orte der Maxima der Kurven u_2 weichen hier etwas voneinander ab, was natürlich aus der bloß näherungsweisen Gültigkeit der Ansätze (146) und der eigenartigen Singularität dieses Falles erklärt werden muß.

Die ausgeprägten Maxima für synchronen Gleichlauf oder fehlende Kreiselwirkung präzisieren, wie den Abb. 27 und 28 zu entnehmen ist, außerordentlich scharf den Ort δ des mittleren Wellenknotenpunktes, wohingegen bei synchronem Gegenlauf wegen des nahezu konstanten Kurvenstückes diesem Ort ein ganzes Intervall zugeordnet wird, was m. a. W. bedeutet, daß die Form der Wellenverzerrung bei synchronem Gegenlauf keine scharf bestimmte ist, sondern bedeutenden Schwankungen unterliegen wird. Es kann wegen dieses Kurvencharakters sogar gesagt werden, daß Erschütterungen ein Abgleiten des mittleren Knotenpunktes an ein Wellenenende und somit überhaupt ein Verschwinden der zweiten kritischen Drehzahl bei synchronem Gegenlauf herbeiführen könnten, was auf eine sehr geringe Stabilität dieser Erscheinung hinweist[45].

---

[45] Damit steht wohl die Tatsache im Zusammenhang, daß die kritischen Drehzahlen bei synchroner Präzession im Gegenlauf so lange unbekannt blieben und erst, wie A. Stodola: Dampfturbinen, S. 368 erwähnt, durch seine Versuche erwiesen wurden. In der Tat ergibt

Im nächsten Abschnitt soll gezeigt werden, wie man, von dem einfacheren Ansatz (142) ausgehend, auch ohne Hinzunahme einer neuen Bedingung, wie in (145) durch Verbesserung des gewählten Ansatzes mittels linearer Integral- und — bei vorhandener Kreiselwirkung — mittels linearer Integrodifferentialgleichungen zu bedeutenden Verschärfungen auch des zweiten Eigenwertes vordringen kann.

10. Annäherung mittels linearer Integral- und Integrodifferentialgleichungen; explizite Darstellung ihrer Kerne und allgemeine Orthogonalitäten.

Ist die beiderseits frei aufliegende Welle an der Stelle $x = t$ nur durch eine Transversalkraft von der Größe 1 belastet, so sind bekanntlich die Auslenkungsfunktionen y_1 für $x \leqq t$ und y_2 für $x \geqq t$ gegeben durch

$$y_1(x, t) = \frac{1}{6EJ}\,\frac{l-t}{l}\,x(2lt - t^2 - x^2), \qquad x \leqq t$$

$$y_2(x, t) = \frac{1}{6EJ}\,\frac{l-x}{l}\,t(2lx - x^2 - t^2), \qquad x \geqq t.$$

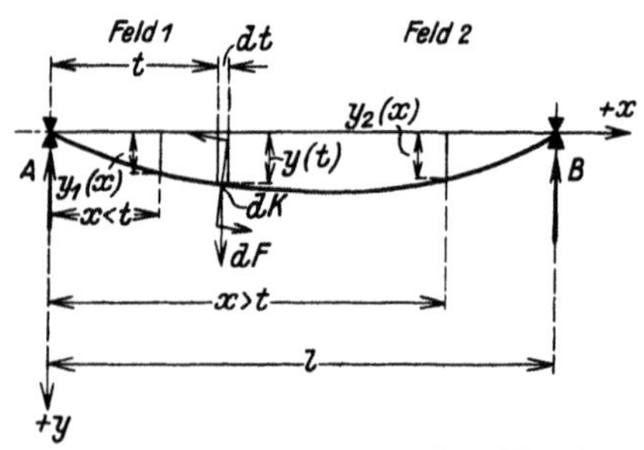

Abb. 30. Die Auslenkung der Welle unter Einwirkung einer Fliehkraft dF und eines Kreiselmomentes dK von der Stelle $x = t$ (für synchronen Gleichlauf).

In Wirklichkeit ist aber an der Stelle $x = t$ nicht eine Transversalkraft 1 wirksam, sondern — wenn man zunächst von der Kreiselwirkung absieht — eine Fliehkraft dF (Abb. 30), welche von den auf dem Stückchen dt der Welle aufgekeilten Scheiben herrührt, so daß also $dF = \mu\, r^2(t)\, \pi\, dt\, y(t) \cdot \omega^2$, worin $r(t)$ wieder den Scheibenhalbmesser, μ die räumliche Dichte des Scheibenmateriales bedeutet. Man berücksichtigt nun den Einfluß aller längs der Welle vorhandenen Fliehkräfte, wenn man t alle Werte von 0 bis l durchlaufen läßt und die von den einzelnen Lasten herrührenden Durchsenkungen nach dem Superpositionsgesetze übereinander gelagert denkt, wodurch man erhält

$$y(x) = \mu\pi\omega^2\left[\int_0^x y_2(x, t)\, r^2(t)\, y(t)\, dt + \int_x^l y_1(x, t)\, r^2(t)\, y(t)\, dt\right]$$

$$= \mu\pi\omega^2\left[\int_0^x \frac{1}{6EJ}\,\frac{l-x}{l}\,t(2lx - x^2 - t^2)\, r^2(t)\, y(t)\, dt\right.$$

$$\left. + \int_x^l \frac{1}{6EJ}\,\frac{l-t}{l}\,x(2lt - t^2 - x^2)\, r^2(t)\, y(t)\, dt\right].$$

Führt man nun die dimensionslose Veränderliche τ ein durch

$$t = l\tau, \tag{151}$$

sich sogar im Fall 3, Abb. 27 und erst recht im Fall 4, Abb. 28 wegen $u_2'' \ll u_2 \ll u_2'$ bei synchronem Gegenlauf eine viel kleinere Zwangskraft für den Knoten C in Abb. 29, falls dieser aus seiner Gleichgewichtslage heraus verschoben wird, als bei fehlender Kreiselwirkung oder synchronem Gleichlauf.

so erhält man bei Beachtung von (6), (8) und (9) in dimensionslosen Größen

$$\eta(\xi) = u \int_0^1 K(\xi, \tau)\, \varrho^2(\tau)\, \eta(\tau)\, d\tau, \tag{152}$$

worin $K(\xi, \tau)$ gegeben ist durch

$$\left.\begin{aligned} K(\xi, \tau) &= \tfrac{1}{6}(1-\tau)\,\xi\,(2\tau - \tau^2 - \xi^2) \quad \text{für} \quad \xi \leqq \tau \\ \text{bzw.} \qquad &= \tfrac{1}{6}(1-\xi)\,\tau\,(2\xi - \xi^2 - \tau^2) \quad \text{für} \quad \xi \geqq \tau \end{aligned}\right\} \tag{153}$$

(152) ist, wie für den Fall der kritischen Drehzahlen das zuerst R. v. Mises[19] zeigte und erstmalig herleitete, eine lineare homogene Integralgleichung zweiter Ordnung mit dem Kerne im engeren Sinne (153). Der letztere ist symmetrisch und genügt, wie man aus (153) leicht herleiten kann, denselben Randbedingungen wie die Auslenkungsfunktion $\eta(\xi)$, ferner ist er bis einschließlich seiner zweiten Ableitung nach ξ an der Stelle $\xi = \tau$ stetig, während seine dritte Ableitung nach ξ an der Stelle $\xi = \tau$ einen endlichen Sprung von der Größe 1 macht, was daraus folgt, daß $y_1(x, t)$ und $y_2(x, t)$ eben die Einfluß- oder Greensche Funktion für die Transversalkraft 1 darstellen. Schließlich genügt der Kern bekanntlich auch der „verkürzten" Differentialgleichung (26a) für $u = 0$, also (69). Wir wollen diese Eigenschaften in folgende Gleichungen zusammenfassen, in denen der Strich die Ableitung nach ξ bedeuten soll

$$K(0, \tau) = K''(0, \tau) = K(1, \tau) = K''(1, \tau) = 0, \tag{154a}$$

$$K(\xi, \tau)\Big|_{\xi=\tau-0}^{\xi=\tau+0} = K'(\xi, \tau)\Big|_{\xi=\tau-0}^{\xi=\tau+0} = K''(\xi, \tau)\Big|_{\xi=\tau-0}^{\xi=\tau+0} = 0, \quad K'''(\xi, \tau)\Big|_{\xi=\tau-0}^{\xi=\tau+0} = 1, \tag{154b}$$

$$K''''(\xi, \tau) = 0. \tag{154c}$$

Differentiert man nun die Integralgleichung (152) nach ξ viermal, indem man das Integrationsintervall $0 \to 1$ zerlegt in die beiden Intervalle $0 \to \xi$ und $\xi \to 1$ und (153) beachtet, so folgt wegen der Eigenschaften (154) des Kernes sofort wieder die Differentialgleichung (26a), wie man sich leicht überzeugt.

Man kann nun bekanntlich auch umgekehrt zeigen, daß die Eigenschaften (154) die Integralgleichung (152) zur Folge haben. Denn verbindet man (26a) mit (154c), so folgt sofort

$$K\,\eta'''' - K''''\,\eta - u\,K\,\varrho^2\,\eta = 0$$

mit ξ als unabhängig Veränderlicher.

Integriert man hier nach ξ zwischen 0 und 1 und beachtet man die Greensche Identität

$$(K\,\eta''' - K'''\,\eta)' - (K'\,\eta'' - K''\,\eta')' = K\,\eta'''' - K''''\,\eta, \tag{155}$$

so folgt, wenn die Felder *1* und *2* der Abb. 30 beachtet werden

$$(K\eta''' - K'''\eta)\Big|_0^{\tau-0} + (K\eta''' - K'''\eta)\Big|_{\tau+0}^1 - (K'\eta'' - K''\eta')\Big|_0^{\tau-0} - (K'\eta'' - K''\eta')\Big|_{\tau+0}^1$$
$$= u \int_0^1 K(\xi, \tau)\, \varrho^2(\xi)\, r(\xi)\, d\xi.$$

Wegen (154a) und (154b) und wegen der Randbedingungen (12a), denen η genügt, bleibt aber von den Gliedern der linken Seite bloß $-K'''\eta\,\Big|_{\tau+0}^{\tau-0} = \eta(\tau)$, weshalb

$$\eta(\tau) = u \int_0^1 K(\xi, \tau)\, \varrho^2(\xi)\, \eta(\xi)\, d\xi = u \int_0^1 K(\tau, \xi)\, \varrho^2(\xi)\, \eta(\xi)\, d\xi,$$

also wieder (152) folgt, wobei von der Symmetrie des Kernes, nach welcher $K(\xi, \tau) = K(\tau, \xi)$ ist, Gebrauch gemacht wurde. (152) besitzt einen unsymmetrischen Gesamtkern $K(\xi, \tau)\, \varrho^2(\tau)$. Erweitert man aber, wie bekannt, (152) mit $\varrho(\xi)$, so erhält man:

$$\eta(\xi)\, \varrho(\xi) = u \int_0^1 K(\xi, \tau)\, \varrho(\xi) \varrho(\tau) \cdot \eta(\tau)\, \varrho(\tau)\, d\tau .$$

Führt man nun den neuen Kern $\overline{K}(\xi, \tau)$ und die neue Eigenfunktion $\overline{\eta}(\xi)$ ein durch die Gleichungen:

$$\overline{K}(\xi, \tau) = K(\xi, \tau)\, \varrho(\xi)\, \varrho(\tau), \qquad \overline{\eta}(\xi) = \eta(\xi)\, \varrho(\xi), \tag{153a}$$

so folgt statt (152) die Integralgleichung:

$$\overline{\eta}(\xi) = u \int_0^1 \overline{K}(\xi, \tau)\, \overline{\eta}(\tau)\, d\tau \tag{152a}$$

mit symmetrischem Kern $\overline{K}(\xi, \tau)$ und denselben Eigenwerten u wie (152). Daraus folgt aber, daß die Eigenwerte reell und die Eigenfunktionen zueinander orthogonal sind. Auch dies soll mit Rücksicht auf die Verallgemeinerung durch die Kreiselwirkung — hier jedoch unabhängig davon — kurz hergeleitet werden. Sind nämlich für $m \neq n$ die zugehörigen Eigenfunktionen η_m und η_n, sowie die zugehörigen Eigenwerte u_m und u_n, so gelten wegen (26a) die beiden Gleichungen

$$\eta_m'''' - u_m\, \varrho^2\, \eta_m = 0,$$
$$\eta_n'''' - u_n\, \varrho^2\, \eta_n = 0,$$

aus denen wie früher sofort folgt

$$\eta_m\, \eta_n'''' - \eta_n\, \eta_m'''' - (u_n - u_m)\, \varrho^2\, \eta_m\, \eta_n = 0 .$$

Integration zwischen 0 und 1 nach ξ und Anwendung von (155), in dem nun η_m und η_n an Stelle von η und K als Funktionen von ξ treten, ergibt wegen der Stetigkeit der η und ihrer sämtlichen Ableitungen, sowie wegen der Randbedingungen (12a), denen η_m wie η_n genügen müssen, und weil $u_m \neq u_n$ ist, die Beziehung

$$\int_0^1 \varrho^2(\xi)\, \eta_m(\xi)\, \eta_n(\xi)\, d\xi \tag{156}$$

(156) heißt auch die „Orthogonalitätsrelation" der Eigenfunktionen. Bevorzugt man die durch (153a) eingeführten Eigenfunktionen $\overline{\eta}$, so folgt statt (156) einfacher

$$\int_0^1 \overline{\eta}_m(\xi)\, \overline{\eta}_n(\xi)\, d\xi . \tag{156a}$$

Ersetzt man ferner in (156) $\varrho^2 \eta_m$ mittels (26a) durch η_m'''', so ergibt sich folgende Darstellung der „Orthogonalitätsrelation"

$$\int_0^1 \eta_m''''(\xi)\, \eta_n(\xi)\, d\xi = 0 . \tag{156b}$$

Es wird sich zeigen, daß (156b) in unveränderter Gestalt auch bei vorhandener Kreiselwirkung Gültigkeit besitzt. Aus (156) folgt nun in bekannter Weise leicht die Realität der Eigenwerte u[46].

[46] Man vgl. hierzu etwa: R. v. Mises: Die Differential- und Integralgleichungen der Mechanik und Physik, Bd. 1 Kapitel XII: Auflösung der Integralgleichungen, § 3, S. 433. Braunschweig 1925 oder G. Wiarda: Integralgleichungen, II. Kapitel: Die symmetrische Integralgleichung, § 1, S. 33, 34. Leipzig und Berlin 1930.

Auch daß der Kern $K(\xi, \tau)$ symmetrisch ist, kann ohne weiteres auch aus (154) erschlossen werden. Denn sei etwa $K_I = K(\xi, \sigma)$, $K_{II} = K(\xi, \tau)$ und $\sigma < \tau$, was die Allgemeinheit nicht beschränkt, so folgt wegen (154c) sofort wie früher

$$K_I K_{II}'''' - K_I'''' K_{II} = 0 .$$

Integriert man wieder zwischen 0 und 1, beachtet (155), das ebenso für K_I und K_{II} wie für η und K gilt, zerlegt man ferner das Gesamtintervall in die drei Teilintervalle $0 \to \sigma$, $\sigma \to \tau$, $\tau \to 1$, so ergibt sich, wenn aus (155) nur die Glieder mit K''' angeschrieben werden, da sich die anderen Summanden wegen (154a) und der ersten drei Stetigkeitsbedingungen (154b) ohnehin wegheben

$$(K_I K_{II}''' - K_I''' K_{II})\Big|_0^{\sigma-0} + (K_I K_{II}''' - K_I''' K_{II})\Big|_{\sigma+0}^{\tau-0} + (K_I K_{II}''' - K_I''' K_{II})\Big|_{\tau+0}^{1} = 0 ,$$

Wegen (154a) verschwinden diese Terme an den Grenzen 0 und 1, ferner ist K_{II}''' an der Stelle $\xi = \sigma$, K_I''' an der Stelle $\xi = \tau$ stetig, so daß bloß verbleibt

$$- K_I''' K_{II}\Big|_{\sigma+0}^{\sigma-0} + K_I K_{II}'''\Big|_{\tau+0}^{\tau-0} = 0 .$$

Nun ist aber wegen (154b) $K_I'''\Big|_{\sigma+0}^{\sigma-0} = K_{II}'''\Big|_{\tau+0}^{\tau-0} = -1$, somit folgt, da K_I und K_{II} selbst stetig sind

$$K_{II}(\sigma) = K_I(\tau)$$

oder

$$K(\sigma, \tau) = K(\tau, \sigma) \qquad \text{w. z. b. w.}$$

Schließlich soll noch kurz gezeigt werden, daß der Kern $K(x, t)$ positiv definit ist, d. h. bloß positive Eigenwerte besitzt. Wirkt nämlich bloß die Schwerkraft allein als Massenkraft, so tritt an Stelle der Beschleunigung $y(t)\cdot\omega^2$ einfach g und der Durchhang berechnet sich analog wie früher zu

$$y(x) = \mu g \pi \int_0^l K(x, t)\, r^2(t)\, dt .$$

Dabei leistet das Kraftelement $g\,dm = g\cdot r^2(x)\,\pi\cdot\mu\,dx$ offenbar die Elementararbeit

$$dL_a = \tfrac{1}{2} dm\, g\, y(x) = \tfrac{1}{2}\mu \pi g\, r^2(x)\, y(x)\, dx = dL_i ,$$

wenn hier wieder von der Arbeitsgleichung (1) Gebrauch gemacht wird. Somit ist

$$L_i = \frac{1}{2}\mu \pi g \int_0^l r^2(x)\, y(x)\, dx = \frac{1}{2}\mu^2 \pi^2 g^2 \int_0^l\int_0^l K(x, t)\, r^2(x)\, r^2(t)\, dx\, dt ,$$

wenn für $y(x)$ der oben angegebene Ausdruck eingesetzt wird.

Ist dieses Doppelintegral für alle möglichen stetigen Funktionen $r^2(x)$ niemals negativ, so heißt der Kern $K(x, t)$ positiv definit[47]. Daß es positiv ist, folgt eigentlich schon aus dem Begriff der potentiellen Energie L_i, kann aber auch dadurch leicht erwiesen werden, daß man in dem ersteren Ausdruck für L_i $r^2(x)$ gemäß (26) ersetzt durch $\frac{EJ}{\mu \pi g} y''''(x)$, wenn man beachtet, daß in (26) wieder $y(x)\cdot\omega^2$ durch g ersetzt werden soll. Dann folgt

$$L_i = \frac{1}{2} E J \int_0^l y''''(x)\, y(x)\, dx = \frac{1}{2} E J\, y''' y\Big|_0^l - \frac{1}{2} E J\, y'' y'\Big|_0^l + \frac{1}{2} E J \int_0^l y''^2\, dx .$$

Der Ausdruck rechts folgt durch doppelte partielle Integration und, da wegen (12) die beiden ersten Glieder rechts wegfallen, bleibt das dritte Glied allein,

[47] Man vgl. etwa G. Wiarda: a. a. O. II. Kap. § 8: Definite Kerne und der Mercersche Satz, S. 92ff. Insbesondere die Definition S. 94.

also das bekannte Ergebnis (3) übrig. Da dieses Glied aber seinem Aufbau nach nur positiv sein kann, ist erwiesen, daß auch der Kern $K(x, t)$ positiv definit ist.

Bevor diese Betrachtungen durch Berücksichtigung der Kreiselwirkung verallgemeinert werden, möge gezeigt werden, wie man mittels der Integralgleichung (152) mit dem Kern (153) gute Annäherungen an die fraglichen Eigenwerte erhalten kann.

Hierzu möge Fall 4, Abb. 7 herangezogen werden. Wie man der Tabelle 2 entnimmt, ergab der zweite Teil des Ansatzes (17) nämlich (mit Weglassung der Konstanten α_5):

$$\eta(\tau) = 7\,\tau - 10\,\tau^3 + 3\,\tau^5$$

für die erste kritische Drehzahl den Näherungswert: $u_c i^2 = 336{,}324$. Zu einer ähnlich guten Annäherung führt auch (152). Denn führt man hierin für $\eta(\tau)$ das obige Trinom ein, so erhält man nach Ausführung der fraglichen einfachen Integrationen, wenn man das neue Ergebnis, also die bessere Annäherung an die Eigenfunktion jetzt $\overline{\eta}(\xi)$ nennt, da hier $\varrho(\tau) = i\,\tau$ ist

$$\overline{\eta}(\xi) = \frac{u_1\, i^2}{5\cdot 6\cdot 7\cdot 8\cdot 9\cdot 11}\,(3358\,\xi - 4257\,\xi^3 + 1386\,\xi^7 - 550\,\xi^9 + 63\,\xi^{11})\,. \quad (157)$$

Wie man sich leicht überzeugt, genügt (157) wieder den auch für $\eta(\xi)$ gültigen Randbedingungen (12a). Aus η_5 in (17) und (157) ergibt sich nun eine Näherung für den ersten Eigenwert durch die Relation[48]

$$\int_0^1 \overline{\eta}(\xi)\,d\xi = \int_0^1 \eta(\xi)\,d\xi\,. \quad (158)$$

Man findet aus (158): $\frac{u_1\, i^2}{4\cdot 5\cdot 6\cdot 7\cdot 8\cdot 9\cdot 11}\cdot 2953 = \frac{3}{2}$, woraus $u_1 i^2 = 337{,}934$ identisch mit $u_B i^2$ der Tabelle 2 und in guter Übereinstimmung mit obigem Näherungswert folgt. Die Relation (158) besagt, daß der unbekannte Faktor $u\,i^2$ so gewählt werden soll, daß die Flächen, die die Kurven $\overline{\eta}(\xi)$ und $\eta(\xi)$ mit der ξ-Achse einschließen, miteinander übereinstimmen, wodurch man zu einer besseren Näherung gelangt, als wenn diese Forderung etwa nur hinsichtlich zweier mittlerer Ordinaten erhoben würde. Zu einem noch weit besseren Näherungsergebnisse gelangt man jedoch, wenn man mit (157) unmittelbar in die Arbeitsgleichung (1b) eingeht und damit — analog (14) — $\overline{F}_A$ und $\overline{A}$ bestimmt. Man findet dann nach längerer Rechnung:

$$\overline{F}'_A = \int_0^1 \overline{\eta}''^2\,d\xi = \frac{u_1^2\, i^4}{2^2\cdot 5^2\cdot 6^2\cdot 7^2\cdot 11^2}\cdot 51\,869{,}66$$

und

$$\overline{A} = \int_0^1 \varrho^2\,\overline{\eta}^2\,d\xi = \frac{u_1^2\, i^6}{5^2\cdot 6^2\cdot 7^2\cdot 8^2\cdot 9^2\cdot 11^2}\cdot 200\,319{,}98\,,$$

---

[48] Dampfturbinen, 5. Aufl. S. 381 und 386. Man vgl. hierzu die Arbeit von v. Borowicz: Beiträge zur Berechnung kritischer Geschwindigkeiten zwei- und mehrfach gelagerter Wellen. Dissertation München 1915. Man vgl. die Arbeit des Verfassers in Anm. [19], ebenda S. 177. Zur Bestimmung der Eigenwerte beim Kipp-Problem im widerstehenden Mittel bedient sich der Relation (158) mit Erfolg auch I. Weinhold in seiner Arbeit: Eine rechnerisch graphische Näherungsbestimmung von Kipplasten gerader Stäbe. Mitt. d. Hauptvereins deutscher Ingenieure in d. tschechosl. Republik Heft 1/2 (1934) S. 1.

Eine ausführliche und übersichtliche Zusammenstellung sowohl der allgemeinen Methoden als auch der für Einzelprobleme entwickelten Näherungsmethoden findet man in dem ausgezeichneten Bericht von K. Hohenemser: Die Methoden zur angenäherten Lösung von Eigenwertproblemen in der Elastokinetik. Ergebnisse der Mathematik und ihrer Grenzgebiete Bd. 1 Heft 4. Berlin 1932. Man vgl. insbesondere Abschnitt 18, S. 82.

worin $\varrho = i\,\xi$ gesetzt ist. (1b) gibt damit $u_1 i^2 = 335{,}5785$, was mit dem bezüglichen strengen Wert 335,578 der Tabelle 2 bis auf einen Fehler von etwas mehr als $^1/_{10000}$% übereinstimmt. Man kann daraus ersehen, mit welchem Erfolg die Integralgleichungen zur Verschärfung des Ergebnisses in jenen Fällen herangezogen werden können, die eine besonders genaue Ermittelung des fraglichen Wertes erheischen und diese Verwendbarkeit bleibt, wie man sehen wird, bei gleicher Güte des Ergebnisses auch bei Berücksichtigung der Kreiselwirkung bestehen.

Man wird vermuten, daß man auf diesem Wege auch eine große Verschärfung hinsichtlich der zweiten kritischen Drehzahlen erreichen wird, wenn man mit dem einfacheren Ansatz (142) in die Integralgleichung (152) mit dem Kern (153) eingeht. Dies ist in der Tat der Fall und die in den Abb. 27 und 28 schon recht ausgeprägten Maxima treten noch markanter in Erscheinung, so daß die bezüglichen Kurven für synchronen Gleichlauf und fehlende Kreiselwirkung derart steil zum Größtwert auf- und absteigen, daß dieses ganze Verhalten innerhalb des in Tabelle 15 gewählten Schrittes 0,05 für δ zu liegen kommt. Es wäre also — was bereits früher erwähnt wurde — hier in besonderem Maße erforderlich, den Schritt für δ kleiner zu wählen.

Für Fall 4, Abb. 7 wurden zunächst nach (158) die Ergebnisse für verschiedene Werte δ berechnet und in Tabelle 20 zusammengestellt. Führt man zunächst (142) in (152) ein, so erhält man für

$$\begin{aligned}\xi \geqq \tau\quad \bar{\eta}(\xi) = \frac{u_2 i^2}{6}\Big\{&-\frac{1}{5}(2\xi^6 - 3\xi^7 + \xi^8)z_1 + \frac{1}{7}[(\xi^7 - \xi^8)z_1 + (2\xi^8 - 3\xi^9 + \xi^{10})z_3] \\ &- \frac{1}{8}(2\xi^9 - 3\xi^{10} + \xi^{11})z_4 - \frac{1}{9}[(\xi^9 - \xi^{10})z_3 - (2\xi^{10} - 3\xi^{11} + \xi^{12})z_5] \\ &+ \frac{1}{10}(\xi^{10} - \xi^{11})z_4 - \frac{1}{11}(\xi^{11} - \xi^{12})z_5\Big\}\end{aligned}$$

und für

$$\begin{aligned}\xi \leqq \tau\quad = \frac{u_2 i^2}{6}\Big\{&\frac{1}{4}(\xi^3 - \xi^7)z_1 - \frac{1}{5}(2\xi + \xi^3 - 2\xi^6 - \xi^8)z_1 + \frac{1}{6}[(3\xi - 3\xi^7)z_1 - (\xi^3 - \xi^9)z_3] \\ &+ \frac{1}{7}[-(\xi - \xi^8)z_1 + (2\xi + \xi^3 - 2\xi^8 - \xi^{10})z_3 + (\xi^3 - \xi^{10})z_4] \\ &- \frac{1}{8}[(3\xi - 3\xi^9)z_3 + (2\xi + \xi^3 - 2\xi^9 - \xi^{11})z_4 + (\xi^3 - \xi^{11})z_5] \\ &+ \frac{1}{9}[(\xi - \xi^{10})z_3 + (3\xi - 3\xi^{10})z_4 + (2\xi + \xi^3 - 2\xi^{10} - \xi^{12})z_5] \\ &- \frac{1}{10}[(\xi - \xi^{11})z_4 + (3\xi - 3\xi^{11})z_5] + \frac{1}{11}(\xi - \xi^{12})z_5\Big\}.\end{aligned}$$

Man kann sich nun leicht davon überzeugen, daß nicht einfach die Beziehung (158) übernommen werden darf, denn diese Methode, die ihr graphisches Analogon in dem Verfahren von A. Stodola mittels des Seilzuges besitzt, konvergiert nicht mehr im Falle höherer kritischer Drehzahlen, wie bereits A. Stodola[48] bemerkte. (158) ergibt nämlich mit dem vorher abgeleiteten Ergebnis wegen

$$\int_0^1 \bar{\eta}(\xi)\,d\xi = \frac{u_2 i^2}{6}\Big\{-\frac{11}{5\cdot 7\cdot 32}z_1 + \frac{13}{7\cdot 9\cdot 40}z_3 - \frac{7}{4\cdot 5\cdot 8\cdot 11}z_4 + \frac{5}{4\cdot 4\cdot 9\cdot 11}z_5\Big\}$$

nach einfacher Rechnung.

$$\left.\begin{array}{l} u_2\, i^2 = 11088\,\dfrac{Z}{N}, \\ \text{worin ist} \\ Z = -30 z_1 + 15 z_3 - 12 z_4 + 10 z_5, \quad N = -1089 z_1 + 572\, z_3 - 441\, z_4 + 350 z_5 \end{array}\right\} \quad (159)$$

In Tabelle 20 sind Z und N für die angegebenen Werte von δ berechnet und man erkennt, daß sie gerade im kritischen Gebiete verschiedenes Vorzeichen besitzen, somit keine reelle kritische Drehzahl ergeben können.

Tabelle 20. Die schärfere Bestimmung der zweiten kritischen Drehzahl $u_2\, i^2$ für den unsymmetrischen Fall 4, Abb. 7 bei fehlender Kreiselwirkung mittels linearer Integralgleichungen. [Man vgl. hierzu (159) und (160).]

δ	Z	N	A	B	$\overline{F}_A$	$\overline{A}$	$u_2\, i^2$	δ
0,4	1,238	82,987						0,4
0,45	0,576	58,292						0,45
0,5	0	36,25	36,25	−30,937	11877,3	32,986	360	0,5
0,55	−0,471	17,426	15,309	− 5,793	3440,5	8,268	416	0,55
0,6	−0,826	2,211	− 1,504	14,045	652,6	0,362	1804	0,6
0,612			− 4,900	17,987	528,9	0,082	6451	0,612
0,62			− 7,013	20,421	526,5	0,135	3898	0,62
0,65	−1,059	− 9,178	−13,947	28,287	931,0	1,559	597	0,65
0,7	−1,174	−16,697	−21,978	36,897	2219,7	5,745	386	0,7
0,75	−1,173	−20,476						0,75
0,8			−25,616	38,333	3281,5	19,401	169	0,8

Bei Benutzung von (1b) können sich hingegen nur positive Werte ergeben. Man findet aus dem vorhin angegebenen Wert für $\overline{\eta}(\xi)$ nach einigen Umformungen mit Weglassung der unbestimmten Konstanten, die als Faktor noch hinzutreten müßte,

$$\left.\begin{array}{l} \overline{\eta}(\xi) = A\,\xi + B\,\xi^3 - 198\, z_1\, \xi^7 + 55\, z_3\, \xi^9 - 33\, z_4\, \xi^{10} + 21\, z_5\, \xi^{11}, \\ \text{worin ist:} \\ A = -1188 z_1 + 605 z_3 - 462 z_4 + 364 z_5, \quad B = 1386 z_1 - 660 z_3 + 495 z_4 - 385 z_5 \end{array}\right\} \quad (160)$$

Man überzeugt sich leicht, daß (160) wohl alle Randbedingungen (12a), keinesfalls aber auch die Bedingung $\overline{\eta}(\delta) = 0$ erfüllt. δ hat somit in (160) nicht mehr wie in (142) oder (146) die Bedeutung der Abszisse des Knotenpunktes, sondern stellt nur einen Parameter dar. Die weitere Ausrechnung nach Einführung von (160) in (1b) gestaltet sich freilich ziemlich mühsam und in Tabelle 20 sind neben A und B auch die Werte $\overline{F}_A = \int_0^1 \overline{\eta}''^2\, d\xi$ und $\overline{A} = \int_0^1 \varrho^2\, \overline{\eta}^2\, d\xi$ mit $\varrho = i\,\xi$ und schließlich auch $u_2 i^2$ angegeben. Das Maximum fällt in das Intervall von 0,6 bis 0,65 und konnte bei dem Argumentschritt der Tabelle 15 nicht dargestellt werden, die viel dichter berechnet werden müßte. Es wurde deshalb in Tabelle 20 zunächst der Einschaltwert $\delta = 0{,}62$ berechnet, worauf auf graphischem Wege der Ort $\delta = 0{,}612$ des Minimums von $\overline{A}$ und somit des Maximums von $u_2\, i^2$ ermittelt werden konnte. Der Wert 6451 des letzteren stellt selbst gegen den verschärften Wert 7140 der Abb. 28 eine bedeutende Verbesserung dar und nähert sich sehr dem durch (50) gewonnenen Ergebnis 6021, von dem es hinsichtlich ω bloß um ca. 2,5 % abweicht. In einfacheren Fällen (Abb. 27) wird der Unterschied voraussichtlich noch geringer ausfallen.

Man wird aber der langwierigen Rechnungen halber diesen Weg selten beschreiten und sich daher mit der Näherungsformel (50) im vierten Abschnitt oder (147) und Tabelle 17 im neunten Abschnitt begnügen müssen. Alle bisher mitgeteilten drei Verfahren zur schärferen Ermittelung der zweiten kritischen Drehzahl in den unsymmetrischen Fällen lassen aber jedenfalls erkennen, daß diese Verschärfung stets nur mit bedeutendem Rechenaufwand wird erkauft werden können.

Nunmehr sei dazu übergegangen, nach der bisherigen Betrachtungsweise auch die Kreiselwirkung zu berücksichtigen, um auch für diese Fälle etwa erwünschte Verbesserungen der vorher berechneten Näherungsergebnisse durchführen zu können.

Hierzu sei die verzerrte Welle in Abb. 30 betrachtet, die durch die Fliehkraft dF und das Kreiselmoment dK an der Stelle $x = t$ beansprucht sei. Der Drehsinn des letzteren bestimmt sich für die in Abb. 30 vorausgesetzte synchrone Präzession im Gleichlauf wieder nach der Regel vom gleichsinnigen Parallelismus der Drehachsen. Wie in Abb. 29 ist dF und dK durch die auf der Wellenstrecke dt aufgekeilten Scheiben bestimmt, so daß also ist

$$dF = \mu r^2(t)\pi y(t)\omega^2 dt,$$

$$dK = \tfrac{1}{4}\mu r^4(t)\pi y'(t)\omega^2 dt.$$

Setzen wir aber zunächst an der Stelle $x = t$ die endliche Fliehkraft F und das endliche Kreiselmoment K voraus, so genügen $y_1(x)$ für $x \leqq t$ bzw. $y_2(x)$ für $x \geqq t$ offenbar den beiden Differentialgleichungen

$$\frac{d^2 y_1}{dx^2} = -\frac{F}{EJ}\frac{l-t}{l}x - \frac{K}{EJl}x,$$

$$\frac{d^2 y_2}{dx^2} = -\frac{F}{EJ}\frac{t}{l}(l-x) + \frac{K}{EJl}(l-x),$$

denn die nach aufwärts positiv gerechneten Auflager-Reaktionen A und B sind gemäß Abb. 30 offenbar gegeben durch

$$A = F\frac{l-t}{l} + \frac{K}{l}, \quad B = F\frac{t}{l} - \frac{K}{l}.$$

Wie man erkennt, sind nach diesen Differentialgleichungen bereits die beiden Randbedingungen $y_1''(0) = y_2''(l) = 0$ erfüllt. Die vier Integrationskonstanten werden somit durch die beiden noch verbleibenden Randbedingungen $y_1(0) = y_2(l) = 0$, sowie durch die beiden Übergangsbedingungen $y_1(t) = y_2(t)$ und $y_1'(t) = y_2'(t)$ bestimmt, die fordern, daß an der Stelle $x = t$ weder ein Sprung noch ein Knick existieren darf. Die Durchführung der Rechnung ergibt schließlich für $y_1(x)$ bzw. $y_2(x)$

$$y_1(x,t) = \frac{F}{EJ}\frac{x}{6l}(l-t)(2lt - t^2 - x^2)$$
$$- \frac{K}{EJ}\frac{1}{6l}(x^3 + 2xl^2 + 3xt^2 - 6xtl) \qquad \text{für} \quad x \leqq t,$$

$$y_2(x,t) = \frac{F}{EJ}\frac{t}{6l}(l-x)(2lx - x^2 - t^2)$$
$$- \frac{K}{EJ}\frac{1}{6l}(x^3 - 3x^2 l + 3xt^2 + 2xl^2 - 3t^2 l) \quad \text{für} \quad x \geqq t.$$

Ist $K = 0$ und $F = 1$, so erhält man wieder die früheren Durchsenkungen $y_1(x,t)$ bzw. $y_2(x,t)$ vor (151).

Führt man nun statt F und K die oben angegebenen Elementarbelastungen dF und dK ein und berücksichtigt wieder alle diese Elementarlasten, indem man

t alle Werte zwischen 0 und l annehmen läßt, so findet man wie früher durch Superposition aller Einzeldurchsenkungen

$$y(x) = \mu\pi\omega^2\left[\int\limits_0^x \frac{1}{6EJ}\frac{l-x}{l} t(2lx - x^2 - t^2) r^2(t) y(t) dt\right.$$
$$\left. + \int\limits_x^l \frac{1}{6EJ}\frac{l-t}{l} x(2lt - t^2 - x^2) r^2(t) y(t) dt\right]$$
$$- \mu\pi\omega^2\left[\int\limits_0^x \frac{1}{24EJ}\frac{1}{l}(x^3 - 3x^2l + 3xt^2 + 2xl^2 - 3t^2l) r^4(t) y'(t) dt\right.$$
$$\left. + \int\limits_x^l \frac{1}{24EJ}\frac{1}{l}(x^3 + 2xl^2 + 3xt^2 - 6xtl) r^4(t) y'(t) dt\right].$$

Geht man hierin unter Beachtung von (6), (8), (9) und (151) wieder zu dimensionslosen Größen über, so erhält man schließlich[48*]

$$\eta(\xi) = u\left[\int\limits_0^1 K(\xi,\tau)\varrho^2(\tau)\eta(\tau)d\tau - \int\limits_0^1 K_1(\xi,\tau)\varrho^4(\tau)\eta'(\tau)d\tau\right], \tag{161}$$

worin $K(\xi,\tau)$ durch (153), $K_1(\xi,\tau)$ durch

$$\left.\begin{aligned} K_1(\xi,\tau) &= \tfrac{1}{24}(\xi^3 + 2\xi + 3\xi\tau^2 - 6\xi\tau) && \text{für} \quad \xi \leqq \tau \\ \text{bzw.} \qquad &= \tfrac{1}{24}(\xi^3 - 3\xi^2 + 3\xi\tau^2 + 2\xi - 3\tau^2) && \text{für} \quad \xi \geqq \tau \end{aligned}\right\} \tag{162}$$

gegeben ist. Als Ergebnis stellt sich also in (161), in der auch die Ableitung η' der Eigenfunktion auftritt, eine lineare, homogene Integrodifferentialgleichung mit den beiden Kernen $K(\xi,\tau)$ und $K_1(\xi,\tau)$ dar, von denen der erstere (153) symmetrisch, der letztere ersichtlich unsymmetrisch ist. Verzichtet man auf die Berücksichtigung der Kreiselwirkung, setzt also $K_1 = 0$, so erhält man wieder die Integralgleichung (152). Selbstverständlich gilt (161) der Herleitung gemäß für synchronen Gleichlauf, während für synchronen Gegenlauf gilt

$$\eta(\xi) = u\left[\int\limits_0^1 K(\xi,\tau)\varrho^2(\tau)\eta(\tau)d\tau + 3\int\limits_0^1 K_1(\xi,\tau)\varrho^4(\tau)\eta'(\tau)d\tau\right]. \tag{161a}$$

Zwischen den beiden Kernen K und K_1 bestehen eine Reihe von Beziehungen, wie man erkennt, wenn man ihre Ableitungen nach ξ oder τ bildet. Z. B. ist

$$\begin{aligned} \frac{\partial K(\tau,\xi)}{\partial\xi} = \frac{\partial K(\xi,\tau)}{\partial\xi} &= \frac{1}{6}(\tau^3 - 3\tau^2 + 3\tau\xi^2 + 2\tau - 3\xi^2) && \text{für} \quad \xi \leqq \tau \\ &= \frac{1}{6}(\tau^3 + 2\tau + 3\tau\xi^2 - 6\tau\xi) && \text{für} \quad \xi \geqq \tau. \end{aligned}$$

Dasselbe Ergebnis erhält man aber offenbar, wenn man in $4K_1(\xi,\tau)$ die beiden Veränderlichen ξ und τ vertauscht, wie man sich sofort überzeugen kann. Es besteht somit die Beziehung

$$\frac{\partial K(\tau,\xi)}{\partial\xi} = \frac{\partial K(\xi,\tau)}{\partial\xi} = 4K_1(\tau,\xi).$$

[48*] Man vgl. hierzu insbesondere R. Grammel: a. a. O.[12], S. 94.

Indem man alle Ableitungen bildet, erhält man eine Reihe solcher Relationen. Man findet leicht folgende Beziehungen, in denen auch die Symmetrieverhältnisse berücksichtigt sind

$$
\left.
\begin{aligned}
&\text{a)}\quad K(\xi,\tau) = K(\tau,\xi) = \begin{cases} \frac{1}{6}(1-\tau)\,\xi\,(2\,\tau-\tau^2-\xi^2) & \text{für } \xi \leqq \tau \\ \frac{1}{6}(1-\xi)\,\tau\,(2\,\xi-\xi^2-\tau^2) & \text{,, } \xi \geqq \tau \end{cases} \\
&\text{b)}\quad \frac{\partial K(\xi,\tau)}{\partial \xi} = \frac{\partial K(\tau,\xi)}{\partial \xi} = 4\,K_1(\tau,\xi) = \begin{cases} \frac{1}{6}(\tau^3-3\,\tau^2+3\,\tau\,\xi^2+2\,\tau-3\,\xi^2) & \text{,, } \xi \leqq \tau \\ \frac{1}{6}(\tau^3+2\,\tau+3\,\tau\,\xi^2-6\,\tau\,\xi) & \text{,, } \xi \geqq \tau \end{cases} \\
&\text{c)}\quad \frac{\partial K(\xi,\tau)}{\partial \tau} = \frac{\partial K(\tau,\xi)}{\partial \tau} = 4\,K_1(\xi,\tau) = \begin{cases} \frac{1}{6}(\xi^3+2\,\xi+3\,\xi\,\tau^2-6\,\xi\,\tau) & \text{,, } \xi \leqq \tau \\ \frac{1}{6}(\xi^3-3\,\xi^2+3\,\xi\,\tau^2+2\,\xi-3\,\tau^2) & \text{,, } \xi \geqq \tau \end{cases} \\
&\text{d)}\quad \frac{\partial^2 K(\xi,\tau)}{\partial \xi^2} = \frac{\partial^2 K(\tau,\xi)}{\partial \xi^2} = \frac{\partial^2 K(\xi,\tau)}{\partial \tau^2} = \frac{\partial^2 K(\tau,\xi)}{\partial \tau^2} = 4\,\frac{\partial K_1(\xi,\tau)}{\partial \tau} \\
&\qquad = 4\,\frac{\partial K_1(\tau,\xi)}{\partial \xi} = \begin{cases} -(1-\tau)\,\xi & \text{,, } \xi \leqq \tau \\ -(1-\xi)\,\tau & \text{,, } \xi \geqq \tau \end{cases} \\
&\text{e)}\quad \frac{\partial^2 K(\xi,\tau)}{\partial \xi\,\partial \tau} = \frac{\partial^2 K(\tau,\xi)}{\partial \xi\,\partial \tau} = 4\,\frac{\partial K_1(\xi,\tau)}{\partial \xi} = 4\,\frac{\partial K_1(\tau,\xi)}{\partial \tau} = \begin{cases} \frac{1}{6}(2-6\,\tau+3\,\tau^2+3\,\xi^2) & \text{,, } \xi \leqq \tau \\ \frac{1}{6}(2-6\,\xi+3\,\xi^2+3\,\tau^2) & \text{,, } \xi \geqq \tau \end{cases} \\
&\text{f)}\quad \frac{\partial^3 K(\xi,\tau)}{\partial \xi^3} = \frac{\partial^3 K(\xi,\tau)}{\partial \xi\,\partial \tau^2} = \frac{\partial^3 K(\tau,\xi)}{\partial \xi^3} = \frac{\partial^3 K(\tau,\xi)}{\partial \xi\,\partial \tau^2} = 4\,\frac{\partial^2 K_1(\xi,\tau)}{\partial \xi\,\partial \tau} \\
&\qquad = 4\,\frac{\partial^2 K_1(\tau,\xi)}{\partial \xi^2} = 4\,\frac{\partial^2 K_1(\tau,\xi)}{\partial \tau^2} = \begin{cases} -(1-\tau) & \text{,, } \xi \leqq \tau \\ +\,\tau & \text{,, } \xi \geqq \tau \end{cases} \\
&\text{g)}\quad \frac{\partial^3 K(\xi,\tau)}{\partial \xi^2\,\partial \tau} = \frac{\partial^3 K(\xi,\tau)}{\partial \tau^3} = \frac{\partial^3 K(\tau,\xi)}{\partial \xi^2\,\partial \tau} = \frac{\partial^3 K(\tau,\xi)}{\partial \tau^3} = 4\,\frac{\partial^2 K_1(\xi,\tau)}{\partial \xi^2} \\
&\qquad = 4\,\frac{\partial^2 K_1(\xi,\tau)}{\partial \tau^2} = 4\,\frac{\partial^2 K_1(\tau,\xi)}{\partial \xi\,\partial \tau} = \begin{cases} \xi & \text{,, } \xi \leqq \tau \\ -(1-\xi) & \text{,, } \xi \geqq \tau \end{cases} \\
&\text{h)}\quad \frac{\partial^4 K(\xi,\tau)}{\partial \xi^3\,\partial \tau} = \frac{\partial^4 K(\xi,\tau)}{\partial \xi\,\partial \tau^3} = \frac{\partial^4 K(\tau,\xi)}{\partial \xi^3\,\partial \tau} = \frac{\partial^4 K(\tau,\xi)}{\partial \xi\,\partial \tau^3} = 4\,\frac{\partial^3 K_1(\xi,\tau)}{\partial \xi^3} \\
&\qquad = 4\,\frac{\partial^3 K_1(\xi,\tau)}{\partial \xi\,\partial \tau^2} = 4\,\frac{\partial^3 K_1(\tau,\xi)}{\partial \tau^3} = 4\,\frac{\partial^3 K_1(\tau,\xi)}{\partial \xi^2\,\partial \tau} = \begin{cases} 1 & \text{,, } \xi \leqq \tau \\ 1 & \text{,, } \xi \geqq \tau \end{cases} \\
&\text{i)}\quad \frac{\partial^4 K(\xi,\tau)}{\partial \xi^4} = \frac{\partial^4 K(\tau,\xi)}{\partial \xi^4} = \frac{\partial^4 K(\xi,\tau)}{\partial \xi^2\,\partial \tau^2} = \frac{\partial^4 K(\tau,\xi)}{\partial \xi^2\,\partial \tau^2} = \frac{\partial^4 K(\xi,\tau)}{\partial \tau^4} = \frac{\partial^4 K(\tau,\xi)}{\partial \tau^4} = \frac{\partial^3 K_1(\xi,\tau)}{\partial \xi^2\,\partial \tau} = \\
&\qquad = \frac{\partial^3 K_1(\xi,\tau)}{\partial \tau^3} = \frac{\partial^3 K_1(\tau,\xi)}{\partial \xi\,\partial \tau^2} = \frac{\partial^3 K_1(\tau,\xi)}{\partial \xi^3} = 0
\end{aligned}
\right\}\quad (163)
$$

Mittels der Beziehungen (163) kann man z. B. die Integrodifferentialgleichung (161) leicht in eine Integralgleichung mit unsymmetrischem Kern überführen.

Aus (161) folgt nämlich durch partielle Integration nach τ hinsichtlich des zweiten Termes mit $K_1(\xi,\tau)$

$$\eta(\xi) = u\int_0^1 K(\xi,\tau)\varrho^2(\tau)\eta(\tau)\,d\tau - uK_1(\xi,\tau)\varrho^4(\tau)\eta(\tau)\Big|_0^1 + u\int_0^1 \frac{\partial}{\partial\tau}[K_1(\xi,\tau)\varrho^4(\tau)]\eta(\tau)\,d\tau$$

$$= u\int_0^1 K(\xi,\tau)\varrho^2(\tau)\eta(\tau)\,d\tau + u\int_0^1 \frac{\partial K_1(\xi,\tau)}{\partial\tau}\varrho^4(\tau)\eta(\tau)\,d\tau$$

$$+ u\int_0^1 4K_1(\xi,\tau)\varrho^3(\tau)\frac{\partial\varrho(\tau)}{\partial\tau}\eta(\tau)\,d\tau,$$

da das Glied $-uK_1(\xi,\tau)\,\varrho^4(\tau)\,\eta(\tau)\,\big|_0^1$ wegen der Randbedingungen (12a), die η erfüllen muß, verschwindet. Es ist nun die Ableitung $\eta'(\tau)$ beseitigt und mit Beachtung von (163c) und (163d) folgt die Integralgleichung

$$\left.\begin{aligned} &\eta(\xi) = u\int_0^1 \bar{K}(\xi,\tau)\eta(\tau)\,d\tau, \quad \text{worin mit } \frac{\partial\varrho(\tau)}{\partial\tau} = \varrho'(\tau) \text{ ist}\\ &\bar{K}(\xi,\tau) = K(\xi,\tau)\cdot\varrho^2(\tau) + 4K_1(\xi,\tau)\cdot\varrho^3(\tau)\varrho'(\tau) + \frac{\partial K_1(\xi,\tau)}{\partial\tau}\cdot\varrho^4(\tau)\\ &\quad = K(\xi,\tau)\cdot\varrho^2(\tau) + \frac{\partial K(\xi,\tau)}{\partial\tau}\cdot\varrho^3(\tau)\varrho'(\tau) + \frac{1}{4}\frac{\partial^2 K(\xi,\tau)}{\partial\xi^2}\cdot\varrho^4(\tau) \end{aligned}\right\} \tag{164}$$

oder explizit

$$\bar{K}(\xi,\tau) = \begin{cases} \frac{1}{6}(2\xi\tau - 3\xi\tau^2 + \xi\tau^3 - \xi^3 + \tau\xi^3)\varrho^2(\tau) + \frac{1}{6}(\xi^3 + 2\xi + 3\xi\tau^2 - 6\xi\tau)\\ \quad\times\varrho^3(\tau)\varrho'(\tau) - \frac{1}{4}(1-\tau)\xi\varrho^4(\tau) \quad \text{für } \xi \leqq \tau\\ \frac{1}{6}(2\tau\xi - 3\tau\xi^2 + \tau\xi^3 - \tau^3 + \xi\tau^3)\varrho^2(\tau) + \frac{1}{6}(\xi^3 - 3\xi^2 + 3\xi\tau^2 + 2\xi - 3\tau^2)\\ \quad\times\varrho^3(\tau)\varrho'(\tau) - \frac{1}{4}(1-\xi)\tau\varrho^4(\tau) \quad \text{für } \xi \geqq \tau \end{cases} \tag{164a}$$

Bildet man die Ableitungen von $\bar{K}(\xi,\tau)$ nach ξ, so erhält man nach (164) mit Beachtung von (163b, e, f) oder direkt durch Differentiation von (164a) der Reihe nach in expliziter Darstellung

$$\frac{\partial\bar{K}(\xi,\tau)}{\partial\xi} = \begin{cases} \frac{1}{6}(\tau^3 - 3\tau^2 + 3\tau\xi^2 + 2\tau - 3\xi^2)\varrho^2(\tau) + \frac{1}{6}(2 - 6\tau + 3\tau^2 + 3\xi^2)\varrho^3(\tau)\varrho'(\tau)\\ \qquad - \frac{1}{4}(1-\tau)\varrho^4(\tau) \quad \text{für } \xi \leqq \tau\\ \frac{1}{6}(\tau^3 + 2\tau + 3\tau\xi^2 - 6\tau\xi)\varrho^2(\tau) + \frac{1}{6}(2 - 6\xi + 3\xi^2 + 3\tau^2)\varrho^3(\tau)\varrho'(\tau)\\ \qquad + \frac{1}{4}\tau\varrho^4(\tau) \quad \text{für } \xi \geqq \tau \end{cases}$$

$$\frac{\partial^2\bar{K}(\xi,\tau)}{\partial\xi^2} = \left.\begin{cases} -(1-\tau)\xi\varrho^2(\tau) + \xi\varrho^3(\tau)\varrho'(\tau) & \text{für } \xi \leqq \tau\\ -(1-\xi)\tau\varrho^2(\tau) - (1-\xi)\varrho^3(\tau)\varrho'(\tau) & \text{für } \xi \geqq \tau \end{cases}\right\} \text{bei Beachtung von (163d, g, i) und schließlich}$$

$$\frac{\partial^3\bar{K}(\xi,\tau)}{\partial\xi^3} = \left.\begin{cases} -(1-\tau)\varrho^2(\tau) + \varrho^3(\tau)\varrho'(\tau) & \text{für } \xi \leqq \tau\\ +\tau\varrho^2(\tau) + \varrho^3(\tau)\varrho'(\tau) & \text{für } \xi \geqq \tau \end{cases}\right\} \text{bei Beachtung von (163f, h)}$$

Daraus ergibt sich, daß $\bar{K}(\xi, \tau)$ in (164) folgenden Rand- und Sprungbedingungen und der folgenden Differentialgleichung genügt, worin sich die Ableitungen von $\bar{K}$ nach ξ verstehen

$$\bar{K}(0, \tau) = \bar{K}''(0, \tau) = \bar{K}(1, \tau) = \bar{K}''(1, \tau) = 0 \tag{165a}$$

$$\left.\begin{aligned} &\bar{K}(\xi, \tau)\Big|_{\xi=\tau-0}^{\xi=\tau+0} = 0\,, \quad \bar{K}'(\xi, \tau)\Big|_{\xi=\tau-0}^{\xi=\tau+0} = \tfrac{1}{4}\varrho^4(\tau)\,, \quad \bar{K}''(\xi, \tau)\Big|_{\xi=\tau-0}^{\xi=\tau+0} = -\varrho^3(\tau)\varrho'(\tau)\,, \\ &\bar{K}'''(\xi, \tau)\Big|_{\xi=\tau-0}^{\xi=\tau+0} = \varrho^2(\tau)\,, \end{aligned}\right\} \tag{165b}$$

$$\bar{K}''''(\xi, \tau) = 0 \tag{165c}$$

(165b) gilt für ein als veränderlich gedachtes ξ, welches die Stelle τ passiert. Ist umgekehrt τ veränderlich und überschreitet dabei die Stelle ξ, so folgt aus obigen Ableitungen analog, wobei die Striche wieder Ableitung nach ξ bedeuten sollen

$$\left.\begin{aligned} &\bar{K}(\xi, \tau)\Big|_{\tau=\xi+0}^{\tau=\xi-0} = 0\,, \quad \bar{K}'(\xi, \tau)\Big|_{\tau=\xi+0}^{\tau=\xi-0} = \tfrac{1}{4}\varrho^4(\xi)\,, \quad \bar{K}''(\xi, \tau)\Big|_{\tau=\xi+0}^{\tau=\xi-0} = -\varrho^3(\xi)\varrho'(\xi)\,, \\ &\bar{K}'''(\xi, \tau)\Big|_{\tau=\xi+0}^{\tau=\xi-0} = \varrho^2(\xi)\,. \end{aligned}\right\} \tag{165d}$$

Mittels der Bedingungen (165) kann nun leicht gezeigt werden, daß die Integralgleichung (164) in der Tat die Differentialgleichung (78a) für synchronen Gleichlauf bedingt. Denn Differentiation von (164) nach ξ ergibt mit Beachtung von (165a, d), wenn wieder das Grundgebiet in die zwei Teilgebiete $0 \rightarrow \xi$ und $\xi \rightarrow 1$ zerlegt wird

$$\eta'(\xi) = u\int_0^1 \bar{K}'(\xi, \tau)\,\eta(\tau)\,d\tau\,,$$

$$\begin{aligned} \eta''(\xi) &= u\int_0^1 \bar{K}''(\xi, \tau)\,\eta(\tau)\,d\tau + u\,\bar{K}'(\xi, \tau)\,\eta(\tau)\Big|_0^{\xi-0} + u\,\bar{K}'(\xi, \tau)\,\eta(\tau)\Big|_{\xi+0}^1 \\ &= u\int_0^1 \bar{K}''(\xi, \tau)\,\eta(\tau)\,d\tau + \frac{u}{4}\,\varrho^4(\xi)\,\eta(\xi)\,, \end{aligned}$$

$$\begin{aligned} \eta'''(\xi) &= u\int_0^1 \bar{K}'''(\xi, \tau)\,\eta(\tau)\,d\tau + u\,\bar{K}''(\xi, \tau)\,\eta(\tau)\Big|_{\xi+0}^{\xi-0} + \frac{u}{4}\,(\varrho^4\,\eta)' \\ &= u\int_0^1 \bar{K}'''(\xi, \tau)\,\eta(\tau)\,d\tau - u\,\varrho^3(\xi)\,\varrho'(\xi)\,\eta(\xi) + \frac{u}{4}\,[\varrho^4(\xi)\,\eta(\xi)]'\,, \end{aligned}$$

$$\eta''''(\xi) = u\bar{K}'''(\xi, \tau)\,\eta(\tau)\Big|_{\xi+0}^{\xi-0} + \frac{u}{4}(\varrho^4\eta)'' - u(\varrho^3\varrho'\eta)' = u\varrho^2(\xi)\,\eta(\xi) + \frac{u}{4}[\varrho^4(\xi)\,\eta'(\xi)]'$$

d. h. wieder (78a), w. z. b. w.

Es ist natürlich auch ohne weiteres möglich, direkt von der Integrodifferentialgleichung (161) ausgehend durch wiederholte Differentiation nach ξ zur Differentialgleichung (78a) zu gelangen, wobei man bloß wieder die Beziehungen

(163) für K und K_1 zu beachten braucht, was hier aber unterbleiben kann. Analog gelangt man für synchrone Präzession im Gegenlauf von (161a) zu (78b) zurück.

Von besonderem Interesse ist es festzustellen, welchen Orthogonalitätsrelationen die Eigenfunktionen $\eta_m(\xi)$ und $\eta_n(\xi)$ bei synchroner Präzession im Gleich- bzw. Gegenlauf genügen. Sie gehorchen für synchronen Gleichlauf gemäß (78a) zunächst wieder den beiden Differentialgleichungen

$$\begin{array}{l|l} \eta_m'''' - \frac{u_m}{4}(\varrho^4 \eta_m')' - u_m \varrho^2 \eta_m = 0 & \eta_n \\ \eta_n'''' - \frac{u_n}{4}(\varrho^4 \eta_n')' - u_n \varrho^2 \eta_n = 0 & \eta_m \end{array}$$

deren Verbindung wie früher nach Erweiterung mit η_n bzw. η_m und Subtraktion ergibt

$$\eta_m \eta_n'''' - \eta_n \eta_m'''' - \tfrac{1}{4}[u_n \eta_m (\varrho^4 \eta_n')' - u_m \eta_n (\varrho^4 \eta_m')'] - (u_n - u_m)\varrho^2 \eta_n \eta_m = 0. \quad (166)$$

u_m bzw. u_n bedeuten hier wieder die zu den Eigenfunktionen η_m bzw. η_n gehörigen Eigenwerte. Nun ist aber

$$[u_n \eta_m (\varrho^4 \eta_n')' - u_m \eta_n (\varrho^4 \eta_m')'] = (u_n \varrho^4 \eta_n' \eta_m - u_m \varrho^4 \eta_m' \eta_n)' - (u_n - u_m)\varrho^4 \eta_m' \eta_n'. \quad (167)$$

Beachtet man (167) und außerdem die erweiterte Greensche Operation (155), in der hier wieder η_m und η_n an Stelle von K und η zu treten haben, so gibt die Integration der oben gewonnenen Gleichung (166) nach ξ wegen der Stetigkeit von η_m bzw. η_n und deren Ableitungen und wegen Erfüllung der Randbedingungen (12a) und, da $u_m \neq u_n$ ist, das einfache Ergebnis

a) für synchronen Gleichlauf:

$$\int_0^1 [\varrho^2 \eta_m \eta_n - \tfrac{1}{4}\varrho^4 \eta_m' \eta_n']\, d\xi = 0$$

b) für synchronen Gegenlauf: (168)

$$\int_0^1 [\varrho^2 \eta_m \eta_n + \tfrac{3}{4}\varrho^4 \eta_m' \eta_n']\, d\xi = 0$$

(168) ist die bei Berücksichtigung der Kreiselwirkung von den Eigenfunktionen η zu erfüllende Orthogonalitätsrelation, die eine Verallgemeinerung der früher gewonnenen einfacheren Relation (156) darstellt, in die sie für fehlende Kreiselwirkung bei Unterdrückung der zweiten Terme natürlich wieder übergeht.

Für synchronen Gleichlauf kann aber (168a) mittels partieller Integration auch folgendermaßen geschrieben werden

$$\int_0^1 \varrho^2 \eta_m \eta_n\, d\xi - \frac{1}{4}\int_0^1 \varrho^4 \eta_m' \eta_n'\, d\xi = \int_0^1 \varrho^2 \eta_m \eta_n\, d\xi - \frac{1}{4}\varrho^4 \eta_m' \eta_n \Big|_0^1 + \frac{1}{4}\int_0^1 (\varrho^4 \eta_m')' \eta_n\, d\xi$$

$$= \int_0^1 \left[\varrho^2 \eta_m + \frac{1}{4}(\varrho^4 \eta_m')'\right] \eta_n\, d\xi.$$

Drückt man hierin den Klammerausdruck mittels (78a) durch η_m'''' aus, so folgt wieder die verallgemeinerte Orthogonalitätsrelation (156b), die somit für fehlende, wie vorhandene Kreiselwirkung gültig, somit von allgemeinerer Bedeutung ist[49]. Denn auf sie führt, wie man analog zeigen kann, auch (168b) mittels (78b) für synchronen Gegenlauf.

(156b) legt nun die Vermutung nahe, daß auch die vierten Ableitungen $\eta''''(\xi)$ einer Integralgleichung (164) mit demselben unsymmetrischen Kern $\overline{K}(\xi,\tau)$ genügen. Daß dies in der Tat der Fall ist, kann folgendermaßen gezeigt werden: Verbindet man (78a) mit (165c), so erhält man wie früher

$$\overline{K}\eta'''' - \eta\overline{K}'''' - \frac{u}{4}(\varrho^4\eta')'\overline{K} - u\varrho^2\eta\overline{K} = 0.$$

Integriert man hier nach ξ zwischen 0 und 1 und beachtet wieder die erweiterte Greensche Operation (155), so fallen die betreffenden Terme wegen (12a) und (154a) an den Grenzen 0 und 1 weg und es verbleibt

$$[\overline{K}\eta''' - \eta\overline{K}''']_{\xi=\tau+0}^{\xi=\tau-0} - [\overline{K}'\eta'' - \eta'\overline{K}'']_{\xi=\tau+0}^{\xi=\tau-0} - \frac{u}{4}\int\limits_0^1(\varrho^4\eta')'\overline{K}\,d\xi - u\int\limits_0^1\varrho^2\eta\overline{K}\,d\xi = 0.$$

Läßt man hierin links den ersten Summanden $\overline{K}\eta'''$ wegen seiner Stetigkeit weg und beachtet im übrigen die Sprungrelationen (165b), so bleibt

$$\varrho^2(\tau)\,\eta(\tau) + \frac{1}{4}\varrho^4(\tau)\,\eta''(\tau) + \varrho^3(\tau)\,\varrho'(\tau)\,\eta'(\tau)$$

$$= u\int\limits_0^1\left\{\frac{1}{4}[\varrho^4(\xi)\,\eta'(\xi)]' + \varrho^2(\xi)\,\eta(\xi)\right\}\overline{K}(\xi,\tau)\,d\xi,$$

oder wegen (78a)

$$\eta''''(\tau) = u\int\limits_0^1\overline{K}(\xi,\tau)\,\eta''''(\xi)\,d\xi,$$

worin $\overline{K}(\xi,\tau)$ wieder durch (164a) gegeben ist.

Im nächsten Abschnitt sollen diese Ergebnisse durch Beachtung des diskreten Curtis-Rades entsprechend verallgemeinert werden[50].

Um die Verwertbarkeit der mitgeteilten Formeln hinsichtlich der Verschärfung der früher gewonnenen Näherungsergebnisse zu erweisen, sei wieder von der Integrodifferentialgleichung (161) mit den Kernen (153) und (162) ausgegangen und wieder der Fall 4, Abb. 7 betrachtet. Führt man in (161) wieder $\eta_5(\tau)$ von (17) ein, so ergibt sich nach Ausführung der angezeigten Integrationen mit $\varrho = i\,\xi$, worin $i = 0{,}3$ ist

$$\left.\begin{aligned}\overline{\eta}(\xi) = {} & \frac{u_1'\,i^2}{5\cdot6\cdot7\cdot8\cdot9\cdot11}(3358\,\xi - 4257\,\xi^3 + 1386\,\xi^7 - 550\,\xi^9 + 63\,\xi^{11})\\ & - \frac{u_1'\,i^4}{2310\cdot24}(2663\,\xi - 2816\,\xi^3 - 462\,\xi^7 + 825\,\xi^9 - 210\,\xi^{11}).\end{aligned}\right\}\quad(157\text{a})$$

(157a) genügt wieder den Randbedingungen (12a), die auch für $\eta(\xi)$ gültig sind.

Für fehlende Kreiselwirkung geht (157a) mit Unterdrückung des zweiten Terms wieder in (157) S. 108 über. Führt man (157a) und den Teil η_5 von (17) in (158) ein, so ergibt sich für synchronen Gleichlauf und $i = 0{,}3$

$$\frac{u_1'\,i^2}{5\cdot6^2\cdot7\cdot11\cdot16}\left(\frac{2953}{3} - 0{,}09\cdot2539\right) = \frac{3}{2}$$

---

[49] Hinsichtlich anderer allgemeiner Orthogonalitätsrelationen vgl. man Otto Haupt: Untersuchungen über Oszillationstheoreme. Dissertation Würzburg 1911. Man beachte ferner auch die Arbeit von H. Boerner: Das Eigenwertproblem der selbstadjungierten linearen Differentialgleichung vierter Ordnung. Math. Z. Bd. 34 (1931).

[50] Eine Weiterführung dieser Betrachtungen, insbesondere im Hinblick auf die Entwickelbarkeit der hier angegebenen Kerne nach den Eigenfunktionen, soll später folgen.

mit der Lösung $u_1' i^2 = 440{,}103$ (übereinstimmend mit $u_B' i^2$) statt $u_{W_1}' i^2 = 439{,}358$ in Tabelle 7. Für synchronen Gegenlauf folgt ebenso

$$\frac{u_1'' i^2}{5 \cdot 6^2 \cdot 7 \cdot 11 \cdot 16}\left(\frac{2953}{3} + 0{,}27 \cdot 2539\right) = \frac{3}{2}$$

mit der Lösung $u_1'' i^2 = 199{,}202$ (übereinstimmend mit $u_B'' i^2$), die mit der strengen Lösung $u_{W_1}'' i^2 = 193{,}182$ der Tabelle 7 schlechter übereinstimmt. Um sie also zu verschärfen, sei (157a) wieder in die Arbeitsgleichung für synchronen Gegenlauf, nämlich in den zu (79a) analogen Ausdruck

$$\int_0^1 (\overline{\eta}''^2 - \tfrac{3}{4} u_1'' \varrho^4 \overline{\eta}'^2 - u_1'' \varrho^2 \overline{\eta}^2)\, d\xi = 0$$

eingeführt, zu welchem Zweck man (157a) mit $i = 0{,}3$ praktischerweise umformt zu

$$\overline{\eta}(\xi) = 5515{,}03\, \xi - 6537{,}96\, \xi^3 + 1011{,}78\, \xi^7 + 118{,}25\, \xi^9 - 107{,}1\, \xi^{11},$$

wobei die ohnehin herausfallende Konstante gleich weggelassen wurde. Nach längerer Rechnung findet man $u_1'' i^2 = 193{,}207$ in nunmehr vorzüglicher Übereinstimmung mit der oben angegebenen strengen Lösung der Tabelle 7 und noch genauer als der dort angegebene Näherungswert $u_1'' i^2 = 193{,}420$.

Man kann die wichtigsten Ergebnisse dieses Abschnittes so zusammenfassen:

Die Auslenkung der verzerrten Wellenmittellinie genügt für die beiderseits frei aufliegende Welle bei fehlender Kreiselwirkung der Integralgleichung (152) mit dem symmetrischen Kern (153), bei vorhandener Kreiselwirkung und synchronem Gleichlauf aber der Integrodifferentialgleichung (161) mit dem symmetrischen Kern (153) und dem unsymmetrischen Kern (162) oder der Integralgleichung (164) mit dem unsymmetrischen indefiniten Kern (164a) und analog für synchronen Gegenlauf, während die Eigenfunktionen in jedem Fall der allgemeinen Orthogonalitätsrelation (156b) genügen. Führt man in diese Gleichungen einen den vorgeschriebenen Randbedingungen (12a) genügenden Ansatz $\eta(\xi)$ ein, so erhält man die bessere Näherung $\overline{\eta}(\xi)$ an die Eigenfunktionen, die mittels der Flächengleichung (158) oder noch mehr mittels der Arbeitsgleichungen (1b) bzw. (79a) viel schärfere Näherungen an die Eigenwerte ergibt.

11. Das Curtis-Rad; belastete Integralgleichungen und Orthogonalitäten.

Ist, wie bei vielen Turbinenbauarten, auf der Läuferwelle neben der eigentlichen Laufradtrommel noch ein eigenes Geschwindigkeitsrad (Curtis-Rad) vorgeschaltet, so kann man den Verhältnissen manchmal durch die Annahme einer konzentrierten Einzelmasse am besten gerecht werden, denn diese Scheibenmasse und ihr Halbmesser übertrifft oftmals weit an Größe die nächst nachfolgenden Scheiben der Laufradtrommel[51].

[51] Man vgl. beispielsweise die Turbine der A. G. Brown, Boveri-Co. für mittlere und kleine Leistungen in A. Stodola: Dampfturbinen, Abb. 700, S. 575 und Abb. 705, S. 578, auch Abb. 707, S. 580. Ferner auch die Zweidruck-Turbine der Gute-Hoffnungshütte, ebenda, Abb. 725, S. 595. H. Melan: Theorie und Bau der Dampfturbinen a. a. O. Abb. 150, S. 256 und Abb. 152, S. 258. P. E. Brunelli: Le macchine a vapore a. a. O. Abb. 185, S. 275 und Abb. 200, S. 293.

Heiße M_c die Gesamtmasse und R_c der Halbmesser des Curtis-Rades, sei ferner c der Ort desselben gerechnet vom linken Wellenende, wobei $0 < c < l$ ist, so wird das ganze Grundgebiet in zwei Teilintervalle zerlegt, für die wieder die Auslenkungsfunktionen $y_1(x)$ im ersten Teilintervall $(0 \leqq x \leqq c)$ und $y_2(x)$ im zweiten Teilintervall $(c \leqq x \leqq l)$ sein mögen. $y_c = y(c)$ ist daher die Wellenauslenkung am Orte des Curtis-Rades (Abb. 31). Man vgl. auch Abb. 30 S. 104, in der für $x = t$ hier $x = \varkappa\, l$ zu setzen wäre [man vgl. (169)].

Während bei den bisherigen Betrachtungen wohl Ableitungen der aufgetretenen Kerne, nicht aber solche der Eigenfunktionen selbst endliche Sprünge aufwiesen, treten nun solche der Eigenfunktionen selbst noch hinzu. Wir wollen dieselben zunächst unter Benutzung des Prinzips von Hamilton herleiten.

Die potentielle Energie $V(t)$ oder $L_i(t)$ der ausgelenkten Welle ist wieder durch (3) gegeben. Die kinetische Energie $L(t)$ ist, wie nach (80) dargetan wurde, zunächst durch die Energie der stetigen Scheiben der Laufradtrommel und ferner noch durch die Energie des Curtis-Rades L_c gegeben, wobei mit M_c als Masse des Curtis-Rades, sowie mit Θ_{pc} dessen polarem und Θ_{dc} dessen Durchmesserträgheitsmoment L_c ausgedrückt wird durch [man vgl. auch Abb. 2 S. 12]

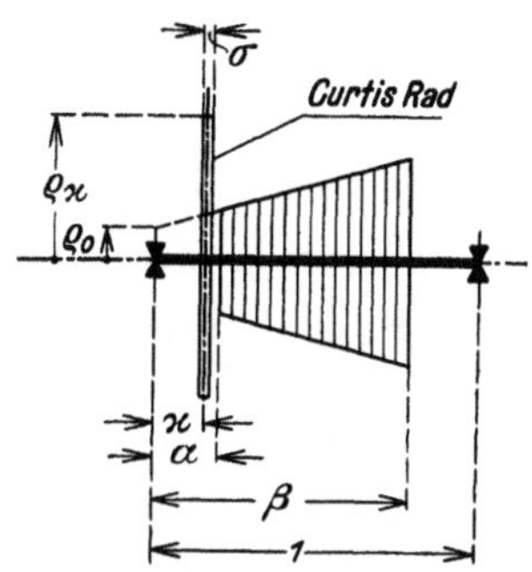

Abb. 31, Fall 5a. Die Läuferform Fall 5, Abb. 8 mit vorgeschaltetem Curtis-Rad vom Radius $F_c = l \cdot \varrho_\varkappa$.

$$L_c = \tfrac{1}{2} M_c\, y_c^2\, \omega^2 + \tfrac{1}{2}\Theta_{pc}\,\omega_x^2 + \tfrac{1}{2}\Theta_{dc}\,\omega_y^2.$$

Hierin haben ω_x und ω_y die in Abb. 2 ersichtliche Bedeutung, während mit s als Scheibendicke des Curtis-Rades dessen Masse $M_c = \mu\,\pi\, R_c^2\, s$ ist. Damit gibt das Prinzip von Hamilton (5), wenn die Ausführungen nach (80) beachtet werden:

$$\frac{1}{2}\,\delta\int\limits_{t_0}^{t_1}\Bigg[\int\limits_0^l\Big\{E J\, y''^2 - \mu\,\pi\,\omega^2\Big(r^2 y^2 + \frac{1}{2} r^4 - \frac{1}{4} r^4 y'^2\Big)\Big\}\, d x$$
$$- \mu\,\pi\,\omega^2\, s\Big(R_c^2\, y_c^2 + \frac{1}{2} R_c^4 - \frac{1}{4} R_c^4\, y_c'^2\Big)\Bigg]\, d t = 0.$$

Läßt man hier wie früher die Variation nach der Zeit gleich weg und unterdrückt den Faktor $\frac{1}{2}$ und ebenso die beiden von y und seinen Ableitungen freien Glieder $\frac{1}{2}\mu\,\pi\,\omega^2 r^4\, d x$ bzw. $\frac{1}{2}\mu\,\pi\,\omega^2\, s\, R_c^4$, die ja hinsichtlich der Variation nach y einflußlos sind, zerlegt man ferner in die beiden angegebenen Teilintervalle und geht mittels (6), (7), (8), (9), (11) und der weiteren Festsetzung

$$\left.\begin{aligned} s &= \sigma \cdot l \\ c &= \varkappa \cdot l \\ R_c &= \varrho_\varkappa \cdot l \end{aligned}\right\} \tag{169}$$

zu dimensionslosen Größen über, so bleibt zunächst, wenn durch $\frac{E J}{l}$ geteilt wird

$$\delta\Bigg\{\int\limits_0^\varkappa\Big[\eta_1''^2 - u\Big(\varrho^2\eta_1^2 - \frac{1}{4}\varrho^4\,\eta_1'^2\Big)\Big]\, d\xi + \int\limits_\varkappa^1\Big[\eta_2''^2 - u\Big(\varrho^2\eta_2^2 - \frac{1}{4}\varrho^4\,\eta_2'^2\Big)\Big]\, d\xi$$
$$- u\,\sigma\,\varrho_\varkappa^2\,\eta_\varkappa^2 + \frac{1}{4}\, u\,\sigma\,\varrho_\varkappa^4\,\eta_\varkappa'^2\Bigg\} = 0.$$

Die Durchführung der Variation ergibt nun analog, wie dies nach (95) S. 47, 48 entwickelt wurde

$$\eta_1''\,\delta\eta_1'\Big|_0^{\varkappa} - \eta_1'''\,\delta\eta_1\Big|_0^{\varkappa} + \frac{u}{4}\,\varrho^4\eta_1'\,\delta\eta_1\Big|_0^{\varkappa} + \int\limits_0^{\varkappa}\Big[\eta_1'''' - \frac{u}{4}\,(\varrho^4\,\eta_1')' - u\,\varrho^2\,\eta_1\Big]\,\delta\eta_1\,d\xi$$

$$+\,\eta_2''\,\delta\eta_2'\Big|_{\varkappa}^{1} - \eta_2'''\,\delta\eta_2\Big|_{\varkappa}^{1} + \frac{u}{4}\,\varrho^4\eta_2'\,\delta\eta_2\Big|_{\varkappa}^{1} + \int\limits_{\varkappa}^{1}\Big[\eta_2'''' - \frac{u}{4}\,(\varrho^4\,\eta_2')' - u\,\varrho^2\,\eta_2\Big]\,\delta\eta_2\,d\xi$$

$$- u\,\sigma\,\varrho_{\varkappa}^2\,\eta_{\varkappa}\,\delta\eta_{\varkappa} + \frac{u}{4}\,\sigma\,\varrho_{\varkappa}^4\,\eta_{\varkappa}'\,\delta\eta_{\varkappa}' = 0\,.$$

Da wieder die Randbedingungen (12a), somit hier $\eta_1(0) = \eta_1''(0) = \eta_2(1) = \eta_2''(1)$ erfüllt sind, verbleiben für η_1 bzw. η_2 wieder die beiden für sie gültigen Differentialgleichungen (78a) und ferner, da obiger Gesamtausdruck verschwinden muß, für sonst willkürliche Zusatzfunktionen $\delta\eta_1$, $\delta\eta_2$, $\delta\eta_1'$, $\delta\eta_2'$, sofern sie nur die auch für sie gültigen Randbedingungen (12a) erfüllen und an der Übergangsstelle $\xi = \varkappa$ stetig und knicklos aneinanderstoßen, was durch

$$\delta\eta_1(\varkappa) = \delta\eta_2(\varkappa) = \delta\eta_{\varkappa}, \qquad \delta\eta_1'(\varkappa) = \delta\eta_2'(\varkappa) = \delta\eta_{\varkappa}'$$

ausgedrückt werden kann, die folgenden Übergangsbedingungen

$$\left.\begin{array}{l}
\text{a) mit } \delta\eta \text{ als Faktor}\\[4pt]
-\left(\dfrac{d^3\eta_1}{d\xi^3}\right)_{\xi=\varkappa} + \left(\dfrac{d^3\eta_2}{d\xi^3}\right)_{\xi=\varkappa} - u\,\sigma\,\varrho_{\varkappa}^2\,\eta_{\xi=\varkappa} = 0 \quad \text{oder kurz} \quad \eta'''\Big|_{\varkappa-0}^{\varkappa+0} = u\,\sigma\,\varrho_{\varkappa}^2\,\eta_{\varkappa}\\[8pt]
\text{b) mit } \delta\eta' \text{ als Faktor}\\[4pt]
\left(\dfrac{d^2\eta_1}{d\xi^2}\right)_{\xi=\varkappa} - \left(\dfrac{d^2\eta_2}{d\xi^2}\right)_{\xi=\varkappa} + \dfrac{u}{4}\sigma\,\varrho_{\varkappa}^4\,\eta_{\xi=\varkappa}' = 0 \quad \text{oder kurz} \quad \eta''\Big|_{\varkappa-0}^{\varkappa+0} = \dfrac{u}{4}\,\sigma\,\varrho_{\varkappa}^4\,\eta_{\varkappa}'
\end{array}\right\} \quad (170)$$

Geht man wieder zu dimensionierten Größen über, so lauten die für η gefundenen Sprungrelationen (170) offenbar

$$\left.\begin{aligned}
E\,J\,\frac{d^3y_2}{dx^3} &= E\,J\,\frac{d^3y_1}{dx^3} + M_c\cdot y_c\cdot\omega^2\\
E\,J\,\frac{d^2y_2}{dx^2} &= E\,J\,\frac{d^2y_1}{dx^2} + \Theta_{dc}\cdot y_c'\cdot\omega^2
\end{aligned}\right\}$$

worin $M_c = \mu\,\pi\,R_c^2\,s = \mu\,\pi\,l^3\,\varrho_{\varkappa}^2\,\sigma$ und $\Theta_{dc} = \frac{1}{4}\,\mu\,\pi\,R_c^4\,s = \frac{1}{4}\,\mu\,\pi\,l^5\,\varrho_{\varkappa}^4\,\sigma$ ist.

Dies ist nichts anderes als der Ausdruck für die beiden bekannten Sätze, daß die Querkraft bzw. das Biegungsmoment unmittelbar rechts von der Stelle $x = c$ des Curtis-Rades gleich sind der Querkraft bzw. dem Biegungsmoment unmittelbar links von dieser Stelle vermehrt um die Fliehkraft bzw. das Kreiselmoment des Curtis-Rades, die an dieser Stelle wirksam sind.

Nun können sofort die hier gültigen verallgemeinerten Orthogonalitätsrelationen hergeleitet werden, denen die Eigenfunktionen η in diesem Falle genügen müssen.

Sind η_m und η_n für $m \neq n$ wieder zwei solche Eigenfunktionen und u_m bzw. u_n die zugehörigen Eigenwerte, so genügen sie wieder den beiden Differentialgleichungen (78a) und aus ihrer Verknüpfung und darauffolgenden Integration nach ξ über das Grundgebiet folgt wieder bei Beachtung von (155), worin statt K und η nun η_m und η_n zu schreiben ist, sowie bei Berücksichtigung von (166) und (167) die folgende Gleichung, in welcher die bei $\xi = 0{,}1$ ohnehin verschwindenden Terme sogleich weggelassen wurden und die Stetigkeit von η und η' an der Stelle $\xi = \varkappa$ beachtet wurde

$$(\eta_m\eta_n''' - \eta_n\eta_m''')\Big|_{\varkappa+0}^{\varkappa-0} - (\eta_m'\eta_n'' - \eta_n'\eta_m'')\Big|_{\varkappa+0}^{\varkappa-0} - (u_n - u_m)\int\limits_0^1\Big[\varrho^2\eta_m\eta_n - \frac{1}{4}\,\varrho^4\eta_m'\eta_n'\Big]\,d\xi = 0\,.$$

Beachtet man nun hierin die für η'' bzw. η''' nach (170) gültigen Sprungrelationen, so folgt hieraus

$$-(u_n - u_m)\,\sigma\,\varrho_\varkappa^2\cdot(\eta_m\,\eta_n)_\varkappa + (u_n - u_m)\,\sigma\,\frac{1}{4}\,\varrho_\varkappa^4\,(\eta_m'\,\eta_n')_\varkappa$$

$$-(u_n - u_m)\int_0^1\left[\varrho^2\,\eta_m\,\eta_n - \frac{1}{4}\,\varrho^4\,\eta_m'\,\eta_n'\right]d\xi = 0,$$

oder schließlich, da $u_m \neq u_n$ ist,

$$\int_0^1\left[\varrho^2\,\eta_m\,\eta_n - \frac{1}{4}\,\varrho^4\,\eta_m'\,\eta_n'\right]d\xi + \sigma\left(\varrho^2\,\eta_m\,\eta_n - \frac{1}{4}\,\varrho^4\,\eta_m'\,\eta_n'\right)_{\xi=\varkappa} = 0. \qquad (171)$$

Für synchronen Gegenlauf hat man hierin natürlich $-\frac{1}{4}$ durch $+\frac{3}{4}$ zu ersetzen. (171) stellt die bei Beachtung des diskreten Curtis-Rades gesuchte Verallgemeinerung der Orthogonalitätsrelation (168) dar, die darin besteht, daß zu dem über das Grundgebiet erstreckten Integral noch der mit der positiven Konstanten σ multiplizierte Wert des Integranden an der Stelle $\xi = \varkappa$ hinzugefügt wird. Man kann im Sinne einer Kneserschen[52] Bezeichnungsweise (171) eine „belastete Orthogonalität" oder auch eine Orthogonalität in Stieltjes Sinne nennen, wobei hier besonders zu beachten ist, daß dieselbe sowohl für fehlende Kreiselwirkung, als auch bei Berücksichtigung derselben bestehen bleibt. Im ersteren Falle tritt mit Unterdrückung der Terme mit η' bloß die vereinfachte Relation

$$\int_0^1 \varrho^2\,\eta_m\,\eta_n\,d\xi + \sigma\,(\varrho^2\,\eta_m\,\eta_n)_{\xi=\varkappa} = 0 \qquad (171\,\mathrm{a})$$

an Stelle von (171).

Nun kann auch die hier gültige Verallgemeinerung der bei vorhandener Kreiselwirkung gültigen Integrodifferentialgleichung (161) bzw. der bei fehlender Kreiselwirkung gültigen Integralgleichung (152) gewonnen werden.

Die Verbindung von (78a), der die Eigenfunktion η genügt, mit (165c), der der unsymmetrische Kern $\overline{K}$ genügt, ergibt, wie nach (168) gezeigt wurde, die Gleichung

$$\overline{K}\,\eta'''' - \eta\,\overline{K}'''' - \frac{u}{4}\,(\varrho^4\,\eta')'\,\overline{K} - u\,\varrho^2\,\eta\,\overline{K} = 0.$$

Nun soll hier wieder nach ξ über das Grundgebiet integriert werden. Dazu werde aber, da η den Sprungrelationen (170), $\overline{K}$ aber den Sprungrelationen (165b) für veränderliches ξ genügt, das Grundintervall jetzt in drei Teilintervalle zerlegt. Werde ohne Beschränkung der Allgemeinheit $0 < \tau < \varkappa < 1$ vorausgesetzt, so mögen diese drei Teilintervalle $0 \to \tau$, $\tau \to \varkappa$, $\varkappa \to 1$ sein. Mit Beachtung von (155), sowie mit Weglassung der Terme für $\xi = 0$ und $\xi = 1$, an welchen Grenzen sie sämtlich wegen der Randbedingungen (12a) und (165a) verschwinden, bleibt

$$(\overline{K}\,\eta''' - \eta\,\overline{K}''')\Big|_{\tau+0}^{\tau-0} + (\overline{K}\,\eta''' - \eta\,\overline{K}''')\Big|_{\varkappa+0}^{\varkappa-0} - (\overline{K}'\,\eta'' - \eta'\,\overline{K}'')\Big|_{\tau+0}^{\tau-0} - (\overline{K}'\,\eta'' - \eta'\,\overline{K}'')\Big|_{\varkappa+0}^{\varkappa-0}$$

$$-u\int_0^1\left[\varrho^2\,\eta + \frac{1}{4}\,(\varrho^4\,\eta')'\right]\overline{K}\,d\xi = 0.$$

[52] Kneser, A.: Die Integralgleichungen und ihre Anwendungen in der mathematischen Physik, 2. Aufl. Braunschweig 1922.

Wegen der Stetigkeit von $\overline{K}(\xi,\tau)$ an der Stelle $\xi=\tau$ und $\eta(\xi)$ wie $\eta'(\xi)$ an der Stelle $\xi=\varkappa$ folgt nun mit Umkehrung der Grenzen

$$\eta\overline{K}'''\Big|_{\tau-0}^{\tau+0}-\overline{K}\eta'''\Big|_{\varkappa-0}^{\varkappa+0}+(\overline{K}'\eta''-\eta'\overline{K}'')\Big|_{\tau-0}^{\tau+0}+\overline{K}'\eta''\Big|_{\varkappa-0}^{\varkappa+0}$$
$$-u\int_0^1\Big[\varrho^2\eta+\frac{1}{4}(\varrho^4\eta')'\Big]\overline{K}\,d\xi=0\,.$$

Daraus folgt nun wegen (165b) und (170)

$$\varrho^2(\tau)\,\eta(\tau)-\overline{K}(\varkappa,\tau)\,u\,\sigma\,\varrho_\varkappa^2\,\eta(\varkappa)+\frac{1}{4}\varrho^4(\tau)\,\eta''(\tau)+\varrho^3(\tau)\,\varrho'(\tau)\,\eta'(\tau)$$
$$+\overline{K}'(\varkappa,\tau)\frac{u}{4}\sigma\,\varrho_\varkappa^4\,\eta'(\varkappa)-u\int_0^1\Big[\varrho^2\eta+\frac{1}{4}(\varrho^4\eta')'\Big]\overline{K}\,d\xi=0$$

oder

$$\left.\begin{aligned}&u\int_0^1\Big[\varrho^2(\xi)\,\eta(\xi)+\frac{1}{4}\{\varrho^4(\xi)\,\eta'(\xi)\}'\Big]\overline{K}(\xi,\tau)\,d\xi\\&+u\Big[\sigma\varrho^2(\xi)\,\eta(\xi)\overline{K}(\xi,\tau)-\frac{\sigma}{4}\varrho^4(\xi)\,\eta'(\xi)\overline{K}'(\xi,\tau)\Big]_{\xi=\varkappa}=\varrho^2(\tau)\eta(\tau)+\frac{1}{4}\{\varrho^4(\tau)\eta'(\tau)\}'\end{aligned}\right\}\tag{172}$$

Wegen (78a) kann man η'''' statt des Ausdruckes in der eckigen Klammer des Integranden und rechts einführen und erhält dann

$$\left.\begin{aligned}\eta''''(\tau)=u&\int_0^1\eta''''(\xi)\,\overline{K}(\xi,\tau)\,d\xi\\&+u^2\Big[\sigma\varrho^2(\xi)\,\eta(\xi)\,\overline{K}(\xi,\tau)-\frac{\sigma}{4}\varrho^4(\xi)\,\eta'(\xi)\,\overline{K}'(\xi,\tau)\Big]_{\xi=\varkappa}.\end{aligned}\right\}\tag{172a}$$

Für fehlende Kreiselwirkung geht der Kern $\overline{K}(\xi,\tau)$ in (164) über in $K(\xi,\tau)\cdot\varrho^2(\tau)$, worin $K(\xi,\tau)$ durch (153) gegeben ist. Dann aber folgt aus (172) bei Weglassung sämtlicher von der Kreiselwirkung herrührender Glieder und nach Teilung durch $\varrho^2(\tau)$

$$\eta(\tau)=u\Big\{\int_0^1\varrho^2(\xi)\,\eta(\xi)\,K(\xi,\tau)\,d\xi+\sigma\,[\varrho^2(\xi)\,\eta(\xi)\,K(\xi,\tau)]_{\xi=\varkappa}\Big\}\tag{172b}$$

und diese Gleichung geht bei fehlendem Curtis-Rad mit $\sigma=0$ wieder in die Integralgleichung (152) über. Für fehlende Kreiselwirkung tritt also nach (172b) auf der rechten Seite zu dem über das Grundgebiet erstreckten Integral noch der mit der positiven Konstanten σ multiplizierte Wert des Integranden an der Stelle $\xi=\varkappa$ hinzu. Man hat es im Sinne der eingeführten Bezeichnungsweise mit einer „belasteten" Integralgleichung mit dem symmetrischen Kern $K(\xi,\tau)$ (153) zu tun. Bei Beachtung der Kreiselwirkung hingegen ergibt sich eine „belastete" Integrodifferentialgleichung (172) bzw. (172a) in einem allgemeineren Sinne, da jetzt zum Integral über das Grundgebiet ein anderer Ausdruck als der Wert des Integranden an der Stelle $\xi=\varkappa$ hinzutritt.

Wie im zehnten Abschnitt können auch die hier gewonnenen Gleichungen (172) bzw. (172b) zur Bestimmung der fraglichen Eigenwerte verwendet werden[50]. Zunächst aber soll das in den Abschnitten 2, 3, 5 und 6 entwickelte Näherungsverfahren für die hier vorkommenden Fälle an Hand eines Beispieles (Fall 5a) erläutert werden.

Dazu werde der unsymmetrische Fall 5 des Kegelstumpfes (Abb. 8) herangezogen, wobei aber dem kegelstumpfförmigen Rotor gemäß Abb. 31 noch eine diskrete Scheibe, die das Curtis-Rad repräsentieren möge, vorgelagert zu denken ist. Ihre Lage werde durch $\varkappa = 0{,}15$, ihr Radius durch $\varrho_\varkappa = 0{,}4$ festgesetzt, während ihre Masse M_c gerade $^1/_4$ der Gesamtmasse M des Kegelstumpfes betragen möge. Die übrigen Größen $\varrho_0, i, \alpha, \beta$ seien dieselben wie bei Fall 5, Abb. 8.

Das Arbeitsprinzip (1) ergibt für fehlende Kreiselwirkung, wie man leicht erkennt

$$\frac{1}{2} E J \int_0^l y''^2 \, d x = \frac{1}{2} \mu \pi \omega^2 \int_0^l r^2 y^2 \, d x + \frac{1}{2} M_c y_c^2 \omega^2 .$$

Geht man hierin mittels (6), (7), (8), (9), (11) und (169) wieder zu dimensionslosen Größen über, so folgt mit der Bezeichnungsweise (14) und (16)

$$\frac{E J}{l} \int_0^1 \eta''^2 d \xi = \mu \pi \omega^2 l^5 \int_0^1 \varrho^2 \eta^2 \, d \xi + M_c l^2 \omega^2 \eta_\varkappa^2$$

und wegen (14), (16) und (9):

$$F_A = u_A A + \frac{M_C l^3 \omega^2}{E J} \eta_\varkappa^2 = u_A \left(A + \frac{M_c}{\mu \pi l^3} \eta_\varkappa^2 \right) = u_A (A + \alpha_\varkappa \eta_\varkappa^2) ,$$

worin wegen $M = \pi \mu l^3 \int_0^1 \varrho^2 \, d\xi$ die Größe $\alpha_\varkappa$ durch (173) gegeben ist. In unserem Falle findet man zunächst bei Beachtung von (10), (11) und (15)

$$\int_0^1 \varrho^2 \, d \xi = \varrho_0^2 \gamma_1 + 2 i \varrho_0 \gamma_2 + i^2 \gamma_3$$

und wegen $\varepsilon = \frac{M_c}{M} = \frac{1}{4}$ und der übrigen wie im Fall 5, Abb. 8 angenommenen Größen ergibt sich:

$$\alpha_\varkappa = 0{,}007\,875 .$$

Wählt man für η den Ansatz (17) und bezeichnet mit $\eta_{4\varkappa}$ den Wert des ersten mit α_4 multiplizierten Teiles desselben und analog mit $\eta_{5\varkappa}$ den Wert des zweiten mit α_5 multiplizierten Teiles desselben an der Stelle $\xi = \varkappa$, so findet man für $\varkappa = \xi = 0{,}15$

$$\eta_{4\varkappa} = 0{,}143756 , \qquad \eta_{5\varkappa} = 1{,}016478 .$$

Man kann nun formell die Ergebnisse (16), (19) und (21) übernehmen, wenn man statt der dort auftretenden Größen A, B, C nunmehr die im folgenden angegebenen $A_\varkappa$, $B_\varkappa$, $C_\varkappa$ einführt, die mit $\alpha_\varkappa$ definiert sind durch

$$\left.\begin{aligned} A_\varkappa &= A + \alpha_\varkappa \eta_{4\varkappa}^2 \\ B_\varkappa &= B + \alpha_\varkappa \eta_{4\varkappa} \cdot \eta_{5\varkappa} , \qquad \alpha_\varkappa = \frac{M_c}{M} \int_0^1 \varrho^2 \, d\xi = \varepsilon \int_0^1 \varrho^2 \, d\xi \\ C_\varkappa &= C + \alpha_\varkappa \eta_{5\varkappa}^2 \end{aligned}\right\} \tag{173}$$

Die Größen $A_\varkappa$, $B_\varkappa$, $C_\varkappa$ sind in Tabelle 2 unter Fall 5a, Abb. 31 angegeben und damit sind dann die dort verzeichneten Werte u für die erste und zweite Annäherung berechnet worden. Man erkennt, daß insbesondere die zweite kritische Drehzahl durch das Curtis-Rad eine bedeutende Verminderung erfahren hat.

Noch größer sind die Änderungen, wenn man auch die Kreiselwirkung berücksichtigt. Analog wie für fehlende Kreiselwirkung ergibt die Einführung in die Arbeitsgleichung (1), daß man formell die hier maßgebenden Gleichungen (81) und (82) übernehmen kann, wenn man wieder die Größen A, B, C gemäß (173) durch $A_\varkappa$, $B_\varkappa$, $C_\varkappa$ ersetzt und analog die Größen K_A, K_B, K_C durch $K_{A\varkappa}$, $K_{B\varkappa}$, $K_{C\varkappa}$, welche definiert sind durch

$$\left.\begin{aligned} K_{A\varkappa} &= K_A + \alpha_\varkappa \cdot \varrho_\varkappa^2 \cdot \eta_{4\varkappa}'^2 \\ K_{B\varkappa} &= K_B + \alpha_\varkappa \cdot \varrho_\varkappa^2 \cdot \eta_{4\varkappa}' \cdot \eta_{5\varkappa}' \\ K_{C\varkappa} &= K_C + \alpha_\varkappa \cdot \varrho_\varkappa^2 \cdot \eta_{5\varkappa}'^2 \end{aligned}\right\} \tag{174}$$

Für $\xi = \varkappa = 0{,}15$ ergibt (17): $\eta_{4\varkappa}' = 0{,}8785$ und $\eta_{5\varkappa}' = 6{,}332594$ und damit sind in Tabelle 7 für Fall 5a alle dort angegebenen Größen für synchrone Präzession im Gleich- wie im Gegenlauf für die erste und zweite Annäherung berechnet worden, woraus man den großen Einfluß der Kreiselwirkung der Curtis-Scheibe auf die kritischen Drehzahlen erkennen kann. Man sieht insbesondere, daß die zweite kritische Drehzahl bei synchronem Gleichlauf durch die Curtis-Scheibe eine außerordentliche Erhöhung erfahren hat. Als Gesamtergebnis kann also hiermit ausgesprochen werden:

Die Mitbeachtung des diskreten Curtis-Rades gestattet die formelle Benutzung der Formeln (16), (19), (21) für fehlende, sowie der Formeln (81) und (82) für vorhandene Kreiselwirkung, sofern man die Größen A, B, C und K_A, K_B, K_C durch die bezüglichen verallgemeinerten Größen $A_\varkappa$, $B_\varkappa$, $C_\varkappa$ in (173) und $K_{A\varkappa}$, $K_{B\varkappa}$, $K_{C\varkappa}$ in (174) ersetzt.

Um nun auch, wenigstens für fehlende Kreiselwirkung, die Verwendbarkeit der oben gewonnenen Gleichungen zu erweisen, werde für Fall 5, Abb. 8 zunächst wieder der zweite Term von (17), nämlich η_5, in (152) eingeführt. Dadurch erhält man zunächst

$$\begin{aligned} K(\xi,\tau)\varrho^2(\tau)\eta(\tau) = {} & \frac{1}{6}\varrho^2(\tau)[-7\xi^3\tau + 7(2\xi + \xi^3)\tau^2 - (21\xi - 10\xi^3)\tau^3 \\ & -(13\xi + 10\xi^3)\tau^4 + (30\xi - 3\xi^3)\tau^5 - (4\xi - 3\xi^3)\tau^6 \\ & - 9\xi\tau^7 + 3\xi\tau^8] \qquad \text{für } \xi \leqq \tau \\ = {} & \frac{1}{6}\varrho^2(\tau)[7(2\xi - 3\xi^2 + \xi^3)\tau^2 - (7 + 13\xi - 30\xi^2 + 10\xi^3)\tau^4 \\ & + (10 - 4\xi - 9\xi^2 + 3\xi^3)\tau^6 - 3(1-\xi)\tau^8] \qquad \text{für } \xi \geqq \tau \end{aligned}$$

Die Durchführung der Integrationen in (152) ergibt nun mit Beachtung, daß $\varrho(\tau) = \frac{1}{20}(2 + 5\tau)$ für $0{,}2 \leqq \tau \leqq 0{,}8$, sonst $\varrho = 0$ ist,

$$\begin{aligned} \overline{\eta}(\xi) = {} & (228337\,\xi - 311475\,\xi^3) \cdot \frac{u}{2400} \cdot \frac{1}{27720} \qquad \text{für } 0 \leqq \xi \leqq 0{,}2 \\ = {} & (95{,}784 + 226577\,\xi + 11373\,\xi^2 - 338422\,\xi^3 + 38808\,\xi^5 \\ & + 64680\,\xi^6 + 26730\,\xi^7 - 19800\,\xi^8 - 13090\,\xi^9 + 1980\,\xi^{10} \\ & + 1575\,\xi^{11}) \frac{u}{2400} \cdot \frac{1}{27720} \qquad \text{für } 0{,}2 \leqq \xi \leqq 0{,}8 \\ = {} & (-151880 + 946534\,\xi - 1191981\,\xi^2 + 397327\,\xi^3) \frac{u}{2400} \cdot \frac{1}{27720} \\ & \qquad \text{für } 0{,}8 \leqq \xi \leqq 1. \end{aligned}$$

Diese drei Teile für $\bar{\eta}(\xi)$, von denen der erste aus dem ersten der oben angegebenen Ausdrücke, der mittlere aus beiden, der letzte aus dem zweiten derselben folgt[52*], entsprechen den drei aus Abb. 8 ersichtlichen Zweigen der verzerrten elastischen Linie, erfüllen sämtliche Randbedingungen (12a) und gehen an den Stellen $\xi = 0{,}2$ und 0,8 stetig und knicklos ineinander über. Schließlich ergibt damit die Flächengleichung (158)

$$0{,}000\,727\,458\,u = 1{,}5\,.$$

woraus $u = 2061{,}974$ folgt in Übereinstimmung mit dem Näherungswert u_B der Tabelle 2. Bei Berücksichtigung des diskreten Curtis-Rades ist die belastete Integralgleichung (172b) heranzuziehen, bei der zwecks Übereinstimmung mit (152) ξ und τ vertauscht werden mögen. Man findet zunächst wegen (173)

$$\sigma = \frac{\alpha_\varkappa}{\varrho_\varkappa^2} = 0{,}049\,219$$

und wegen

$$\int_0^1 K(\tau, \varkappa)\, d\tau = \tfrac{1}{24}(\varkappa - 2\varkappa^3 + \varkappa^4)$$

folgt mit (172b) aus der Flächengleichung (158)

$$u\,(0{,}000\,727\,458 + 0{,}000\,047\,947) = 1{,}5$$

mit $u = 1934{,}471$ als Lösung, die wieder genau mit $u_{\bar{B}}$ der Tabelle 2 übereinstimmt. Man wird also die Integralgleichungen, die bedeutend mehr Rechenarbeit verursachen als das entwickelte Verfahren, bloß dann heranziehen, wenn neben einer unabhängigen Kontrolle vor allem auch eine verbesserte Näherung $\bar{\eta}(\xi)$ der Eigenfunktionen erwünscht sein sollte.

12. Weitere Gleichungen von P. E. Brunelli, die allgemeine Zweifelderwelle mit Kreiselwirkung und die Zweiflußtrommelturbine mit abgesetztem Läufer.

Bereits Fall 2, Abb. 4, Fall 3, Abb. 6, Fall 6, Abb. 11 sowie Fall 9, Abb. 14 der Zweiflußtrommelturbine mit kegelstumpfförmigem Läufer, die im dritten, fünften bis siebenten und achten Abschnitt näherungsweise und streng auf analytischem und graphischem Wege und auch mit voller Berücksichtigung der Kreiselwirkung behandelt wurden, gehören der Zweifelderwelle an, wobei jedoch eine bedeutsame Spezialisierung dadurch eintrat, daß das eine Wellenfeld ohne Scheibenbesetzung angenommen wurde. Davon soll in diesem Abschnitte Abstand genommen werden, so daß hier der allgemeinere Fall der Zweifelderwellen untersucht werden soll, bei dem jedes Wellenfeld von Scheiben jeweils konstanten Durchmessers besetzt zu denken ist, so daß die Läufer stufenförmige Gestalt annehmen; hierbei soll wie früher fehlende und vorhandene Kreiselwirkung, sowie unsymmetrische wie symmetrische Scheibenbesetzung unterschieden werden.

Hieran anschließend soll die Zweiflußtrommelturbine mit abgesetztem Läufer näherungsweise untersucht werden, ein Fall, der eigentlich schon der symmetri-

---

[52*] Integration für $\xi \leqq \tau$ nach τ im Intervall $0{,}2 \leqq \tau \leqq 0{,}8$ gibt den ersten, Integration für $\xi \leqq \tau$ nach τ im Intervall $\xi \leqq \tau \leqq 0{,}8$ und für $\xi \geqq \tau$ nach τ im Intervall $0{,}2 \leqq \tau \leqq \xi$ und Summierung den zweiten und schließlich Integration für $\xi \geqq \tau$ nach τ im Intervall $0{,}2 \leqq \tau \leqq 0{,}8$ den dritten der drei Teile der Auslenkungsfunktion $\bar{\eta}(\xi)$.

schen Dreifelderwelle angehört, die für fehlende Kreiselwirkung im dreizehnten Abschnitte ausführlicher untersucht wird. Der unsymmetrischen Dreifelderwelle gehört übrigens der bereits im dritten Abschnitt näherungsweise untersuchte Fall 5, Abb. 8 ebenfalls an.

a) Unsymmetrische Fälle.

Als Vertreter dieser Gruppe möge der in Abb. 32 dargestellte Fall 10 berechnet werden. Im ersten Wellendrittel bis $\alpha = 0{,}33$ beträgt der Halbmesser $\varrho_\varkappa$ der aufgekeilten Scheiben 0,4, im restlichen Wellenfeld ist $\varrho_\lambda = 0{,}2$. Diese Teilung erfordert auch eine geteilte Berechnung der Größen A, B, C nach (14) und (18) und der Größen K_A, K_B, K_C nach (83), indem die Werte γ nach (15) mit Benutzung der Tabelle 1 für die Randwerte 0 und 0,33, sodann für die Randwerte 0,33 und 1 ermittelt und in (14), (18) und (83) eingesetzt werden, wobei jedesmal $i = 0$ gesetzt wird.

Man erhält auf diese Art zwei Summanden für die Größe A, nämlich $A_\varkappa$ für das $\varkappa$-Feld und A_λ für das λ-Feld und dieselbe Bemerkung gilt auch für die anderen Größen B, C, K_A, K_B, K_C der unsymmetrischen Fälle und ebenso der symmetrischen Fälle, wobei für ungerade kritische Drehzahlen nach den Darlegungen des fünften Abschnittes der Index 1, für gerade der Index 2 hinzutritt.

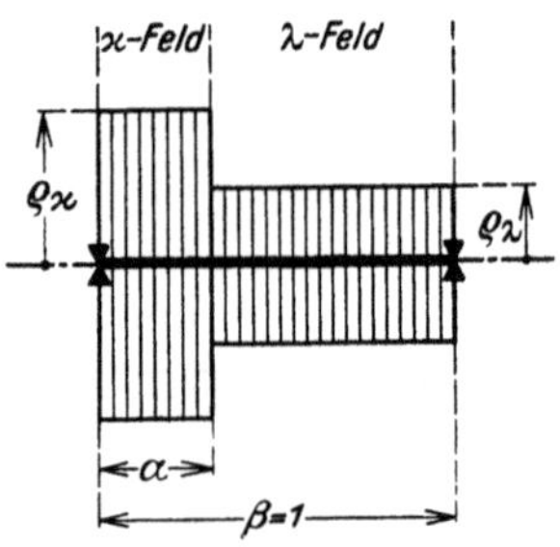

Abb. 32, Fall 10. Die unsymmetrische Zweifelderwelle; die Scheiben erfüllen zwei Zylinder. [Man vgl. (176) (177) (180).]

$A_\varkappa$ wird durch einen Zahlenwert mit dem Faktor $\varrho_\varkappa^2$ dargestellt und analog die anderen Größen. $K_{A\varkappa}$ und analog die anderen Kreiselkorrektionen haben $\varrho_\varkappa^4$ als Faktor und darauf ist in den Tabellen 21 und 22 in der Kopfbezeichnung Rücksicht genommen. Der Schlußwert A enthält dann jeweils als Faktor das Quadrat des kleineren Scheibenhalbmessers, im Fall 10 somit ϱ_λ^2. Man findet also, da $A = A_\varkappa + A_\lambda$ ist, mit dem Verhältnis der Halbmesser $\varrho_\varkappa/\varrho_\lambda$ den in der Tabelle 21 angegebenen Wert $A : \varrho_\lambda^2$ leicht zu

$$A : \varrho_\lambda^2 = (A_\varkappa : \varrho_\varkappa^2)\left(\frac{\varrho_\varkappa}{\varrho_\lambda}\right)^2 + A_\lambda : \varrho_\lambda^2 = (A_\varkappa + A_\lambda) : \varrho_\lambda^2 .$$

Diese und alle weiteren analogen Beziehungen sind in den Tabellen 21 und 22 am Kopfe angegeben. Heißen die in Tabelle 21 in der vierten Spalte angegebenen Zahlenwerte $Z_{A\varkappa}$, $Z_{A\lambda}$ und Z_A, so gilt

$$A_\varkappa = Z_{A\varkappa} \cdot \varrho_\varkappa^2, \quad A_\lambda = Z_{A\lambda} \cdot \varrho_\lambda^2, \quad A = Z_A \cdot \varrho_\lambda^2 = Z_{A\varkappa} \cdot \varrho_\varkappa^2 + Z_{A\lambda} \cdot \varrho_\lambda^2 .$$

$u_{A\varkappa}$ möge nun als Näherungswert dieser (A-) Spalte gemäß (9) jener kritischen Drehzahl entsprechen, die dann entstehen würde, wenn in Abb. 32 bloß das $\varkappa$-Feld von Scheiben mit dem Halbmesser $\varrho_\varkappa$ besetzt, das λ-Feld jedoch ohne Scheiben wäre; eine analoge Bedeutung möge $u_{A\lambda}$ haben. Dann ist gemäß (16) offenbar

$$\frac{1}{u_{A\varkappa}} = \frac{A_\varkappa}{F_A} = \frac{Z_{A\varkappa} \cdot \varrho_\varkappa^2}{F_A}, \quad \frac{1}{u_{A\lambda}} = \frac{A_\lambda}{F_A} = \frac{Z_{A\lambda} \cdot \varrho_\lambda^2}{F_A}, \quad \frac{1}{u_A} = \frac{A}{F_A} = \frac{Z_{A\varkappa}\varrho_\varkappa^2 + Z_{A\lambda}\varrho_\lambda^2}{F_A}.$$

Hieraus folgt aber unmittelbar

$$\frac{1}{u_A} = \frac{1}{u_{A\varkappa}} = \frac{1}{u_{A\lambda}} . \tag{175}$$

Man erkennt in (175) sofort die Formel von Dunkerley[53], die auch für beachtete Kreiselwirkung Gültigkeit besitzt, wie man analog erweisen kann. Die zweite Annäherung an die erste kritische Drehzahl stellt somit in Tabelle 21 und 22 eine Verschärfung der bekanntlich bloß näherungsweise gültigen Dunkerleyschen Formel (175) dar. Im übrigen braucht den sonst leicht verständlichen Tabellen 21 und 22 keine weitere Erklärung hinzugefügt werden.

Zwecks Herleitung der strengen Lösung werde zunächst die Kreiselwirkung nicht beachtet. Die Wellenauslenkung gehorcht in beiden Feldern je einer Differentialgleichung (27), in der nur statt η als abhängig Veränderliche $\eta_\varkappa$ bzw. η_λ und statt ϱ_0 $\varrho_\varkappa$ bzw. ϱ_λ auftreten. Deshalb gilt (31) als Lösung für das $\varkappa$-Feld mit $\varkappa = \sqrt[4]{u\varrho_\varkappa^2}$ gemäß (32) und eine analoge Lösung gilt für das λ-Feld. Als Randbedingungen können unmittelbar die in (96a, b, c) angegebenen übernommen werden, sofern man β gemäß Abb. 32 durch α ersetzt und $w_\varkappa$ bzw. w_λ wegen der fehlenden Kreiselwirkung Null setzt. Analog der Entwicklung nach (96) erhält man auch hier vier lineare homogene Gleichungen analog (75) und ihre verschwindende Systemdeterminante ergibt schließlich die Gleichung von P. E. Brunelli[53*]:

$$\left.\begin{aligned} &4\varkappa^3\lambda\,\mathfrak{Tg}\,\lambda v\,\mathrm{tg}\,\lambda v + 4\varkappa\lambda^3\,\mathfrak{Tg}\,\varkappa u\,\mathrm{tg}\,\varkappa u + (\varkappa^2+\lambda^2)^2(\mathfrak{Tg}\,\varkappa u\,\mathrm{tg}\,\lambda v + \mathfrak{Tg}\,\lambda v\,\mathrm{tg}\,\varkappa u)\\ &\qquad - (\varkappa^2-\lambda^2)^2(\mathfrak{Tg}\,\varkappa u\,\mathfrak{Tg}\,\lambda v + \mathrm{tg}\,\varkappa u\,\mathrm{tg}\,\lambda v) = 0 \qquad v = 1-u\,. \end{aligned}\right\} \tag{176}$$

Es möge nun angenommen werden, daß die Scheiben in beiden Wellenfeldern gleichen Halbmesser haben. Dann ist wegen $\varrho_\varkappa = \varrho_\lambda$ in (176) auch $\varkappa = \lambda$ zu setzen, wodurch der letzte Summand in (176) wegfällt. Es bleibt

$$(\mathrm{tg}\,\varkappa u + \mathrm{tg}\,\varkappa v)(\mathfrak{Tg}\,\varkappa u + \mathfrak{Tg}\,\varkappa v) = 0 \quad \text{oder} \quad \sin\varkappa\,\mathfrak{Sin}\,\varkappa = 0,$$

da $u + v = 1$ ist. Somit folgt aus $\sin\varkappa = 0$ wieder die bekannte Lösung (29) für Fall 1, Abb. 3.

Eine weitere Spezialisierung von (176) ergibt sich, wenn man die Scheiben z. B. des λ-Feldes verschwinden, λ also gegen Null konvergieren läßt, womit sich wieder der unsymmetrische Fall 3, Abb. 6, also die Lösung (36) ergeben muß. Erweitert man (176) vorübergehend mit $\mathfrak{Cof}\,\varkappa u\cos\varkappa u\,\mathfrak{Cof}\,\lambda v\cos\lambda v$ und

[53] Man vgl. hinsichtlich der Dunkerleyschen Formel z. B. die Originalarbeit von Dunkerley: Philos. Trans. Roy. Soc., Lond. Bd. 185 (1895) S. 270ff.; ferner die in [5] erwähnte Arbeit von V. Blaeß und Hahn: Note sur la vitesse critique et la formule de Dunkerley. Schweiz. Bauztg. Bd. 72 (1918) S. 191ff. Man vgl. auch H. Lorenz: Technische Anwendungen der Kreiselbewegung, erweiterter Sonderabdruck aus Z. VDI. Bd. 63 (1919) S. 1224 und A. Stodola: Dampfturbinen, S. 394 und S. 918.

[53*] Gl. (176) wurde erstmalig hergeleitet von P. E. Brunelli in seiner Arbeit: Contributo allo studio delle velocità critiche degli alberi, L'ingegnere, vol. III Nr. 5 (1929) und daselbst in Gleichung (12) angegeben in der Form:

$$\frac{\gamma^2}{\beta^2}\cdot\frac{\mathfrak{Tg}\,m_2 l_2 + \varphi\,\mathfrak{Tg}\,m_1 l_1}{\mathrm{tg}\,m_2 l_2 + \varphi\,\mathfrak{Tg}\,m_1 l_1} = \frac{\mathfrak{Tg}\,m_2 l_2 + \varphi\,\mathrm{tg}\,m_1 l_1}{\mathrm{tg}\,m_2 l_2 + \varphi\,\mathrm{tg}\,m_1 l_1}.$$

Hierin bedeutet in unserer Bezeichnungsweise $m_1 l_1 = \lambda v$, $m_2 l_2 = \varkappa u$, $m_1 = \lambda$, $m_2 = \varkappa$, ferner ist $\varphi = \frac{\varkappa}{\lambda} = \frac{m_2}{m_1}$ und $\beta = 1 - \frac{1}{\varphi^2}$, $\gamma = 1 + \frac{1}{\varphi^2}$. Durch Ausmultiplizieren findet man leicht obige Gleichung (176). Mit derselben Bezeichnungsweise folgt aus Gleichung (7) der erwähnten Arbeit von P. E. Brunelli, nämlich:

$$\frac{\gamma^2}{\beta^2}\cdot\frac{\varphi + \mathfrak{Tg}\,m_1 l_1\,\mathfrak{Tg}\,m_2 l_2}{\varphi + \mathfrak{Tg}\,m_1 l_1\,\mathrm{tg}\,m_2 l_2} = \frac{\varphi - \mathrm{tg}\,m_1 l_1\,\mathfrak{Tg}\,m_2 l_2}{\varphi - \mathrm{tg}\,m_1 l_1\,\mathrm{tg}\,m_2 l_2},$$

die spätere Gleichung (183), die für die ungeraden kritischen Drehzahlen der symmetrischen Fälle gültig ist. Unter gewissen Annahmen der Feldbelastungen sind Lösungen dieser beiden Gleichungen in Tabellen und Diagrammen angegeben und ebenso in der Anm. [25] erwähnten Arbeit von P. E. Brunelli, wo diese Gleichungen in Abschn. 3 unter (3) und (4) wiedergegeben sind.

beachtet, daß $\lambda^v = \lambda \cdot v$ ist, so erhält man, wenn man die Funktionen von λ^v in Reihen entwickelt

$$4\varkappa^3\lambda\,\mathfrak{Cof}\,\varkappa^u\cos\varkappa^u\left(\frac{\lambda^{2v}}{2!}\cdot 2 - \cdots\right) + 4\varkappa\lambda^3\,\mathfrak{Sin}\,\varkappa^u\sin\varkappa^u\left(1 - \frac{\lambda^{4v}}{4!}\cdot 2^2 + \cdots\right)$$

$$+ (\varkappa^2+\lambda^2)^2\left[\mathfrak{Sin}\,\varkappa^u\cos\varkappa^u\left(\lambda^v + \frac{\lambda^{3v}}{3!}\cdot 2 - \right)\right.$$

$$\left. + \mathfrak{Cof}\,\varkappa^u\sin\varkappa^u\left(\lambda^v - \frac{\lambda^{3v}}{3!}\cdot 2 + \cdots\right)\right]$$

$$- (\varkappa^2-\lambda^2)^2\left[\mathfrak{Sin}\,\varkappa^u\cos\varkappa^u\left(\lambda^v - \frac{\lambda^{3v}}{3!}\cdot 2 + \cdots\right)\right.$$

$$\left. + \mathfrak{Cof}\,\varkappa^u\sin\varkappa^u\left(\lambda^v + \frac{\lambda^{3v}}{3!}\cdot 2 + \cdots\right)\right] = 0\,.$$

Hierin ergeben die letzten beiden Terme, wenn man nur Glieder klein von dritter Ordnung in λ berücksichtigt:

$$\mathfrak{Sin}\,\varkappa^u\cos\varkappa^u\,(4\lambda^2\varkappa^2\lambda^v + \tfrac{2}{3}\varkappa^4\lambda^{3v}) + \mathfrak{Cof}\,\varkappa^u\sin\varkappa^u\,(4\varkappa^2\lambda^2\lambda^v - \tfrac{2}{3}\varkappa^4\lambda^{3v})\,.$$

Im ganzen verbleibt somit nach Kürzung durch $4\varkappa\lambda^3$

$$\sin\varkappa^u\,\mathfrak{Sin}\,\varkappa^u + \varkappa^2 v^2\cos\varkappa^u\,\mathfrak{Cof}\,\varkappa^u + \varkappa v\,(\sin\varkappa^u\,\mathfrak{Cof}\,\varkappa^u + \cos\varkappa^u\,\mathfrak{Sin}\,\varkappa^u)$$

$$- \tfrac{1}{6}\varkappa^3 v^3\,(\sin\varkappa^u\,\mathfrak{Cof}\,\varkappa^u - \cos\varkappa^u\,\mathfrak{Sin}\,\varkappa^u) = 0\,, \qquad v = 1-u\,.$$

Teilt man durch $\mathfrak{Cof}\,\varkappa^u\cos\varkappa^u$ und faßt wieder $\varkappa\cdot v$ zu $\varkappa^v$ zusammen, so folgt hieraus sofort wieder (36). Natürlich kann man, wenn man will, diese Überführung in (36) auch ohne vorhergehende Erweiterung mit $\mathfrak{Cof}\,\varkappa^u\cos\varkappa^u\,\mathfrak{Cof}\,\lambda^v\cos\lambda^v$ direkt durchführen, wobei man aber dann die Tangentenfunktionen von λ^v in Reihen zu entwickeln hat[54], wofür in den unten angegebenen Tafeln die Reihen nicht dargestellt sind.

Bei Beachtung der Kreiselwirkung hat man die in (89) angegebenen Lösungen $\eta_\varkappa$ und η_λ den Randbedingungen (96) zu unterwerfen mit der Änderung, daß wieder β gemäß Abb. 32 durch α zu ersetzen ist und statt der letzten Übergangsbedingung (96b) hier (93a) tritt, da ja in beiden Wellenfeldern Scheiben vorhanden sind. β ist dabei wieder durch α zu ersetzen. Wie im vorhergehenden Falle führt die weitere Rechnung auf vier lineare homogene Gleichungen, die sich unter Benutzung von (97) beträchtlich vereinfachen lassen. Das Verschwinden ihrer Systemdeterminante ergibt schließlich, wenn man das Schema (33) beachtet

$$\left.\begin{aligned} f = {} & (\varkappa_1^2+\varkappa_2^2)(\lambda_1^2+\lambda_2^2)\lambda_1\lambda_2\,\mathfrak{Tg}\,\varkappa_1{}^u\,\mathrm{tg}\,\varkappa_2{}^u + (\varkappa_1^2+\varkappa_2^2)(\lambda_1^2+\lambda_2^2)\,\varkappa_1\varkappa_2\,\mathfrak{Tg}\,\lambda_1{}^v\,\mathrm{tg}\,\lambda_2{}^v \\ & + \varkappa_1\lambda_2(\varkappa_2^2+\lambda_1^2)^2\,\mathrm{tg}\,\varkappa_2{}^u\,\mathfrak{Tg}\,\lambda_1{}^v - \varkappa_1\lambda_1(\varkappa_2^2-\lambda_2^2)^2\,\mathrm{tg}\,\varkappa_2{}^u\,\mathrm{tg}\,\lambda_2{}^v \\ & - \varkappa_2\lambda_2(-\varkappa_1^2+\lambda_1^2)^2\,\mathfrak{Tg}\,\varkappa_1{}^u\,\mathfrak{Tg}\,\lambda_1{}^v + \varkappa_2\lambda_1(\varkappa_1^2+\lambda_2^2)^2\,\mathfrak{Tg}\,\varkappa_1{}^u\,\mathrm{tg}\,\lambda_2{}^v = 0 \\ & \qquad v = 1-u\,. \end{aligned}\right\} \quad (177)$$

Für fehlende Kreiselwirkung ist in (177) zunächst $\varkappa_1 = \varkappa_2 = \varkappa$, $\lambda_1 = \lambda_2 = \lambda$ zu setzen, womit auch $\varkappa_1{}^u = \varkappa_2{}^u = \varkappa^u$, $\lambda_1{}^v = \lambda_2{}^v = \lambda^v$ wird. Damit ergibt sich aus (177) nach Teilung durch $\varkappa\lambda$

$$4\varkappa\lambda^3\,\mathfrak{Tg}\,\varkappa^u\,\mathrm{tg}\,\varkappa^u + 4\varkappa^3\lambda\,\mathfrak{Tg}\,\lambda^v\,\mathrm{tg}\,\lambda^v + (\varkappa^2+\lambda^2)^2\,(\mathrm{tg}\,\varkappa^u\,\mathfrak{Tg}\,\lambda^v + \mathfrak{Tg}\,\varkappa^u\,\mathrm{tg}\,\lambda^v)$$

$$- (\varkappa^2-\lambda^2)^2(\mathrm{tg}\,\varkappa^u\,\mathrm{tg}\,\lambda^v + \mathfrak{Tg}\,\varkappa^u\,\mathfrak{Tg}\,\lambda^v) = 0\,, \qquad v = 1-u$$

somit wieder (176).

[54] Man vgl. etwa Keiichi Hayashi: Fünfstellige Tafeln der Kreis- und Hyperbelfunktionen. Leipzig und Berlin 1928.

Um auch den speziellen Fall des Fehlens von Scheiben im λ-Wellenfeld, also (98) aus (177) für $\lambda_1 = \lambda_2 = \lambda_{1^v} = \lambda_{2^v} \to 0$ herzuleiten, sei (177) wieder mit $\mathfrak{Cof}\, \varkappa_{1^u} \cos \varkappa_{2^u}\, \mathfrak{Cof}\, \lambda_{1^v} \cos \lambda_{2^v}$ erweitert. Damit ergeben die letzten vier Terme, wenn höchstens Glieder klein von vierter Ordnung in λ beibehalten werden, nach entsprechender Zusammenziehung

$$2\, \varkappa_1 \varkappa_2^2 \lambda_1 \lambda_2 (\lambda_1^2 + \lambda_2^2)\, v\, \mathfrak{Cof}\, \varkappa_{1^u} \sin \varkappa_{2^u} - \tfrac{1}{3} \varkappa_1 \varkappa_2^4 \lambda_1 \lambda_2 (\lambda_1^2 + \lambda_2^2)\, v^3\, \mathfrak{Cof}\, \varkappa_{1^u} \sin \varkappa_{2^u}$$
$$+ 2\, \varkappa_1^2 \varkappa_2 \lambda_1 \lambda_2 (\lambda_1^2 + \lambda_2^2)\, v\, \mathfrak{Sin}\, \varkappa_{1^u} \cos \varkappa_{2^u} + \tfrac{1}{3} \varkappa_1^4 \varkappa_2 \lambda_1 \lambda_2 (\lambda_1^2 + \lambda_2^2)\, v^3\, \mathfrak{Sin}\, \varkappa_{1^u} \cos \varkappa_{2^u}\,.$$

Es bleibt somit im Ganzen, wenn noch durch $\lambda_1 \lambda_2 (\lambda_1^2 + \lambda_2^2)$ gekürzt und v mit $\varkappa_1$ bzw. $\varkappa_2$ wieder zu $\varkappa_{1^v}$ bzw. $\varkappa_{2^v}$ passend vereint, außerdem wieder das Ergebnis durch $\mathfrak{Cof}\, \varkappa_{1^u} \cos \varkappa_{2^u}$ geteilt wird

$$(\varkappa_1^2 + \varkappa_2^2)(\varkappa_{1^v} \varkappa_{2^v} + \mathfrak{Tg}\, \varkappa_{1^u} \operatorname{tg} \varkappa_{2^u}) + 2\, \varkappa_1^2 \varkappa_{2^v}\, \mathfrak{Tg}\, \varkappa_{1^u} + \tfrac{1}{3} \varkappa_1^2 \varkappa_{1^v}^2 \varkappa_{2^v}\, \mathfrak{Tg}\, \varkappa_{1^u}$$
$$+ 2\, \varkappa_{1^v} \varkappa_2^2 \operatorname{tg} \varkappa_{2^u} - \tfrac{1}{3} \varkappa_2^2 \varkappa_{2^v}^2 \varkappa_{1^v} \operatorname{tg} \varkappa_{2^u} = 0\,, \qquad v = 1 - u\,,$$

also wieder das Ergebnis (98)

Die strengen Lösungen (176) und (177) wurden nun wieder in den Tabellen 21 und 22 ziffernmäßig ausgewertet. Für fehlende Kreiselwirkung mußten hierbei versuchsweise drei Annahmen für $u_1 \varrho_\lambda^2$ gemäß den in Tabelle 21 angegebenen Näherungswerten gemacht werden; sie sind in Tabelle 21 angegeben. Die dort ebenfalls angegebenen Werte f beziehen sich auf die linke Seite von (176) nach ihrer Erweiterung mit $\mathfrak{Cof}\, \varkappa^u \cos \varkappa^u$. Der Vorzeichenwechsel von f besagt wieder, daß die strenge Wurzel $u_{W_1} \cdot \varrho_\lambda^2$ sich innerhalb der beiden letzten Annahmen befindet; sie stimmt mit dem Werte $u_1 \varrho_\lambda^2$ der zweiten Näherung vorzüglich überein und liegt wieder unterhalb derselben.

Analog ist in Tabelle 22 für synchronen Gleichlauf (177) mittels zweier Annahmen ausgewertet worden, wobei f die linke Seite von (177) selbst bedeutet; auch hier ist die Übereinstimmung vorzüglich, doch erfordern die bezüglichen Rechnungen wegen der vielen Zwischenwerte, die gemäß (177) gebildet werden müssen, bedeutende Mühe, wodurch die große praktische Verwendbarkeit des entwickelten Verfahrens neuerdings erwiesen erscheint, das die außerordentlich scharfen Näherungswerte, ohne die die strengen Gleichungen (176) und (177) im übrigen hinsichtlich ihrer numerischen Behandlung unüberwindliche Schwierigkeiten bereiten würden, verhältnismäßig sehr rasch zu ermitteln gestattet.

Hingegen kann die strenge Lösung (177) zur Beantwortung der Frage nach jenen Rotorformen herangezogen werden, deren kritische Drehzahlen bei synchroner Präzession im Gleichlauf durch die Kreiselwirkung der Laufscheiben verhindert werden. Diese Form wird von den beiden Halbmessern $\varrho_\varkappa$ und ϱ_λ, sowie vom Abszissenwert α der Trennungsstelle der beiden Wellenfelder (man vgl. Abb. 32) abhängig sein und die gesuchten Rotorformen werden somit durch eine Funktion zwischen diesen drei Veränderlichen zur Darstellung gelangen.

Um diese Funktion zu erhalten, bedenken wir, daß mit zunehmender Winkelgeschwindigkeit ω gemäß (9) auch u über alle Grenzen wächst[55]. Mit $\lim u = \infty$ nähert sich die Wurzel $\varkappa_2$ nach (88), wie R. Grammel[16] mittels der Substitution (112) anschaulich machte und wovon ja auch im siebenten Abschnitt entsprechender Gebrauch gemacht wurde [man vgl. (116) für $\lim \sigma = \infty$], einem endlichen Grenzwert und analog ebenso die zu (88) analoge Wurzel λ_2. Es gilt

---

[55] u nach (9) darf natürlich nicht mit der Feldlänge u des $\varkappa$-Wellenfeldes gemäß Abb. 5 verwechselt werden, das in (176) und (177) als mittlerer Index dem $\varkappa$ bzw. $\varkappa_1$, $\varkappa_2$ beigefügt ist.

Tabelle 21. Die kritischen Drehzahlen der unsymmetrischen und symmetrischen ohne

Fall Nr.	Kennzeichen $\alpha, \beta, \varrho_\varkappa, \varrho_\lambda$	Abb. Nr.	$A_\varkappa : \varrho_\varkappa^2$ $A : \varrho_\lambda^2 = (A_\varkappa + A_\lambda) : \varrho_\lambda^2$ $A_\lambda : \varrho_\lambda^2$	$B_\varkappa : \varrho_\varkappa^2$ $B : \varrho_\lambda^2 = (B_\varkappa + B_\lambda) : \varrho_\lambda^2$ $B_\lambda : \varrho_\lambda^2$	$C_\varkappa : \varrho_\varkappa^2$ $C : \varrho_\lambda^2 = (C_\varkappa + C_\lambda) : \varrho_\lambda^2$ $C_\lambda : \varrho_\lambda^2$
10	$\alpha = 0{,}33$, $\beta = 1$ $\varrho_\varkappa = 0{,}4$ $\varrho_\lambda = 0{,}2$	32	0,009457 0,077577 0,039749	0,067773 0,572366 0,301275	0,485732 4,227759 2,284831
			$A_{1\varkappa} : \varrho_\varkappa^2$ $A_1 : \varrho_\varkappa^2 = (A_{1\varkappa} + A_{1\lambda}) : \varrho_\varkappa^2$ $A_{1\lambda} : \varrho_\lambda^2$	$B_{1\varkappa} : \varrho_\varkappa^2$ $B_1 : \varrho_\varkappa^2 = (B_{1\varkappa} + B_{1\lambda}) : \varrho_\varkappa^2$ $B_{1\lambda} : \varrho_\lambda^2$	$C_{1\varkappa} : \varrho_\varkappa^2$ $C_1 : \varrho_\varkappa^2 = (C_{1\varkappa} + C_{1\lambda}) : \varrho_\varkappa^2$ $C_{1\lambda} : \varrho_\lambda^2$
11	$\bar\alpha = 0{,}25$ $\bar\beta = 0{,}5$, $\varrho_\varkappa = 0{,}2$ $\varrho_\lambda = 0{,}4$	33	5,137162 9,782165 1,161251	7,253145 14,036235 1,695772	10,241375 20,147670 2,476574
12	$\bar\alpha = 0{,}15$, $\bar\beta = 0{,}3$ $\varrho_\varkappa = 0{,}079$ $\varrho_\lambda = 0{,}1185$	34	3,490992 8,403349 2,183270	4,904805 11,938198 3,125952	6,891270 16,962136 4,475940
			$A_{2\varkappa} : \varrho_\varkappa^2$ $A_2 : \varrho_\varkappa^2 = (A_{2\varkappa} + A_{2\lambda}) : \varrho_\varkappa^2$ $A_{2\lambda} : \varrho_\lambda^2$	$B_{2\varkappa} : \varrho_\varkappa^2$ $B_2 : \varrho_\varkappa^2 = (B_{2\varkappa} + B_{2\lambda}) : \varrho_\varkappa^2$ $B_{2\lambda} : \varrho_\lambda^2$	$C_{2\varkappa} : \varrho_\varkappa^2$ $C_2 : \varrho_\varkappa^2 = (C_{2\varkappa} + C_{2\lambda}) : \varrho_\varkappa^2$ $C_{2\lambda} : \varrho_\lambda^2$
11	$\bar\alpha = 0{,}25$, $\bar\beta = 0{,}5$ $\varrho_\varkappa = 0{,}2$ $\varrho_\lambda = 0{,}4$	33	0,164066 0,893084 0,182254	0,072719 0,416230 0,085878	0,032240 0,194190 0,040488
12	$\bar\alpha = 0{,}15$, $\bar\beta = 0{,}3$ $\varrho_\varkappa = 0{,}079$ $\varrho_\lambda = 0{,}1185$	34	0,047158 0,462595 0,184638	0,020484 0,208125 0,083396	0,008898 0,093674 0,037678

somit wegen $\lim\limits_{u=\infty} \tau = \bar\beta$ und bei Beachtung von (114) und (112)

$$\lim_{u=\infty} \varkappa_2 = \frac{2}{\varrho_\varkappa}, \quad \lim_{u=\infty} \lambda_2 = \frac{2}{\varrho_\lambda}. \tag{178}$$

Demgegenüber streben $\varkappa_1$ nach (88) und analog λ_1 über alle Grenzen, jedoch so, daß ihr Verhältnis, wie man leicht erweist, endlich bleibt. Es gilt somit, da die Terme mit $w_\varkappa/2$ bzw. $w_\lambda/2$ in (88) den Ausschlag geben

$$\lim_{u=\infty} \varkappa_1 = \infty, \quad \lim_{u=\infty} \lambda_1 = \infty, \quad \lim_{u=\infty} \frac{\varkappa_1}{\lambda_1} = \left(\frac{\varrho_\varkappa}{\varrho_\lambda}\right)^2. \tag{179}$$

Beachtet man (178) und (179), läßt in (177) u über alle Grenzen wachsen und ersetzt die Länge u des $\varkappa$-Feldes gemäß Abb. 32 durch α, die Länge v des λ-Feldes daher durch $1 - \alpha$, so ergibt sich zunächst, wenn nur die Glieder höchster Mächtigkeit, bei denen also Produkte von $\varkappa_1$ und λ_1 bis zu fünf Faktoren auftreten, berücksichtigt werden

$$\varrho_\varkappa^4 \varrho_\lambda^4 \varrho_\lambda^2 \frac{2}{\varrho_\lambda} \operatorname{tg}\left(\frac{2}{\varrho_\varkappa}\alpha\right) + \varrho_\varkappa^4 \varrho_\lambda^4 \varrho_\varkappa^2 \frac{2}{\varrho_\varkappa} \operatorname{tg}\left\{\frac{2}{\varrho_\lambda}(1-\alpha)\right\}$$
$$+ \varrho_\varkappa^2 \varrho_\lambda^8 \frac{2}{\varrho_\lambda} \operatorname{tg}\left(\frac{2}{\varrho_\varkappa}\alpha\right) + \varrho_\lambda^2 \varrho_\varkappa^8 \frac{2}{\varrho_\varkappa} \operatorname{tg}\left\{\frac{2}{\varrho_\lambda}(1-\alpha)\right\},$$

Zweifelderwelle, sowie der Zweiflußtrommelturbine mit abgesetztem Läufer Kreiselwirkung.

$u_A \cdot \varrho_\lambda^2$	$u_B \cdot \varrho_\lambda^2$	$u_C \cdot \varrho_\lambda^2$	$u_1 \cdot \varrho_\lambda^2$	$u_2 \cdot \varrho_\lambda^2$	Annahmen $u_1 \cdot \varrho_\lambda^2$	f	$u_{W_1} \cdot \varrho_\lambda^2$
61,874	62,897	64,877	60,786	901,239	59,728 60,592 60,853	− 85,213 − 16,900 + 7,746	60,771
$u_{A_1} \cdot \varrho_\varkappa^2$	$u_{B_1} \cdot \varrho_\varkappa^2$	$u_{C_1} \cdot \varrho_\varkappa^2$	$u_1 \cdot \varrho_\varkappa^2$	$u_3 \cdot \varrho_\varkappa^2$	Annahmen $u_1 \cdot \varrho_\varkappa^2$	f	$u_{W_1} \cdot \varrho_\varkappa^2$
62,808	62,532	63,531	62,749	3555,615	62,751 61,994	− 0,151 + 8,496	62,737
73,114	73,522	75,462	73,005	12098,68	—	—	—
$u_{A_2} \cdot \varrho_\varkappa^2$	$u_{B_2} \cdot \varrho_\varkappa^2$	$u_{C_2} \cdot \varrho_\varkappa^2$	$u_2 \cdot \varrho_\varkappa^2$	$u_4 \cdot \varrho_\varkappa^2$	Annahmen $u_2 \cdot \varrho_\varkappa^2$	f	$u_{W_2} \cdot \varrho_\varkappa^2$
614,244	615,045	629,187	614,191	13425,94	610,134 615,060	− 326,244 + 252,017	612,909
1185,857	1230,031	1304,328	1121,228	77187,16	—	—	—

da die negativen Terme in (177) ausscheiden. Daraus folgt nach einigen Vereinfachungen als gesuchte Funktion

$$\varrho_\lambda^3 \operatorname{tg}\left(\frac{2}{\varrho_\varkappa}\alpha\right) + \varrho_\varkappa^3 \operatorname{tg}\left\{\frac{2}{\varrho_\lambda}(1-\alpha)\right\} = 0 \qquad \varrho_\varkappa > 0\,, \quad \varrho_\lambda > 0\,. \tag{180}$$

Läßt man über die ganze Wellenlänge nur Scheiben gleichen Halbmessers $\varrho_\varkappa$ zu, setzt also in (180) $\alpha = 1$, so folgt sofort wieder das für diesen Fall gültige bekannte Ergebnis (121). In (180) darf der Grenzübergang $\varrho_\varkappa \to 0$ oder $\varrho_\lambda \to 0$ nicht durchgeführt werden, da sich dann keine bestimmten Grenzwerte ergeben und die Nullstellen sich häufen; auch hier gelten die Bemerkungen, die im Anschluß an Gl. (121a) gemacht wurden.

Ist z. B. $\alpha = 0{,}5$, $\varrho_\varkappa = \frac{3}{2\pi}$ und setzt man $\frac{1}{\varrho_\lambda} = x$, so folgt aus (180) die Gleichung: $x^3 \operatorname{tg} x = \frac{8\sqrt{3}\,\pi^3}{27}$, die in der Form $\operatorname{tg} x \doteq \frac{16}{x^3}$ leicht graphisch gelöst werden kann und die Wurzeln $x = 1{,}4,\ 3{,}6,\ 4{,}85,\ 6{,}3, \ldots$ besitzt, denen die Werte $\varrho_\lambda \geqq 0{,}714,\ 0{,}270,\ 0{,}206,\ 0{,}159, \ldots$ entsprechen. Würde also in diesem Falle z. B. $\varrho_\lambda > 0{,}714$ gewählt, so wäre jede kritische Drehzahl durch die Kreiselwirkung verhindert, für $0{,}714 > \varrho_\lambda > 0{,}270$ existiert bloß die erste, für $0{,}270 > \varrho_\lambda > 0{,}206$ existieren bloß die beiden ersten usw. Für Fall 10, Abb. 32

Tabelle 22. Die kritischen Drehzahlen der unsymmetrischen und symme-
gesetztem Läufer mit Beachtung der Kreiselwirkung bei synchroner Präzes-
Kreiselwirkung sind aus Tabelle 21

Fall Nr.	Kennzeichen $\alpha, \beta, \varrho_\varkappa, \varrho_\lambda$	Abb. Nr.	$K_{A\varkappa}:\varrho_\varkappa^4$ $A' \;:\varrho_\lambda^2$ $K_A:\varrho_\lambda^4$ $=(K_{A\varkappa}+K_{A\lambda}):\varrho_\lambda^4$ $A'' \;:\varrho_\lambda^2$ $K_{A\lambda}:\varrho_\lambda^4$	$K_{B\varkappa}:\varrho_\varkappa^4$ $B' \;:\varrho_\lambda^2$ $K_B:\varrho_\lambda^4$ $=(K_{B\varkappa}+K_{B\lambda}):\varrho_\lambda^4$ $B'' \;:\varrho_\lambda^2$ $K_{B\lambda}:\varrho_\lambda^4$	$K_{C\varkappa}:\varrho_\varkappa^4$ $C' \;:\varrho_\lambda^2$ $K_C:\varrho_\lambda^4$ $=(K_{C\varkappa}+K_{C\lambda}):\varrho_\lambda^4$ $C'' \;:\varrho_\lambda^2$ $K_{C\lambda}:\varrho_\lambda^4$
10	$\alpha = 0{,}33$ $\beta = 1$ $\varrho_\varkappa = 0{,}4$ $\varrho_\lambda = 0{,}2$	32	0,228790 0,038402 3,917569 0,195104 0,256924	1,652900 0,288003 28,436364 1,425457 1,989957	11,953991 2,160375 206,738435 10,429912 15,474581
			$K_{A_1\varkappa}:\varrho_\varkappa^4$ $A_1' \;:\varrho_\varkappa^2$ $K_{A_1}:\varrho_\varkappa^4$ $=(K_{A_1\varkappa}+K_{A_1\lambda}):\varrho_\varkappa^4$ $A_1'' \;:\varrho_\varkappa^2$ $K_{A_1\lambda}:\varrho_\lambda^4$	$K_{B_1\varkappa}:\varrho_\varkappa^4$ $B_1' \;:\varrho_\varkappa^2$ $K_{B_1}:\varrho_\varkappa^4$ $=(K_{B_1\varkappa}+K_{B_1\lambda}):\varrho_\varkappa^4$ $B_1'' \;:\varrho_\varkappa^2$ $K_{B_1\lambda}:\varrho_\lambda^4$	$K_{C_1\varkappa}:\varrho_\varkappa^4$ $C_1' \;:\varrho_\varkappa^2$ $K_{C_1}:\varrho_\varkappa^4$ $=(K_{C_1\varkappa}+K_{C_1\lambda}):\varrho_\varkappa^4$ $C_1'' \;:\varrho_\varkappa^2$ $K_{C_1\lambda}:\varrho_\lambda^4$
11	$\bar\alpha = 0{,}25$ $\bar\beta = 0{,}5$ $\varrho_\varkappa = 0{,}2$ $\varrho_\lambda = 0{,}4$	33	10,835714 1,460093 832,207143 34,748379 51,335714	14,174851 2,021510 1201,472469 50,080409 74,206101	18,549906 2,782624 1736,504655 72,242810 107,372172
12	$\bar\alpha = 0{,}15$ $\bar\beta = 0{,}3$ $\varrho_\varkappa = 0{,}079$ $\varrho_\lambda = 0{,}1185$	34	2,499688 8,277979 80,352326 8,779458 15,378299	3,179483 11,770418 107,533892 12,441537 20,613217	4,044379 16,737490 143,980597 17,636073 27,641722
			$K_{A_2\varkappa}:\varrho_\varkappa^4$ $A_2' \;:\varrho_\varkappa^2$ $K_{A_2}:\varrho_\varkappa^4$ $=(K_{A_2\varkappa}+K_{A_2\lambda}):\varrho_\varkappa^4$ $A_2'' \;:\varrho_\varkappa^2$ $K_{A_2\lambda}:\varrho_\lambda^4$	$K_{B_2\varkappa}:\varrho_\varkappa^4$ $B_2' \;:\varrho_\varkappa^2$ $K_{B_2}:\varrho_\varkappa^4$ $=(K_{B_2\varkappa}+K_{B_2\lambda}):\varrho_\varkappa^4$ $B_2'' \;:\varrho_\varkappa^2$ $K_{B_2\lambda}:\varrho_\lambda^4$	$K_{C_2\varkappa}:\varrho_\varkappa^4$ $C_2' \;:\varrho_\varkappa^2$ $K_{C_2}:\varrho_\varkappa^4$ $=(K_{C_2\varkappa}+K_{C_2\lambda}):\varrho_\varkappa^4$ $C_2'' \;:\varrho_\varkappa^2$ $K_{C_2\lambda}:\varrho_\lambda^4$
11	$\bar\alpha = 0{,}25$ $\bar\beta = 0{,}5$ $\varrho_\varkappa = 0{,}2$ $\varrho_\lambda = 0{,}4$	33	6,490932 negativ 122,064594 4,555021 7,223354	2,884303 negativ 57,583936 2,143748 3,418727	1,285832 negativ 27,317644 1,013719 1,626988
12	$\bar\alpha = 0{,}15$ $\bar\beta = 0{,}3$ $\varrho_\varkappa = 0{,}079$ $\varrho_\lambda = 0{,}1185$	34	5,715917 0,447185 9,876410 0,508824 0,821826	2,499542 0,201083 4,513152 0,229250 0,397750	1,093538 0,090410 2,091968 0,103466 0,197221

findet man mit $\alpha = 0{,}33$, $\varrho_\varkappa = 0{,}4$ auf gleichem Wege $\varrho_\lambda \geqq 0{,}862$, $0{,}296$, $0{,}188$, $0{,}137, \ldots$ woraus man erkennt, daß wegen des gewählten Wertes $\varrho_\lambda = 0{,}2$ die beiden ersten kritischen Drehzahlen existieren, wie es ja auch in Tabelle 22 aus dem Näherungsverfahren folgt; erst die dritte kritische Drehzahl würde bei den gewählten Abmessungen durch die Kreiselwirkung bei synchronem Gleichlauf verhindert werden.

trischen Zweifelderwelle, sowie der Zweiflußtrommelturbine mit ab-
sion im Gleich- wie im Gegenlauf. Die kritischen Drehzahlen bei fehlender
mit übernommen.

$u'_A \cdot \varrho_\lambda^2$ $u_A \cdot \varrho_\lambda^2$ $u''_A \cdot \varrho_\lambda^2$	$u'_B \cdot \varrho_\lambda^2$ $u_B \cdot \varrho_\lambda^2$ $u''_B \cdot \varrho_\lambda^2$	$u'_C \cdot \varrho_\lambda^2$ $u_C \cdot \varrho_\lambda^2$ $u''_C \cdot \varrho_\lambda^2$	$u'_1 \cdot \varrho_\lambda^2$ $u_1 \cdot \varrho_\lambda^2$ $u''_1 \cdot \varrho_\lambda^2$	$u'_2 \cdot \varrho_\lambda^2$ $u_2 \cdot \varrho_\lambda^2$ $u''_2 \cdot \varrho_\lambda^2$	Annahmen $u'_1 \cdot \varrho_\lambda^2$	f	$u'_{W_1} \cdot \varrho_\lambda^2$ $u_{W_1} \cdot \varrho_\lambda^2$ $u''_{W_1} \cdot \varrho_\lambda^2$
124,994 61,874 24,602	124,999 62,897 25,255	126,962 64,877 26,298	124,989 60,786 23,521	9899,289 901;239 292,068	124,99 120 —	+ 194,0 — 4001,1 —	124,759 60,771 —
$u'_{A_1} \cdot \varrho_\varkappa^2$ $u_{A_1} \cdot \varrho_\varkappa^2$ $u''_{A_1} \cdot \varrho_\varkappa^2$	$u'_{B_1} \cdot \varrho_\varkappa^2$ $u_{B_1} \cdot \varrho_\varkappa^2$ $u''_{B_1} \cdot \varrho_\varkappa^2$	$u'_{C_1} \cdot \varrho_\varkappa^2$ $u_{C_1} \cdot \varrho_\varkappa^2$ $u''_{C_1} \cdot \varrho_\varkappa^2$	$u'_1 \cdot \varrho_\varkappa^2$ $u_1 \cdot \varrho_\varkappa^2$ $u''_1 \cdot \varrho_\varkappa^2$	$u'_3 \cdot \varrho_\varkappa^2$ $u_3 \cdot \varrho_\varkappa^2$ $u''_3 \cdot \varrho_\varkappa^2$	Annahmen $u'_1 \cdot \varrho_\varkappa^2$	f	$u'_{W_1} \cdot \varrho_\varkappa^2$ $u_{W_1} \cdot \varrho_\varkappa^2$ $u''_{W_1} \cdot \varrho_\varkappa^2$
420,795 62,808 17,681	434,187 62,532 17,526	459,997 63,531 17,718	405,979 62,749 17,612	negativ 3555,615 400,889	{ 405 403 385 —	+ 9062,8 + 8162,2 + 671,5 } —	383,386 — 62,737
74,221 73,114 69,982	74,570 73,522 70,547	76,475 75,462 72,579	74,144 73,005 69,764	21978,72 12098,68 5311,35	— — —	— — —	— — —
$u'_{A_2} \cdot \varrho_\varkappa^2$ $u_{A_2} \cdot \varrho_\varkappa^2$ $u''_{A_2} \cdot \varrho_\varkappa^2$	$u'_{B_2} \cdot \varrho_\varkappa^2$ $u_{B_2} \cdot \varrho_\varkappa^2$ $u''_{B_2} \cdot \varrho_\varkappa^2$	$u'_{C_2} \cdot \varrho_\varkappa^2$ $u_{C_2} \cdot \varrho_\varkappa^2$ $u''_{C_2} \cdot \varrho_\varkappa^2$	$u'_2 \cdot \varrho_\varkappa^2$ $u_2 \cdot \varrho_\varkappa^2$ $u''_2 \cdot \varrho_\varkappa^2$	$u'_4 \cdot \varrho_\varkappa^2$ $u_4 \cdot \varrho_\varkappa^2$ $u''_4 \cdot \varrho_\varkappa^2$	— — —	— — —	$u_{W_2} \cdot \varrho_\varkappa^2$
negativ 614,244 120,432	negativ 615,045 119,417	negativ 629,187 120,528	negativ 614,191 119,947	negativ 13425,94 568,09	— — —	— — —	— 612,909 —
1226,721 1185,857 1078,117	1273,105 1230,031 1116,686	1351,417 1304,328 1180,887	1159,300 1121,228 1020,691	negativ 77187,16 16114,89	— — —	— — —	— — —

Außer dieser der Grammelschen Betrachtungsweise folgenden Herleitung von (180) kann man zu diesem Ergebnis auch ohne Benutzung der strengen Lösung (177) mit Hilfe der im achten Abschnitt entwickelten Darstellung gelangen.

Für lim $u = \infty$ liefert bei konstantem Scheibenhalbmesser $\varrho_\varkappa$ die Differentialgleichung (128a) zunächst die Lösung $\overline{\eta}_\varkappa$ nach (129) für das $\varkappa$-Feld und analog $\overline{\eta}_\lambda$

für das λ-Feld. Die auch hier gültigen Randbedingungen (130) ergeben aus (129) mit den beiden Integrationskonstanten $A_\varkappa$ und A_λ die Lösungen

$$\left.\begin{aligned} \bar{\eta}_\varkappa &= A_\varkappa \sin\left(\frac{2}{\varrho_\varkappa}\,\xi\right) \\ \bar{\eta}_\lambda &= A_\lambda \sin\left\{\frac{2}{\varrho_\lambda}\,(1-\xi)\right\} \end{aligned}\right| \qquad (181)$$

An der Feldgrenze $\xi = \alpha$ ergibt sich aus (93a) für $\lim u = \infty$ mit Beachtung von (85) leicht die zweite der folgenden Übergangsbedingungen, die besagt, daß die Auslenkung $\bar{\eta}$ an der Stelle $\xi = \alpha$ einen Knick besitzt, worauf bereits im achten Abschnitt hingewiesen wurde. Es gilt somit

$$\left.\begin{aligned} \bar{\eta}_\varkappa(\alpha) &= \bar{\eta}_\lambda(\alpha) \\ \varrho_\varkappa^4\,\bar{\eta}_\varkappa'(\alpha) &= \varrho_\lambda^4\,\bar{\eta}_\lambda'(\alpha) \end{aligned}\right\} \qquad (182)$$

(181) ergibt nun wegen (182) die zwei linearen homogenen Gleichungen hinsichtlich der beiden Integrationskonstanten $A_\varkappa$ bzw. A_λ

$$A_\varkappa \sin\left(\frac{2}{\varrho_\varkappa}\,\alpha\right) - A_\lambda \sin\left\{\frac{2}{\varrho_\lambda}\,(1-\alpha)\right\} = 0\,,$$

$$A_\varkappa\,\frac{2}{\varrho_\varkappa}\,\varrho_\varkappa^4 \cos\left(\frac{2}{\varrho_\varkappa}\,\alpha\right) + A_\lambda\,\frac{2}{\varrho_\lambda}\,\varrho_\lambda^4 \cos\left\{\frac{2}{\varrho_\lambda}\,(1-\alpha)\right\} = 0$$

und das notwendige Verschwinden ihrer Systemdeterminante ergibt sofort wieder (180), wodurch eine sehr erwünschte Kontrolle dieses Ergebnisses geliefert wird.

b) Symmetrische Fälle.

Als Vertreter dieser Gruppe möge der in Abb. 33 dargestellte Fall 11 betrachtet werden. Im ersten Wellenfeld von $\xi = 0$ bis $\xi = \bar{\alpha} = 0{,}25$ beträgt der Scheibenhalbmesser $\varrho_\varkappa = 0{,}2$, im restlichen Wellenfeld bis $\bar{\beta} = 0{,}5$ ist $\varrho_\lambda = 0{,}4$. In Tabelle 21 ist für fehlende Kreiselwirkung analog dem unsymmetrischen Fall 10 die Berechnung durchgeführt worden, so daß zur Erklärung dieser Tabelle nichts hinzugefügt zu werden braucht. Für ungerade kritische Drehzahlen wurden hierbei die Formeln (53) bis (55), für gerade die Formeln (58) bis (60) verwendet, wobei auch die früher schon gebrauchte Bezeichnungsweise durch die Indizes 1 und 2 mit übernommen wurde.

In Tabelle 22 ist die Berechnung wieder für synchrone Präzession im Gleichwie im Gegenlauf durchgeführt worden, wobei für ungerade kritische Drehzahlen die Formeln (103) und (104), für gerade hingegen (105) und (106) verwendet wurden. In beiden Tabellen sind die Endergebnisse analog dem Fall 10 wieder auf den kleineren Scheibenhalbmesser, im Fall 11 also auf $\varrho_\varkappa$ bezogen worden. Man erkennt aus Tabelle 22, daß bei synchronem Gleichlauf bei den angegebenen Abmessungen sich bloß die erste kritische Drehzahl herauszubilden vermag, ein Ergebnis, das auch eine strenge Überprüfung gestattet.

Um zunächst für fehlende Kreiselwirkung die strenge Lösung zu gewinnen, ist zu beachten, daß $\eta_\varkappa$ durch (31) und (32) und η_λ durch eine analoge Gleichung gegeben ist, worin bloß ϱ_0 durch $\varrho_\varkappa$ bzw. ϱ_λ zu ersetzen ist. Als Rand- und Übergangsbedingungen können unmittelbar (107a, b, c) mit $w_\lambda = 0$ übernommen werden, sofern man β gemäß Abb. 33 durch α ersetzt und die für die numerische Auswertung wichtige Vorschrift beachtet, daß jetzt $\varrho_\varkappa$ mit ϱ_λ vertauscht werden müssen, da nunmehr gemäß (107) das linke Wellenende, früher aber nach (51) und (52) für die Näherungsformeln (53) bis (55) die Wellenmitte zum Anfangspunkt $\xi = 0$ gewählt wurde. Wie früher ergibt sich nun nach längerer Rechnung die ebenfalls von P. E. Brunelli in anderer Gestalt erstmalig angegebene Gleichung [53*]

$$\left.\begin{aligned} & 4\varkappa^3\lambda - 4\varkappa\lambda^3\,\mathfrak{Tg}\,\varkappa_u\,\mathrm{tg}\,\varkappa_u\,\mathfrak{Tg}\,\lambda_v\,\mathrm{tg}\,\lambda_v + (\varkappa^2+\lambda^2)^2(\mathfrak{Tg}\,\varkappa_u\,\mathfrak{Tg}\,\lambda_v - \mathrm{tg}\,\varkappa_u\,\mathrm{tg}\,\lambda_v) \\ & \quad + (\varkappa^2-\lambda^2)^2(\mathfrak{Tg}\,\varkappa_u\,\mathrm{tg}\,\lambda_v - \mathfrak{Tg}\,\lambda_v\,\mathrm{tg}\,\varkappa_u) = 0\,, \qquad v = \frac{1}{2} - u. \end{aligned}\right\} \quad (183)$$

Haben alle Scheiben wieder gleichen Halbmesser, ist somit in (183) wegen $\varrho_\varkappa = \varrho_\lambda$ auch $\varkappa = \lambda$, so fällt der letzte Term weg und es bleibt nach Kürzung durch $4\varkappa^4$

$$(1 + \mathfrak{Tg}\,\varkappa_u\,\mathfrak{Tg}\,\lambda_v)(1 - \mathrm{tg}\,\varkappa_u\,\mathrm{tg}\,\lambda_v) = 0 \qquad \text{oder} \qquad \mathfrak{Cof}\,\frac{\varkappa}{2}\cos\frac{\varkappa}{2} = 0\,,$$

da $\varkappa = \lambda$ und $u + v = \frac{1}{2}$ ist. Aus $\cos\frac{\varkappa}{2} = 0$ folgt aber wieder die bekannte Lösung (110), wenn man λ durch $\varkappa$ ersetzt und auf die Kreiselwirkung verzichtet, also den Index wegläßt.

Läßt man ferner den Scheibenhalbmesser ϱ_λ der Scheiben des λ-Feldes gegen Null gehen, so ergibt (183) mit $\lim\lambda = \lim\lambda_v = 0$, wenn man bloß die Glieder beachtet, die klein von erster Ordnung sind und sogleich durch λ teilt und bedenkt, daß $\lim\limits_{\lambda=0}\frac{\mathfrak{Tg}\,\lambda_v}{\lambda} = \lim\limits_{\lambda=0}\frac{\mathrm{tg}\,\lambda_v}{\lambda} = v$ ist

$$4\varkappa^3 + 2\varkappa^4 v\,(\mathfrak{Tg}\,\varkappa_u - \mathrm{tg}\,\varkappa_u) = 0\,, \qquad v = \tfrac{1}{2} - u\,.$$

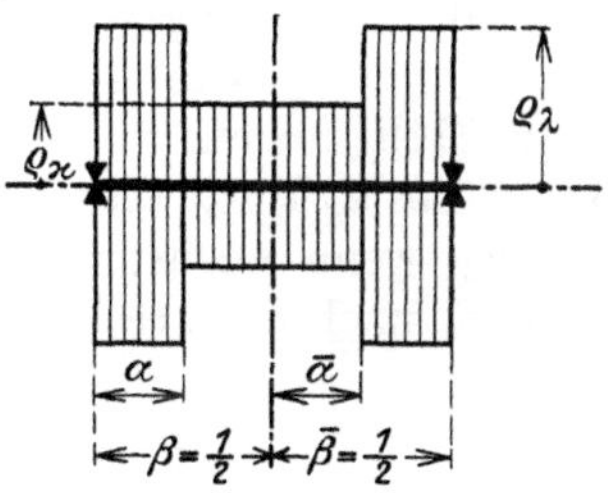

Abb. 33, Fall 11. Die symmetrische Zweifelderwelle; die Scheiben erfüllen Zylinder. [Man vgl. (183), (184), (185), worin aber $\varrho_\varkappa$ und ϱ_λ gegen Abb. 33 vertauscht sind.]

Teilung durch $2\varkappa^3$ mit Beachtung, daß $\varkappa\cdot v = \varkappa_v$ ist, ergibt hieraus sofort wieder die Gleichung (63), die für den nun aus Fall 11, Abb. 33 hervorgegangenen Fall 6, Abb. 11 hergeleitet wurde.

Läßt man hingegen den Scheibenradius $\varrho_\varkappa$ des $\varkappa$-Feldes gegen Null konvergieren, setzt also $\lim\varkappa = \lim\varkappa_u = 0$, so erhält man, wenn man bei der Entwicklung die Glieder bis zur dritten Ordnung in $\varkappa$ bzw. $\varkappa_u = \varkappa\cdot u$ beibehält, aus (183)

$$\begin{aligned} & 4\varkappa^3\lambda - 4\varkappa\lambda^3\varkappa_u^2\,\mathfrak{Tg}\,\lambda_v\,\mathrm{tg}\,\lambda_v + (2\varkappa^2\lambda^2 + \lambda^4)\left[\left(\varkappa_u - \frac{\varkappa_u^3}{3}\right)\mathfrak{Tg}\,\lambda_v - \left(\varkappa_u + \frac{\varkappa_u^3}{3}\right)\mathrm{tg}\,\lambda_v\right] \\ & \quad + (-2\varkappa^2\lambda^2 + \lambda^4)\left[\left(\varkappa_u - \frac{\varkappa_u^3}{3}\right)\mathrm{tg}\,\lambda_v - \left(\varkappa_u + \frac{\varkappa_u^3}{3}\right)\mathfrak{Tg}\,\lambda_v\right] = 0\,. \end{aligned}$$

Die weitere Reduktion und Teilung durch $4\varkappa^3\lambda$ ergibt sofort die hier gültige Brunellische Gleichung (35a).

Bei Beachtung der Kreiselwirkung genügen die Auslenkungsfunktionen (89) für $\eta_\varkappa$ und η_λ offenbar den Rand- und Übergangsbedingungen (107a bis c), wobei bloß statt der letzten Übergangsbedingung (107b) wegen des Vorhandenseins von Scheiben in beiden Wellenfeldern hier wieder (93a) zu treten hat, worin β gemäß Abb. 33 hier wieder durch α zu ersetzen und für die numerische Auswertung wieder zu beachten ist, daß gegenüber den Näherungsrechnungen, deren Bezeichnungsweise in den Tabellen 21 und 22 mit übernommen wurde, aus dem oben angegebenen Grunde wieder $\varrho_\varkappa$ mit ϱ_λ vertauscht werden muß. Nach längeren Rechnungen ergibt nun das Verschwinden der Systemdeterminante der wie früher gewonnenen vier linearen homogenen Gleichungen

$$\left.\begin{aligned} f = {} & (\varkappa_1^2 + \varkappa_2^2)(\lambda_1^2 + \lambda_2^2)\,\lambda_1\,\lambda_2\,\mathfrak{Tg}\,\varkappa_{1^u}\,\mathrm{tg}\,\varkappa_{2^u}\,\mathfrak{Tg}\,\lambda_{1^v}\,\mathrm{tg}\,\lambda_{2^v} - (\varkappa_1^2 + \varkappa_2^2)(\lambda_1^2 + \lambda_2^2)\,\varkappa_1\,\varkappa_2 \\ & + \varkappa_1\,\lambda_2\,(\varkappa_2^2 + \lambda_1^2)^2\,\mathrm{tg}\,\varkappa_{2^u}\,\mathrm{tg}\,\lambda_{2^v} + \varkappa_1\,\lambda_1\,(\varkappa_2^2 - \lambda_2^2)^2\,\mathfrak{Tg}\,\lambda_{1^v}\,\mathrm{tg}\,\varkappa_{2^u} \\ & - \varkappa_2\,\lambda_2\,(-\varkappa_1^2 + \lambda_1^2)^2\,\mathfrak{Tg}\,\varkappa_{1^u}\,\mathrm{tg}\,\lambda_{2^v} - \varkappa_2\,\lambda_1 (\varkappa_1^2 + \lambda_2^2)^2\,\mathfrak{Tg}\,\varkappa_{1^u}\,\mathfrak{Tg}\,\lambda_{1^v} = 0\,, \\ & \qquad v = \tfrac{1}{2} - u \end{aligned}\right\} \quad (184)$$

Wie in (183) bedeutet also in (184) im Gegensatz zur Bezeichnungsweise in Abb. 33 $\varrho_\varkappa$ den Scheibenhalbmesser des an das linke Wellenende anstoßenden $\varkappa$-Feldes, ϱ_λ den Scheibenhalbmesser des an die Wellenmitte stoßenden λ-Feldes. Läßt man nun ϱ_λ zu Null werden, so wird auch $\lim \lambda_1 = \lim \lambda_2 = \lim \lambda_{1^v} = \lim \lambda_{2^v} = 0$ nnd man erkennt aus (184), daß der erste Term und Teile anderer Terme von höherer Ordnung als λ^2 klein werden. Behält man bloß die letzteren Glieder bei, so folgt

$$-(\varkappa_1^2 + \varkappa_2^2)(\lambda_1^2 + \lambda_2^2)\,\varkappa_1\,\varkappa_2 + \varkappa_1\,\varkappa_2^4\,\lambda_2\,\lambda_{2^v}\,\mathrm{tg}\,\varkappa_{2^u} + \varkappa_1\,\varkappa_2^4\,\lambda_1\,\lambda_{1^v}\,\mathrm{tg}\,\varkappa_{2^u} - \varkappa_2\,\varkappa_1^4\,\lambda_2\,\lambda_{2^v}\,\mathfrak{Tg}\,\varkappa_{1^u}$$
$$- \varkappa_2\,\varkappa_1^4\,\lambda_1\,\lambda_{1^v}\,\mathfrak{Tg}\,\varkappa_{1^u} = 0\,, \qquad v = \tfrac{1}{2} - u\,.$$

Die Vollziehung des oben angegebenen Grenzprozesses liefert aber hieraus sofort Gl. (111), die ja für den nun entstandenen Fall 6, Abb. 11 Gültigkeit hat.

Läßt man hingegen den Scheibenhalbmesser $\varrho_\varkappa$ des nach Abb. 4 unbelasteten $\varkappa$-Feldes gegen Null gehen, so muß aus (184) wieder die Gleichung (109) folgen. Für $\lim \varkappa_1 = \lim \varkappa_2 = \lim \varkappa_{1^u} = \lim \varkappa_{2^u} = 0$ folgt aus der mit $\mathfrak{Cof}\,\varkappa_{1^u}\cos\varkappa_{2^u}\,\mathfrak{Cof}\,\lambda_{1^v}\cos\lambda_{2^v}$ erweiterten Gleichung (184) für die letzten vier Terme, wenn höchstens Glieder klein von der vierten Ordnung beibehalten werden, nach entsprechender Zusammenziehung

$$\left(2\,\varkappa_2^2\,\lambda_1\,u + \frac{1}{2}\,\varkappa_1^2\,\lambda_1^3\,u^3 - \frac{1}{6}\,\varkappa_2^2\,\lambda_1^3\,u^3\right)\varkappa_1\,\varkappa_2\,\lambda_1\,\lambda_2\,\mathfrak{Cof}\,\lambda_{1^v}\sin\lambda_{2^v}$$
$$+\left(-2\,\varkappa_2^2\,\lambda_2\,u + \frac{1}{2}\,\varkappa_1^2\,\lambda_2^3\,u^3 - \frac{1}{6}\,\varkappa_2^2\,\lambda_2^3\,u^3\right)\varkappa_1\,\varkappa_2\,\lambda_1\,\lambda_2\,\mathfrak{Sin}\,\lambda_{1^v}\cos\lambda_{2^v}$$
$$+\left(2\,\varkappa_1^2\,\lambda_1\,u + \frac{1}{2}\,\varkappa_2^2\,\lambda_1^3\,u^3 - \frac{1}{6}\,\varkappa_1^2\,\lambda_1^3\,u^3\right)\varkappa_1\,\varkappa_2\,\lambda_1\,\lambda_2\,\mathfrak{Cof}\,\lambda_{1^v}\sin\lambda_{2^v}$$
$$+\left(-2\,\varkappa_1^2\,\lambda_2\,u + \frac{1}{2}\,\varkappa_2^2\,\lambda_2^3\,u^3 - \frac{1}{6}\,\varkappa_1^2\,\lambda_2^3\,u^3\right)\varkappa_1\,\varkappa_2\,\lambda_1\,\lambda_2\,\mathfrak{Sin}\,\lambda_{1^v}\cos\lambda_{2^v}.$$

Im ganzen verbleibt somit, wenn durch $\varkappa_1\varkappa_2(\varkappa_1^2 + \varkappa_2^2)$ gekürzt, u mit λ_1 bzw. λ_2 zu λ_{1^u} bzw. λ_{2^u} vereint und durch $\mathfrak{Cof}\,\lambda_{1^v}\cos\lambda_{2^v}$ geteilt wird

$$(\lambda_1^2 + \lambda_2^2)\,\lambda_{1^u}\,\lambda_{2^u}\,\mathfrak{Tg}\,\lambda_{1^v}\,\mathrm{tg}\,\lambda_{2^v} - (\lambda_1^2 + \lambda_2^2) + \lambda_1^2\,\lambda_{2^u}\left(2 + \frac{1}{3}\,\lambda_{1^u}^2\right)\mathrm{tg}\,\lambda_{2^v}$$
$$-\lambda_2^2\,\lambda_{1^u}\left(2 - \frac{1}{3}\,\lambda_{2^u}^2\right)\mathfrak{Tg}\,\lambda_{1^v} = 0, \qquad v = \frac{1}{2} - u\,,$$

also wieder das Ergebnis (109), das für den nun gewonnenen Fall 2, Abb. 4 Gültigkeit besitzt.

Für fehlende Kreiselwirkung endlich hat man in (184) $\varkappa_1 = \varkappa_2 = \varkappa$ und $\lambda_1 = \lambda_2 = \lambda$ zu setzen und analog $\varkappa_{1^u} = \varkappa_{2^u} = \varkappa^u$ bzw. $\lambda_{1^v} = \lambda_{2^v} = \lambda^v$ zu beachten. Damit aber folgt dann nach Teilung durch $-\varkappa\,\lambda$ sofort wieder (183).

In Tabelle 21 ist zunächst (183) für fehlende Kreiselwirkung auf Grund der ermittelten Näherungswerte für die erste kritische Drehzahl ausgewertet worden, wobei sich die Werte f auf die mit $\mathfrak{Cof}\,\varkappa u \cos \varkappa u$ erweiterte Gleichung (183) beziehen.

Die zweite kritische Drehzahl wurde analog nach (176), jedoch für $v = \frac{1}{2} - u$ berechnet; die Werte f beziehen sich dabei ebenfalls auf die mit $\mathfrak{Cof}\,\varkappa u \cos \varkappa u$ erweiterte Gl. (176). Die Übereinstimmung mit der zweiten Annäherung $u_1 \varrho_\varkappa^2$ bzw. $u_2 \varrho_\varkappa^2$ ist wieder eine vorzügliche.

Für die erste kritische Drehzahl bei synchroner Präzession im Gleichlauf wurde (184) in Tabelle 22 ausgewertet; hier fällt die immerhin ziemlich beträchtliche Abweichung des strengen Wertes $u'_{W_1} \varrho_\varkappa^2 = 383{,}386$ vom Wert der zweiten Annäherung $u'_1\, \varrho_\varkappa^2 = 405{,}979$ auf, die dadurch zu erklären ist, daß die Kreiselwirkung in diesem Falle die erste kritische Drehzahl gerade noch zuläßt; sie erfährt von dem Werte der fehlenden Kreiselwirkung 62,749 die außerordentliche Erhöhung auf den Wert: 405,979 bei Beachtung der Kreiselwirkung bei synchronem Gleichlauf und zweiter Annäherung. Doch auch in diesem Falle, der die unter Umständen entscheidende Kreiselwirkung dartut, zeigt sich die große Verläßlichkeit des Näherungsverfahrens, das für $u'_1\, \varrho_\varkappa^2$ auch erst einen Fehler von ca. 5,6%, für die kritische Drehschnelle selbst daher einen von ca. 2,8% ergibt.

Von Bedeutung ist auch hier die Kenntnis jener Rotorformen, deren Laufscheiben unter Umständen gewisse kritische Drehzahlen zu verhindern vermögen. Läßt man in (184) wieder u über alle Grenzen wachsen und beachtet die auch hier gültigen Beziehungen (178) und (179), so erhält man, da wieder $\mathfrak{Tg}\,\varkappa_1 u = \mathfrak{Tg}\,\lambda_1 v = 1$ für $\lim u = \infty$ ist, wenn man nur jene Glieder berücksichtigt, die $\varkappa_1$ und λ_1 zusammen in mindestens fünfter Potenz enthalten, zunächst folgende Beziehung

$$\varrho_\varkappa^4 \varrho_\lambda^6 \cdot \frac{2}{\varrho_\lambda} \operatorname{tg}\left(\frac{2}{\varrho_\varkappa}\alpha\right) \operatorname{tg}\left\{\frac{2}{\varrho_\lambda}\left(\frac{1}{2} - \alpha\right)\right\}$$

$$- \varrho_\varkappa^6 \cdot \varrho_\lambda^4 \cdot \frac{2}{\varrho_\varkappa} + \varrho_\varkappa^2 \cdot \varrho_\lambda^8 \cdot \frac{2}{\varrho_\lambda} \operatorname{tg}\left(\frac{2}{\varrho_\varkappa}\alpha\right) \operatorname{tg}\left\{\frac{2}{\varrho_\lambda}\left(\frac{1}{2} - \alpha\right)\right\} - \frac{2}{\varrho_\varkappa} \cdot \varrho_\lambda^2 \cdot \varrho_\varkappa^8 = 0\,.$$

Zusammenziehung und Kürzung durch den gemeinsamen Faktor $2\,\varrho_\varkappa^2\,\varrho_\lambda^2\,(\varrho_\varkappa^2 + \varrho_\lambda^2)$ ergibt schließlich

$$\varrho_\lambda^3 \operatorname{tg}\left(\frac{2}{\varrho_\varkappa}\alpha\right) \operatorname{tg}\left\{\frac{2}{\varrho_\lambda}\left(\frac{1}{2} - \alpha\right)\right\} = \varrho_\varkappa^3,\ \varrho_\varkappa > 0,\ \varrho_\lambda > 0\,. \tag{185}$$

Wendet man (185) auf Fall 11, Abb. 33 an, so folgt mit $\varrho_\varkappa = 0{,}4$, $\alpha = 0{,}25$ auf graphischem Wege, wie er bei Gl. (180) dargestellt wurde: $\varrho_\lambda \geqq \infty$, 0,107, 0,064, 0,045, ..., welche Werte sich der ersten, dritten, fünften ... kritischen Drehzahl zuordnen. Es ist somit bei dem gewählten Wert von $\varrho_\varkappa$ die erste kritische Drehzahl stets vorhanden, wie groß auch immer ϱ_λ sein möge.

Hingegen erkennt man, daß wegen des gewählten $\varrho_\lambda = 0{,}2$ wirklich die dritte und alle höheren kritischen Drehzahlen verhindert werden müssen, da der obigen Bedingung hierzu, nämlich $\varrho_\lambda > 0{,}107$, in der Tat entsprochen wird. Nach Tabelle 22 wird für diesen Fall aber sogar die zweite kritische Drehzahl durch die Kreiselwirkung verhindert. Auch dieses Ergebnis kann mittels der für die geraden kritischen Drehzahlen der symmetrischen Fülle ebenfalls gültigen Gl. (180) bestätigt werden, bei der nunmehr bloß $\frac{1}{2} - \alpha$ statt $1 - \alpha$ im zweiten

Term stehen muß. Damit folgt wie früher: $\varrho_\lambda \geqq 0{,}174,\ 0{,}080,\ 0{,}053,\ 0{,}040, \ldots$ für die zweite, vierte, ... kritische Drehzahl. Da $\varrho_\lambda = 0{,}2 > 0{,}174$, so wird in Übereinstimmung mit Tabelle 22 auch schon die zweite kritische Drehzahl verhindert[56]. Die geraden kritischen Drehzahlen wurden in den Tabellen 21 und 22 mittels (176) bzw. (177) mit $v = \frac{1}{2} - u$ berechnet.

Auch (185) kann nun unabhängig von der strengen Lösung (184) gewonnen werden, wenn man der im achten Abschnitt entwickelten Darstellungsweise folgt. Für die Auslenkungen $\bar{\eta}_\varkappa$ und $\bar{\eta}_\lambda$ gelten für ungerade kritische Drehzahlen offenbar zunächst die Randbedingungen (107a) und (107c), ferner die Übergangsbedingungen (182). (107a, c) entsprechen die Ansätze

$$\left.\begin{aligned} \bar{\eta}_\varkappa &= A_\varkappa \sin\left(\frac{2}{\varrho_\varkappa}\,\xi\right) \\ \bar{\eta}_\lambda &= A_\lambda \cos\left\{\frac{2}{\varrho_\lambda}\left(\frac{1}{2} - \xi\right)\right\} \end{aligned}\right\} \tag{186}$$

(182) ergibt nun mit (186) hinsichtlich $A_\varkappa$, A_λ zwei lineare homogene Gleichungen und ihre verschwindende Determinante liefert sofort wieder (185)[56].

Wie am Schluß des siebenten Abschnittes erwähnt wurde, kann man die erweiterten Grammelschen Schaulinien auch für mehrstufige Läuferformen benützen, wenn man dabei die auch die Kreiselwirkung mit umfassende Dunkerleysche Gleichung (175) heranzieht. Für den folgenden Fall soll dies veranschaulicht werden.

Fall 11, Abb. 33 ergab für synchronen Gegenlauf und erste kritische Drehzahl den Wert $u_1'' \varrho_\varkappa^2 \doteq 17{,}6$. Denken wir uns in Abb. 33 die mittleren Scheiben mit dem Halbmesser $\varrho_\varkappa = 0{,}2$ weg, so liegt offenbar der symmetrische Fall 6, Abb. 11 mit $\varrho_\lambda = 0{,}4$ und $\alpha = 0{,}25$ vor; ihm entspricht in Abb. 23 ein Koeffizient $\hat{\beta}_\lambda$ der Kreiselwirkung, der nach (114) sich ergibt, zu $\hat{\beta}_\lambda = \frac{2}{0{,}4\,\pi} \doteq 1{,}592$. Interpoliert man also zwischen die — strichliert gezeichneten — Kurven für Gegenlauf zwischen $\hat{\beta} = 1{,}5$ und $\hat{\beta} = 2$ an geeigneter Stelle eine Hilfskurve und bringt sie mit der verallgemeinerten Grammelschen Schaulinie 0,25 : 1 zum Schnitt, so liest man aus Abb. 23 ab $\sigma \doteq 0{,}75$, $\tau \doteq 1{,}25$, daher ist gemäß (113) $u_{1\lambda}'' \varrho_\lambda^2 = \pi^4 \cdot 0{,}75^2 \cdot 1{,}25^2 \doteq 86$ und somit folgt

$$u_{1\lambda}'' = \frac{86}{0{,}16} \doteq 540\,.$$

Fehlen andrerseits die Endscheiben mit dem Halbmesser $\varrho_\lambda = 0{,}4$, so liegt offenbar der symmetrische Fall 2, Abb. 4 mit $\varrho_\varkappa = 0{,}2$ und $\alpha = 0{,}25$ vor; ihm entspricht nach (114) als Koeffizient der Kreiselwirkung $\hat{\beta}_\varkappa = \frac{2}{0{,}2\,\pi} \doteq 3{,}184$. Interpoliert man daher für synchronen Gegenlauf in analoger Weise in Abb. 22 zwischen die strichlierten Kurven mit $\hat{\beta} = 3$ und $\hat{\beta} = 3{,}5$ und bringt die so interpolierte Kurve zum Schnitt mit der verallgemeinerten Grammelschen Schaulinie 0,25 : 1, so mißt man: $\sigma \doteq 0{,}95$, $\tau \doteq 1{,}12$, womit nach (113) $u_{1\varkappa}'' \varrho_\varkappa^2 = \pi^4 \cdot 0{,}95^2 \cdot 1{,}12^2 \doteq 110$ und somit

$$u_{1\varkappa}'' = \frac{110}{0{,}04} = 2750$$

---

[56] Die Gleichungen (180) und (185) gestatten eine sehr übersichtliche nomographische Darstellung.

folgt. Nach (175) ist somit: $\frac{1}{u_1''} = \frac{1}{u_{1\lambda}''} + \frac{1}{u_{1\varkappa}''} = \frac{1}{540} + \frac{1}{2750}$, woraus $u_1'' = \frac{540 \cdot 2750}{3290}$ $\doteq 450$ folgt. Somit ist

$$u_1'' \varrho_\varkappa^2 \doteq 450 \cdot 0{,}04 \doteq 18{,}0\,,$$

was mit dem tabellarischen Näherungswert 17,6 in Anbetracht der großen Kreiselwirkung, durch die der ausgewählte Fall charakterisiert ist, in guter Übereinstimmung ist. Liegen somit sämtliche verallgemeinerte Grammelschen Schaulinien in den einfachen Fällen 2, 3 und 6 für alle möglichen Belegungsstrecken möglichst dicht gezeichnet vor, so kann man die kritischen Drehzahlen für die Rotorformen der Zweifelderwelle im allgemeinen mit praktisch ausreichender Genauigkeit und geringster Rechenarbeit außerordentlich rasch bestimmen.

c) Die Zweiflußtrommelturbine mit abgesetztem Läufer[57].

Bei diesem Fall 12, Abb. 34 reichen im Gegensatz zum vorhergehenden Fall 11, Abb. 33 die Läuferscheiben nicht bis zu den Wellenenden heran, so daß dieser Fall bereits einen Unterfall der allgemeinen Dreifelderwelle darstellt; die näherungsweise Berechnung der kritischen Drehzahlen läßt sich hingegen genau so leicht und völlig analog den vorhergehenden Fällen durchführen und sie ist deshalb mit in die Tabellen 21 und 22 aufgenommen worden. Die strengen Lösungen sind außerordentlich umständlich herzuleiten, wie dies selbst für fehlende Kreiselwirkung aus den Darlegungen des nächsten Abschnittes folgen wird, aber auch im Besitze einer bezüglichen Formel stellen sich wegen deren komplizierten Aufbaues ihrer ziffernmäßigen Auswertung beträchtliche Schwierigkeiten entgegen.

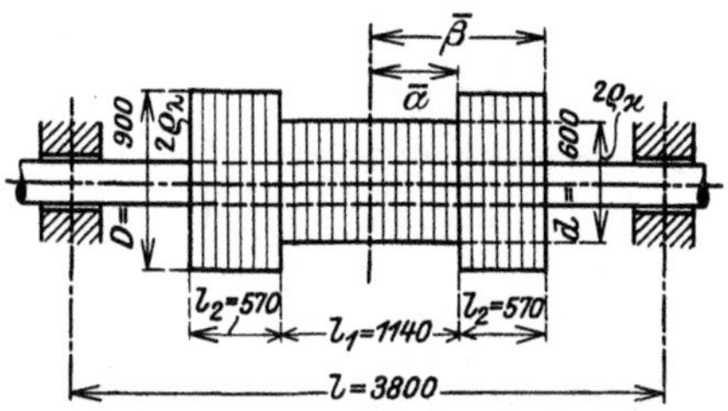

Abb. 34, Fall 12. Die Zweiflußtrommelturbine mit abgesetztem Läufer. Wirkliche Abmessungen in mm einer ausgeführten Läuferform (nach G. Zerkowitz).

Für die Beurteilung der Verhinderung der kritischen Drehzahlen durch die Kreiselwirkung kann man der strengen Lösungen allerdings entraten, wenn man hierbei gemäß Abschnitt 8 vorgehen will.

Die geringe Beeinflussung der ersten und zweiten kritischen Drehzahl durch die Kreiselwirkung erklärt sich durch die Gestalt des Läufers in Abb. 34. Die dritte kritische Drehzahl wird aber bereits wesentlich verändert, die vierte bei synchronem Gleichlauf überhaupt verhindert.

13. Die allgemeine Dreifelderwelle ohne Kreiselwirkung.

Als weitere nächste Verallgemeinerung der im zwölften Abschnitte behandelten Zweifelderwelle bietet sich die Dreifelderwelle dar. Wie dort so sollen auch hier nur solche Fälle einer strengen Behandlung unterworfen werden, deren Scheiben jeweils in einem Wellenfelde konstanten Halbmesser besitzen,

[57] Die Anregung zur Untersuchung auch dieser Turbine erhielt der Verfasser ebenfalls durch eine freundliche Mitteilung von Herrn Prof. G. Zerkowitz, München; seinen Angaben sind auch die in Abb. 34 angegebenen Abmessungen — im Rahmen der durch Tabelle 1 gegebenen Möglichkeiten — nach Tunlichkeit angepaßt worden.

also einen Zylindermantel erfüllen. Es sollte in diesem Abschnitte bloß ein erster Einblick in den Aufbau der strengen Ergebnisse gewonnen werden und es wurde somit von einer numerischen Auswertung derselben, sowie von ihrer Verallgemeinerung durch Berücksichtigung der Kreiselwirkung Abstand genommen.

Alle Ergebnisse werden durch Nullsetzen von Determinanten vierter Ordnung, den Stabilitätsdeterminanten, erhalten, deren Auswertung gewöhnlich einige hundert Summanden liefert, während das schließliche Ergebnis sich oftmals in außerordentlich einfacher Gestalt darbietet, sofern wenigstens der Fall nicht zu allgemein gegeben ist. Man wird erkennen, daß ein weiteres Vordringen — wie es insbesondere bei Beachtung der Kreiselwirkung nötig sein wird — in erster Linie von der den besonderen Verhältnissen richtig angepaßten Art der Ausrechnung der Stabilitätsdeterminante bedingt sein wird, da dadurch die Rechenarbeit oftmals außerordentlich herabgesetzt und zugleich die Kontrollmöglichkeit weitgehend gefördert wird. Diese Art der Ausrechnung, die durchwegs beibehalten wurde, wird im folgenden genau angegeben werden und ebenso wichtige Zwischenresultate, deren Kenntnis für spätere Verallgemeinerungen außerordentlich wertvoll ist.

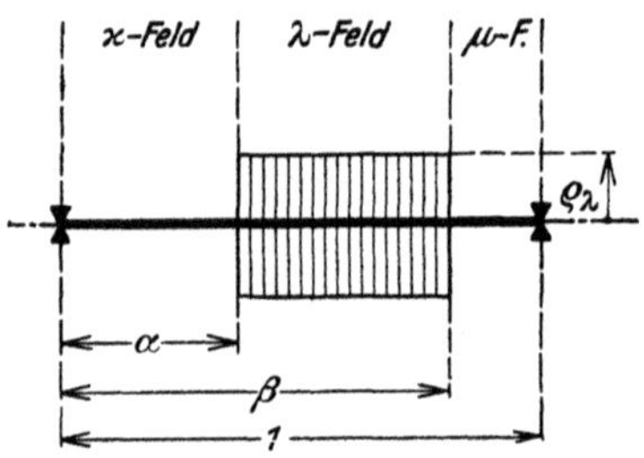

Abb. 35. Die unsymmetrische Dreifelderwelle mit Scheiben von konstantem Halbmesser ϱ_λ im λ-Feld. [Man vgl. (191).]

Als erster soll jener unsymmetrische Fall behandelt werden, der in Abb. 35 dargestellt ist und auch aus Fall 5, Abb. 8 für $i = 0$ hervorgeht. Er ist — obwohl unsymmetrisch — deshalb in hohem Maße spezialisiert, weil die beiden Endfelder, die in Übereinstimmung mit den Festsetzungen der Abb. 5 als $\varkappa$- und μ-Feld in Abb. 35 bezeichnet sind, keine Scheiben besitzen, sondern bloß das mittlere λ-Feld solche vom konstanten Halbmesser ϱ_λ. Bezeichnet man die bezüglichen Wellenauslenkungen mit $\eta_\varkappa$, η_λ, η_μ, so genügen sie offenbar folgenden Rand- und Übergangsbedingungen: $\eta_\varkappa$ genügt (96a), η_μ (96c). Zwischen $\eta_\varkappa$ und η_λ gilt (61b) oder auch für $w = 0$ die Übergangsbedingung (96b) mit α statt β und dieselbe gilt auch für den Übergang von η_λ zu η_μ an der Stelle $\xi = \beta$ (Abb. 35). Hierdurch sind insgesamt zwölf Bedingungen vorgeschrieben.

Da η_λ der Differentialgleichung (27) mit ϱ_λ statt ϱ_0 genügt, so wird es durch die Lösung (31) mit der Erklärung (32) für λ, das überall statt $\varkappa$ in (31) zu stehen hat, wiedergegeben. Für $\eta_\varkappa$ und η_μ ergeben die Randbedingungen (96a) und (96c) wegen (69), dem $\eta_\varkappa$ und η_μ genügen, die Lösungen

$$\eta_\varkappa = \alpha_{1\varkappa}\,\xi + \alpha_{3\varkappa}\,\xi^3, \qquad \eta_\mu = \alpha_{1\mu}(-1 + \xi) + \alpha_{3\mu}(2 - 3\xi^2 + \xi^3).$$

Im ganzen verbleiben somit noch acht Konstante, denen die erwähnten acht Übergangsbedingungen (96b) für $\xi = \alpha$ und $\xi = \beta$ mit $w = 0$ gegenüberstehen. Man eliminiert am besten die vier Konstanten $\alpha_{1\varkappa}$, $\alpha_{3\varkappa}$, $\alpha_{1\mu}$, $\alpha_{3\mu}$ und erhält sodann für A_λ, B_λ, C_λ, D_λ vier homogene lineare Gleichungen, deren verschwindende Determinate unter Beachtung des Schemas (33) lautet:

$$\varDelta = \left| \begin{array}{ll} \lambda^3_u\,\mathfrak{Cof}\,\lambda\alpha & \lambda^3_u\,\mathfrak{Sin}\,\lambda\alpha \\ (\lambda^3_u\,\mathfrak{Cof}\,\lambda\alpha - 6\,\lambda_u\,\mathfrak{Cof}\,\lambda\alpha + 6\,\mathfrak{Sin}\,\lambda\alpha) & (\lambda^3_u\,\mathfrak{Sin}\,\lambda\alpha - 6\,\lambda_u\,\mathfrak{Sin}\,\lambda\alpha + 6\,\mathfrak{Cof}\,\lambda\alpha) \\ \lambda^3_w\,\mathfrak{Cof}\,\lambda\beta & \lambda^3_w\,\mathfrak{Sin}\,\lambda\beta \\ (\lambda^3_w\,\mathfrak{Cof}\,\lambda\beta - 6\,\lambda_w\,\mathfrak{Cof}\,\lambda\beta - 6\,\mathfrak{Sin}\,\lambda\beta) & (\lambda^3_w\,\mathfrak{Sin}\,\lambda\beta - 6\,\lambda_w\,\mathfrak{Sin}\,\lambda\beta - 6\,\mathfrak{Cof}\,\lambda\beta) \end{array} \right.$$

Es wurde hierbei innerhalb der Winkelfunktionen λu durch das gemäß Abb. 5 gleichwertige λ_α ersetzt; analog wurde λ_β für $\lambda(u+v)$ geschrieben. Dieser Ersatz eines Zeichens durch ein gleichwertiges anderes wurde auch bei den folgenden Formeln überall dort angewendet, wo dies eine möglichst übersichtliche und einfache Gestaltung des Ergebnisses erforderte.

Um (187) und auch die weiteren Determinanten aufzulösen, werde dieselbe in Unterdeterminanten zweiter Ordnung in folgender Art entwickelt. Es sei

$$\left.\begin{aligned}
&\Delta = \begin{vmatrix} a_1 & a_2 & a_3 & a_4 \\ b_1 & b_2 & b_3 & b_4 \\ c_1 & c_2 & c_3 & c_4 \\ d_1 & d_2 & d_3 & d_4 \end{vmatrix} = 0 \\
&\eta_{12} = \begin{vmatrix} a_1 & a_2 \\ b_1 & b_2 \end{vmatrix} \; \delta_{34} = \begin{vmatrix} c_3 & c_4 \\ d_3 & d_4 \end{vmatrix}; \quad \eta_{13} = \begin{vmatrix} a_1 & a_3 \\ b_1 & b_3 \end{vmatrix} \; \delta_{24} = \begin{vmatrix} c_2 & c_4 \\ d_2 & d_4 \end{vmatrix}; \quad \eta_{14} = \begin{vmatrix} a_1 & a_4 \\ b_1 & b_4 \end{vmatrix} \; \delta_{23} = \begin{vmatrix} c_2 & c_3 \\ d_2 & d_3 \end{vmatrix}; \\
&\eta_{23} = \begin{vmatrix} a_2 & a_3 \\ b_2 & b_3 \end{vmatrix} \; \delta_{14} = \begin{vmatrix} c_1 & c_4 \\ d_1 & d_4 \end{vmatrix}; \quad \eta_{24} = \begin{vmatrix} a_2 & a_4 \\ b_2 & b_4 \end{vmatrix} \; \delta_{13} = \begin{vmatrix} c_1 & c_3 \\ d_1 & d_3 \end{vmatrix}; \quad \eta_{34} = \begin{vmatrix} a_3 & a_4 \\ b_3 & b_4 \end{vmatrix} \; \delta_{12} = \begin{vmatrix} c_1 & c_2 \\ d_1 & d_2 \end{vmatrix};
\end{aligned}\right\} \quad (188)$$

$$\Delta = \eta_{12}\,\delta_{34} - \eta_{13}\,\delta_{24} + \eta_{14}\,\delta_{23} + \eta_{23}\,\delta_{14} - \eta_{24}\,\delta_{13} + \eta_{34}\,\delta_{12}. \quad (189)$$

Zwecks Benutzung zur Kontrolle bei späterer Verallgemeinerung durch die Kreiselwirkung mögen zunächst die nach (188) gebildeten Unterdeterminanten η und δ von (187) angeschrieben werden; es ergibt sich

$$\left.\begin{aligned}
\eta_{12} &= 6\,\lambda^3_u \qquad \delta_{34} = -6\,\lambda^3_w \\
\eta_{13} &= -36\,\lambda^2_u\,\mathfrak{Cof}\,\lambda_\alpha \cos\lambda_\alpha - (6\,\lambda^3_u - 36\,\lambda_u)\,\mathfrak{Cof}\,\lambda_\alpha \sin\lambda_\alpha \\
&\quad + (6\,\lambda^3_u + 36\,\lambda_u)\,\mathfrak{Sin}\,\lambda_\alpha \cos\lambda_\alpha - 36\,\mathfrak{Sin}\,\lambda_\alpha \sin\lambda_\alpha \\
\delta_{24} &= 36\,\lambda^2_w\,\mathfrak{Sin}\,\lambda_\beta \sin\lambda_\beta + (6\,\lambda^3_w - 36\,\lambda_w)\,\mathfrak{Sin}\,\lambda_\beta \cos\lambda_\beta \\
&\quad + (6\,\lambda^3_w + 36\,\lambda_w)\,\mathfrak{Cof}\,\lambda_\beta \sin\lambda_\beta - 36\,\mathfrak{Cof}\,\lambda_\beta \cos\lambda_\beta \\
\eta_{14} &= 36\,\lambda^2_u\,\mathfrak{Cof}\,\lambda_\alpha \sin\lambda_\alpha - (6\,\lambda^3_u - 36\,\lambda_u)\,\mathfrak{Cof}\,\lambda_\alpha \cos\lambda_\alpha \\
&\quad - (6\,\lambda^3_u + 36\,\lambda_u)\,\mathfrak{Sin}\,\lambda_\alpha \sin\lambda_\alpha - 36\,\mathfrak{Sin}\,\lambda_\alpha \cos\lambda_\alpha \\
\delta_{23} &= -36\,\lambda^2_w\,\mathfrak{Sin}\,\lambda_\beta \cos\lambda_\beta + (6\,\lambda^3_w - 36\,\lambda_w)\,\mathfrak{Sin}\,\lambda_\beta \sin\lambda_\beta \\
&\quad - (6\,\lambda^3_w + 36\,\lambda_w)\,\mathfrak{Cof}\,\lambda_\beta \cos\lambda_\beta - 36\,\mathfrak{Cof}\,\lambda_\beta \sin\lambda_\beta \\
\eta_{23} &= -36\,\lambda^2_u\,\mathfrak{Sin}\,\lambda_\alpha \cos\lambda_\alpha - (6\,\lambda^3_u - 36\,\lambda_u)\,\mathfrak{Sin}\,\lambda_\alpha \sin\lambda_\alpha \\
&\quad + (6\,\lambda^3_u + 36\,\lambda_u)\,\mathfrak{Cof}\,\lambda_\alpha \cos\lambda_\alpha - 36\,\mathfrak{Cof}\,\lambda_\alpha \sin\lambda_\alpha \\
\delta_{14} &= 36\,\lambda^2_w\,\mathfrak{Cof}\,\lambda_\beta \sin\lambda_\beta + (6\,\lambda^3_w - 36\,\lambda_w)\,\mathfrak{Cof}\,\lambda_\beta \cos\lambda_\beta \\
&\quad + (6\,\lambda^3_w + 36\,\lambda_w)\,\mathfrak{Sin}\,\lambda_\beta \sin\lambda_\beta - 36\,\mathfrak{Sin}\,\lambda_\beta \cos\lambda_\beta \\
\eta_{24} &= 36\,\lambda^2_u\,\mathfrak{Sin}\,\lambda_\alpha \sin\lambda_\alpha - (6\,\lambda^3_u - 36\,\lambda_u)\,\mathfrak{Sin}\,\lambda_\alpha \cos\lambda_\alpha \\
&\quad - (6\,\lambda^3_u + 36\,\lambda_u)\,\mathfrak{Cof}\,\lambda_\alpha \sin\lambda_\alpha - 36\,\mathfrak{Cof}\,\lambda_\alpha \cos\lambda_\alpha \\
\delta_{13} &= -36\,\lambda^2_w\,\mathfrak{Cof}\,\lambda_\beta \cos\lambda_\beta + (6\,\lambda^3_w - 36\,\lambda_w)\,\mathfrak{Cof}\,\lambda_\beta \sin\lambda_\beta \\
&\quad - (6\,\lambda^3_w + 36\,\lambda_w)\,\mathfrak{Sin}\,\lambda_\beta \cos\lambda_\beta - 36\,\mathfrak{Sin}\,\lambda_\beta \sin\lambda_\beta \\
\eta_{34} &= 6\,\lambda^3_u \qquad \delta_{12} = -6\,\lambda^3_w
\end{aligned}\right\} \quad (190)$$

$$\begin{vmatrix}
(-\lambda^3_u \cos\lambda_\alpha - 6\,\lambda_u \cos\lambda_\alpha + 6\sin\lambda_\alpha) & (\lambda^3_u \sin\lambda_\alpha + 6\,\lambda_u \sin\lambda_\alpha + 6\cos\lambda_\alpha) \\
-\lambda^3_u \cos\lambda_\alpha & \lambda^3_u \sin\lambda_\alpha \\
(-\lambda^3_w \cos\lambda_\beta - 6\,\lambda_w \cos\lambda_\beta - 6\sin\lambda_\beta) & (\lambda^3_w \sin\lambda_\beta + 6\,\lambda_w \sin\lambda_\beta - 6\cos\lambda_\beta) \\
-\lambda^3_w \cos\lambda_\beta & \lambda^3_w \sin\lambda_\beta
\end{vmatrix} = 0 \quad (187)$$

Führt man schließlich die Unterdeterminanten (190) in (189) ein, so ergeben sich nach Ausführung der angedeuteten Multiplikationen 146 Summanden, die sich aber zum folgenden einfachen Ergebnis als Ergebnis von (187) zusammenziehen lassen.

$$\left.\begin{aligned} &6\,(-3+\lambda u\,\lambda^3 w+\lambda^3 u\,\lambda w+3\,\lambda^2 u\,\lambda^2 w)\,\mathrm{tg}\,\lambda v\,\mathfrak{Tg}\,\lambda v-[18\,(\lambda u+\lambda w)^2-\lambda^3 u\,\lambda^3 w]\\ &\quad+3\,(\lambda u+\lambda w)\,(\lambda^2 u\,\lambda^2 w+\lambda^2 u+\lambda^2 w+5\,\lambda u\,\lambda w-6)\,\mathrm{tg}\,\lambda v\\ &\quad-3\,(\lambda u+\lambda w)\,(-\lambda^2 u\,\lambda^2 w+\lambda^2 u+\lambda^2 w+5\,\lambda u\,\lambda w+6)\,\mathfrak{Tg}\,\lambda v\\ &\quad-\lambda^3 u\,\lambda^3 w\sec\lambda v\,\mathfrak{Sek}\,\lambda v=0\,,\quad \lambda v=\lambda\beta-\lambda\alpha=\lambda\,(\beta-\alpha)\,,\\ &\qquad\qquad w=1-(u+v)=1-\beta\,. \end{aligned}\right\}\quad(191)$$

Der Fall der Abb. 35 geht über in den Fall 3, Abb. 6, wenn $\alpha = u = \lambda u = 0$ wird. Damit ergibt sich aus (191)

$$-18\,\mathrm{tg}\,\lambda v\,\mathfrak{Tg}\,\lambda v-18\,\lambda^2 w+3\,\lambda w\,(\lambda^2 w-6)\,\mathrm{tg}\,\lambda v-3\,\lambda w\,(\lambda^2 w+6)\,\mathfrak{Tg}\,\lambda v=0.$$

Teilt man diese Gleichung durch -18 und schreibt, wie es ja gemäß Abb. 5 jetzt sein soll, $\varkappa u$ statt λv und $\varkappa v$ statt λw, so ergibt sich, wie man sich leicht überzeugt, sofort wieder die hier gültige Gleichung (36) von P. E. Brunelli.

Schwieriger ist der Nachweis zu erbringen, daß für Symmetrie, also $u = w$ (191) übergeht in die dann gültigen Gleichungen (35a) und 35b) des Falles 2, Abb. 4. Für $\lambda u = \lambda w$ ergibt zunächst (191), wenn man zuvor mit $\cos\lambda v\,\mathfrak{Cof}\,\lambda$ erweitert

$$\left.\begin{aligned} &6\,(-3+5\,\lambda^4 u)\sin\lambda v\,\mathfrak{Sin}\,\lambda v-(72\,\lambda^2 u-\lambda^6 u)\cos\lambda v\,\mathfrak{Cof}\,\lambda v\\ &\quad+6\,\lambda u\,(\lambda^4 u+7\,\lambda^2 u-6)\sin\lambda v\,\mathfrak{Cof}\,\lambda v-6\,\lambda u\,(-\lambda^4 u+7\,\lambda^2 u+6)\cos\lambda v\,\mathfrak{Sin}\,\lambda v\\ &\quad-\lambda^6 u=0\,,\qquad\qquad v=1-2u \end{aligned}\right\}(191\,\mathrm{a})$$

Es ist nun zu bedenken, daß der Wert λv in (35a) und (35b) gerade gleich ist der Hälfte des Wertes von λv in (191), wie dies sofort ein Vergleich der Abbildungen 4 und 35 bestätigt, da die mit Scheiben besetzte Wellenstrecke im ersteren Fall, nämlich $2v$, gleich der analogen Strecke v im letzteren Fall ist. Damit ergeben sich aus (35a) und (35b) nach Multiplikation mit $\cos\frac{\lambda v}{2}\,\mathfrak{Cof}\,\frac{\lambda v}{2}$ folgende Gleichungen

$$\begin{aligned} &\cos\frac{\lambda v}{2}\,\mathfrak{Cof}\,\frac{\lambda v}{2}-\lambda u\left(\sin\frac{\lambda v}{2}\,\mathfrak{Cof}\,\frac{\lambda v}{2}-\cos\frac{\lambda v}{2}\,\mathfrak{Sin}\,\frac{\lambda v}{2}\right)-\lambda^2 u\sin\frac{\lambda v}{2}\,\mathfrak{Sin}\,\frac{\lambda v}{2}\\ &\qquad-\frac{1}{6}\,\lambda^3 u\left(\sin\frac{\lambda v}{2}\,\mathfrak{Cof}\,\frac{\lambda v}{2}+\cos\frac{\lambda v}{2}\,\mathfrak{Sin}\,\frac{\lambda v}{2}\right)=0 \end{aligned}$$

aus (35a) und:

$$\begin{aligned} &\sin\frac{\lambda v}{2}\,\mathfrak{Sin}\,\frac{\lambda v}{2}+\lambda u\left(\sin\frac{\lambda v}{2}\,\mathfrak{Cof}\,\frac{\lambda v}{2}+\cos\frac{\lambda v}{2}\,\mathfrak{Sin}\,\frac{\lambda v}{2}\right)+\lambda^2 u\cos\frac{\lambda v}{2}\,\mathfrak{Cof}\,\frac{\lambda v}{2}\\ &\qquad-\frac{1}{6}\,\lambda^3 u\left(\sin\frac{\lambda v}{2}\,\mathfrak{Cof}\,\frac{\lambda v}{2}-\cos\frac{\lambda v}{2}\,\mathfrak{Sin}\,\frac{\lambda v}{2}\right)=0 \end{aligned}$$

aus (35b).

Multipliziert man nun diese beiden Gleichungen miteinander und beachtet die Sätze, die zwischen einfachem und doppeltem Winkel bestehen, so ergibt sich schließlich (siehe S. 143 oben)

$$\Delta=\left|\begin{matrix} [(\varkappa^3+\varkappa\lambda^2)\,\mathfrak{Sin}\,\lambda\alpha-(\varkappa^2\lambda+\lambda^3)\,\mathfrak{Cof}\,\lambda\alpha\,\mathfrak{Tg}\,\varkappa\alpha] & [(\varkappa^3+\varkappa\lambda^2)\,\mathfrak{Cof}\,\lambda\alpha-(\varkappa^2\lambda+\lambda^3)\,\mathfrak{Sin}\,\lambda\alpha\,\mathfrak{Tg}\,\varkappa\alpha]\\ [(\varkappa^3-\varkappa\lambda^2)\,\mathfrak{Sin}\,\lambda\alpha-(\varkappa^2\lambda-\lambda^3)\,\mathfrak{Cof}\,\lambda\alpha\,\mathrm{tg}\,\varkappa\alpha] & [(\varkappa^3-\varkappa\lambda^2)\,\mathfrak{Cof}\,\lambda\alpha-(\varkappa^2\lambda-\lambda^3)\,\mathfrak{Sin}\,\lambda\alpha\,\mathrm{tg}\,\varkappa\alpha]\\ (\mathfrak{Cof}\,\lambda\beta+\lambda w\,\mathfrak{Sin}\,\lambda\beta) & (\mathfrak{Sin}\,\lambda\beta+\lambda w\,\mathfrak{Cof}\,\lambda\beta)\\ \mathfrak{Cof}\,\lambda\beta & \mathfrak{Sin}\,\lambda\beta \end{matrix}\right.$$

$$3(-3+5\lambda_u^4)\sin\lambda_v\,\mathfrak{Sin}\,\lambda_v - 3\lambda_u(-\lambda_u^4+7\lambda_u^2+6)\cos\lambda_v\,\mathfrak{Sin}\,\lambda_v$$
$$+\,3\lambda_u(\lambda_u^4+7\lambda_u^2-6)\sin\lambda_v\,\mathfrak{Cof}\,\lambda_v - 36\lambda_u^2\cos\lambda_v\,\mathfrak{Cof}\,\lambda_v$$
$$+\,\lambda_u^6\left(\cos^2\frac{\lambda_v}{2}\,\mathfrak{Sin}^2\frac{\lambda_v}{2}-\sin^2\frac{\lambda_v}{2}\,\mathfrak{Cof}^2\frac{\lambda_v}{2}\right)=0, \qquad v=1-2u\,.$$

Die Übereinstimmung mit (191a) wird nun eine vollständige, wenn man bedenkt, daß

$$\cos\lambda_v\,\mathfrak{Cof}\,\lambda_v - 1 = \left(\cos^2\frac{\lambda_v}{2}-\sin^2\frac{\lambda_v}{2}\right)\left(\mathfrak{Sin}^2\frac{\lambda_v}{2}+\mathfrak{Cof}^2\frac{\lambda_v}{2}\right)$$
$$-\left(\cos^2\frac{\lambda_v}{2}+\sin^2\frac{\lambda_v}{2}\right)\left(\mathfrak{Cof}^2\frac{\lambda_v}{2}-\mathfrak{Sin}^2\frac{\lambda_v}{2}\right)=2\left(\cos^2\frac{\lambda_v}{2}\,\mathfrak{Sin}^2\frac{\lambda_v}{2}-\sin^2\frac{\lambda_v}{2}\,\mathfrak{Cof}^2\frac{\lambda_v}{2}\right)$$

ist. Damit ist nachgewiesen, daß (191) für Symmetrie, also für $\lambda_u=\lambda_w$ dasselbe aussagt, wie beide Gleichungen (35a) und (35b) zusammen, also (191a) sowohl ungerade, wie gerade kritische Drehzahlen mit umfaßt.

Als nächst einfacher Fall soll jener symmetrische Fall, Abb. 36 untersucht werden, dessen $\varkappa$-Feld von Scheiben mit dem Radius $\varrho_\varkappa$, dessen λ-Feld analog von Scheiben mit dem Radius ϱ_λ erfüllt ist, dessen μ-Feld aber unbesetzt ist. Und zwar sollen in diesem Fall bloß die Geschwindigkeiten ungerader Ordnung untersucht werden[58].

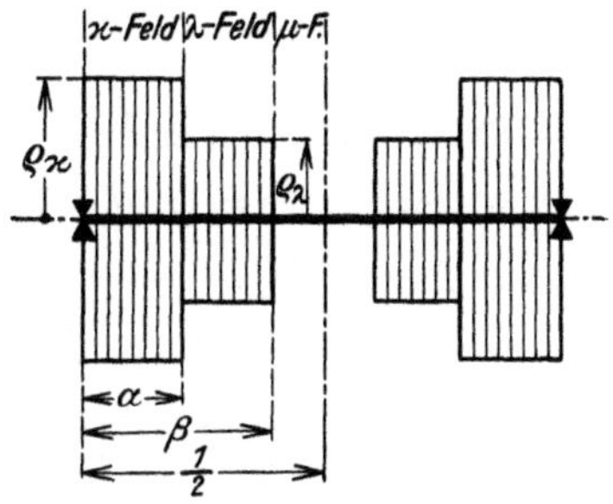

Abb. 36. Die symmetrische Dreifelderwelle mit Scheiben vom Halbmesser $\varrho_\varkappa$ im $\varkappa$- und ϱ_λ im λ-Feld. [Man vgl. (194).]

Dann gelten für $\eta_\varkappa$ zunächst offenbar die Randbedingungen (107a) bzw. (61a), für η_μ aber (107c) bzw. (61c). Diesen entsprechen die Lösungen (62a) für $\eta_\varkappa$ und (62b) für η_μ, wobei statt des dortigen Index λ hier der Index μ zu treten hat. Als Übergangsbedingung zwischen $\eta_\varkappa$ und η_λ kann (61b) unmittelbar übernommen werden, während zwischen η_λ und η_μ für $\xi=\beta$ eine analoge Übergangsbedingung statt hat. Genau so wie im vorhergehenden Falle ergibt sich als Stabilitätsbedingung folgende Determinante S. 142, 143 unten.

In (192) mögen nun gemäß der Bezeichnungsweise (188) zunächst die Unterdeterminanten η und δ gebildet werden. Man findet nach langen Rechnungen

$$\eta_{12}=\varkappa\lambda(\varkappa^4-\lambda^4)(\operatorname{tg}\varkappa\alpha-\mathfrak{Tg}\,\varkappa\alpha);\qquad \delta_{34}=-\lambda_w$$
$$\eta_{13}=4\varkappa^4\lambda^2\sin\lambda\alpha\,\mathfrak{Sin}\,\lambda\alpha+\varkappa\lambda(\varkappa^2-\lambda^2)^2\sin\lambda\alpha\,\mathfrak{Cof}\,\lambda\alpha\operatorname{tg}\varkappa\alpha$$
$$-\varkappa\lambda(\varkappa^2+\lambda^2)^2\sin\lambda\alpha\,\mathfrak{Cof}\,\lambda\alpha\,\mathfrak{Tg}\,\varkappa\alpha+\varkappa\lambda(\varkappa^2-\lambda^2)^2\cos\lambda\alpha\,\mathfrak{Sin}\,\lambda\alpha\,\mathfrak{Tg}\,\varkappa\alpha$$
$$-\varkappa\lambda(\varkappa^2+\lambda^2)^2\cos\lambda\alpha\,\mathfrak{Sin}\,\lambda\alpha\operatorname{tg}\varkappa\alpha+4\varkappa^2\lambda^4\cos\lambda\alpha\,\mathfrak{Cof}\,\lambda\alpha\operatorname{tg}\varkappa\alpha\,\mathfrak{Tg}\,\varkappa\alpha;$$
$$\delta_{24}=2\sin\lambda_\beta\,\mathfrak{Sin}\,\lambda_\beta+\lambda_w\sin\lambda_\beta\,\mathfrak{Cof}\,\lambda_\beta+\lambda_w\cos\lambda_\beta\,\mathfrak{Sin}\,\lambda_\beta$$
$$\eta_{14}=4\varkappa^4\lambda^2\cos\lambda\alpha\,\mathfrak{Sin}\,\lambda\alpha+\varkappa\lambda(\varkappa^2-\lambda^2)^2\cos\lambda\alpha\,\mathfrak{Cof}\,\lambda\alpha\operatorname{tg}\varkappa\alpha$$
$$-\varkappa\lambda(\varkappa^2+\lambda^2)^2\cos\lambda\alpha\,\mathfrak{Cof}\,\lambda\alpha\,\mathfrak{Tg}\,\varkappa\alpha-\varkappa\lambda(\varkappa^2-\lambda^2)^2\sin\lambda\alpha\,\mathfrak{Sin}\,\lambda\alpha\,\mathfrak{Tg}\,\varkappa\alpha$$
$$+\varkappa\lambda(\varkappa^2+\lambda^2)^2\sin\lambda\alpha\,\mathfrak{Sin}\,\lambda\alpha\operatorname{tg}\varkappa\alpha-4\varkappa^2\lambda^4\sin\lambda\alpha\,\mathfrak{Cof}\,\lambda\alpha\operatorname{tg}\varkappa\alpha\,\mathfrak{Tg}\,\varkappa\alpha;$$

[58] Die Geschwindigkeiten gerader Ordnung sind durch den in Abb. 39, S. 148 dargestellten Fall mit 1/2 statt 1 als Wellenlänge und somit durch (199) mit $w=\frac{1}{2}-\beta$ gegeben.

$$\begin{matrix}[(\varkappa^3-\varkappa\lambda^2)\sin\lambda\alpha-(\varkappa^2\lambda-\lambda^3)\cos\lambda\alpha\,\mathfrak{Tg}\,\varkappa\alpha] & [(\varkappa^3-\varkappa\lambda^2)\cos\lambda\alpha+(\varkappa^2\lambda-\lambda^3)\sin\lambda\alpha\,\mathfrak{Tg}\,\varkappa\alpha]\\ [(\varkappa^3+\varkappa\lambda^2)\sin\lambda\alpha-(\varkappa^2\lambda+\lambda^3)\cos\lambda\alpha\operatorname{tg}\varkappa\alpha] & [(\varkappa^3+\varkappa\lambda^2)\cos\lambda\alpha+(\varkappa^2\lambda+\lambda^3)\sin\lambda\alpha\operatorname{tg}\varkappa\alpha]\\ (\cos\lambda_\beta-\lambda_w\sin\lambda_\beta) & (\sin\lambda_\beta+\lambda_w\cos\lambda_\beta)\\ -\cos\lambda_\beta & \sin\lambda_\beta\end{matrix}\;\Bigg| = 0 \qquad (192)$$

$$\left.\begin{aligned}
\delta_{23} &= -2\cos\lambda_\beta\,\mathfrak{Sin}\,\lambda_\beta + \lambda_w\sin\lambda_\beta\,\mathfrak{Sin}\,\lambda_\beta - \lambda_w\cos\lambda_\beta\,\mathfrak{Cos}\,\lambda_\beta\\
\eta_{23} &= 4\varkappa^4\lambda^2\sin\lambda_\alpha\,\mathfrak{Cos}\,\lambda_\alpha + \varkappa\lambda(\varkappa^2-\lambda^2)^2\sin\lambda_\alpha\,\mathfrak{Sin}\,\lambda_\alpha\,\mathrm{tg}\,\varkappa_\alpha\\
&\quad - \varkappa\lambda(\varkappa^2+\lambda^2)^2\sin\lambda_\alpha\,\mathfrak{Sin}\,\lambda_\alpha\,\mathfrak{Tg}\,\varkappa_\alpha + \varkappa\lambda(\varkappa^2-\lambda^2)^2\cos\lambda_\alpha\,\mathfrak{Cos}\,\lambda_\alpha\,\mathfrak{Tg}\,\varkappa_\alpha\\
&\quad - \varkappa\lambda(\varkappa^2+\lambda^2)^2\cos\lambda_\alpha\,\mathfrak{Cos}\,\lambda_\alpha\,\mathrm{tg}\,\varkappa_\alpha + 4\varkappa^2\lambda^4\cos\lambda_\alpha\,\mathfrak{Sin}\,\lambda_\alpha\,\mathrm{tg}\,\varkappa_\alpha\,\mathfrak{Tg}\,\varkappa_\alpha;\\
\delta_{14} &= 2\sin\lambda_\beta\,\mathfrak{Cos}\,\lambda_\beta + \lambda_w\sin\lambda_\beta\,\mathfrak{Sin}\,\lambda_\beta + \lambda_w\cos\lambda_\beta\,\mathfrak{Cos}\,\lambda_\beta\\
\eta_{24} &= 4\varkappa^4\lambda^2\cos\lambda_\alpha\,\mathfrak{Cos}\,\lambda_\alpha + \varkappa\lambda(\varkappa^2-\lambda^2)^2\cos\lambda_\alpha\,\mathfrak{Sin}\,\lambda_\alpha\,\mathrm{tg}\,\varkappa_\alpha\\
&\quad - \varkappa\lambda(\varkappa^2+\lambda^2)^2\cos\lambda_\alpha\,\mathfrak{Sin}\,\lambda_\alpha\,\mathfrak{Tg}\,\varkappa_\alpha - \varkappa\lambda(\varkappa^2-\lambda^2)^2\sin\lambda_\alpha\,\mathfrak{Cos}\,\lambda_\alpha\,\mathfrak{Tg}\,\varkappa_\alpha\\
&\quad + \varkappa\lambda(\varkappa^2+\lambda^2)^2\sin\lambda_\alpha\,\mathfrak{Cos}\,\lambda_\alpha\,\mathrm{tg}\,\varkappa_\alpha - 4\varkappa^2\lambda^4\sin\lambda_\alpha\,\mathfrak{Sin}\,\lambda_\alpha\,\mathrm{tg}\,\varkappa_\alpha\,\mathfrak{Tg}\,\varkappa_\alpha;\\
\delta_{13} &= -2\cos\lambda_\beta\,\mathfrak{Cos}\,\lambda_\beta + \lambda_w\sin\lambda_\beta\,\mathfrak{Cos}\,\lambda_\beta - \lambda_w\cos\lambda_\beta\,\mathfrak{Sin}\,\lambda_\beta\\
\eta_{34} &= \varkappa\lambda(\varkappa^4-\lambda^4)(\mathrm{tg}\,\varkappa_\alpha - \mathfrak{Tg}\,\varkappa_\alpha) = \eta_{12}; \qquad \delta_{12} = -\lambda_w = \delta_{34}
\end{aligned}\right\} \quad (193)$$

Führt man nun die Unterdeterminanten (193) in die Lösungsgleichung (189) ein, so ergeben sich wieder viele Summanden, die sich schließlich vereinigen lassen zu

$$\left.\begin{aligned}
\Delta &= 4\varkappa\lambda\{\varkappa^2[2+\lambda_w(\mathfrak{Tg}\,\lambda_v - \mathrm{tg}\,\lambda_v)]\\
&\quad - \lambda^2\,\mathrm{tg}\,\varkappa_u\,\mathfrak{Tg}\,\varkappa_u[2\,\mathrm{tg}\,\lambda_v\,\mathfrak{Tg}\,\lambda_v + \lambda_w(\mathrm{tg}\,\lambda_v + \mathfrak{Tg}\,\lambda_v)]\}\\
&\quad - 2(\varkappa^4-\lambda^4)\lambda_w(\mathrm{tg}\,\varkappa_u - \mathfrak{Tg}\,\varkappa_u)\sec\lambda_v\,\mathfrak{Sek}\,\lambda_v\\
&\quad - [2\,\mathrm{tg}\,\lambda_v + \lambda_w(1+\mathrm{tg}\,\lambda_v\,\mathfrak{Tg}\,\lambda_v)][(\varkappa^2+\lambda^2)^2\,\mathrm{tg}\,\varkappa_u - (\varkappa^2-\lambda^2)^2\,\mathfrak{Tg}\,\varkappa_u]\\
&\quad - [2\,\mathfrak{Tg}\,\lambda_v + \lambda_w(1-\mathrm{tg}\,\lambda_v\,\mathfrak{Tg}\,\lambda_v)][(\varkappa^2-\lambda^2)^2\,\mathrm{tg}\,\varkappa_u - (\varkappa^2+\lambda^2)^2\,\mathfrak{Tg}\,\varkappa_u] = 0\\
&\qquad \lambda_v = \lambda_\beta - \lambda_\alpha = \lambda(\beta-\alpha), \qquad w = \tfrac{1}{2} - (u+v) = \tfrac{1}{2} - \beta.
\end{aligned}\right\} \quad (194)$$

Läßt man in Abb. 36 das μ-Feld gegen Null gehen, so ergibt sich Fall 11, Abb. 33, dem Gl. (183) entsprach. Sie ergibt sich in der Tat aus (194), wenn man dort $\lambda_w = 0$ setzt. Damit folgt aus (194), wenn sogleich durch zwei geteilt wird

$$\begin{aligned}
&4\varkappa^3\lambda - 4\varkappa\lambda^3\,\mathrm{tg}\,\varkappa_u\,\mathfrak{Tg}\,\varkappa_u\,\mathrm{tg}\,\lambda_v\,\mathfrak{Tg}\,\lambda_v\\
&\quad - \mathrm{tg}\,\lambda_v[(\varkappa^2+\lambda^2)^2\,\mathrm{tg}\,\varkappa_u - (\varkappa^2-\lambda^2)^2\,\mathfrak{Tg}\,\varkappa_u]\\
&\quad - \mathfrak{Tg}\,\lambda_v[(\varkappa^2-\lambda^2)^2\,\mathrm{tg}\,\varkappa_u - (\varkappa^2+\lambda^2)^2\,\mathfrak{Tg}\,\varkappa_u] = 0.
\end{aligned}$$

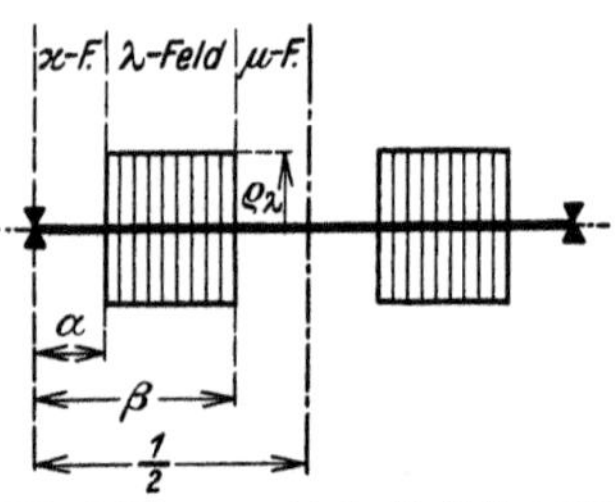

Abb. 37. Die symmetrische Dreifelderwelle mit Scheiben vom Halbmesser ϱ_λ im λ-Feld. [Man vgl. (195), (195a).]

Nach einer kleinen Umformung ergibt sich hieraus sofort (183).

(194) kann aber auch als Verallgemeinerung des Falles 6, Abb. 11 oder des Falles 2, Abb. 4 aufgefaßt werden. Um dies zu erweisen, möge $\varrho_\varkappa = 0$ gesetzt werden. Dadurch entsteht zunächst jener symmetrische, in Abb. 37 dargestellte Fall, bei dem bloß Scheiben vom Radius ϱ_λ im λ-Feld vorhanden sind. Beachtet man in (194) nur Glieder, die höchstens klein sind von dritter Ordnung in $\varkappa$ und unterdrückt alle kleineren Glieder, so findet man wegen

$$\begin{aligned}
\mathrm{tg}\,\varkappa_u - \mathfrak{Tg}\,\varkappa_u &= \tfrac{2}{3}\varkappa^3{}_u + \text{Glieder höherer als dritter Ordnung in } \varkappa_u,\\
\mathrm{tg}\,\varkappa_u + \mathfrak{Tg}\,\varkappa_u &= 2\varkappa_u + \text{Glieder höherer als dritter Ordnung in } \varkappa_u.
\end{aligned}$$

$$\begin{aligned}
(\varkappa^2+\lambda^2)^2\,\mathrm{tg}\,\varkappa_u - (\varkappa^2-\lambda^2)^2\,\mathfrak{Tg}\,\varkappa_u &= 2\varkappa^2\lambda^2(\mathrm{tg}\,\varkappa_u + \mathfrak{Tg}\,\varkappa_u)\\
&\quad + \lambda^4(\mathrm{tg}\,\varkappa_u - \mathfrak{Tg}\,\varkappa_u) = 2\varkappa^2\lambda^2\cdot 2\varkappa_u + \lambda^4\cdot\tfrac{2}{3}\varkappa^3{}_u,\\
(\varkappa^2-\lambda^2)^2\,\mathrm{tg}\,\varkappa_u - (\varkappa^2+\lambda^2)^2\,\mathfrak{Tg}\,\varkappa_u &= -2\varkappa^2\lambda^2(\mathrm{tg}\,\varkappa_u + \mathfrak{Tg}\,\varkappa_u)\\
&\quad + \lambda^4(\mathrm{tg}\,\varkappa_u - \mathfrak{Tg}\,\varkappa_u) = -2\varkappa^2\lambda^2\cdot 2\varkappa_u + \lambda^4\cdot\tfrac{2}{3}\varkappa^3{}_u.
\end{aligned}$$

Damit ergibt sich rasch aus (194), nachdem mit $\frac{3}{2}$ multipliziert und durch $\varkappa^3\lambda$ dividiert wurde

$$\left.\begin{aligned} &6\,[2 + \lambda_w(\mathfrak{Tg}\,\lambda_v - \operatorname{tg}\lambda_v)] - 6\,\lambda^2_u\,[2\operatorname{tg}\lambda_v\,\mathfrak{Tg}\,\lambda_v + \lambda_w(\mathfrak{Tg}\,\lambda_v + \operatorname{tg}\lambda_v)] \\ &\quad + 2\,\lambda^3_u\,\lambda_w \sec\lambda_v\,\mathfrak{Sec}\,\lambda_v - (\lambda^3_u + 6\,\lambda_u)\,[2\operatorname{tg}\lambda_v + \lambda_w(1 + \operatorname{tg}\lambda_v\,\mathfrak{Tg}\,\lambda_v)] \\ &\quad - (\lambda^3_u - 6\,\lambda_u)\,[2\,\mathfrak{Tg}\,\lambda_v + \lambda_w(1 - \operatorname{tg}\lambda_v\,\mathfrak{Tg}\,\lambda_v)] = 0\,, \\ &\qquad\qquad \lambda_v = \lambda_\beta - \lambda_\alpha\,, \quad w = \tfrac{1}{2} - (u + v) = \tfrac{1}{2} - \beta \end{aligned}\right\} \quad (195)$$

(195) gilt natürlich gemäß seiner Herleitung ebenso wie (194) bloß für Geschwindigkeiten ungerader Ordnung; für gerade Geschwindigkeiten gilt wieder (191), wenn daselbst w die Bedeutung hat: $w = \frac{1}{2} - (u + v)$. Man kann zum Zwecke des Vergleiches (195) analog (191) umformen und erhält so

$$\left.\begin{aligned} &6\,\lambda_u(\lambda_u + \lambda_w)\operatorname{tg}\lambda_v\,\mathfrak{Tg}\,\lambda_v - (6 - \lambda^3_u\,\lambda_w) + (3\,\lambda_w + 3\,\lambda^2_u\,\lambda_w + \lambda^3_u + 6\,\lambda_u)\operatorname{tg}\lambda_v \\ &\quad - (3\,\lambda_w - 3\,\lambda^2_u\,\lambda_w - \lambda^3_u + 6\,\lambda_u)\,\mathfrak{Tg}\,\lambda_v - \lambda^3_u\,\lambda_w \sec\lambda_v\,\mathfrak{Sec}\,\lambda_v = 0\,, \\ &\quad \lambda_v = \lambda_\beta - \lambda_\alpha\,, \qquad w = \tfrac{1}{2} - (u + v) = \tfrac{1}{2} - \beta\,. \end{aligned}\right\} \quad (195\text{a})$$

Der Hauptunterschied gegen (191), nämlich daß λ_w dort in der dritten Potenz, in (195a) bloß in der ersten Potenz auftritt, ist in den verschiedenen Randbedingungen an der Stelle $\xi = \frac{1}{2}$ begründet.

Setzt man nun gemäß Abb. 37 und 4 $\beta = \frac{1}{2}$, also in (195a) $w = 0$, so ist $\lambda_\beta - \lambda_u = \lambda(\beta - \alpha) = \lambda(\frac{1}{2} - \alpha) = \lambda_v$, da jetzt $v = \frac{1}{2} - \alpha$ ist und es bleibt wegen $\lambda_w = 0$

$$6\,\lambda^2_u\operatorname{tg}\lambda_v\,\mathfrak{Tg}\,\lambda_v - 6 + (\lambda^3_u + 6\,\lambda_u)\operatorname{tg}\lambda_v + (\lambda^3_u - 6\,\lambda_u)\,\mathfrak{Tg}\,\lambda_v = 0$$

oder nach Kürzung durch -6 und Umformung

$$1 - \lambda^2_u\operatorname{tg}\lambda_v\,\mathfrak{Tg}\,\lambda_v - \lambda_u(\operatorname{tg}\lambda_v - \mathfrak{Tg}\,\lambda_v) - \tfrac{1}{6}\lambda^3_u(\operatorname{tg}\lambda_v + \mathfrak{Tg}\,\lambda_v) = 0\,,$$

somit wieder (35a), das in diesem Falle gültig ist.

Setzt man hingegen gemäß Abb. 37 und 6 $\alpha = 0$, also in (195a) $u = \lambda_u = 0$, so bleibt

$$-6 + 3\,\lambda_w\operatorname{tg}\lambda_v - 3\,\lambda_w\,\mathfrak{Tg}\,\lambda_v = 0 \qquad \text{oder} \qquad 2 + \lambda_w(\mathfrak{Tg}\,\lambda_v - \operatorname{tg}\lambda_v) = 0$$

und man erhält somit wieder die jetzt gültige Gleichung (63), wenn man noch λ durch $\varkappa$ ersetzt, was man tun darf, da ja wegen $\alpha = 0$ auch bloß das $\varkappa$-Feld als belastet angesehen werden kann, wenngleich das belastete Feld nach dem hier eingeschlagenen Weg aus dem λ-Feld hervorgegangen ist, und wenn man ferner v durch u und daher w durch v ersetzt.

Man kann (63) natürlich auch direkt aus (194) gewinnen, denn setzt man dort $\alpha = u = \varkappa_u = 0$, so reduziert sich (194) bloß auf den ersten Term und man erhält sofort (63). Man kann dieses Ergebnis andrerseits auch dadurch erhalten, daß man in Abb. 36 $\alpha = \beta$, also $v = \lambda_v = 0$ setzt, also das λ-Feld ebenfalls mit Scheiben vom Halbmesser $\varrho_\varkappa$ sich besetzt denkt, womit $\varkappa = \lambda$ folgt. Diese Festsetzungen ergeben aus (194):

$$8\,\varkappa^4 - \varkappa_w\,4\,\varkappa^4\operatorname{tg}\varkappa_u + \varkappa_w\,4\,\varkappa^4\,\mathfrak{Tg}\,\varkappa_u = 0\,.$$

Hieraus folgt nach Teilung durch $4\,\varkappa^4$ sofort wieder (63), da ja statt $\varkappa_w$ nun besser $\varkappa_v$ geschrieben werden kann, da ein μ-Feld als drittes Feld nun nicht mehr vorzusehen ist.

Zum Schluß möge der allgemeine Fall der unsymmetrischen Dreifelderwelle Abb. 38 untersucht werden, der bereits sehr weitläufige Formeln ergibt. Es befinden sich also im $\varkappa$-Feld Scheiben vom konstanten Halbmesser $\varrho_\varkappa$ und analog im λ- bzw. μ-Feld solche vom Halbmesser ϱ_λ bzw. ϱ_μ. Für die Auslenkung $\eta_\varkappa$ der Welle im $\varkappa$-Feld gilt offenbar wieder (31) und ebenso auch für das λ- bzw.

μ-Feld, sofern man $\varkappa$ in (31) sinngemäß durch λ bzw. μ ersetzt. Als Randbedingungen gelten für $\eta_\varkappa$ wieder (96a), für η_μ (96c), während als Übergangsbedingungen sowohl für die Stelle $\xi = \alpha$, als auch für die Stelle $\xi = \beta$ in Abb. 38 jeweils die vier Bedingungen (96b) mit $w = 0$ in Geltung bleiben. Die Lösung (31) ergibt mit (96a) und (96c) zunächst die Lösungen

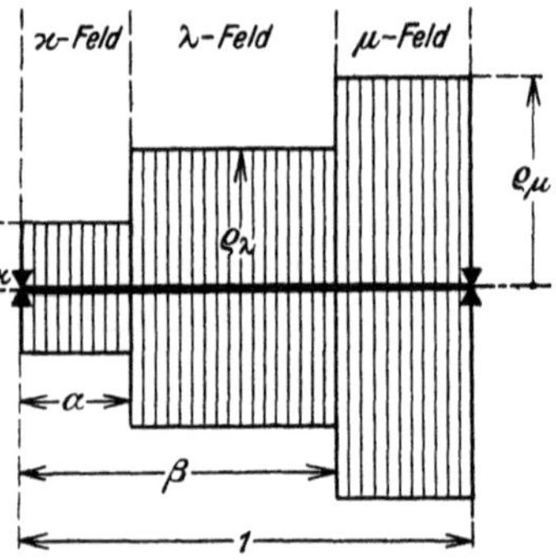

Abb. 38. Die unsymmetrische Dreifelderwelle mit Scheiben von konstantem Halbmesser $\varrho_\varkappa$ bzw. ϱ_λ bzw. ϱ_μ im $\varkappa$-, bzw. λ-, bzw. μ-Feld. [Man vgl. (198).]

$$\eta_\varkappa = A_\varkappa \mathfrak{Sin}\,(\varkappa\,\xi) + C_\varkappa \sin\,(\varkappa\,\xi)\,,$$
$$\eta_\mu = A_\mu \mathfrak{Sin}\,\{\mu\,(1-\xi)\} + C_\mu \sin\,\{\mu\,(1-\xi)\}\,.$$

Es verbleiben somit mit der Lösung η_λ in (31) im ganzen wieder acht Integrationskonstanten, denen die acht Übergangsbedingungen (96b) für $\xi = \alpha$ und $\xi = \beta$ gegenüberstehen. Man erhält schließlich wie früher nach langen Rechnungen die Stabilitätsbedingung Gl. (196) auf S. 146 und 147 unten.

Wie früher sollen nun die Unterdeterminanten η und δ in (188) nach (196) gebildet werden. Man erkennt zunächst durch einen Vergleich der Determinanten (192) und (196), daß diese in den beiden ersten Zeilen übereinstimmen. Gemäß der Bezeichnungsweise in (188) werden somit auch ihre Unterdeterminanten η übereinstimmen, die somit direkt aus (193) übernommen werden können. Für die Unterdeterminanten δ hingegen findet man nach längerer Rechnung

$$\left.\begin{aligned}
\delta_{34} &= -\lambda\mu(\lambda^4-\mu^4)\,(\operatorname{tg}\mu w - \mathfrak{Tg}\,\mu w)\\
\delta_{24} &= -4\,\lambda^2\mu^4\cos\lambda\beta\,\mathfrak{Cof}\,\lambda\beta + \lambda\,\mu\,(\lambda^2-\mu^2)^2\cos\lambda\beta\,\mathfrak{Sin}\,\lambda\beta\operatorname{tg}\mu w\\
&\quad -\lambda\,\mu\,(\lambda^2+\mu^2)^2\cos\lambda\beta\,\mathfrak{Sin}\,\lambda\beta\,\mathfrak{Tg}\,\mu w - \lambda\,\mu\,(\lambda^2-\mu^2)^2\sin\lambda\beta\,\mathfrak{Cof}\,\lambda\beta\,\mathfrak{Tg}\,\mu w\\
&\quad +\lambda\,\mu\,(\lambda^2+\mu^2)^2\sin\lambda\beta\,\mathfrak{Cof}\,\lambda\beta\operatorname{tg}\mu w + 4\,\lambda^4\mu^2\sin\lambda\beta\,\mathfrak{Sin}\,\lambda\beta\operatorname{tg}\mu w\,\mathfrak{Tg}\,\mu w\\
\delta_{23} &= -4\,\lambda^2\mu^4\sin\lambda\beta\,\mathfrak{Cof}\,\lambda\beta + \lambda\,\mu\,(\lambda^2-\mu^2)^2\sin\lambda\beta\,\mathfrak{Sin}\,\lambda\beta\operatorname{tg}\mu w\\
&\quad -\lambda\,\mu\,(\lambda^2+\mu^2)^2\sin\lambda\beta\,\mathfrak{Sin}\,\lambda\beta\,\mathfrak{Tg}\,\mu w + \lambda\,\mu\,(\lambda^2-\mu^2)^2\cos\lambda\beta\,\mathfrak{Cof}\,\lambda\beta\,\mathfrak{Tg}\,\mu w\\
&\quad -\lambda\,\mu\,(\lambda^2+\mu^2)^2\cos\lambda\beta\,\mathfrak{Cof}\,\lambda\beta\operatorname{tg}\mu w - 4\,\lambda^4\mu^2\cos\lambda\beta\,\mathfrak{Sin}\,\lambda\beta\operatorname{tg}\mu w\,\mathfrak{Tg}\,\mu w\\
\delta_{14} &= -4\,\lambda^2\mu^4\cos\lambda\beta\,\mathfrak{Sin}\,\lambda\beta + \lambda\,\mu\,(\lambda^2-\mu^2)^2\cos\lambda\beta\,\mathfrak{Cof}\,\lambda\beta\operatorname{tg}\mu w\\
&\quad -\lambda\,\mu\,(\lambda^2+\mu^2)^2\cos\lambda\beta\,\mathfrak{Cof}\,\lambda\beta\,\mathfrak{Tg}\,\mu w - \lambda\,\mu\,(\lambda^2-\mu^2)^2\sin\lambda\beta\,\mathfrak{Sin}\,\lambda\beta\,\mathfrak{Tg}\,\mu w\\
&\quad +\lambda\,\mu\,(\lambda^2+\mu^2)^2\sin\lambda\beta\,\mathfrak{Sin}\,\lambda\beta\operatorname{tg}\mu w + 4\,\lambda^4\mu^2\sin\lambda\beta\,\mathfrak{Cof}\,\lambda\beta\operatorname{tg}\mu w\,\mathfrak{Tg}\,\mu w\\
\delta_{13} &= -4\,\lambda^2\mu^4\sin\lambda\beta\,\mathfrak{Sin}\,\lambda\beta + \lambda\,\mu\,(\lambda^2-\mu^2)^2\sin\lambda\beta\,\mathfrak{Cof}\,\lambda\beta\operatorname{tg}\mu w\\
&\quad -\lambda\,\mu\,(\lambda^2+\mu^2)^2\sin\lambda\beta\,\mathfrak{Cof}\,\lambda\beta\,\mathfrak{Tg}\,\mu w + \lambda\,\mu\,(\lambda^2-\mu^2)^2\cos\lambda\beta\,\mathfrak{Sin}\,\lambda\beta\,\mathfrak{Tg}\,\mu w\\
&\quad -\lambda\,\mu\,(\lambda^2+\mu^2)^2\cos\lambda\beta\,\mathfrak{Sin}\,\lambda\beta\operatorname{tg}\mu w - 4\,\lambda^4\mu^2\cos\lambda\beta\,\mathfrak{Cof}\,\lambda\beta\operatorname{tg}\mu w\,\mathfrak{Tg}\,\mu w.\\
\delta_{12} &= -\lambda\,\mu\,(\lambda^4-\mu^4)\,(\operatorname{tg}\mu w - \mathfrak{Tg}\,\mu w) = \delta_{34}
\end{aligned}\right\}\quad(197)$$

$$\Delta = \begin{vmatrix}
[(\varkappa^3+\varkappa\lambda^2)\,\mathfrak{Sin}\,\lambda\alpha - (\varkappa^2\lambda+\lambda^3)\,\mathfrak{Cof}\,\lambda\alpha\,\mathfrak{Tg}\,\varkappa\alpha] & [(\varkappa^3+\varkappa\lambda^2)\,\mathfrak{Cof}\,\lambda\alpha - (\varkappa^2\lambda+\lambda^3)\,\mathfrak{Sin}\,\lambda\alpha\,\mathfrak{Tg}\,\varkappa\alpha]\\
[(\varkappa^3-\varkappa\lambda^2)\,\mathfrak{Sin}\,\lambda\alpha - (\varkappa^2\lambda-\lambda^3)\,\mathfrak{Cof}\,\lambda\alpha\operatorname{tg}\varkappa\alpha] & [(\varkappa^3-\varkappa\lambda^2)\,\mathfrak{Cof}\,\lambda\alpha - (\varkappa^2\lambda-\lambda^3)\,\mathfrak{Sin}\,\lambda\alpha\operatorname{tg}\varkappa\alpha]\\
[(\lambda^2\mu+\mu^3)\,\mathfrak{Sin}\,\lambda\beta + (\lambda\mu^2+\mu^3)\,\mathfrak{Cof}\,\lambda\beta\,\mathfrak{Tg}\,\mu w] & [(\lambda^2\mu+\mu^3)\,\mathfrak{Cof}\,\lambda\beta + (\lambda\mu^2+\mu^3)\,\mathfrak{Sin}\,\lambda\beta\,\mathfrak{Tg}\,\mu w]\\
[(\lambda^2\mu-\mu^3)\,\mathfrak{Sin}\,\lambda\beta + (-\lambda\mu^2+\mu^3)\,\mathfrak{Cof}\,\lambda\beta\operatorname{tg}\mu w] & [(\lambda^2\mu-\mu^3)\,\mathfrak{Cof}\,\lambda\beta + (-\lambda\mu^2+\mu^3)\,\mathfrak{Sin}\,\lambda\beta\operatorname{tg}\mu w]
\end{vmatrix}$$

Verbindet man nun die Unterdeterminanten η aus (193) mit den Unterdeterminanten δ in (197) nach der Vorschrift (189), so erhält man schließlich nach langen Rechnungen als Stabilitätsgleichung

$$\left.\begin{aligned}
&A(\operatorname{tg}\varkappa u\,\mathfrak{Tg}\,\mu w+\mathfrak{Tg}\,\varkappa u\operatorname{tg}\mu w)-B(\operatorname{tg}\varkappa u\operatorname{tg}\mu w+\mathfrak{Tg}\,\varkappa u\,\mathfrak{Tg}\,\mu w)\\
&\qquad+16\varkappa^3\lambda^4\mu\operatorname{tg}\mu w\,\mathfrak{Tg}\,\mu w+16\varkappa\lambda^4\mu^3\operatorname{tg}\varkappa u\,\mathfrak{Tg}\,\varkappa u\\
&-\operatorname{tg}\lambda v\,\mathfrak{Tg}\,\lambda v\,[C(\operatorname{tg}\varkappa u\,\mathfrak{Tg}\,\mu w-\mathfrak{Tg}\,\varkappa u\operatorname{tg}\mu w)+D(\operatorname{tg}\varkappa u\operatorname{tg}\mu w-\mathfrak{Tg}\,\varkappa u\,\mathfrak{Tg}\,\mu w)\\
&\qquad-16\varkappa^3\lambda^2\mu^3+16\varkappa\lambda^6\mu\operatorname{tg}\varkappa u\,\mathfrak{Tg}\,\varkappa u\operatorname{tg}\mu w\,\mathfrak{Tg}\,\mu w]\\
&+4\lambda\{\operatorname{tg}\lambda v\,[(\lambda^2-\mu^2)^2(\varkappa\lambda^2\operatorname{tg}\varkappa u\,\mathfrak{Tg}\,\varkappa u\,\mathfrak{Tg}\,\mu w-\varkappa^3\operatorname{tg}\mu w)\\
&\qquad-(\lambda^2+\mu^2)^2(\varkappa\lambda^2\operatorname{tg}\varkappa u\,\mathfrak{Tg}\,\varkappa u\operatorname{tg}\mu w-\varkappa^3\,\mathfrak{Tg}\,\mu w)\\
&\qquad+(\varkappa^2-\lambda^2)^2(\lambda^2\mu\,\mathfrak{Tg}\,\varkappa u\operatorname{tg}\mu w\,\mathfrak{Tg}\,\mu w-\mu^3\operatorname{tg}\varkappa u)\\
&\qquad-(\varkappa^2+\lambda^2)^2(\lambda^2\mu\operatorname{tg}\varkappa u\operatorname{tg}\mu w\,\mathfrak{Tg}\,\mu w-\mu^3\,\mathfrak{Tg}\,\varkappa u)]\\
&\quad-\mathfrak{Tg}\,\lambda v\,[(\lambda^2-\mu^2)^2(\varkappa\lambda^2\operatorname{tg}\varkappa u\,\mathfrak{Tg}\,\varkappa u\operatorname{tg}\mu w+\varkappa^3\,\mathfrak{Tg}\,\mu w)\\
&\qquad-(\lambda^2+\mu^2)^2(\varkappa\lambda^2\operatorname{tg}\varkappa u\,\mathfrak{Tg}\,\varkappa u\,\mathfrak{Tg}\,\mu w+\varkappa^3\operatorname{tg}\mu w)\\
&\qquad+(\varkappa^2-\lambda^2)^2(\lambda^2\mu\operatorname{tg}\varkappa u\operatorname{tg}\mu w\,\mathfrak{Tg}\,\mu w+\mu^3\,\mathfrak{Tg}\,\varkappa u)\\
&\qquad-(\varkappa^2+\lambda^2)^2(\lambda^2\mu\,\mathfrak{Tg}\,\varkappa u\operatorname{tg}\mu w\,\mathfrak{Tg}\,\mu w+\mu^3\operatorname{tg}\varkappa u)]\}\\
&-2(\varkappa^4-\lambda^4)(\lambda^4-\mu^4)\sec\lambda v\,\mathfrak{Cof}\,\lambda v\,(\operatorname{tg}\varkappa u-\mathfrak{Tg}\,\varkappa u)(\operatorname{tg}\mu w-\mathfrak{Tg}\,\mu w)=0\,,\\
&\lambda v=\lambda\beta-\lambda\alpha=\lambda(\beta-\alpha)\,,\qquad w=1-(u+v)=1-\beta\\
&A=(\varkappa^2-\lambda^2)^2(\lambda^2-\mu^2)^2+(\varkappa^2+\lambda^2)^2(\lambda^2+\mu^2)^2\\
&B=(\varkappa^2+\lambda^2)^2(\lambda^2-\mu^2)^2+(\varkappa^2-\lambda^2)^2(\lambda^2+\mu^2)^2\\
&C=(\varkappa^2-\lambda^2)^2(\lambda^2+\mu^2)^2-(\varkappa^2+\lambda^2)^2(\lambda^2-\mu^2)^2\\
&D=(\varkappa^2+\lambda^2)^2(\lambda^2+\mu^2)^2-(\varkappa^2-\lambda^2)^2(\lambda^2-\mu^2)^2
\end{aligned}\right|\quad(198)$$

Aus der allgemeinen Formel (198) kann zunächst durch Spezialisierung der Fall 10, Abb. 32 gewonnen werden. Da für denselben nach Abb. 32 $\beta=1$, somit $w=0$ ist, so folgt aus (198) mit $\lambda=\mu$ und $\mu w=0$ zunächst

$$\begin{aligned}
&16\varkappa\lambda^7\operatorname{tg}\varkappa u\,\mathfrak{Tg}\,\varkappa u+16\varkappa^3\lambda^5\operatorname{tg}\lambda v\,\mathfrak{Tg}\,\lambda v+4\lambda\{\operatorname{tg}\lambda v[-\lambda^3(\varkappa^2-\lambda^2)^2\operatorname{tg}\varkappa u+\lambda^3(\varkappa^2+\lambda^2)^2\,\mathfrak{Tg}\,\varkappa u]\\
&\qquad-\mathfrak{Tg}\,\lambda v\,[\lambda^3(\varkappa^2-\lambda^2)^2\,\mathfrak{Tg}\,\varkappa u-\lambda^3(\varkappa^2+\lambda^2)^2\operatorname{tg}\varkappa u]\}=0\,.
\end{aligned}$$

Teilt man durch $4\lambda^4$ und nimmt einige Umformungen vor, so ergibt sich hieraus

$$\begin{aligned}
&4\varkappa\lambda^3\operatorname{tg}\varkappa u\,\mathfrak{Tg}\,\varkappa u+4\varkappa^3\lambda\operatorname{tg}\lambda v\,\mathfrak{Tg}\,\lambda v+(\varkappa^2+\lambda^2)^2(\mathfrak{Tg}\,\varkappa u\operatorname{tg}\lambda v+\operatorname{tg}\varkappa u\,\mathfrak{Tg}\,\lambda v)\\
&\qquad-(\varkappa^2-\lambda^2)^2(\operatorname{tg}\varkappa u\operatorname{tg}\lambda v+\mathfrak{Tg}\,\varkappa u\,\mathfrak{Tg}\,\lambda v)=0\,,\qquad v=1-u\,.
\end{aligned}$$

also wieder das für Fall 10, Abb. 32 gültige Ergebnis (176), das sich natürlich aus (198) auch durch die Festsetzungen $\varkappa=\lambda$ und $\varkappa u=0$ mit etwas anderer Bezeichnung der entsprechenden Größen ergeben hätte.

Ein gänzlich neuer Fall entsteht aus (198), wenn man die Scheiben im ersten $\varkappa$-Feld wegläßt, $\varrho_\varkappa$ also Null werden läßt. Dann ergibt sich die in Abb. 39 dar-

$$\left|\begin{matrix}
[(\varkappa^3-\varkappa\lambda^2)\sin\lambda\alpha-(\varkappa^2\lambda-\lambda^3)\cos\lambda\alpha\,\mathfrak{Tg}\,\varkappa\alpha] & [(\varkappa^3-\varkappa\lambda^2)\cos\lambda\alpha+(\varkappa^2\lambda-\lambda^3)\sin\lambda\alpha\,\mathfrak{Tg}\,\varkappa\alpha]\\
[(\varkappa^3+\varkappa\lambda^2)\sin\lambda\alpha-(\varkappa^2\lambda+\lambda^3)\cos\lambda\alpha\operatorname{tg}\varkappa\alpha] & [(\varkappa^3+\varkappa\lambda^2)\cos\lambda\alpha+(\varkappa^2\lambda+\lambda^3)\sin\lambda\alpha\operatorname{tg}\varkappa\alpha]\\
[-(\lambda^2\mu-\mu^3)\sin\lambda\beta+(\lambda\mu^2-\mu^3)\cos\lambda\beta\,\mathfrak{Tg}\,\mu w] & [-(\lambda^2\mu-\mu^3)\cos\lambda\beta-(\lambda\mu^2-\mu^3)\sin\lambda\beta\,\mathfrak{Tg}\,\mu w]\\
[-(\lambda^2\mu+\mu^3)\sin\lambda\beta-(\lambda\mu^2+\mu^3)\cos\lambda\beta\operatorname{tg}\mu w] & [-(\lambda^2\mu+\mu^3)\cos\lambda\beta+(\lambda\mu^2+\mu^3)\sin\lambda\beta\operatorname{tg}\mu w]
\end{matrix}\right|=0\quad(196)$$

gestellte Rotorform. Wie ein Vergleich mit der in Abb. 34 dargestellten Zweiflußtrommelturbine mit abgesetztem Läufer zeigt, kann die nunmehr herzuleitende Formel direkt verwendet werden zur strengen Ermittelung der geraden kritischen Drehzahlen der Zweiflußtrommelturbine, sofern man für w in (198) gemäß Abb. 34 einsetzt $w = \frac{1}{2} - (u + v) = \frac{1}{2} - \beta$, da im Falle der Zweiflußtrommelturbine Symmetrie vorliegt.

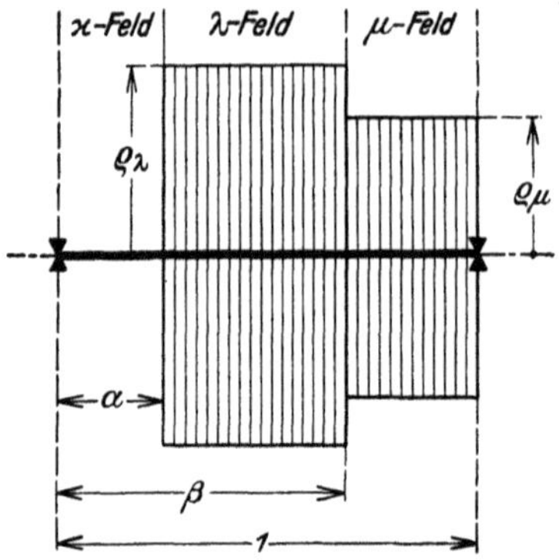

Abb. 39. Die unsymmetrische Dreifelderwelle mit Scheiben von konstantem Halbmesser ϱ_λ bzw. ϱ_μ im λ- bzw. μ-Feld. [Man vgl. (199).]

Setzt man somit mit $\varrho_\varkappa = 0$ in (198) auch $\varkappa = \varkappa u = 0$ und behält nur Glieder klein bis zur dritten Ordnung bei und unterdrückt alle noch kleineren Terme, so erhält man zunächst, wenn man die Reihenentwicklungen für $\operatorname{tg} \varkappa u$ bzw. $\mathfrak{Tg}\, \varkappa u$ heranzieht

$$
\begin{aligned}
A(\operatorname{tg}\varkappa u\,\mathfrak{Tg}\,\mu w + \mathfrak{Tg}\,\varkappa u \operatorname{tg}\mu w) &= 8\,\varkappa^2\lambda^4\mu^2\varkappa u(\operatorname{tg}\mu w + \mathfrak{Tg}\,\mu w)\\
&\quad - \tfrac{2}{3}\lambda^4(\lambda^4+\mu^4)\,\varkappa^3 u(\operatorname{tg}\mu w - \mathfrak{Tg}\,\mu w),\\
B(\operatorname{tg}\varkappa u \operatorname{tg}\mu w + \mathfrak{Tg}\,\varkappa u\,\mathfrak{Tg}\,\mu w) &= -8\,\varkappa^2\lambda^4\mu^2\varkappa u(\operatorname{tg}\mu w + \mathfrak{Tg}\,\mu w)\\
&\quad + \tfrac{2}{3}\lambda^4(\lambda^4+\mu^4)\,\varkappa^3 u(\operatorname{tg}\mu w - \mathfrak{Tg}\,\mu w),\\
C(\operatorname{tg}\varkappa u\,\mathfrak{Tg}\,\mu w - \mathfrak{Tg}\,\varkappa u \operatorname{tg}\mu w) &= 4\,\varkappa^2\lambda^2(\lambda^4+\mu^4)\,\varkappa u(\operatorname{tg}\mu w - \mathfrak{Tg}\,\mu w)\\
&\quad + \tfrac{4}{3}\lambda^6\mu^2\varkappa^3 u(\operatorname{tg}\mu w + \mathfrak{Tg}\,\mu w),\\
D(\operatorname{tg}\varkappa u \operatorname{tg}\mu w - \mathfrak{Tg}\,\varkappa u\,\mathfrak{Tg}\,\mu w) &= 4\,\varkappa^2\lambda^2(\lambda^4+\mu^4)\,\varkappa u(\operatorname{tg}\mu w - \mathfrak{Tg}\,\mu w)\\
&\quad + \tfrac{4}{3}\lambda^6\mu^2\varkappa^3 u(\operatorname{tg}\mu w + \mathfrak{Tg}\,\mu w).
\end{aligned}
$$

Analog findet man für den Ausdruck in der geschlungenen Klammer von (198), der dort mit $4\,\lambda$ multipliziert ist, nach Einführung der entsprechenden Reihenentwicklungen

$$
\begin{aligned}
\{&(\lambda^2-\mu^2)^2[(\varkappa\lambda^2\varkappa^2 u\,\mathfrak{Tg}\,\mu w - \varkappa^3\operatorname{tg}\mu w)\operatorname{tg}\lambda v - (\varkappa\lambda^2\varkappa^2 u\operatorname{tg}\mu w + \varkappa^3\,\mathfrak{Tg}\,\mu w)\,\mathfrak{Tg}\,\lambda v]\\
&\quad - (\lambda^2\mu\operatorname{tg}\mu w\,\mathfrak{Tg}\,\mu w - \mu^3)(4\,\varkappa^2\lambda^2\varkappa u\operatorname{tg}\lambda v + \tfrac{2}{3}\lambda^4\varkappa^3 u\,\mathfrak{Tg}\,\lambda v)\\
&- (\lambda^2+\mu^2)^2[(\varkappa\lambda^2\varkappa^2 u\operatorname{tg}\mu w - \varkappa^3\,\mathfrak{Tg}\,\mu w)\operatorname{tg}\lambda v - (\varkappa\lambda^2\varkappa^2 u\,\mathfrak{Tg}\,\mu w + \varkappa^3\operatorname{tg}\mu w)\,\mathfrak{Tg}\,\lambda v]\\
&\quad + (\lambda^2\mu\operatorname{tg}\mu w\,\mathfrak{Tg}\,\mu w + \mu^3)(4\,\varkappa^2\lambda^2\varkappa u\,\mathfrak{Tg}\,\lambda v - \tfrac{2}{3}\lambda^4\varkappa^3 u\operatorname{tg}\lambda v)\}.
\end{aligned}
$$

Schließlich ergibt sich aus (198) damit nach Vornahme einiger Umformungen und Kürzungen

$$
\left.
\begin{aligned}
&\lambda^2\mu^2\lambda u(\operatorname{tg}\mu w + \mathfrak{Tg}\,\mu w)(16 - \tfrac{8}{3}\lambda^2 u\operatorname{tg}\lambda v\,\mathfrak{Tg}\,\lambda v)\\
&-(\lambda^4+\mu^4)\lambda u(\operatorname{tg}\mu w - \mathfrak{Tg}\,\mu w)(\tfrac{4}{3}\lambda^2 u + 8\operatorname{tg}\lambda v\,\mathfrak{Tg}\,\lambda v) + 16\,\lambda\mu^3(\lambda^2 u + \operatorname{tg}\lambda v\,\mathfrak{Tg}\,\lambda v)\\
&+16\,\lambda^3\mu\operatorname{tg}\mu w\,\mathfrak{Tg}\,\mu w(1 - \lambda^2 u\operatorname{tg}\lambda v\,\mathfrak{Tg}\,\lambda v)\\
&+4(\lambda^2-\mu^2)^2[(\lambda^2 u\,\mathfrak{Tg}\,\mu w - \operatorname{tg}\mu w)\operatorname{tg}\lambda v - (\lambda^2 u\operatorname{tg}\mu w + \mathfrak{Tg}\,\mu w)\,\mathfrak{Tg}\,\lambda v]\\
&-4(\lambda^2+\mu^2)^2[(\lambda^2 u\operatorname{tg}\mu w - \mathfrak{Tg}\,\mu w)\operatorname{tg}\lambda v - (\lambda^2 u\,\mathfrak{Tg}\,\mu w + \operatorname{tg}\mu w)\,\mathfrak{Tg}\,\lambda v]\\
&-\lambda\mu\lambda u[(\lambda^2\operatorname{tg}\mu w\,\mathfrak{Tg}\,\mu w - \mu^2)(16\operatorname{tg}\lambda v + \tfrac{8}{3}\lambda^2 u\,\mathfrak{Tg}\,\lambda v)\\
&\qquad - (\lambda^2\operatorname{tg}\mu w\,\mathfrak{Tg}\,\mu w + \mu^2)(16\,\mathfrak{Tg}\,\lambda v - \tfrac{8}{3}\lambda^2 u\operatorname{tg}\lambda v)]\\
&+\tfrac{4}{3}\lambda^3 u(\lambda^4-\mu^4)(\operatorname{tg}\mu w - \mathfrak{Tg}\,\mu w)\sec\lambda v\,\mathfrak{Cof}\,\lambda v = 0,\\
&\qquad\qquad \lambda v = \lambda\beta - \lambda\alpha, \qquad w = 1 - (u+v) = 1 - \beta.
\end{aligned}
\right\}\quad (199)
$$

Setzt man in (199) $\lambda = \mu$ und läßt μ_w gegen Null gehen, so folgt

$$16\,\lambda^1\,(\lambda^2_u + \operatorname{tg}\lambda_v\,\mathfrak{Tg}\,\lambda_v) + \lambda^4\cdot\lambda_u\,(16\operatorname{tg}\lambda_v + \tfrac{8}{3}\lambda^2_u\,\mathfrak{Tg}\,\lambda_v)$$
$$+ \lambda^4\cdot\lambda_u\,(16\,\mathfrak{Tg}\,\lambda_v - \tfrac{8}{3}\lambda^2_u\operatorname{tg}\lambda_v) = 0\,.$$

Teilt man hier durch $16\,\lambda^4$, so ergibt sich sofort Gl. (36), die für den nunmehr aus Abb. 39 hervorgegangenen Fall 3, Abb. 6 gültig ist. Gl. (199) kann weiterhin spezialisiert werden und enthält bereits bekannte Fälle als Unterfälle. Läßt man nämlich z. B. in Abb. 39 $\varrho_\mu = 0$ werden, so ergibt sich der in Abb. 35 dargestellte unsymmetrische Fall. Mit $\lim\mu = \mu_w = 0$ folgt zunächst das Teilergebnis

$$4\,(\lambda^2 - \mu^2)^2\,[(\lambda^2_u\,\mathfrak{Tg}\,\mu_w - \operatorname{tg}\mu_w)\operatorname{tg}\lambda_v - (\lambda^2_u\operatorname{tg}\mu_w + \mathfrak{Tg}\,\mu_w)\,\mathfrak{Tg}\,\lambda_v$$
$$- 4\,(\lambda^2 + \mu^2)^2\,[(\lambda^2_u\operatorname{tg}\mu_w - \mathfrak{Tg}\,\mu_w)\operatorname{tg}\lambda_v - (\lambda^2_u\,\mathfrak{Tg}\,\mu_w + \operatorname{tg}\mu_w)\,\mathfrak{Tg}\,\lambda_v]$$
$$= -\,8\,\lambda^4\,\frac{\mu^3{}_w}{3}\,[(\lambda^2_u + 1)\operatorname{tg}\lambda_v + (\lambda^2_u - 1)\,\mathfrak{Tg}\,\lambda_v]$$
$$- 16\,\lambda^2\mu^2\,[(\lambda^2_u - 1)\operatorname{tg}\lambda_v - (\lambda^2_u + 1)\,\mathfrak{Tg}\,\lambda_v]\,\mu_w\,.$$

Hierin sind ebenfalls bloß Glieder klein von dritter Ordnung in μ_w beibehalten worden. Entwickelt man auch die übrigen Tangentenfunktionen von μ_w in Reihen und behält Glieder klein von dritter Ordnung bei, so ergibt sich, wenn man bedenkt, daß $\mu_w = \mu\cdot w$ und $\lambda\cdot w = \lambda_w$ ist, nach Teilung durch $\lambda\,\mu^3$ im ganzen aus (199)

$$2\,\lambda_u\,\lambda_w\,(16 - \tfrac{8}{3}\lambda^2_u\operatorname{tg}\lambda_v\,\mathfrak{Tg}\,\lambda_v) - \tfrac{2}{3}\lambda_u\,\lambda^3_w\,(\tfrac{4}{3}\lambda^2_u + 8\operatorname{tg}\lambda_v\,\mathfrak{Tg}\,\lambda_v)$$
$$+ 16\,(\lambda^2_u + \operatorname{tg}\lambda_v\,\mathfrak{Tg}\,\lambda_v) + 16\,\lambda^2_w\,(1 - \lambda^2_u\operatorname{tg}\lambda_v\,\mathfrak{Tg}\,\lambda_v)$$
$$- 16\,\lambda_w[(\lambda^2_u - 1)\operatorname{tg}\lambda_v - (\lambda^2_u + 1)\,\mathfrak{Tg}\,\lambda_v] - \tfrac{8}{3}\lambda^3_w[(\lambda^2_u + 1)\operatorname{tg}\lambda_v + (\lambda^2_u - 1)\,\mathfrak{Tg}\,\lambda_v]$$
$$- \lambda_u\,(\lambda^2_w + 1)\,(\tfrac{8}{3}\lambda^2_u\operatorname{tg}\lambda_v - 16\,\mathfrak{Tg}\,\lambda_v) - \lambda_u\,(\lambda^2_w - 1)\,(16\operatorname{tg}\lambda_v + \tfrac{8}{3}\lambda^2_u\,\mathfrak{Tg}\,\lambda_v)$$
$$+ \tfrac{8}{9}\lambda^3_u\,\lambda^3_w\sec\lambda_v\,\mathfrak{Sec}\,\lambda_v = 0\,.$$

Multipliziert man die voranstehende Gleichung mit $-\frac{9}{8}$ und vereinigt die Glieder in geeigneter Weise, so erhält man, wie man sich leicht überzeugt, sofort wieder die in diesem Falle gültige Gleichung (191), deren weitere noch mögliche Spezialisierungen im Anschluß an (191) gezeigt worden sind.

Man erhält einen neuen noch nicht behandelten Fall aus Abb. 38, wenn man das mittlere Wellenfeld von Scheiben entblößt, wodurch man zu dem in Abb. 40 dargestellten unsymmetrischen Fall gelangt. Setzt man also demgemäß $\varrho_\lambda = \lambda = \lambda_v = 0$, und geht man mit diesen Festsetzungen in (198) ein, so ergibt sich zunächst

$$C = D = 0,\; A = B = 2\,\varkappa^4\mu^4$$

und es verbleibt

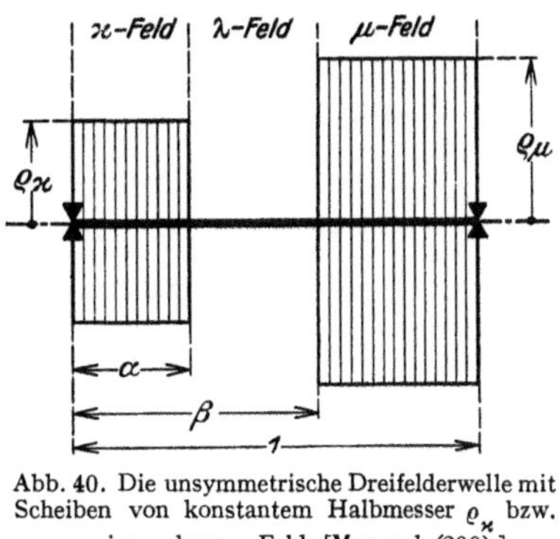

Abb. 40. Die unsymmetrische Dreifelderwelle mit Scheiben von konstantem Halbmesser $\varrho_\varkappa$ bzw. ϱ_μ im $\varkappa$- bzw. μ-Feld. [Man vgl. (200).]

$$2\,\varkappa^4\,\mu^4\,[(\operatorname{tg}\varkappa_u\,\mathfrak{Tg}\,\mu_w + \mathfrak{Tg}\,\varkappa_u\operatorname{tg}\mu_w) - (\operatorname{tg}\varkappa_u\operatorname{tg}\mu_w + \mathfrak{Tg}\,\varkappa_u\,\mathfrak{Tg}\,\mu_w)$$
$$+ (\operatorname{tg}\varkappa_u - \mathfrak{Tg}\,\varkappa_u)\,(\operatorname{tg}\mu_w - \mathfrak{Tg}\,\mu_w)] = 0\,,$$

also eine Identität. Dieselbe Erfahrung macht man, wenn man auch noch die von zweiter Ordnung in λ kleinen Glieder berücksichtigt. Beachtet man also noch die von vierter Ordnung in λ oder λ_v kleinen Glieder, läßt aber alle größeren oder kleineren fort, so erhält man wegen der Beziehungen

$$\operatorname{tg}\lambda_v\,\mathfrak{Tg}\;\lambda_v = \lambda^2_v - \frac{\lambda^4_v}{9} + \cdots$$

$$\sec\lambda_v\,\mathfrak{Sek}\,\lambda_v = 1 \quad + \frac{\lambda^4_v}{6} + \cdots$$

der Reihe nach aus (198) folgende Ergebnisse: die ersten von λ_v freien Glieder der beiden ersten Zeilen von (198) ergeben

$$\begin{aligned}
&2\,\lambda^4(\varkappa^4 + 4\,\varkappa^2\mu^2 + \mu^4)(\operatorname{tg}\varkappa_u\,\mathfrak{Tg}\,\mu_w + \mathfrak{Tg}\,\varkappa_u\operatorname{tg}\mu_w)\\
&\quad - 2\,\lambda^4(\varkappa^4 - 4\,\varkappa^2\mu^2 + \mu^4)(\operatorname{tg}\varkappa_u\operatorname{tg}\mu_w + \mathfrak{Tg}\,\varkappa_u\,\mathfrak{Tg}\,\mu_w)\\
&\quad + \lambda^4\cdot 16\,\varkappa^3\mu\operatorname{tg}\mu_w\,\mathfrak{Tg}\,\mu_w + \lambda^4\cdot 16\,\varkappa\mu^3\operatorname{tg}\varkappa_u\,\mathfrak{Tg}\,\varkappa_u\,.
\end{aligned}$$

Der zweite mit dem Faktor $-\operatorname{tg}\lambda_v\,\mathfrak{Tg}\,\lambda_v$ behaftete Ausdruck ergibt

$$\begin{aligned}
-\lambda^2_v\lambda^2\,[4\,\varkappa^2\mu^2(\varkappa^2 - \mu^2)(\operatorname{tg}\varkappa_u\,\mathfrak{Tg}\,\mu_w - \mathfrak{Tg}\,\varkappa_u\operatorname{tg}\mu_w)&\\
+ 4\,\varkappa^2\mu^2(\varkappa^2 + \mu^2)(\operatorname{tg}\varkappa_u\operatorname{tg}\mu_w - \mathfrak{Tg}\,\varkappa_u\,\mathfrak{Tg}\,\mu_w) - 16\,\varkappa^3\mu^3]\,.&
\end{aligned}$$

Die in der geschlungenen Klammer befindlichen Glieder ergeben samt dem gemeinsamen Faktor $4\,\lambda$

$$\begin{aligned}
&16\,\varkappa^3\lambda^3\mu^2\lambda_v(\operatorname{tg}\mu_w + \mathfrak{Tg}\,\mu_w) + 16\,\varkappa^2\lambda^3\mu^3\lambda_v(\operatorname{tg}\varkappa_u + \mathfrak{Tg}\,\varkappa_u)\\
&- (8\,\varkappa\lambda^3\mu^4\lambda_v\operatorname{tg}\varkappa_u\,\mathfrak{Tg}\,\varkappa_u + \tfrac{8}{3}\varkappa^3\lambda\mu^4\lambda^3_v)(\operatorname{tg}\mu_w - \mathfrak{Tg}\,\mu_w)\\
&- (8\,\varkappa^4\lambda^3\mu\lambda_v\operatorname{tg}\mu_w\,\mathfrak{Tg}\,\mu_w + \tfrac{8}{3}\varkappa^4\lambda\mu^3\lambda^3_v)(\operatorname{tg}\varkappa_u - \mathfrak{Tg}\,\varkappa_u)\,.
\end{aligned}$$

Die letzte Zeile von (198) ergibt schließlich

$$2\,[\tfrac{1}{6}\,\varkappa^4\mu^4\lambda^4_v - \lambda^4(\varkappa^4 + \mu^4)]\,(\operatorname{tg}\varkappa_u - \mathfrak{Tg}\,\varkappa_u)(\operatorname{tg}\mu_w - \mathfrak{Tg}\,\mu_w)\,.$$

Beachtet man schließlich noch, daß $\lambda_\beta - \lambda_\alpha = \lambda(\beta - \alpha) = \lambda\cdot v$, so folgt schließlich nach Kürzung durch $2\,\lambda^4$

$$\left.\begin{aligned}
&(\varkappa^4 + 4\,\varkappa^2\mu^2 + \mu^4)(\operatorname{tg}\varkappa_u\,\mathfrak{Tg}\,\mu_w + \mathfrak{Tg}\,\varkappa_u\operatorname{tg}\mu_w)\\
&-(\varkappa^4 - 4\,\varkappa^2\mu^2 + \mu^4)(\operatorname{tg}\varkappa_u\operatorname{tg}\mu_w + \mathfrak{Tg}\,\varkappa_u\,\mathfrak{Tg}\,\mu_w)\\
&+ 8\,\varkappa\mu\,(\varkappa^2\operatorname{tg}\mu_w\,\mathfrak{Tg}\,\mu_w + \mu^2\operatorname{tg}\varkappa_u\,\mathfrak{Tg}\,\varkappa_u)\\
&- 2\,\varkappa^2\mu^2v^2\,[(\varkappa^2 - \mu^2)(\operatorname{tg}\varkappa_u\,\mathfrak{Tg}\,\mu_w - \mathfrak{Tg}\,\varkappa_u\operatorname{tg}\mu_w)\\
&+ (\varkappa^2 + \mu^2)(\operatorname{tg}\varkappa_u\operatorname{tg}\mu_w - \mathfrak{Tg}\,\varkappa_u\,\mathfrak{Tg}\,\mu_w) - 4\,\varkappa\mu]\\
&+ 8\,\varkappa^2\mu^2v\,[\varkappa\,(\operatorname{tg}\mu_w + \mathfrak{Tg}\,\mu_w) + \mu\,(\operatorname{tg}\varkappa_u + \mathfrak{Tg}\,\varkappa_u)]\\
&- 4\,\varkappa\mu v\,[(\mu^3\operatorname{tg}\varkappa_u\,\mathfrak{Tg}\,\varkappa_u + \tfrac{1}{3}\varkappa^2\mu^3v^2)(\operatorname{tg}\mu_w - \mathfrak{Tg}\,\mu_w)\\
&\qquad + (\varkappa^3\operatorname{tg}\mu_w\,\mathfrak{Tg}\,\mu_w + \tfrac{1}{3}\varkappa^3\mu^2v^2)(\operatorname{tg}\varkappa_u - \mathfrak{Tg}\,\varkappa_u)]\\
&+ [\tfrac{1}{6}\varkappa^4\mu^4v^4 - (\varkappa^4 + \mu^4)](\operatorname{tg}\varkappa_u - \mathfrak{Tg}\,\varkappa_u)(\operatorname{tg}\mu_w - \mathfrak{Tg}\,\mu_w) = 0\\
&\qquad w = 1 - (u + v) = 1 - \beta\,, \quad v = \beta - \alpha\,.
\end{aligned}\right\}\quad (200)$$

Es kann nun wieder gezeigt werden, daß der durch (200) beschriebene Fall Abb. 40 eine Reihe der bereits behandelten Fälle als Unterfälle enthält. Läßt man z. B. das von Scheiben freie mittlere Wellenstück gegen Null abnehmen, so entsteht der in Abb. 32 dargestellte Fall 10 der unsymmetrischen Zweifelderwelle. Ist also in (200) $\alpha = \beta$, somit $v = 0$, so verbleibt bloß, nachdem bei den

Gliedern eine kleine Umfornung vorgenommen wurde

$$
\begin{aligned}
&[(\varkappa^2+\mu^2)^2+2\,\varkappa^2\mu^2]\,(\mathrm{tg}\,\varkappa u\,\mathfrak{Tg}\,\mu w+\mathfrak{Tg}\,\varkappa u\,\mathrm{tg}\,\mu w)\\
&-[(\varkappa^2-\mu^2)^2-2\,\varkappa^2\mu^2]\,(\mathrm{tg}\,\varkappa u\,\mathrm{tg}\,\mu w+\mathfrak{Tg}\,\varkappa u\,\mathfrak{Tg}\,\mu w)+8\,\varkappa^3\mu\,\mathrm{tg}\,\mu w\,\mathfrak{Tg}\,\mu w\\
&+8\,\varkappa\mu^3\,\mathrm{tg}\,\varkappa u\,\mathfrak{Tg}\,\varkappa u+(\varkappa^4+\mu^4)\,(\mathrm{tg}\,\varkappa u\,\mathfrak{Tg}\,\mu w+\mathfrak{Tg}\,\varkappa u\,\mathrm{tg}\,\mu w)\\
&-(\varkappa^4+\mu^4)\,(\mathrm{tg}\,\varkappa u\,\mathrm{tg}\,\mu w+\mathfrak{Tg}\,\varkappa u\,\mathfrak{Tg}\,\mu w)=0\,.
\end{aligned}
$$

Hierbei rühren die mit dem Faktor $(\varkappa^4+\mu^4)$ versehenen beiden Summanden von der letzten Zeile von (200) her. Vereinigt man sie mit den beiden Termen, die $2\,\varkappa^2\mu^2$ als Faktor haben, so folgt nach Teilung durch 2

$$
\begin{aligned}
4\,\varkappa^3\mu\,\mathrm{tg}\,\mu w\,\mathfrak{Tg}\,\mu w+4\,\varkappa\mu^3\,\mathrm{tg}\,\varkappa u\,\mathfrak{Tg}\,\varkappa u+(\varkappa^2+\mu^2)^2\,(\mathrm{tg}\,\varkappa u\,\mathfrak{Tg}\,\mu w+\mathfrak{Tg}\,\varkappa u\,\mathrm{tg}\,\mu w)&\\
-(\varkappa^2-\mu^2)^2\,(\mathrm{tg}\,\varkappa u\,\mathrm{tg}\,\mu w+\mathfrak{Tg}\,\varkappa u\,\mathfrak{Tg}\,\mu w)=0\,.&
\end{aligned}
$$

Diese Gleichung stimmt aber völlig mit der hier gültigen Gleichung (176) überein, wenn man dort λ durch μ und also v durch w ersetzt.

Sind die Scheibenhalbmesser im $\varkappa$- und μ-Feld gleich, also $\varrho_\varkappa=\varrho_\mu$ in Abb. 40, also auch $\varkappa=\mu$ in (200), so ergibt sich für den daraus folgenden unsymmetrischen Fall mit $\varkappa\cdot v=\varkappa v$ nach einigen Umformungen und Kürzung durch $\varkappa^4$

$$
\left.
\begin{aligned}
&48\,(\mathrm{tg}\,\varkappa u\,\mathfrak{Tg}\,\varkappa w+\mathfrak{Tg}\,\varkappa u\,\mathrm{tg}\,\varkappa w)+48\,(\mathrm{tg}\,\varkappa u\,\mathfrak{Tg}\,\varkappa u+\mathrm{tg}\,\varkappa w\,\mathfrak{Tg}\,\varkappa w)\\
&\quad-24\,\varkappa^2 v\,(\mathrm{tg}\,\varkappa u\,\mathrm{tg}\,\varkappa w-\mathfrak{Tg}\,\varkappa u\,\mathfrak{Tg}\,\varkappa w-2)\\
&\quad+48\,\varkappa v\,(\mathrm{tg}\,\varkappa u+\mathfrak{Tg}\,\varkappa u+\mathrm{tg}\,\varkappa w+\mathfrak{Tg}\,\varkappa w)\\
&\quad-8\,\varkappa v\,[(3\,\mathrm{tg}\,\varkappa u\,\mathfrak{Tg}\,\varkappa u+\varkappa^2 v)\,(\mathrm{tg}\,\varkappa w-\mathfrak{Tg}\,\varkappa w)\\
&\qquad+(3\,\mathrm{tg}\,\varkappa w\,\mathfrak{Tg}\,\varkappa w+\varkappa^2 v)\,(\mathrm{tg}\,\varkappa u-\mathfrak{Tg}\,\varkappa u)]\\
&\quad+\varkappa^4 v\,(\mathrm{tg}\,\varkappa u-\mathfrak{Tg}\,\varkappa u)(\mathrm{tg}\,\varkappa w-\mathfrak{Tg}\,\varkappa w)=0.\quad v=1-(u+w)
\end{aligned}
\right\}\quad(201)
$$

Nun soll in (201) außer der Gleichheit der beiden Scheibenhalbmesser $\varrho_\varkappa$ und ϱ_μ auch noch Symmetrie vorausgesetzt werden. Dann ist offenbar $\alpha=1-\beta$, also $u=w$. Damit folgt aus (201)

$$
\left.
\begin{aligned}
&192\,\mathrm{tg}\,\varkappa u\,\mathfrak{Tg}\,\varkappa u+96\,\varkappa v\,(\mathrm{tg}\,\varkappa u+\mathfrak{Tg}\,\varkappa u)-24\,\varkappa^2 v\,(\mathrm{tg}^2\,\varkappa u-\mathfrak{Tg}^2\,\varkappa u)\\
&\quad+48\,\varkappa^2 v-16\,\varkappa v\,(3\,\mathrm{tg}\,\varkappa u\,\mathfrak{Tg}\,\varkappa u+\varkappa^2 v)\,(\mathrm{tg}\,\varkappa u-\mathfrak{Tg}\,\varkappa u)\\
&\quad+\varkappa^4 v\,(\mathrm{tg}\,\varkappa u-\mathfrak{Tg}\,\varkappa u)^2=0.\qquad v=1-2u.
\end{aligned}
\right\}\quad(202)
$$

Sind vollständig symmetrische Verhältnisse vorliegend, dann geht aber der in Abb. 40 dargestellte Fall offenbar über in Fall 6, Abb. 11, für den (63) gültig war. Dort bedeutete aber $v=\frac{1}{2}-u$, in (202) hingegen ist $v=1-2u$. Somit muß — ausgedrückt in dem v der Gleichung (202) jetzt (63) lauten

$$
4-\varkappa v\,(\mathrm{tg}\,\varkappa u-\mathfrak{Tg}\,\varkappa u)=0\,,\qquad v=1-2u
$$

Diese Gleichung gilt nur für ungerade kritische Drehzahlen. Für gerade gilt offenbar (35b). In (35b) bezieht sich v gemäß der Herleitung auf die belastete Wellenstrecke, in (202) aber bedeutet u die belastete Wellenstrecke; es ist also, wenn in (35b) ferner λ überall durch $\varkappa$ ersetzt wird, zunächst $\varkappa v$ mit $\varkappa u$ zu vertauschen, um den Zusammenhang mit (202) darzutun. Es ist ferner in (35b) $v=\frac{1}{2}-u$, so daß $\varkappa v$, das nach der Vertauschung an Stelle von $\varkappa u$ tritt, wieder durch $\frac{1}{2}\varkappa v$ ersetzt werden muß, damit die Gleichung (35b) durch das v in (202) ausgedrückt erscheint. Damit findet sich schließlich statt (35b)

$$
\begin{gathered}
\mathrm{tg}\,\varkappa u\,\mathfrak{Tg}\,\varkappa u+\frac{1}{2}\,\varkappa v\,(\mathrm{tg}\,\varkappa u+\mathfrak{Tg}\,\varkappa u)+\frac{1}{4}\,\varkappa^2 v-\frac{1}{48}\,\varkappa^3 v\,(\mathrm{tg}\,\varkappa u-\mathfrak{Tg}\,\varkappa u)=0\,,\\
v=1-2u
\end{gathered}
$$

Multipliziert man diese Gleichung mit 48 und dann mit der oben aus (63) entwickelten Gleichung, so erhält man in der Tat wieder Gleichung (202), die also den in Abb. 11 dargestellten Fall 6 trotz seiner Symmetrie hinsichtlich aller kritischen Drehzahlen beschreibt, sowohl der geraden, wie der ungeraden, ganz analog zu (191a), das ebensoviel aussagte wie (35a) und (35b) zusammengenommen.

Läßt man schließlich noch in (201) den Scheibenradius ϱ_μ des μ-Feldes gegen Null gehen, setzt also in (201) $\varkappa w = 0$, so verbleibt

$$48 \operatorname{tg} \varkappa u \operatorname{\mathfrak{Tg}} \varkappa u + 48 \varkappa^2 v + 48 \varkappa v (\operatorname{tg} \varkappa u + \operatorname{\mathfrak{Tg}} \varkappa u) - 8 \varkappa^3 v (\operatorname{tg} \varkappa u - \operatorname{\mathfrak{Tg}} \varkappa u) = 0,$$
$$v = 1 - u$$

was nach Teilung durch 48 sofort wieder (36) ergibt. Für fehlende Scheiben im λ- und μ-Feld geht aber in der Tat der in Abb. 40 dargestellte Fall in Fall 3, Abb. 6 über. Ein analoges Ergebnis folgt natürlich aus (201) auch für $\varkappa u = 0$.

Wie man aus den mitgeteilten Gleichungen erkennt, gestalten sich die strengen Lösungen der allgemeinen Dreifelderwelle selbst für fehlende Kreiselwirkung recht verwickelt und in noch höherem Maße ist dies bei Berücksichtigung der Kreiselwirkung zu erwarten, wobei man dann aus den bezüglichen strengen Lösungen, wie im zwölften Abschnitt dargetan, Schlüsse über die Gestaltung der Rotoren für den Fall der Verhinderung der kritischen Drehzahlen durch die Kreiselwirkung bei synchronem Gleichlauf gewinnen kann. Man kann diese Aussagen aber auch ohne Kenntnis der bezüglichen strengen Lösungen nach der Betrachtungsweise des achten Abschnittes erhalten und für den in Abb. 38 dargestellten allgemeinen Fall soll dies noch gezeigt werden.

Da die Auslenkungen $\bar{\eta}_\varkappa$ und $\bar{\eta}_\mu$ der Endfelder den Randbedingungen (130) genügen müssen, so gelten für sie (181) als Lösungen, wenn man den Zeiger λ daselbst durch μ ersetzt. Für $\bar{\eta}_\lambda$ gilt (129), wenn man $\varkappa$ durch λ ersetzt und diesen Zeiger bei A, B hinzufügt. Die noch verbleibenden vier Integrationskonstanten $A_\varkappa$, A_λ, B_λ, A_μ werden durch je zwei Bedingungen (182) bestimmt, die an den Feldgrenzen $\xi = \alpha$ und $\xi = \beta$ bestehen müssen, wodurch man 4 hinsichtlich $A_\varkappa$, A_λ, B_λ, A_μ homogene lineare Gleichungen erhält, deren verschwindende Determinante ergibt

$$\left.\begin{aligned} &\left[\varrho_\lambda^6 \operatorname{tg}\left(\frac{2}{\varrho_\varkappa}\alpha\right) \operatorname{tg}\left\{\frac{2}{\varrho_\mu}(1-\beta)\right\} - \varrho_\varkappa^3 \varrho_\mu^3\right] \operatorname{tg}\left\{\frac{2}{\varrho_\lambda}(\beta-\alpha)\right\} \\ &\quad = \varrho_\lambda^3\left[\varrho_\mu^3 \operatorname{tg}\left(\frac{2}{\varrho_\varkappa}\alpha\right) + \varrho_\varkappa^3 \operatorname{tg}\left\{\frac{2}{\varrho_\mu}(1-\beta)\right\}\right], \quad \varrho_\varkappa > 0, \ \varrho_\lambda > 0, \ \varrho_\mu > 0. \end{aligned}\right\} \qquad (203)$$

Wird z. B. in (203) $\beta = 1$, so folgt

$$-\varrho_\varkappa^3 \operatorname{tg}\left\{\frac{2}{\varrho_\lambda}(1-\alpha)\right\} = \varrho_\lambda^3 \operatorname{tg}\left(\frac{2}{\varrho_\varkappa}\alpha\right),$$

also wieder Gleichung (180), die für den nunmehr hervorgegangenen Fall 10, Abb. 32 gültig ist und zu demselben Ergebnis gelangt man natürlich auch, wenn man in (203) $\alpha = 0$ setzt. In analoger Art wäre auch bei den übrigen Fällen des dreizehnten Abschnittes vorzugehen, von denen übrigens der in Abb. 35, S. 140 dargestellte Fall bereits im achten Abschnitt, S. 88 in dieser Art behandelt wurde.

Sachverzeichnis.

Zahlen ohne Klammern bedeuten Seiten, in Klammern Gleichungsnummern.

Druck von Oscar Brandstetter in Leipzig.

GPSR Compliance

The European Union's (EU) General Product Safety Regulation (GPSR) is a set of rules that requires consumer products to be safe and our obligations to ensure this.

If you have any concerns about our products, you can contact us on ProductSafety@springernature.com

In case Publisher is established outside the EU, the EU authorized representative is:

Springer Nature Customer Service Center GmbH
Europaplatz 3
69115 Heidelberg, Germany

Batch number: 10578397

Printed by Printforce, the Netherlands